21世纪高等学校物联网专业系列教材

ZigBee

技术与实训教程

基于CC2530的无线传感网技术(第3版·微课视频版)

◎ 姜仲 朱晓红 编著

清华大学出版社

北京

内 容 简 介

本书以 ZigBee 无线传感网技术为主要对象，基于以 TI 公司 CC2530 芯片为核心的硬件平台，在介绍了常用传感器编程的基础上，深入剖析了 TI 公司的 Z-Stack 协议栈架构和编程接口，并详细讲述了如何在此基础上开发自己的 ZigBee 项目，最后简单介绍了 ZigBee 3.0 的应用。

本书可作为工程技术人员进行单片机、无线传感器网络应用、ZigBee 技术等项目开发的学习和参考用书，也可作为高等院校计算机、电子、自动化、无线通信等相关课程的教材。

图书在版编目（CIP）数据

ZigBee 技术与实训教程：基于 CC2530 的无线传感网技术：微课视频版/姜仲，朱晓红编著. — 3 版. —北京：清华大学出版社，2024.7（2025.1重印）
21 世纪高等学校物联网专业系列教材
ISBN 978-7-302-66187-0

Ⅰ.①Z…　Ⅱ.①姜…　②朱…　Ⅲ.①ZigBee 协议－高等学校－教材　Ⅳ.①TN926

中国国家版本馆 CIP 数据核字（2024）第 086537 号

策划编辑：魏江江
责任编辑：王冰飞　吴彤云
封面设计：刘　键
责任校对：时翠兰
责任印制：刘　菲

出版发行：清华大学出版社
　　　　网　　　址：https://www.tup.com.cn，https://www.wqxuetang.com
　　　　地　　　址：北京清华大学学研大厦 A 座　　邮　　编：100084
　　　　社 总 机：010-83470000　　　　　　　　邮　　购：010-62786544
　　　　投稿与读者服务：010-62776969，c-service@tup.tsinghua.edu.cn
　　　　质 量 反 馈：010-62772015，zhiliang@tup.tsinghua.edu.cn
　　　　课 件 下 载：https://www.tup.com.cn，010-83470236
印 装 者：涿州汇美亿浓印刷有限公司
经　　销：全国新华书店
开　　本：185mm×260mm　　印　张：25　　字　数：628 千字
版　　次：2014 年 5 月第 1 版　2024 年 8 月第 3 版　印　次：2025 年 1 月第 2 次印刷
印　　数：66301～69300
定　　价：69.80 元

产品编号：101545-01

前 言
PREFACE

党的二十大报告指出：教育、科技、人才是全面建设社会主义现代化国家的基础性、战略性支撑。必须坚持科技是第一生产力、人才是第一资源、创新是第一动力，深入实施科教兴国战略、人才强国战略、创新驱动发展战略，开辟发展新领域新赛道，不断塑造发展新动能新优势。高等教育与经济社会发展紧密相连，对促进就业创业、助力经济社会发展、增进人民福祉具有重要意义。

无线传感器网络综合了传感器、嵌入式计算、现代网络及无线通信和分布式信息处理等技术，能够通过各类集成化的微型传感器协同完成对各种环境或监测对象的信息的实时感知、采集和监测，这些信息通过无线方式发送，并以自组多跳的网络方式传输到用户终端，从而实现物理世界、计算世界以及人类社会三元世界的连通。传统的无线网络关心的是如何在保证通信质量的情况下实现最大的数据吞吐率，而无线传感器网络主要用于实现不同环境下各种缓慢变化参数的检测，通信速率并不是其主要考虑的因素，它最关心的问题是在体积小、布局方便以及能量有限的情况下尽可能地延续目前的网络生命周期。

ZigBee 技术是一种近距离、低复杂度、低功耗、低速率、低成本的双向无线通信技术，主要用于在距离短、功耗低且传输速率不高的各种电子设备之间进行数据传输，因此非常适用于家电和小型电子设备的无线控制指令传输。其典型的传输数据类型有周期性数据（如传感器）、间歇性数据（如照明控制）和重复低反应时间数据（如鼠标）。由于其节点体积小，且能自动组网，所以布局十分方便；又因其强调由大量的节点进行群体协作，网络具有很强的自愈能力，任何一个节点的失效都不会对整体任务的完成造成致命性影响，所以特别适合用来组建无线传感器网络。

利用 ZigBee 技术实现无线传感器网络，主要需要考虑通信节点的硬件设计，包括传感数据的获得及发送，以及实现相应数据处理功能所必需的应用软件开发。TI（德州仪器）公司的 CC2530 芯片是实现 ZigBee 技术的优秀解决方案，完全符合 ZigBee 技术对节点"体积小、能耗低"的要求。另外，TI 公司还提供了 Z-Stack 协议栈，尽可能地减少了开发者开发通信程序的工作量，使开发者能专注于实现业务逻辑。

本书的主要编写目的是从实训的角度为读者解析利用 ZigBee 技术开发使用 CC2530 芯片和 Z-Stack 协议栈实现的无线传感器网络的各个要点，由浅入深地讲述如何开发具体的无线传感器网络系统。

◆ 内容概述

本书第 1～3 章概述了无线传感器网络的基本理论。其中，第 1 章介绍无线传感器网络的主要概念，第 2 章主要介绍 IEEE 802.15.4 无线传感器网络的通信标准，第 3 章主要介绍 ZigBee 无线传感器网络的通信标准，使读者对无线传感器网络有整体上的认识。

第 4 章讲述 ZigBee 开发平台。

第 5 章基于核心芯片 CC2530 内部硬件模块设计若干基础实验，使读者熟悉核心芯片 CC2530 的主要功能。

第 6 章和第 7 章介绍如何使用 CC2530 控制各种常见的传感器。第 6 章讲述数字温湿度传感器 DHT11、光强度传感器模块等常见的传感器操作方法。第 7 章介绍使用 CC2530 实现红外信号的收发操作。

第 8 章深入介绍 Z-Stack 协议栈，讲述 Z-Stack 的一些基本概念、Z-Stack 轮询式操作系统的工作原理，以及 Z-Stack 串口机制和绑定机制，使读者初步掌握 Z-Stack 的工作机制。

第 9~11 章介绍 Z-Stack 协议栈开发的 3 个项目：智能家居系统、智能温室系统和学生考勤管理系统。

第 12 章介绍 ZigBee 协议新版本 ZigBee 3.0。

◆ 相关资源

为便于教学，本书提供丰富的配套资源，包括教学大纲、教学课件、程序源码和微课视频。

资源下载提示

课件等资源：扫描封底的"图书资源"二维码，在公众号"书圈"下载。

微课视频：扫描下方的二维码在线学习。

扫一扫

视频

由于编者水平有限，书中难免存在疏漏之处，恳请读者批评指正。

编　者

2024 年 5 月

目 录
CONTENTS

第 1 章

CHAPTER 1

无线传感器网络

无线传感器网络（Wireless Sensor Networks，WSN）是 21 世纪备受国内外关注的热点技术领域之一，是多学科高度交叉的新兴前沿研究领域，涉及微电子技术、微型传感器技术、片上系统（System on Chip, SoC）技术、嵌入式计算技术、分布式信息处理技术等多个技术领域。无线传感器网络是一种分布式传感网络，它通过数以万计的传感器感知和检查外部世界，实时监测和采集网络分布区域内各种检测对象的信息，并将这些信息通过无线通信技术发送到网关节点，实现指定范围内目标的检测与跟踪，还可以将信息通过有线或无线的方式与互联网进行连接。

无线传感器网络技术的产生与发展将彻底改变人类自古以来仅仅靠自身的触觉、视觉、嗅觉来感知信息的状态，极大地提高人类获取信息的准确性和灵敏度。作为信息时代的一项变革性的技术，无线传感器网络可以使人们在任何时间、任何地点和任何环境条件下获取大量翔实、可靠的信息，真正实现"无处不在的计算"的理念。无线传感器网络已经被广泛应用到军事侦测、智能家居、环境监测、工业控制、农业种植、畜牧业管理、交通管理和医疗监护等领域，有着广泛的应用场景和巨大的市场潜力。

无线传感器网络是物联网获取数据的重要手段，在物联网应用体系中的作用日益突显，极大地提高了人类掌控物理世界的能力。无线传感器网络的普及应用也为大数据技术提供了源源不断的数据，为提高人们生活质量、预测未来提供了有力支撑。无线传感器网络将成为继计算机、互联网与移动通信网之后信息产业新一轮竞争的制高点。

1.1 无线传感器网络概述

无线传感器网络（WSN）是一种通过无线通信技术把大量廉价的传感器节点通过无线自组织通信方式互相传输信息，协同完成特定功能的无线网络。典型的无线传感器网络系统通常由若干传感器节点、汇聚节点、管理节点等组成。传感器节点部署在监测区域内部或附近，通过自组织方式构成网络。传感器节点监测的数据沿着其他传感器节点逐跳进行传输，在传输过程中监测数据可能被多个节点处理，经过多跳后路由到汇聚节点，最后通过互联网或卫星到达管理节点。用户通过管理节点对传感器网络进行配置和管理，发布监测任务以及收集监测数据。

构成传感器节点的单元分别为数据采集单元、数据传输单元、数据处理单元以及能量供应单元。其中，数据采集单元通常都是采集监测区域内的信息并加以转换，如光强度、大气压力与温度等；数据传输单元则主要以无线通信方式发送/接收那些采集进来的数据信息；数据处理单元通常处理的是全部节点的路由协议和管理任务以及定位装置等；能量供应单元为缩减传感器节点占据的面积，会选择微型电池的构成形式。

由上，无线传感器网络由多学科高度交叉而成，综合了传感器技术、嵌入式计算技术、网络通信技术、分布式信息处理技术和微电子制造技术等，能够通过各类集成化的微型传感器节点协作对各种环境或检测对象的信息进行实时监测、感知和采集，并对采集到的信息进行处理，通过无线自组织网络以多跳中继方式将所感知的信息传输给终端用户。

通俗地说，无线传感器网络是一种大规模、自组织、多跳、无基础设施支持的无线网络，网络中节点是同构的，成本较低，体积和耗电量较小，大部分节点不移动，被随意地散布在监测区域，要求网络具有尽可能长的工作时间和使用寿命。

传感器、感知对象和观察者是无线传感器网络的3个基本要素，这3个要素之间通过无线通信方式建立通信链路，协作地感知、采集、处理、传输信息。其中，传感器是无线传感器网络的主要硬件，具有信息感知、数据处理、信息通信等功能，观察者是无线传感器网络的用户，是感知信息的接收者和应用者；感知对象是观察者感兴趣的监测目标，即无线传感器网络的感知对象。一个无线传感器网络可以感知网络分布区域内的多个对象，一个对象也可以被多个无线传感器网络感知。无线通信是传感器之间、传感器与观察者之间的通信方式，在传感器与观察者之间建立了通信链路。

无线传感器网络在农业、医疗、工业、交通、军事、物流以及个人家庭等众多领域都具有广泛的应用，其研究、开发和应用很大程度上关系到国家安全、经济发展等各个方面。因为无线传感器网络广阔的应用前景和潜在的巨大应用价值，近年来在国内外引起了广泛地重视。另外，由于国际上各个机构、组织和企业对无线传感器网络技术及相关研究的高度重视，也大大促进了无线传感器网络的高速发展，使无线传感器网络在越来越多的应用领域开始发挥其独特的作用。

1.2　无线传感器网络的发展历程及发展趋势

1.2.1　无线传感器网络的发展历程

无线网络技术的发展起源于人们对无线数据传输的需求，无线网络技术的不断进步直接推动了无线传感器网络概念的产生和发展。无线传感器网络的发展大致可以分为以下几个阶段。

第一阶段：无线传感器网络的基本思想起源于20世纪70年代，当时的传感器网络特别简单，传感器只能获取简单的信号，数据传输采用点对点模式，传感器节点与传感控制器相连就构成了传感器网络的雏形，人们一般把它称为第一代传感器网络。

第二阶段：20世纪80~90年代，随着传感器网络相关学科的不断发展和进步，传感器网络具备了获取更多种信息的综合处理能力，并通过串口或并口与传感控制器相连，组成同时具备信息综合和信息处理两种处理能力的传感器网络，一般被称为第二代传感器网络。

第三阶段：传感器网络发展的速度越来越快，在20世纪90年代后期，第三代传感器网络开始问世，它更加智能化，综合处理能力更强，能够智能地获取各种传感信息，采用局域网形式，通过一根总线实现传感器节点和传感控制器的连接，是一种智能化的传感器网络。

第四阶段：到目前为止，第四代传感器网络还在开发之中，虽然第四代传感器网络在实验室中已经可以运行，但限于节点成本、电池寿命等原因，大规模、通用型的产品和种类还不能满足社会对传感器网络的需求。这一代网络结构采用无线通信模式，大规模地撒播具有简单数据处理能力和数据融合能力的无线传感器节点，自组织地实现节点间的相互无线通信，这就是所谓的无线传感器网络。目前，不论国内还是国外，无线传感器网络都是一个重点研究的课题，随着时间的推移和科技的进步，相信无线传感器网络必定会取得巨大的突破。

1.2.2　无线传感器网络的发展趋势

无线传感器网络在国际上被认为将是继互联网之后的第二大网络，2003年美国杂志《技术评论》评出对人类未来生活将产生深远影响的十大新兴技术，传感器网络位列第一。

在现代意义上的无线传感器网络研究及其应用方面，我国与发达国家几乎同步启动，它成为我国信息技术领域位居世界前列的少数技术方向之一。在2006年我国发布的《国家中长期科学与技术发展规划纲要》中，为信息技术确定了3个前沿发展方向，其中有两项与传感器网络直接相关，就是智能感知技术和自组织网络技术。当然，无线传感器网络的发展也是符合一般计算设备的演进规律。

无线传感器网络是一个集环境感知、动态决策与规划、行为控制与执行等多种功能于一体的综合性系统，具有很强的应用相关性，不同应用需要配置不同的网络模型、软件系统与硬件平台。随着技术的发展，无线传感器网络的应用与研究呈现出无线传感器节点体积小、成本低、能耗少、通信能力强、可维护性和扩展性好、稳定性和安全性高等发展趋势。无线传感器网络的发展一般应注意以下方面。

（1）低成本问题。无线传感器网络是由大量的无线传感器节点组成的，单个节点的成本会极大程度地影响整个无线传感器网络的成本。为了达到降低单个节点成本的目的，需要设计出对计算能力、通信能力和存储能力均要求较低的简单无线网络系统和无线通信协议。此外，还可以通过减少网络管理与维护的开销降低无线传感器网络的成本，这需要无线传感器网络具有自我配置和自我修复的能力。

（2）低能耗问题。在无线传感器网络中传感节点能量是有限的，而能量又与无线传感器网络寿命紧密联系。在具体应用中，无线传感器节点会由于能量的耗尽而失效或被废弃，这就要求无线传感器网络中的无线传感器节点都要尽可能最小化自身的能耗，以获得相对较长的工作时间。目前常见的解决方案是使用高能电池，理想的情况是让无线传感器节点具备自我收集能量的能力，自动收集能量技术的开发令无线传感器网络的无线传感器节点的工作时间更长。在无线传感器网络中，各项技术和协议的使用的重要方面都是以节能为前提的，针对不同应用的节点自我定位算法、优化覆盖算法、时间同步算法都是无线传感器网络值得进一步深入研究的问题，从而进一步提高网络的性能，延长无线传感器网络寿命。

（3）安全与抗干扰问题。由于无线传感器网络具有严格的资源和成本限制，因此在实际应用中必然会带来一定的安全问题。例如，无线传感器节点在实际应用中往往会部署在环境恶劣、人员不可到达的区域，因此要求无线传感器节点必须具备良好的安全性和一定的抗干扰能力。

1.3　无线传感器网络的研究现状和前景

考虑到无线传感器网络的巨大发展前景和应用价值，许多国家都非常关注无线传感器网络的发展状况，学术界也逐渐把无线传感器网络作为一个研究的重点。美国的一家基金会于 2003 年发布了一个无线传感器网络开发项目，投入大量资金研究无线传感器网络的基础理论；美国国防部也把无线传感器网络列入了重点研究对象，提出了一个无线传感器网络感知计划，这个计划重点强调战争中对敌方情报的搜集感知能力和对信息的处理传输能力。美国国防部还开设了用于军事的无线传感器网络研究项目；世界各国的通信、计算机等知名企业也积极准备迎接无线传感器网络可能带来的机遇，积极组织技术团队研发无线传感器网络。我国关于无线传感器网络概念的提出要追溯到 1999 年中国科学院《知识创新工程试点领域方向研究》的"信息与自动化领域研究报告"，该报告指出，无线传感器已经被列为信息与自动化 5 个最有影响力的项目之一。另外，许多国内高校对无线传感器网络的研究也在加速进行。例如，中国科学院上海微系统研究所从 1998 年开始就一直在跟踪和研究无线传感器网络；国内的一些高校，如清华大学、国防科技大学、北京邮电大学、西安电子科技大学、哈尔滨工业大学、复旦大学、中南大学等，也都在深入研究无线传感器网络，并取得了一定的成果。

从总体上来说，目前无线传感器网络正处在一个快速成长的时期，无论在国内还是国外，无线传感器网络都是一个重点研究的课题。无线传感器网络节点可能在极冷、极热、极干燥或极潮湿等恶劣条件下工作，要求这些因素都不能对无线传感器网络节点的感知能力产生影响，也不能对无线传感器网络节点内的电路运行产生影响，同时也不能影响节点间的数据传输。因此，在对无线传感器网络节点的设计上，不仅要考虑外壳设计、内部电路的设计，而且还要考虑如何使用较少的能量完成数据加密、身份认证、入侵检测，以及在被破坏或受干扰的情况下能够可靠地完成任务，这也是无线传感器网络研究与设计面临的一个重要挑战。

1.4　无线传感器网络的特点

目前常见的无线网络包括移动通信网、无线局域网、蓝牙网络、Ad-Hoc 网络等，无线传感器网络与其他无线网络在通信方式、动态组网以及多跳通信等方面有许多相似之处，但同时也存在很大的差别。无线传感器网络具有许多鲜明的特点。

1) 硬件资源有限

由于受价格、体积和功耗的限制，无线传感器网络节点的计算能力、程序空间和内存空间比普通的计算机功能要弱很多。这一点决定了在无线传感器网络节点系统设计中，协议层次不能太复杂。

2) 电源容量有限

传感器节点体积微小，通常携带能量十分有限的电池。电池的容量一般不是很大。由于传感器节点数目庞大，成本要求低廉，分布区域广，而且部署区域环境复杂，有些区域甚至人员不能到达，所以传感器节点通过更换电池的方式补充能源是不现实的，如果不能给电池充电或更换电池，一旦电池能量用完，这个节点也就失去了作用（死亡）。因此，在传感器网络设计过程中，任何技术和协议的使用都要以节能为前提。如何在使用过程中节省能源，最大化网络的生命周期，是无线传感器网络面临的首要挑战。

3) 通信能力有限

无线传感器网络的通信带宽窄而且经常变化，通信覆盖范围只有几十到几百米。传感器节点之间的通信断接频繁，容易导致通信失败。由于无线传感器网络更多地受到高山、建筑物、障碍物等地势地貌以及风雨雷电等自然环境的影响，传感器可能会长时间脱离网络离线工作。与传统的无线网络不同，无线传感器网络中传输的数据大部分是经过节点处理的数据，因此流量较小。根据目前观察到的现象特征来看，传感数据所需的带宽将会很低。如何在有限通信能力的条件下高质量地完成感知信息的处理与传输，是无线传感器网络应用面临的一个难题。

4）计算和存储能力有限

传感器网络应用的特殊性，要求传感器节点的价格低、功耗小，这必然导致其携带的处理器能力比较弱、存储器容量比较小。因此，如何利用有限的计算和存储资源，完成诸多协同任务，是无线传感器网络技术面临的另一个瓶颈问题。事实上，随着低功耗电路和系统设计技术的提高，目前已经开发出很多超低功耗微处理器。同时，一般传感器节点还会配上一些外部存储器。

5）规模大，分布密集，网络密度高

无线传感器网络大规模的含义包括两层：一层含义是监测的区域一般比较大，传感器部署在很广的范围内；另一层含义是部署的传感器节点的数量较多，目的是通过部署冗余节点，使网络系统具有很强的容错能力，提高监测的准确性，减少覆盖盲区。无线传感器网络通常密集部署在大范围无人的监测区域中，通过网络中大量冗余节点协同工作提高系统的工作质量。无线传感器网络中的节点分布密集，数量巨大，可能达到几百、几千、几万，甚至更多。此外，为了对一个区域执行监测任务，往往有成千上万传感器节点空投到该区域，传感器节点分布非常密集。

6）自组织特性、自组网性与自维护性

无线传感器网络所应用的物理环境及网络自身具有很多不可预测因素，因此需要网络节点具有自组织能力。即在无人干预和其他任何网络基础设施支持的情况下，可以随时随地自动组网，自动进行配置和管理，并使用适合的路由协议实现监测数据的转发，网络规模大且具有自适应性。为了获取精确信息，无线传感器网络通常将大量的无线传感节点部署在大范围的地理区域或外部条件非常特殊的工作环境中，这一特点使得无线传感器网络的维护十分困难，甚至不可能进行维护，因此要求无线传感器网络的软硬件必须具有高可靠性和容错性。无线传感器网络中的无线传感器节点都是平等的，每个节点既可以发送数据，又可以接收数据，具有相同的数据处理能力和通信距离。节点的加入或退出都不会影响无线传感器网络的运行，无线传感器网络能够立即重组，具有自适应性。

7）以数据为中心的网络

无线传感器网络集成了不同的传感器，用于测量热、红外、声呐、雷达和地震波等信号，从而探测包括温度、湿度、噪声、光照度、压力、土壤成分，以及移动物体的大小、速度和方向等众多观察者感兴趣的数据。因此，将无线传感器节点视为感知数据流或感知数据源，将无线传感器网络视为感知数据空间或感知数据库，实现对感知数据的收集、存储、查询和分析。无线传感器网络可以看作由大量低成本、低能量、低功耗、计算存储能力受限的无线传感器节点通过无线连接构成的一个分布式实时数据库，每个无线传感器节点都存储一小部分数据。在无线传感器网络中，无线传感器节点没有全局标识符 ID，构成无线传感器网络的无线传感器节点编号之间的关系完全是动态的，表现为无线传感器节点编号与无线传感器节点位置没有必然联系。用户使用无线传感器网络查询事件时，直接将所关心的事件通告给无线传感器网络，而不是通告给某个确定编号的无线传感器节点。同样，无线传感器网络在获得指定事件的信息后汇报给用户。用户关心的是从无线传感器网络中获取的信息而不是无线传感器网络本身，因此以数据为中心是无线传感器网络区别于传统计算机网络的主要特点。

8）多跳路由

网络中节点通信距离有限，一般在几百米范围内，节点只能与它的邻居直接通信。如果希望与其射频覆盖范围之外的节点进行通信，则需要通过中间节点进行路由。固定网络的多跳路由使用网关和路由器来实现，而无线传感器网络中的多跳路由是由普通网络节点完成的，没有专门的路由设备。这样，每个节点既可以是信息的发起者，也是信息的转发者。

9）应用相关的网络

无线传感器网络是无线网络和数据网络的结合，一般是为了某个特定的需求而设计的。由于客观世界的物理量多种多样，不同的无线传感器网络应用所关心的物理量也就不同，无线传感器网络也有多种多样的应用背景，它们的硬件平台、软件系统和网络协议都会有所差异。因此，无线传感器网络不可能像传统计算机网络那样存在统一的通信协议平台。在开发传感器网络应用中，更关心传感器网络差异。针对每个具体应用研究传感器网络技术，这是无线传感器网络设计不同于传统网络设计的显著特征。

10）传感器节点出现故障的可能性较大

由于无线传感器网络中的节点数目庞大，分布密度超过如 Ad-Hoc 网络那样的普通网络，而且所处环境可能会十分恶劣，所以节点出现故障的可能性会很大。有些节点可能是一次性使用，可能会无法修复，所以要求其有一定的容错率。

1.5 无线传感器网络体系结构

传感器节点作为无线传感器网络的最小单元，在不同的应用领域中的组成结构也不尽相同。例如，在环境监测中主要专注于延长其生命周期，而在军事上主要专注于消息的及时处理和传输，但是整体来说传感器节点的基本组成结构是大同小异的。传感器节点通常被部署在现场，其成本低廉，重量轻，同时支持一些基本的功能，如事件监测、分类、追踪及汇报。每个节点包含一个或多个传感器、嵌入式处理器及供电电池。传感器节点在绝大多数时间保持"沉默"，一旦监测到数据则立即进入活动状态，所有节点合作完成一个共同的任务。

一般而言，传感器节点由 4 部分组成：传感器模块、处理器模块、无线通信模块和电源模块，如图 1-1 所示。它们各自负责自己的工作：传感器模块负责监测区域内的信息采集，并进行数据格式的转换，将原始的模拟信号转换为数字信号，将交流信号转换为直流

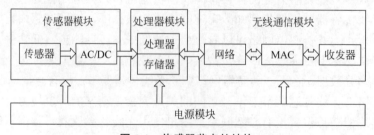

图 1-1 传感器节点的结构

信号，以供后续模块使用；处理器模块又分成两部分，分别是处理器和存储器，它们分别负责处理节点的控制和数据存储的工作；无线通信模块专门负责节点之间的相互通信；电源模块用来为传感器节点提供能量，一般都是采用微型电池供电。

无线传感器网络系统通常包括传感器节点（Sensor Node）、汇聚节点（Sink Node）和管理节点（Manager Node），如图 1-2 所示。大量传感器节点随机部署在监测区域，通过自组织的方式构成网络。传感器节点采集的数据通过其他传感器节点逐跳地在网络中传输，传输过程中数据可能被多个节点处理，经过多跳后路由到汇聚节点，最后通过互联网或卫星到达数据处理中心。也可以沿着相反的方向，通过管理节点对传感器网络进行管理，发布监测任务以及收集监测数据。

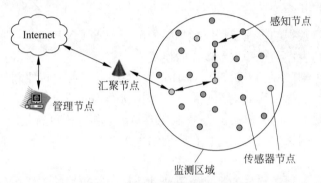

图 1-2　无线传感器网络体系结构

网络协议体系结构是无线传感器网络的"软件"部分，包括网络的协议分层以及网络协议的集合，是对网络及其部件应完成功能的定义与描述。无线传感器网络协议体系由网络通信协议、传感器网络管理技术以及应用支撑技术组成，如图 1-3 所示。

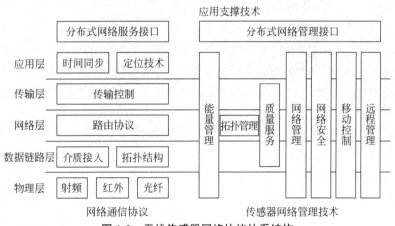

图 1-3　无线传感器网络协议体系结构

开放系统互连（Open System Interconnection, OSI）模型采用的是分层体系结构，一共分为 7 层。与 OSI 模型相对应，无线传感器网络也具有自己的层次结构模型，但是无线传感器网络分为 5 层。OSI 模型和无线传感器网络的物理层、数据链路层、网络层和传输层的基本结构相同，但是在传输层以上的上层结构中，无线传感器网络只有一个应用层，两种模型同层次的功能也基本上相同。下面详细介绍各层的功能。

1）物理层

无线传感器网络的传输介质可以是无线、红外线或光介质。大量的传感器网络节点基于射频电路，无线传感器网络推荐使用免许可证 ISM（Industrial Scientific Medical）频段。在物理层技术选择方面，环境的信号传播特性、物理层技术的能耗是设计的关键问题。无线传感器网络的典型信道属于近地面信道，其传播损耗因子较大，并且天线距离地面越近，其损耗因子就越大，这是无线传感器网络物理层设计的不利因素。然而，无线传感器网络的某些内在特征也存在有利因素。例如，高密度部署的无线传感器网络具有分集特性，可以用来克服阴影效应和路径损耗。目前低功率无线传感器网络物理层的设计仍然有许多未知领域值得深入探讨。

2）数据链路层

数据链路层负责数据的多路复用、数据帧检测、介质接入和差错控制，数据链路层保证了无线传感器网络内点到点和点到多点的连接。

（1）介质访问控制。在无线多跳 Ad-Hoc 网络中，介质访问控制（Medium Access Control, MAC）层协议主要负责两个职能：一是网络结构的建立，因为成千上万个传感器节点高密度地分布于待测地域，MAC 层机制需要为数据传输提供有效的通信链路，并为无线通信的多跳传输和网络的自组织特性提供网络组织结构；二是为传感器节点有效、合理地分配资源。

（2）差错控制。数据链路层的另一个重要功能是传输数据的差错控制。在通信网中有两种重要的差错控制模式，分别是前向纠错（Forward Error Correction, FEC）和自动重传请求（Automatic Repent reQuest, ARQ）。在多跳网络中，ARQ 由于重传的附加能耗和开销而很少使用，即使使用 FEC 方式，也只考虑低复杂度的循环码，而其他适合无线传感器网络的差错控制方案仍处于探索阶段。

3）网络层

传感器节点高密度地分布于待测环境内或周围。在传感器节点和接收节点之间需要特殊的多跳无线路由协议。传统的 Ad-Hoc 网络大多基于点对点的通信，而为增大路由可达度，并考虑到传感器网络的节点并非非常稳定，传感器节点大多使用广播式通信，路由算法也基于广播方式进行优化。此外，与传统的 Ad-Hoc 网络路由技术相比，无线传感器网络的路由算法在设计时需要特别考虑能耗的问题。基于节能的路由有若干种，如：最大有效功率（PA）路由算法，即选择总有效功率最大的路由，总有效功率可以通过累加路由上的有效功率得到；最小能量路由算法，该算法选择从传感器节点到接收节点传输数据消耗最小能量的路由；基于最小跳数路由算法，在传感器节点和接收节点之间选择最小跳数的节点；基于最大最小有效功率节点路由算法，即算法选择所有路由中最小有效功率最大的路由。

4）传输层

无线传感器网络的计算资源和存储资源都十分有限，早期无线传感器网络数据传输量并不是很大，而且互联网的传输控制协议（Transmission Control Protocol, TCP）并不适应无线传感器网络环境，因此早期的无线传感器网络一般没有专门的传输层，而是把传输层的一些重要功能分解到其下各层实现。随着无线传感器网络的应用范围扩大，无线传感器网络中也出现了较大的数据流量，并开始传输包括音/视频数据的媒体数据流。因此，目前面向无线传感器网络的传输层研究也在展开，在多种类型数据传输任务的前提下保障各种数据的端到端的传输质量。

5）应用层

应用层包括一系列基于监测任务的应用层软件。与传输层类似，应用层研究也相对较少。应用层的传感器管理协议、任务分配和数据广播管理协议，以及传感器查询和数据传播管理协议是传感器网络应用层需要解决的潜在问题。

WSN 节点的典型硬件结构如图 1-4 所示，主要包括电池及电源管理电路、传感器、信号调理电路、A/D 转换器、存储器、微处理器和射频模块等。节点采用电池供电，一旦电源耗尽，节点就失去了工作能力。为了最大限度地节约电源，在硬件设计方面，要尽量采用低功耗器件，在没有通信任务时，切断射频部分电源；在软件设计方面，各层通信协议都应该以节能为中心，必要时可以牺牲其他的一些网络性能指标，以获得更高的电源效率。

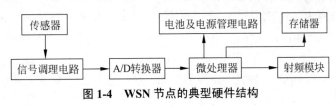

图 1-4　WSN 节点的典型硬件结构

1.6　无线传感器网络的关键技术

1. 时间同步技术

时间同步是需要协同工作的无线传感器网络系统的一个关键机制，也是完成实时信息采集的基本要求，同时也是提高定位精度的关键手段，如测量移动车辆速度需要计算不同传感器检测事件的时间差，通过波束阵列确定声源位置节点间的时间同步。全球定位系统（Global Positioning System, GPS）能够以纳秒级精度与世界协调时（Universal Time Coordinated, UTC）保持同步，但需要配置固定的高成本接收机，而且在室内、森林或水下等有掩体的环境中无法使用 GPS。因此，它们都不适用于无线传感器网络。常用方法是通过时间同步协议完成节点间的对时，通过滤波技术抑制时钟噪声和漂移。最近，利用耦合振荡器的同步技术实现网络无状态自然同步方法也倍受关注，这是一种高效的、可无限扩展的时间同步新技术。

由于无线传感器网络节点配置低，节点晶振漂移现象严重，为了保证节点间能以一个统一步调运作，必须对各节点进行定期时间同步。时间同步对时间敏感监测应用非常关键，同时它也是一些依赖于局部同步或全局同步的网络协议设计的基础。传统因特网上的时间同步技术，如网络时间协议（Network Time Protocol, NTP），由于实现复杂及开销大，不利于无线传感器网络应用，现已有很多国内外学者针对无线传感器网络的时间同步问题展开了工作。例如，J. Elson 等提出了一个基于广播参考的时间同步算法（Reference-Broadcast Synchronization，RBS），该算法与传统的由一个服务器广播同步信号给多个客户进行时间同步的思想不同，相邻节点间定期广播参考信号，各节点以自己的时钟记录事件，随后用接收到广播的参考时间加以校正。这种同步算法应用于确定来自不同节点的监测事件的先后关系时有足够的精度。

2. 定位技术

定位技术包括节点自定位和网络区域内的目标定位跟踪。节点自定位是指确定网络中节点自身位置，这是随机部署组网的基本要求。GPS 技术是室外通常采用的自定位手段，但成本较高，而且在有遮挡的地区会失效。传感器网络更多采用混合定位方法：手动部署少量的锚节点（携带 GPS 模块），其他节点根据拓扑和距离关系进行间接位置估计。目标定位跟踪通过网络中节点之间的配合完成对网络区域中特定目标的定位和跟踪，一般建立在节点自定位的基础上。

定位技术是大多数无线传感器网络应用的基础，同时也是一些网络协议设计的必备基础。无线传感器网络定位算法的研究有在传统基于到达时间（Time of Arrival, TOA）、到达时间差（Time Difference of Arrival, TDOA）以及接收信号强度指示（Received Signal Strength Indicator, RSSI）估计方法进行扩展的定位算法。这些算法受环境多径传播及信号衰落的影响较大，因此也有研究人员提出通过多点协作的定位算法，如质心算法（Centroid Algorithm）、无定型定位算法（Amorphous Positioning Algorithm）等，这些算法不同于传统的定位算法，而是通过节点间的相互关系进行定位。Pathirana P N 等还提出了一个基于移动机器人的新颖的定位算法，机器人带有 GPS 装置，在各节点间移动，每个节点在接收到它发出的信号后判断与它的位置关系从而确定自己的位置。

3. 分布式数据管理和信息融合

从数据存储的角度看，无线传感器网络可被视为一种分布式数据库。以数据库的方法在无线传感器网络中进行数据管理，可以将存储在网络中的数据的逻辑视图与网络中的实现进行分离，使网络中的用户只关心数据查询的逻辑结构，无须关心实现细节。虽然对网络中所存储的数据进行抽象会在一定程度上影响执行效率，但可以显著增强无线传感器网络的易用性。美国加州大学伯克利分校的 TinyDB 系统和康奈尔大学的 Cougar 系统是目前具有代表性的无线传感器网络数据管理系统。分布式动态实时数据管理是以数据中心为特征的 WSN 的重要技术之一。该技术通过部署或指定一些节点为代理节点，代理节点根据监测任务收集兴趣数据。监测任务通过分布式数据库的查询语言下达给目标区域的节点。在整个体系中，WSN 被当作分布式数据库独立存在，实现对客观物理世界的实时和动态监测。

传感器网络存在能量约束。减少传输的数据量能够有效地节省能量，因此在从各个传感器节点收集数据的过程中，可利用节点的本地计算和存储能力处理数据的融合，一方面排除信息冗余，减小网络通信开销，节省能量；另一方面可以通过贝叶斯推理技术实现本地的智能决策。由于传感器节点的易失效性，传感器网络也需要通过数据融合技术对多份数据进行综合，提高信息的准确度。

4. 安全技术

无线传感器网络作为任务型网络，不仅要进行数据的传输，而且要进行数据的采集和融合、任务的协同控制等，如何保证任务执行的机密性、数据产生的可靠性、数据融合的高效性以及数据传输的安全性，成为无线传感器网络需要全面考虑的安全内容。安全通信和认证技术在军事和金融等敏感信息传递应用中有直接需求。传感器网络由于部署环境和传播介质的开放性，很容易受到各种攻击。但受无线传感器网络资源限制，直接应用安全通信、完整性认证、数据实时性、广播认证等现有算法存在实现的困难。鉴于此，研究人员一方面探讨在不同组网形式、网络协议设计中可能遭到的各种攻击形式；另一方面设计安全强度可控的简化算法和精巧协议，满足传感器网络的现实需求。

5. 精细控制、深度嵌入的操作系统技术

作为深度嵌入的网络系统，WSN 对操作系统也有特别的要求，既要能够完成基本体系结构支持的各项功能，又不能过于复杂。从目前发展状况来看，TinyOS 是非常成功的 WSN 专用操作系统。但随着芯片低功耗设计技术和能量工程技术水平的提高，更复杂的嵌入式操作系统，如 VxWorks、μCLinux 和 μC/OS 等，也可能被 WSN 所采用。

6. 能量工程

能量工程包括能量的获取和存储两方面。能量获取主要指将自然环境的能量转换为节点可以利用的电能，如太阳能、振动能量、地热、风能等。2007 年在无线能量传递方面有了新的研究成果：通过磁场的共振传递技术传递远程能量。这项技术对 WSN 技术的成熟和发展带来革命性的影响。在能量存储技术方面，高容量电池技术是延长节点寿命、全面提高节点能力的关键性技术。纳米电池技术是目前最有希望的技术之一。目前无线充电技术已经有了很大的发展，开始逐渐应用于无线传感器网络。

7. 网络拓扑控制

对于无线传感器网络，网络拓扑控制具有特别重要的意义。通过拓扑控制自动生成良好的网络结构，能够提高路由协议和 MAC 协议的效率，可以为数据融合、时间同步和目标定位等很多方面奠定基础，有利于节省节点的能量以延长网络的生存期。所以，拓扑控制是无线传感器网络的核心技术之一。

8. 网络协议

由于传感器节点的计算能力、存储能力、通信能力以及携带的能量都十分有限，每个节点只能获取局部网络的拓扑信息，其上运行的网络协议也不能太复杂；同时，传感器拓扑结构动态变化，网络资源也在不断变化，这些都对网络协议提出了更高的要求。传感器网络协议负责使各个独立的节点形成一个多跳的无线数据传输网络，目前研究的重点是网络层协议和数据链路层协议。网络层的路由协议决定监测信息的传输路径；数据链路层的MAC 协议用来构建底层的基础结构，控制传感器节点的通信过程和工作模式。

1.7 无线传感器网络应用与发展

作为一种新型网络，无线传感器网络在军事、工业、农业、交通、土木建筑、安全、医疗、家庭和办公自动化等领域都有着广泛的用途，其在国家安全、经济发展等方面发挥了巨大作用。随着无线传感器网络不断快速发展，它还将被拓展到越来越多新的应用领域。

1. 智能交通

无线传感器网络可以应用在交通运输中，对交通进行全局管理，实时监控。埋在街道或路边的传感器可以在较高分辨率下收集交通状况的信息，可以监控每辆车辆的运行状况，还可以与这些汽车进行信息交互,如道路状况危险警告或前方交通拥塞警告等,减小事故发生概率和对事故进行迅速处理。无线传感器网络也可以应用到高速公路系统,与射频识别(Radio Frequency Identification, RFID)技术结合,用于高速公路收费系统。通过对互联网、GPS、RFID以及无线传感器网络等多项技术的集成可以实现一个庞大的交通信息交互、交通数据处理、交通智能化组织监控的系统。

2. 智能农业

无线传感器网络在农业生产方面也得到了很好的应用。通过无线传感器网络可以有效地节省人力,降低对农田环境的影响和及时收集农田信息(如水分、光照、温度、湿度等),即将温度或土壤组合传感器放置在农田中计算出精确的灌溉量和施肥量。病虫害防治也得益于对农田进行精准的检测。牧民可以在羊或牛身上佩戴传感器,通过传感器监测动物的健康状况,一旦测量值超过阈值就会发出警告,也可通过在羊或牛体内内置芯片,在放牧回来时自动清点牛羊数目。例如,美国雨鸟公司的农业灌溉自动控制系统通过无线传感器网络对土壤的水分、CO_2浓度、空气的温度、pH值、大气辐射等物理参数进行收集和分析,并通过控制台发出控制指令,实现农业自动化。

在传统农业中,人们获取农田信息的方式都很有限,主要是通过人工测量,获取过程需要消耗大量的人力,而使用无线传感器网络可以有效降低人力消耗和准确把握农田环境的变化,获取精确的信息。现在只要将各类传感器节点布撒到要监测的区域构成监控网络,通过这些传感器采集信息,就可以帮助农民及时发现问题,并且准确定位发生问题的位置,使农业有可能逐渐从以人力为中心、依赖于孤立的生产模式转向以信息和软件为中心的生产模式,从而大量使用各种自动化、智能化、远程控制的生产设备。例如,北京市科委计划项目"蔬菜生产智能网络传感器体系研究与应用"正式把农用无线传感器网络示范应用于温室蔬菜生产中。在温室环境里,单个温室即可成为无线传感器网络的一个测量控制区,采用不同的传感器节点构成无线网络测量土壤湿度、土壤成分、pH值、降水量、温度、空气湿度和气压、光照强度、CO_2浓度等,以获得农作物生长的最佳条件,为温室精准调控提供科学依据,最终使温室中的传感器以及执行机构标准化、数字化、网络化,从而达到提高作物产量和经济效益的目的。

3. 医疗健康

传统模式下的医疗检测需要病人必须在指定地点才能进行,而且只能监测指定时间的情况,很不方便。利用无线传感器网络技术,医生可以为患者安装传感器节点以便实时监测患者的生理指标(血压、心率、呼吸、体温等),发现异常迅速抢救。医生可以使用手持个人数字助理(Personal Digital Assistant, PDA)等设备,随时查询病人健康状况或接收报警消息。无线传感器网络系统与各种无线或有线的网络设备(如中心服务器和数据库)以及各种终端设备互连通信,实现病房电子巡检功能。同时,在病房内部布置一定数量的传感器节点,这些节点可以实时监测病房内的温度、光强度等信息,有针对性地为病人提供最适宜的休养环境。

4. 工业监控

无线传感器网络应用在工业生产中,不仅可以实时监测生产过程,而且在一些危险的行业中可以提高工作安全保障。目前水处理行业通过物理、化学和生物手段,对水质进行分析、治理、去除或增加水中物质的全过程中都利用了无线传感器网络技术。当污水经过一道道的工序进入相应的处理池中时，首先对各种参数进行采集（包括温度、压力、液位、流量、pH 值、电导率、悬浮固体等），这些前端的传感设备将采集的模拟量数据通过电磁波发送到网关，然后网关将数据传输到控制器或计算机系统，实现对污水处理过程的全程监测和控制。

5. 军事应用

和其他许多技术一样，无线传感器网络最早是面向军事应用的。在战场上，使用无线传感器网络采集部队、武器装备和军用物资供给等信息，并通过汇聚节点将数据送至指挥所，再转发到指挥部，最后融合来自各战场的数据形成军队完备的战区态势图。目标定位网络嵌入式系统技术是美国国防高级研究计划局主导的一个战场应用实验项目。项目短期目标是建立包括 10 万～100 万个计算节点的可靠、实时、分布式应用网络。这些节点包括连接传感器和控制器的物理和信息系统部件。该项目应用了大量的微型传感器、微电子、先进传感器融合算法、自定位技术和信息技术方面的成果。项目长期目标是实现传感器信息的网络中心分布和融合，显著提高作战态势感知能力。该项目成功验证了能够准确定位敌方狙击手的传感器无线网络技术，采用多个廉价音频传感器协同定位敌方射手并标示在所有参战人员的个人计算机中，甚至能显示出敌方射手采用跪姿和站姿射击的差异。

6. 灾难救援与临时场合

在很多地震、水灾、强热带风暴等自然灾难打击后，原有固定的通信网络设施（如移动通信网、有线通信网、卫星通信地球站等）通常会被大部分摧毁，导致无法正常工作。这时，使用部署不依赖任何固定网络设施并能够快速构建的无线传感器网络就可以帮助抢险救灾，从而达到减少人员伤亡和财产损失的目的。

7. 家庭应用

信息技术的快速发展极大改变了人们的生活和工作方式。无线传感器网络在家庭及办公自动化方面具有巨大的潜在应用前景。无线传感器网络应用最多的就是在家电与家具中嵌入传感器节点，将各种家居设备联系起来，通过与互联网连接以实现家居设备智能化，通过远程监控系统，让人们的生活变得更加便捷，更加舒适。

8. 环境监测

随着科学技术的不断进步，人们也越来越认识到环境监测的重要性，在我国环境保护被提升到了国家战略的高度。例如，利用安装在城市重点观测区域或森林、自然保护区等野外观测区的无线传感器网络系统，实时地将与环境有关的各种物理量传输到监控中心，为精确调控提供可靠依据。

9. 其他领域应用

无线传感器网络具有非常广泛的应用前景，它不仅在工业、农业、军事、医疗、灾难救援等传统领域具有巨大的应用价值，未来还将在许多新兴领域中体现其较好的优越性。

在太空探索方面，借助航天器在外星体撒播一些传感器节点，实现对星球表面进行长期监测。

2022 年卡塔尔世界杯首次引入的"半自动越位判罚技术"在判罚越位中"战功赫赫"。足球内部安装了传感器,以每秒 500 次的频率向外界传输数据,实时确定足球的精确位置。同时,该系统还包含安装在球场内的 12 个跟踪摄像头,不仅可以监控足球位置,也可以通过追踪每名球员身上的 29 个点确定球员的实时位置,这些摄像头也会以每秒 50 次的频率传输数据。每当球传给处于越位位置的球员时,该系统都会向视频助理裁判自动发出越位警报。

随着无线传感器网络的深入研究,无线传感器网络将逐步深入人类生活的各个领域,微型、智能、高效、廉价的传感器节点将必然走进生活,让人们感受到一个无所不在的网络世界。

1.8　典型短距离无线通信网络技术

伴随着计算机网络及通信技术的飞速发展,人们对无线通信的要求越来越高。人们注意到在同一幢楼内或在相距咫尺的地方,同样也需要无线通信。因此,短距离无线通信技术应运而生。短距离无线通信技术可以满足人们对低价位、低功耗、可替代电缆的无线数据网络和语音链路的需求。目前,便携式设备间网络连接使用的短距离无线通信技术主要有蓝牙(Bluetooth)技术、无线局域网 IEEE 802.11(WiFi)、红外数据传输、ZigBee、超宽频(Ultra-Wideband, UWB)、短场通信(Near Field Communication, NFC)、射频识别技术(RFID)、6LoWPAN、Z-Wave 和专用无线通信系统等。

下面介绍几种主要的短距离无线通信及其应用技术。

1. 红外数据传输

红外线数据协会(Infrared Data Association, IrDA)为短距离红外无线数据通信制定了一系列开放的标准。IrDA 是点对点的数据传输协议,通信距离很短,一般在 0~1m,通信介质为波长为 900nm 左右的近红外线,传输速率最大可达 16Mb/s。IrDA 传输具备角度小(30° 以内)、距离短、数据直线传输、传输速率较高、保密性强等特点,适用于传输大容量的文件和多媒体数据,并且无须申请频率的使用权,成本较为低廉。目前主流的软硬件平台均提供对 IrDA 的支持,IrDA 已被全球范围内的众多厂商采用。

IrDA 数据通信按发送速率分为 3 大类:SIR、MIR 和 FIR。串行红外(SIR)速率覆盖了 RS-232 端口通常所支持的速率,中等红外(MIR)指 0.576Mb/s 和 1.152Mb/s 的速率,高速红外(FIR)通常指 4Mb/s 的速率,也可以用于高于 SIR 的所有速率。在 IrDA 中,物理层、链路接入协议(IrDA)和链路管理协议(IrLMP)是必需的 3 个协议层,除此之外,还有一些适用于特殊应用模式的可选层。在基本的 IrDA 应用模式中,设备分为主设备和从设备。主设备探测它的可视范围,寻找从设备,然后从那些响应它的设备中选择一个试图建立连接。IrDA 数据通信工作在半双工模式,因为发射时,接收器会被它自己所屏蔽。通信的两个设备通过快速转向链路模拟全双工通信,由主设备负责控制链路的时序。IrDA 协议层安排应用程序的数据逐层下传,最终以光脉冲的形式发出。IrDA 物理层协议提出了对工作距离、工作角度、光功率、数据速率和不同品牌设备互联时抗干扰能力的建议。

IrDA 的缺点:它是一种视距传输,两个相互通信的设备之间必须对准,中间不能被其他物体阻隔,因而只适用于两台(非多台)设备之间的连接。

2. 蓝牙

蓝牙（Bluetooth）技术是一种典型的支持设备短距离通信（一般在 10m 内）的无线电技术，用于移动电话、PDA、无线耳机、笔记本电脑、相关外设等众多设备之间进行无线信息交换。蓝牙的名称来源于 10 世纪统一了丹麦的国王 Harald Blatand（英译为 Harold Bluetooth）的名字，取其"统一"的含义来命名，意在统一所有短距离无线通信标准。利用蓝牙技术，能够有效地简化移动通信终端设备之间的通信，也能够成功地简化设备与因特网之间的通信，从而使数据传输变得更加迅速高效，为无线通信拓宽了道路。蓝牙技术联盟 Bluetooth SIG（Special Interest Group）致力于推动蓝牙无线技术的发展，为短距离连接移动设备制定低成本的无线规范，并将其推向市场，如今已有近 2000 家公司加盟该组织。蓝牙技术是一个基于 IEEE 802.15.1 标准的无线数据与语音通信的开放性全球规范，但 IEEE 802.15.1 只设计蓝牙底层协议，大多数技术标准和协议制定工作仍由 Bluetooth SIG 负责，其成果将由 IEEE 批准。Bluetooth Smart 是蓝牙技术发展上一项具有全新变革的技术，它在传统蓝牙技术基础上，支持高速、低能耗以及 IP 等技术，功耗较老版本降低了 90%，使蓝牙技术得以延伸到心率监测仪、计步器等采用纽扣电池供电的一些新兴市场，为开拓钟表、远程控制、医疗保健及运动感应器等广大新兴市场的应用奠定了基础。提到蓝牙技术，人们想到的是物品与手机之间的连接，但 Bluetooth Smart 更专注于物与物连接，确切地说，它连接穿戴设备，和其他支持 Bluetooth Smart 的外部设备直接连接到手机的应用。所以，这是一个直接的连接技术，不仅与设备连接，还可连接载有应用程序的手机。Bluetooth Smart 能随市场进行各种扩展，为开发人员的创新提供弹性的开发空间，并为物联网的发展奠定基础。2014 年推出的蓝牙 4.2 版本让 Bluetooth Smart 成为连接生活中各种事物的最佳解决方案之一，其范围从个人传感器覆盖到互联家庭。除了规格本身的升级，还提供支持 IPv6 蓝牙应用的新配置文件（Internet Protocol Support Profile, IPSP），这将为设备连网开启全新领域。

蓝牙技术能够实现单点对多点的无线数据和声音传输，通信距离在 10m 的半径范围内。蓝牙工作在全球开放的 2.4GHz ISM 频段，使用跳频频谱扩展技术，通信介质为 2.402～2.480GHz 的电磁波，没有特别的通信视角和方向要求。蓝牙具有功耗低、支持语音传输、通信安全性好、组建网络简单等特点。

蓝牙还存在植入成本高、通信对象少、通信速率较低和技术不够成熟的问题。

就其工业实现而言，蓝牙标准可以分为硬件和软件两部分，硬件部分包括射频／无线电协议、基带/链路控制器协议和链路管理器协议，一般是做成一个芯片。软件部分则包括逻辑链路控制与适配协议及其以上的所有部分。硬件和软件之间通过主机控制器接口（Host Controller Interface, HCI）进行连接，也就是说在硬件和软件中都有 HCI，两者提供相同的接口进行通信。

蓝牙的几种典型应用如下。

（1）三合一电话。蓝牙技术可以使一部移动手机在多种场合内使用，在办公室里，这部手机是内部电话，不计电话费；在家里是无绳电话，计固定电话费；出门在外，是一部移动电话，按移动电话标准计费。

（2）接入互联网。蓝牙技术可以使便携式计算机在任何地方都能通过手机进入 Internet，随时随地"网上冲浪"。交互性会议中，蓝牙技术可以迅速使自己的信息通过便携式计算机、手机、PDA 等与其他与会者共享。

（3）数码相机中图像的无线传输。蓝牙技术将数码相机中的图像发送给其他的数字相机或计算机、PDA 等。

3. 无线局域网 IEEE 802.11（WiFi）

WiFi 的英文全称为 Wireless Fidelity，原先是"无线保真"的缩写，在无线局域网（Wireless Local Area Network, WLAN）的范畴是指无线相容性认证。WiFi 技术由 WiFi 联盟（WiFi Alliance）所持有，该组织成立于 1999 年，当时的名称叫作无线以太网相容联盟（Wireless Ethernet Compatibility Alliance, WECA），2002 年 10 月正式更名为 WiFi 联盟，目的是改善基于 IEEE 802.11 标准的无线网络产品之间的互通性，目前已经成为无线局域网通信技术的品牌和无线设备高速互连的市场首选。WiFi 能在数十米到几千米范围内将个人计算机、手持设备(如手机、iPad)等终端设备以无线方式进行高速互连，同时通过因特网接入点（Access Point, AP）为用户提供无线的宽带互联网访问。WiFi 支持 IEEE 802.11 推出的各类标准，并还在不断更新之中。WiFi 工作在 2.4GHz 附近频段，基于 IEEE 802.11 a、IEEE 802.11 b、IEEE 802.11 g、IEEE 802.11 n 协议。WiFi 信号传输的有效距离很长，目前最新的交换机能把 WiFi 无线网络从 100 m 的通信距离扩大到约 6.5km。数据传输速率达到上百兆，与各种 IEEE 802.11 直接序列扩频（Direct Sequence Spread Spectrum, DSSS）设备兼容。另外，使用 WiFi 简单方便，厂商只要在机场、车站、图书馆等人员较密集的地方进行设置，并通过高速线路即可接入因特网。

1991 年，IEEE 成立了 802.11 工作组，由 Victor Hayes 担任工作组主席，经过不懈努力，1997 年工作组开发了首个国际认可的 WLAN 标准——IEEE 802.11。日前，WLAN 的推广等工作主要由产业标准组织 WiFi 联盟完成，所以 WLAN 技术常常被称为 WiFi。IEEE 802.11 标准的制定推动了无线局域网的发展。在市场的驱动下，IEEE 802 标准委员会先后制定了 IEEE 802.11b、IEEE 802.11a 和 IEEE 802.11g 等标准，随着新标准的不断确定，网络的传输速率也不断提高，可以越来越好地满足宽带通信的需求。

然而，随着 WLAN 的广泛使用和用户数的增加，出现了一系列的问题，如网络安全性的提高、2.4GHz 频段的拥挤、具有服务质量（Quality of Service, QoS）要求的应用等。于是 IEEE 开始研究和制定新一代 WLAN 标准，新标准是对原有标准的扩充和增强，是 IEEE 802.11 的扩展标准。IEEE 在 2000 年和 2001 年陆续批准了 5 个项目授权申请，由 TGe、TGf、TGg、TGh、TGi 这 5 个任务组开发制定 5 个新标准，即 IEEE 802.11e、IEEE 802.11f、IEEE 802.11g、IEEE 802.11h 和 IEEE 802.11i 标准。

IEEE 802.11e 标准对 WLAN MAC 协议提出改进，以支持多媒体传输，支持所有 WLAN 无线广播接口的服务质量保证的 QoS 机制。IEEE 802.11f 定义访问节点之间的通信，支持 IEEE 802.11 的接入点互操作协议（Inter-Access Point Protocol, IAPP）。IEEE 802.11h 用于 IEEE 802.11a 的频道管理技术。IEEE 802.11i 在加密处理中引入了动态密钥管理协议，即时限密钥完整性协议（Temporal Key Integrity Protocol, TKIP）。

4. 超宽带

超宽带（UWB）即 IEEE 802.15.3a 技术，是一种无载波通信技术，也是一种超高速的短距离无线接入技术。在较宽的频谱上传输极低功率的信号，能在 10m 左右的范围内实现每秒数百兆比特的数据传输率，具有抗干扰性能强、传输速率高、带宽极宽、消耗电能较小、保密性好、发送功率小等诸多优势。UWB 早在 1960 年就开始研发，但仅限于军事应用，美国联邦通信委员会（Federal Communication Commission, FCC）于 2002 年 2 月准许该技术进入民用领域。UWB 主要应用于近距离高速数据传输，近年来国内外开始利用其亚纳秒级超窄脉冲做近距离精确室内定位，如 LocalSense 无线定位系统。

UWB 是一种超宽带无线通信技术，它利用纳秒至微微秒级的非正弦波窄脉冲传输数据，通过在较宽的频谱上传输极低功率的信号，使 UWB 能在 10m 左右的范围内实现每秒数百兆比特至数吉比特的数据传输速率。由于 UWB 与传统无线通信系统相比，工作原理迥异，因此 UWB 具有其他短距离无线通信系统无法比拟的技术特点。

（1）系统结构实现简单。当前的无线通信技术使用的通信载波是连续的电磁波，载波的频率和功率在一定范围内变化，从而利用载波的状态变化传输信息。UWB 则不使用载波，它通过发送纳秒级脉冲传输数据信号。UWB 发射器直接使用脉冲小型激励天线，不需要传统收发器所需的上、下变频，也不需要本地振荡器、功率放大器和混频器。因此，UWB 允许采用非常低廉的宽带发射器。同时，在接收端，UWB 接收机也有别于传统的接收机，不需要中频处理，因此 UWB 系统结构实现比较简单。

（2）数据传输极高。在民用商品中，一般要求 UWB 信号的传输范围为 10m 以内，再根据经过修改的信道容量公式，其传输速率可达 500Mb/s，是实现个人通信和无线局域网的一种理想调制技术。UWB 无线通信是一种不用载波而采用时间间隔极短（小于 1ns）的脉冲进行通信的方式。与普通二进制移相键控信号波形相比，UWB 方式不利用余弦波进行载波调制而发送许多小于 1ns 的脉冲，因此这种通信方式占用带宽非常大，且由于频谱的功率密度极小，它通常具有扩频通信的特点。

（3）功耗低。UWB 系统使用间歇的脉冲发送数据，脉冲持续时间很短，一般为 0.20～1.5ns，有很低的占空因数，系统耗电可以做到很低，在高速通信时，系统的耗电量仅为几百微瓦至几十毫瓦。民用的 UWB 设备功率一般是传统移动电话功率的 1/100 左右，是蓝牙设备功率的 1/20 左右。军用的 UWB 电台耗电也很低。因此，UWB 设备在电池寿命和电磁辐射上相对于传统无线设备有很大的优越性。

（4）安全性高。UWB 作为通信系统的物理层技术具有天然的安全性能。由于 UWB 信号一般把信号能量弥散在极宽的频带范围内，对于一般通信系统，UWB 信号相当于白噪声信号，并且大多数情况下，UWB 信号的功率谱密度低于自然的电子噪声，从电子噪声中将脉冲信号检测出来是一件非常困难的事。采用编码对脉冲参数进行伪随机化后，脉冲的检测将更加困难。

（5）多径分辨能力强。常规无线通信的射频信号大多为连续信号或其持续时间远大于多径传播时间，多径传播效应限制了通信质量和数据传输速率。由于超宽带无线电发射的是持续时间极短的单周期脉冲且占空比极低，多径信号在时间上是可分离的。假如多径脉冲要在时间上发生重叠，其多径传输路径长度应小于脉冲宽度与传播速度的乘积。由于脉冲多径信号在时间上不重叠，很容易分离出多径分量，以充分利用发射信号的能量。大量实验表明，对常规无线电信号多径衰落深达 10~30dB 的多径环境，对超宽带无线电信号的衰落最多不到 5dB。

（6）定位精确。采用超宽带无线电通信，很容易将定位与通信合一，而常规无线电难以做到这一点。超宽带无线电具有极强的穿透能力，可在室内和地下进行精确定位，而 GPS 只能工作在 GPS 定位卫星的可视范围之内。与 GPS 提供绝对地理位置不同，超短脉冲定位器可以给出相对位置，其定位精度可达厘米级。此外，超宽带无线电定位器更便宜。

（7）工程简单，造价便宜。在工程实现上，UWB 比其他无线技术要简单得多，可全数字化实现。它只需要以一种数学方式产生脉冲，并对脉冲产生调制，这些电路就可以集成到一个芯片上，设备的成本很低。

5. 射频识别技术

射频识别（RFID）是一种非接触式的自动识别技术，通过射频信号自动识别目标对象并获取相关数据。RFID 由标签、阅读器和天线 3 个基本要素组成，已经广泛应用于日常生活、物流行业、交通运输、医药、食品等各个领域。RFID 技术大概有三大类：无源 RFID、有源 RFID、半有源 RFID。无源 RFID 发展得最早、最成熟，市场应用最广泛，包括公交卡、食堂餐卡、银行卡、门禁卡、二代身份证等，属于近距离识别类。有源 RFID 技术具有远距离自动识别的特性，这一特性决定了其巨大的应用领域，如智能监狱、智能医院、智能停车场、智能交通、智慧城市、智慧地球及物联网等领域。半有源 RFID 技术介于有源 RFID 和无源 RFID 之间，集有源 RFID 和无源 RFID 的优势于一体，在门禁进出管理、人员精确定位、区域定位管理电子围栏及安防报警等领域有着很大的优势，具有近距离激活定位、远距离识别及上传数据的工作特点。RFID 技术是物联网发展的关键技术，随着物联网的发展，其应用市场必将随着物联网的发展而扩大。

6. 近场通信

近场通信（NFC）是一种短距高频的无线电技术，在 13.56MHz 频率运行于 20cm 距离内，其传输速率有 106kb/s、212kb/s 和 424kb/s 这 3 种。目前近场通信已成为 ISO/IEC 18092 国际标准、ECMA-340 标准与 ETSI TS 102 190 标准。NFC 技术是由非接触式射频识别及互联互通技术整合演变而来，在单一芯片上结合感应式读卡器、感应式卡片和点对点的功能，能在短距离内与兼容设备进行识别和数据交换。目前这项技术已在包括我国在内的众多国家广泛应用，市场上涌现出许多支持 NFC 功能的手机，配置了支付功能的手机，可以用作机场登机验证、大厦的门禁钥匙、交通一卡通、信用卡和支付卡等。NFC 采用主动和被动两种读取模式。

7. 6LoWPAN

以前许多标准化组织和研究者认为目前计算机网络中的互联网协议（Internet Protocol, IP）技术过于复杂，不适合低功耗、资源受限的无线传感网络，因此包括 ZigBee 等低功耗无线个域网都采用非 IP 技术，基于 IEEE 802.15.4 实现 IPv6 通信的低功耗无线个人区域网上的 IPv6（IPv6 over Low Power Wireless Personal Area Networks, 6LoWPAN）草案标准的发布有望改变这一局面。6LoWPAN 具有的低功率运行的潜力使它很适合应用在从手持机到仪器的设备中，而其对 AES-128 加密的内置支持为高质量的认证和安全性打下了基础。智能设备互联网协议（IP for Smart Objects, IPSO）产业联盟致力于 6LoWPAN 的发展与应用，旨在推动 IP 作为网络互联技术用于连接传感器节点或其他的智能物件，以便于信息的传输。IPSO 开始工作的第 1 个目标就是在 IEEE 802.15.4 标准上实现 IPv6 的互操作性。

8. Z-Wave

Z-Wave 是由丹麦公司 Zensys 一手主导的无线组网规格，Z-Wave 联盟（Z-Wave

Alliance）虽然没有 ZigBee 联盟强大，但是 Z-Wave 联盟的成员均是已经在智能家居领域有现行产品的厂商，该联盟已经具有 160 多家国际知名公司，范围基本覆盖全球各个国家和地区。Z-Wave 的工作频段为 908.42MHz（美国）和 868.42MHz（欧洲），采用 FSK（BFSK/GFSK）调制方式，数据传输速率为 9.6kb/s，信号的有效覆盖范围在室内是 30m，室外可超过 100m，适合窄带应用场合。随着通信距离的增大，设备的复杂度、功耗以及系统成本都在增加，相对于现有的各种无线通信技术，Z-Wave 技术将是一种具有低功耗和低成本的技术，有力地推动了低速率无线个人个域网的应用。Z-Wave 采用了动态路由技术，每个普通节点内部都存有一个路由表，该路由表由控制节点写入。存储信息为该普通节点入网时周边存在的其他普通节点的节点信息。这样每个普通节点都知道周围有哪些普通节点，而控制节点存储了所有普通节点的路由信息。当控制节点与受控普通节点的距离超出最大控制距离时，控制节点会调用最后一次正确控制该普通节点的路径发送命令，若该路径失败，则从第 1 个普通节点开始重新检索新的路径。

1.9　无线传感器网络的主要研究领域

无线传感器网络有相当广泛的应用前景，但是还有许多关键技术需要解决，主要研究领域如下。

1. 无线传感器网络节点系统的体系结构的研究内容

（1）以灵活、高效、可扩展和兼容性为目标的节点新型软硬件体系结构。

（2）以安全性、实时性和低能耗特征为目标的微型操作系统的设计理论与实现方法。

（3）以保证协议及算法的安全存储、运行速度及管理效率为目标的软硬件协同设计理论和实现方法。

（4）无线传感器网络分布式环境下协同信号处理的数据特征提取理论模型和对等网络虚拟测量方法。

2. 无线传感器网络的自主组网模型与方法的研究内容

（1）节点定位模型。

（2）节点时间同步。

（3）自组织型节点的标识问题。

（4）拓扑控制与覆盖。

3. 无线传感器网络的通信协议的研究内容

（1）满足低能耗开销和有效避免碰撞的 MAC 协议。

（2）建模分析 IEEE 802.15.4 的 MAC 协议的性能。

（3）研究适用于无线传感网络的数据安全传输协议，以实现数据的加密传输、数据源认证等。

（4）研究网络层的包冲突预防机制。

（5）传输协议研究。

（6）长期网络连通性的研究。

4. 无线传感器网络接入互联网的模型与机制的研究内容

（1）复合型无线传感器网络接入互联网模型。

（2）网关数目和无线传感器网络规模关系模型。

（3）多网关动态部署、移动策略、负载均衡、容错机制。

（4）轻量级网关访问控制、数据验证和高效抗拒绝服务（Denial of Service, DoS）攻击机制。

（5）适用于无线网状传感网络的通信协议。

（6）基于无线网状网络的传感节点的移动性支持。

5. 无线传感器网络数据管理理论与算法的研究内容

（1）传感器网络数据的模型。

（2）能源有效的传感器网络数据操作算法。

（3）数据查询（包括即时查询、连续查询、近似查询）优化与处理的理论和算法。

（4）数据挖掘的理论和算法。

（5）数据联机分析的理论和算法。

（6）支持数据管理的能源有效的路由理论和算法。

6. 无线传感器网络应用研究

影响无线传感器网络实际应用的因素很多，而且也与应用场景有关，需要在未来的研究中克服这些因素，使网络可以应用到更多的领域。无线传感器网络在实际应用过程中，主要存在以下需要突破的制约因素。

（1）成本。传感器网络节点的成本是制约其大规模应用的重要因素，需根据具体应用的要求均衡成本、数据精度及能量供应时间。

（2）能耗。大部分的应用领域需要网络采用一次性独立供电系统，因此要求网络工作能耗低，延长网络的生命周期，这是扩大应用的重要因素。

（3）微型化。在某些领域中，要求节点的体积微型化，对目标本身不产生任何影响，或者不被发现以完成特殊的任务。

（4）定位性能。目标定位的精确度与硬件资源、网络规模、周围环境、锚点个数等因素有关，目标定位技术是目前研究的热点之一。

（5）移动性。在某些特定应用中，节点或网关需要移动，导致在网络快速自组织上存在困难，该因素也是影响其应用的主要问题之一。

（6）硬件安全。在某些特殊环境应用中，如海洋、化学污染区、水流中、动物身上等，对节点的硬件要求很高，需防止受外界的破坏、腐蚀等。

7. 无线传感器网络研究热点问题

1）通信协议

（1）物理层通信协议：研究传感器网络的传输介质、频段选择、调制方式等。

（2）数据链路层协议：研究网络拓扑、信道接入方式。拓扑包括平面结构、分层结构、混合结构以及 Mesh 结构；信道接入包括固定分配、随机竞争方式或以上两者的混合方式。

（3）网络层协议：即路由协议的研究，路由协议分为平面和集群两种。平面协议节点地位平等，简单易扩展，但缺乏管理；集群路由将簇分为簇首和簇成员，便于管理和维护。

（4）传输层协议：研究提供网络可靠的数据传输和错误恢复机制。

2）网络管理

（1）能量管理：研究在不影响网络性能的基础上，控制节点的能耗、均衡网络的能量消耗以及动态调制射频功率和电压。

（2）安全管理：研究无线传感器网络的安全问题，包括节点认证、处理干扰信息、攻击信息等。

3）应用层支撑技术

（1）时间同步：针对网络时间同步要求较高情况的应用，如基于时分多址（Time Division Multiple Access, TDMA）的 MAC 协议和特殊敏感时间监测应用，要求高精度的网络时间同步。

（2）定位技术：针对对节点定位要求较高的应用，基于少数已知节点的位置，研究以最少的硬件资源、最低的成本和能耗定位节点的技术。

4）硬件资源

（1）微型化：基于特定应用的要求，研究微型化的节点。

（2）低成本：在不影响节点性能的情况下，研究降低节点硬件的成本。

（3）新型电源：研究太阳能电源及其他大容量可再生电源，解决制约传感器网络发展应用的能耗问题。

思考题

1. 分别从硬件和软件两个角度论述无线传感器网络的体系结构和特点。
2. 无线传感器网络在生产生活中的应用，除了本章所举，你还知道哪些？

第 2 章
CHAPTER 2

IEEE 802.15.4 无线传感器网络通信标准

    无线传感器网络中的应用一般并不需要非常高的信道带宽，却要求具有较低的传输延时和极低的功率消耗，使传感器网络能在有限的电池寿命内完成任务。IEEE 802.15.4 是 IEEE 确定的个域网（Personal Area Network，PAN）无线通信标准。这个标准定义了物理层和 MAC 层；物理层规范规定无线网络的工作频段以及该频段上传输数据的基准传输率；MAC 层规范定义了在同一区域工作的多个 IEEE 802.15.4 无线网络如何共享空中频段。但是，仅仅定义物理层和 MAC 层并不能完全解决问题，没有统一的使用规范，不同厂家生产的设备存在兼容性问题，于是 ZigBee 联盟应运而生。ZigBee 以前又称作 HomeRF Lite、RF-Easy Link 或 Fire Fly 无线电技术，主要用于近距离无线通信，目前统一称为 ZigBee 技术。ZigBee 从 IEEE 802.15.4 标准开始着手，定义了不同厂商制造的设备相互兼容的应用纲要。IEEE 802.15.4/ZigBee 标准把低功耗、低成本作为主要目标，各个射频芯片厂商也陆续推出支持这两个标准的无线通信芯片。本章主要介绍当前业界已有的或正在制定的与无线传感器网络相关的网络通信标准，包括 IEEE 802.15.4/ZigBee 标准。

2.1 IEEE 802.15.4 标准概述

    IEEE 802.15.4 标准是短距离无线通信的 IEEE 标准，它具体实现了无线传感器网络通信协议中物理层与 MAC 层。IEEE 802.15.4 是一个用于低速无线个域网的物理层和媒体控制层的协议。该协议支持两种网络拓扑，即单跳星状拓扑或当通信线路超过 10m 时的多跳对等拓扑。低速无线个域网中的设备既可以使用在关联过程中指定的 16 位短地址，也可以使用 64 位 IEEE 地址。

    个域网是一种范围较小的计算机网络。随着通信技术的日益发展，人们提出了在自身附近几米范围之内进行通信的需求。为了满足低功耗、低成本的短距离无线网络的要求，IEEE 802.15 工作组于 2002 年成立，它的任务是研究制定无线个域网（Wireless PAN, WPAN）标准。IEEE 802.15.4 标准由 IEEE 802.15 工作组下属第 4 任务组制定，主要针对低速、低功耗、复杂度高的 WPAN。IEEE 802.15.4 经历了两个版本，分别为 IEEE 802.15.4a 和 IEEE 802.15.4b，前者致力于提供精密测距、高聚合吞吐、超低功耗的通信，并加强了对数据速率、拓宽范围、降低功耗和成本的可测性；后者是前者的增强版和修订版。IEEE 802.15.4 标准制定了在个域网中设备之间的无线通信协议和接口。该标准采用带冲突避免的载波感应多路访问（Carrier Sense Multiple Access with Collision Avoidance, CSMA/CA）的媒体接入控制方式，形成了星状和点对点两种拓扑结构。虽然采用基于竞争信道的接入方式，但 PAN

协调器可以利用超帧结构为需要发送即时消息的设备提供时隙，整个网络也可以通过 PAN 协调器接入其他高性能网络。

WPAN 是一种与无线广域网（Wireless Wide Area Network, WWAN）、无线城域网（Wireless Metropolitan Area Network, WMAN）、无线局域网（Wireless Local Area Network, WLAN）并列但覆盖范围相对较小的无线网络。在网络构成上，WPAN 位于整个网络链的末端，用于实现同一地点终端与终端间的连接，如连接蓝牙耳机和手机等，WPAN 所覆盖的范围一般在 10m 内。WPAN 设备具有价格便宜、体积小、易操作和功耗低等优点。

无线个域网（WPAN）是一种采用无线连接的个人局域网。它被用在电话、计算机、附属设备以及小范围（个域网的工作范围一般是在 10m 以内）内的数字设备之间的无线通信，主要通过电磁波或红外代替传统有线电缆，实现个人信息终端的互联，组建个人信息网络。支持无线个域网的技术主要包括 IrDA、蓝牙、ZigBee、超宽带（UWB）、HomeRF 等。每项技术通常只有被用于特定的用途、应用程序或领域才能发挥最佳的作用。此外，虽然在某些方面，有些技术被认为是在无线个人局域网空间中相互竞争的，但是它们相互之间常常又是互补的。

在 IEEE 802.15 工作组内有 4 个任务组（Task Group，TG），分别制定适合不同应用的标准。这些标准在传输速率、功耗和支持的服务等方面存在差异。4 个任务组各自的主要任务如下。

（1）TG1：制定 IEEE 802.15.1 标准，又称为蓝牙无线个域网络标准。这是一个中等速率、近距离的 WPAN 网络标准，通常用于手机、PDA 等设备的短距离通信。

（2）TG2：制定 IEEE 802.15.2 标准，研究 IEEE 802.15.1 与 IEEE 802.11（无线局域网标准）的共存问题。

（3）TG3：制定 IEEE 802.15.3 标准，研究高传输速率无线个域网标准。该标准主要考虑无线个域网在多媒体方面的应用，追求更高的传输速率与更好的服务品质。

（4）TG4：制定 IEEE 802.15.4 标准，针对低速无线个域网制定标准。该标准把低能耗、低速率传输、低成本作为重点目标，旨在为个人或家庭范围内不同设备之间的低速互联提供统一标准。图 2-1 所示为 IEEE 802.15.4 在无线网络中的位置。

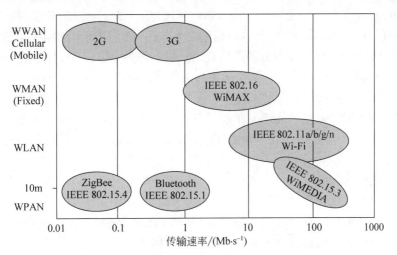

图 2-1　IEEE 802.15.4 在无线网络中的位置

TG4 定义的低速无线个域网的特征与传感器网络有很多相似之处，很多机构把 IEEE 802.15.4 作为传感器网络的通信标准。

IEEE 802.15.4 强调省电、简单、低成本的规格。IEEE 802.15.4 的物理层（PHY）采用直接序列扩频（DSSS）技术。在 MAC 层方面，主要是使用 WiFi 中 IEEE 802.11 系列标准采用的 CSMA/CA 方式，以提高系统兼容性。可使用的频段有 3 个，分别是 2.4GHz 的 ISM 频段、欧洲的 868MHz 频段以及美国的 915MHz 频段，而不同频段可使用的信道分别是 16、1 以及 10 个。各频段和数据传输率如图 2-2 所示。

频带	使用范围		数据传输率	信道数
2.4GHz	ISM	全世界	250kb/s	16
868MHz		欧洲	20kb/s	1
915MHz	ISM	美国	40kb/s	10

图 2-2　各频段和数据传输率

IEEE 802.15.4 标准具有以下特点。

1. 支持简单设备

IEEE 802.15.4 低速率、低功耗和短距离传输的特点使它非常适宜支持简单设备。在 IEEE 802.15.4 中总共定义了 49 个物理层和 MAC 层基本参数，仅为蓝牙协议的 1/3，这使它非常适用于存储能力和计算能力都有限的简单设备。

IEEE 802.15.4 中定义了两种设备：精简功能设备（Reduced Function Device, RFD）和全功能设备（Full Function Device, FFD）。对于全功能设备，要求它支持全部 49 个基本参数。而对于精简功能设备，在最小配置时只要求它支持 38 个基本参数。一个全功能设备可以作为个域网协调器、路由器或终端设备 3 种方式与精简功能设备或其他全功能设备通信。而精简功能设备只能与全功能设备通信，而且仅用于非常简单的应用。

2. 工作频段和数据速率

IEEE 802.15.4 工作在工业科学医疗（ISM）频段，它定义了两个物理层，即 868/915MHz 频段和 2.4GHz ISM 频段物理层。免许可证的 2.4GHz ISM 频段全世界都有，而 868MHz 和 915MHz 的 ISM 频段分别只在欧洲和美国有。这两个物理层都基于直接序列扩频（DSSS），使用相同的物理层数据包格式，区别在于工作频率、调制技术、扩频码片长度和传输速度。全球统一的无须申请的频段，有助于设备的推广和生产成本的降低。2.4GHz 的物理层通过采用高阶调制技术能够提供 250kb/s 的传输速率，有助于获得更高的吞吐量、更短的通信时延和工作周期，从而使网络中的终端节点更加省电。868MHz 是欧洲的频段，915MHz 是美国的频段，这两个频段的引入避免了附近各种无线通信设备之间的相互干扰。由于这个频段上无线信号传播损耗较小，因此可以降低对接收机灵敏度的要求，获得较远的有效通信距离，从而可以用较少的设备覆盖特定的区域。

ISM 频段全球通用的特点不仅免除了 IEEE 802.15.4 设备的频率许可要求，而且还给许多公司提供了一个开发可以工作在世界任何地方的标准化产品的难得机会。这将降低投资者的风险，与专门解决方案相比可以明显降低产品成本。在保持简单性的同时，IEEE

802.15.4 协议还试图提供设计上的灵活性。一个 IEEE 802.15.4 网络可以根据信道可用性、信道拥挤状况和数据传输速率在 27 个信道中选择一个工作信道。

从能量和成本效率来看，不同的数据传输速率能为不同的应用提供较好的选择。例如，对于有些计算机外围设备与互动式玩具，由于需要传输的数据量大，可能需要 250kb/s；而对于其他许多相对简单的应用，如各种传感器、智能标记和家用电器等，20kb/s 这样的低速率也能满足要求。

3. 数据传输和低功耗

在 IEEE 802.15.4 中，为了突出低功耗的特点，把数据传输分为以下 3 种方式。

（1）直接数据传输。采用无时隙 CSMA/CA 或有时隙 CSMA/CA 的数据传输方法，视使用非信标使能方式还是信标使能方式而定。

（2）间接数据传输。间接数据传输仅适用于从协调器到终端设备的数据转移。在这种方式中，数据帧由协调器保存在事务处理列表中，等待相应的终端设备来提取。通过检查来自协调器的信标帧，终端设备就能发现在事务处理列表中是否挂有一个属于它的数据分组。有时，在非信标使能方式中也可能发生间接数据传输。

（3）保证时隙（Guaranteed Time Slot, GTS）数据传输。仅适用于设备与其协调器之间的数据转移，既可以从终端设备到协调器，也可以从协调器到终端设备。在 GTS 数据传输中不需要 CSMA/CA。

低功耗是 IEEE 802.15.4 最重要的特点。因为对于电池供电简单的设备而言，更换电池的花费往往比设备本身的成本还要高。所以，在 IEEE 802.15.4 的数据传输过程中引入了几种延长设备电池寿命或节省功率的机制。其中，多数机制是基于信标使能的方式，主要是限制设备或协调器之间收发信机的开通时间，或者在无数据传输时使设备处于休眠状态。

4. 信标方式和超帧结构

IEEE 802.15.4 网络可以工作于非信标使能方式或信标使能方式。在非信标使能方式中，协调器不定期广播信标，在设备请求信标时向它单播信标。在信标使能方式中，协调器定期广播信标，以达到相关设备同步及其他目的。

5. 自配置

IEEE 802.15.4 在 MAC 层中加入了关联和分离功能，以达到支持自配置的目的。自配置不仅能自动建立起一个星状网，而且还允许创建自配置的对等网。在关联过程中可以实现各种配置，如为个域网选择信道和标识符（ID）、为设备指定 16 位短地址、设定电池寿命延长选项等。

6. 安全性

安全性是 IEEE 802.15.4 的另一个重要问题。为了提供灵活且支持简单设备，IEEE 802.15.4 在数据传输中提供了三级安全性。第一级实际是无安全性方式，对于某种应用，如果安全性并不重要或上层已经提供足够的安全保护，设备就可以选择这种方式转移数据。对于第二级安全性，设备可以使用访问控制列表（Access Control List, ACL）防止非法设备获取数据，在这一级不采取加密措施。第三级安全性在数据转移中采用属于高级加密标准

（Advanced Encryption Standard, AES）的对称密码。

AES 可以用来保护数据和防止攻击者冒充合法设备，但它不能防止攻击者在通信双方交换密钥时通过窃听截取对称密钥。为了防止这种攻击，可以采用公钥加密。

2.2　网络组成和拓扑结构

在 IEEE 802.15.4 LR-WPAN（低速率无线个域网）中，无线设备按照功能分为全功能设备（FFD）和精简功能设备（RFD）两种类型。FFD 可以与多个 RFD 和其他的 FFD 通信，因此需要较多的计算资源、存储空间和电能。而 RFD 只需要与特定的 FFD 进行特定的信息交互，因此可以采用低成本设备实现。这个与 RFD 相关联的特定 FFD 称为该 RFD 的协调器（Coordinator）。在 IEEE 802.15.4 网络中，有一个 FFD 充当 PAN 网络协调器（PAN Coordinator），是 LR-WPAN 中的主控制器。PAN 网络协调器（以后简称为网络协调器）除了直接参与应用以外，还要完成成员身份管理、链路状态信息管理以及分组转发等任务。RFD 主要用于简单的控制应用，如灯的开关、温度和湿度的测量等，传输的数据量较少，具有非常适度的资源和通信要求，这样 RFD 可以采用非常廉价的实现方案。无线通信信道的特征是动态变化的，节点位置或天线方向的微小改变、物体移动等周围电磁环境的变化都有可能引起无线通信链路信号强度和质量的剧烈变化，因而无线通信的覆盖范围不是确定的。这就造成了 LR-WPAN 中设备的数量以及它们之间的关系会发生动态变化。

IEEE 802.15.4 网络根据应用的需要可以组织成两种拓扑结构：星状网络拓扑结构和点对点网络拓扑结构。在星状结构中，整个网络的形成以及数据的传输由中心的网络协调器集中控制，所有设备都与 PAN 网络协调器通信。各个终端设备（FFD 或 RFD）直接与网络协调器进行关联和数据传输。网络中的设备可以采用 64 位的物理地址直接进行通信，也可以通过网络协调器为其分配的 16 位网络内部地址进行通信。网络协调器首先为整个网络选择一个可用的通信信道和唯一的标识符，然后允许其他设备通过扫描、关联等一系列步骤加入这个网络，并为这些设备转发数据。不同的星状网络之间可以采用专门的网关进行通信。在这种网络中，网络协调器一般使用持续电力系统供电，而其他设备则采用电池供电。星状网络适合家居自动化、个人计算机的外围设备、玩具以及个人健康护理等小范围的室内应用。

点对点网络中也需要网络协调器，负责实现管理链路状态信息、认证设备身份等功能。但与星状网络不同，在点对点网络结构中，任何一个设备只要是在它的通信范围之内，就可以和其他设备进行通信，因此能构成较为复杂的网络结构，如多级簇树网络、Mesh 网络等。点对点网络的路由协议可以基于 Ad Hoc 技术，通过多个中间设备中继的方式进行传输，即通常称为多跳的传输方式，以增大网络的覆盖范围。不过一般认为网络的自组织问题由网络层来解决，不在 IEEE 802.15.4 标准讨论范围之内。点对点网络可以构造更复杂的网络结构，适合设备分布范围较广的应用，如工业检测与控制、货物库存跟踪和智能农业等方面。

虽然网络拓扑结构的形成过程属于网络层的功能，但 IEEE 802.15.4 为形成各种网络拓扑结构提供了充分支持。本节主要讨论 IEEE 802.15.4 协议对形成网络拓扑结构提供的支持，并详细描述星状网络和点对点网络的形成过程。

1. 星状网络的形成

星状网络以网络协调器为中心，所有设备只能与网络协调器进行通信，因此在星状网络的形成过程中，第 1 步就是确定网络协调器。任何一个 FFD 都有成为网络协调器的可能，一个网络如何确定自己的协调器由这个网络的上层协议决定。其中一种简单的策略是：一个 FFD 在第 1 次被激活后，首先广播查询网络协调器的请求，如果接收到回应，说明网络中已经存在其他 FFD 作为网络协调器，再通过一系列的认证过程，这个 FFD 就放弃成为网络协调器，而是成为这个网络中的普通设备；如果没有收到回应，或者认证过程不成功，这个 FFD 就可以建立自己的网络，并且成为这个网络的网络协调器。当然，这里还存在一些更深入的问题，一个是网络协调器过期问题，如原有的网络协调器损坏或能量耗尽；另一个是偶然因素造成多个网络协调器竞争问题，如移动物体阻挡导致一个 FFD 自己建立网络，当移动物体离开时，网络中将出现多个协调器。

网络协调器要为网络选择一个唯一的网络标识符，所有该星状网络中的设备都是用这个网络标识符规定自己的从属关系。不同星状网络的设备通过设置专门的网关完成相互通信。选择一个标识符后，网络协调器就允许其他设备加入自己的网络，并为这些设备转发数据分组。星状网络中的两个设备如果需要互相通信，都是先把各自的数据包发送给网络协调器，然后由网络协调器转发给对方。

2. 点对点网络的形成

点对点网络中，任意两个设备只要能够彼此收到对方的无线信号，就可以进行直接通信，不需要其他设备的转发。但点对点网络中仍然需要一个网络协调器，不过该网络协调器的功能不再是为其他设备转发数据，而是完成网络的建立、设备的注册和访问控制等基本的网络管理功能。网络协调器的产生同样由这个网络的上层协议规定，如把某个信道中第 1 个开始通信的 FFD 作为该信道上的网络协调器。

簇树网络是点对点网络的一个典型例子，下面以簇树网络为例描述点对点网络的形成过程。在簇树网络中，绝大多数设备是 FFD，而 RFD 总是作为簇树的叶设备连接到网络中。任意一个 FFD 都可以充当网络协调器，为其他设备提供同步信息。在这些协调器中，只有一个可以充当整个点对点网络的网络协调器。网络协调器可能和网络中其他设备一样，也可能拥有比其他设备更多的计算资源和能量资源。网络协调器首先将自己设为簇头（Cluster Header，CLH），并将簇标识符（Cluster Identifier，CID）设置为 0，同时为该簇选择一个未被使用的 PAN 标识符，形成网络中的第 1 个簇。接着，网络协调器开始广播信标帧。邻近设备收到信标帧后，就可以申请加入该簇。设备能否成为簇成员，由网络协调器决定。如果请求被允许，则该设备将作为簇的子设备加入网络协调器的邻居列表。新加入的设备会将簇头作为它的父设备加入自己的邻居列表中。上面讨论的簇树网络只是一棵由单簇构成的最简单的簇树。网络协调器可以指定另一个设备成为邻接的新簇的簇头，以同样的规则形成更多的簇。新簇头同样可以选择其他 FFD 成为簇头，进一步扩大网络的覆盖范围。但是，过多的簇头会增大簇间消息传递的延迟和通信开销。为了减小延迟和通信开销，可以选择最远的通信设备作为相邻簇的簇头，这样可以最大限度地减小不同簇间消息传递的跳数，达到减小延迟和开销的目的。

2.3　协议栈架构

在 IEEE 802 系列标准中，OSI 参考模型的数据链路层进一步划分为 MAC 和逻辑链路控制（Logical Link Control, LLC）两个子层。MAC 子层使用物理层提供的服务实现设备之间的数据帧传输，而 LLC 子层在 MAC 子层的基础上，在设备间提供面向连接和非面向连接的服务。IEEE 802.15.4 定义了低速无线个域网络的物理层和 MAC 层协议。其中，在 MAC 子层以上的特定服务聚合子层（Service Specific Convergence Sublayer，SSCS）、LLC 子层是 IEEE 802.15.4 标准可选的上层协议，并不在 IEEE 802.15.4 标准的定义范围之内。SSCS 为 IEEE 802.15.4 的 MAC 层接入 IEEE 802.2 标准中定义的 LLC 子层提供聚合服务。LLC 子层可以使用 SSCS 的服务接口访问 IEEE 802.15.4 网络，为上层协议（如应用层）提供链路层服务。LLC 子层的主要功能有保障传输可靠性、控制数据包的分段和重组等。

IEEE 802.15.4 标准适合组建低速率的、短距离的无线网。在网络内的无线传输过程中，采用冲突监测载波监听机制。网络拓扑结构可以是星状网络或点对点的对等网络。该标准定义了 3 种无线数据传输频率，分别为 868MHz、915MHz、2450MHz。前两种传输频率采取二进制相移键控（Binary Phase-Shift Keying, BPSK）的调制方式，后一种采用偏置四相相移键控（Offset Quadrature Phase-Shift Keying, OQPSK）的调制方式。各种频率分别支持 20kb/s、40kb/s、250kb/s 的无线数据传输速度，频率的选择取决于局域网的规则和用户的选择，传输距离为 0~70m。IEEE 802.15.4 协议的特点如表 2-1 所示。

表 2-1　IEEE 802.15.4 协议的特点

指　　标	描　　述
数据率	250kb/s（2450MHz） 20kb/s，40kb/s（868 MHz，915MHz）
等候时间	（10～50）ms～1s
作用范围	一般为 10cm～10m，最大达 100m
每个网络节点数	最多可达 65534
电池寿命	通过采用不对称能耗节点及无源模式等优化手段，延长电池寿命，使电池使用寿命匹配其存储寿命

标准满足国际标准化组织（International Organization Standardization, ISO）OSI 参考模型，它包括物理层、介质访问层、网络层和高层。IEEE 802.15.4 标准结构如图 2-3 所示。

高层	
网络层	
介质访问层	
868/915MHz 物理层	2450MHz 物理层

图 2-3　IEEE 802.15.4 标准结构

868/915MHz 和 2450MHz 这两种物理层都采用 DSSS 技术并使用相同的包结构，以便降低数字集成电路成本和低功耗运行。868/915MHz 物理层的数据传输速率分别为 20kb/s 和 40kb/s，2450MHz 物理层的数据传输速率为 250kb/s。

介质访问层提供两个服务和高层联系，即通过两个服务访问点（Service Access Point,

SAP）访问高层，通过 MAC 通用部分管理服务，两个服务为网络层和物理层提供一个接口。

网络层负责拓扑结构的建立和维护、命名和绑定服务，它们协同完成寻址、路由及安全这些任务。IEEE 802.15.4 网络具有可升级、适应性和可靠性的特点，能对 254 个网络设备进行动态寻址，通过网络协调器自动建立网络。

2.4　物理层规范

IEEE 802.15.4 网络协议栈基于开放系统互连（OSI）模型，每层都实现一部分通信功能，并向高层提供服务。在 OSI 参考模型中，物理层处于最底层，是保障信号传输的功能层，因此物理层涉及与信号传输有关的各个方面，包括信号发生、发送与接收电路，以及数据信号的传输编码、同步与异步传输等。物理层的主要功能是在一条物理传输介质上，实现数据链路实体之间透明地传输各种数据的比特流。它为链路层提供的服务包括物理连接的建立、维持与释放、物理服务数据单元的传输、物理层管理、数据编码。

IEEE 802.15.4 物理层通过射频硬件和软件在 MAC 子层和射频信道之间提供接口，将物理层的主要功能分为物理层数据服务和物理层管理服务。物理层数据服务从无线物理信道上收发数据，物理层管理服务维护一个由物理层相关数据组成的数据库，主要负责射频收发器的激活和休眠、信道能量检测、链路质量指示、空闲信道评估、信道的频段选择、物理层信息库的管理等。

2450MHz 物理层的较高速率（250kb/s）主要归因于一个较好的调制方案——基于 DSSS 方法（16 个状态）的准正交调制技术，适用于较高的数据吞吐量、低延时或低作业周期的场合。868/915MHz 物理层使用简单 DSSS 方法，其低速率（20kb/s, 40kb/s）换取了较好的灵敏度和较大的覆盖面积，从而减少了覆盖给定物理区域所需的节点数。

1. 物理层数据服务

（1）激活和取消射频收发器。

（2）检测当前信道能量，为网络层提供信道选择依据。它主要测量目标信道中接收信号的功率强度，由于这个检测本身不进行解码操作，所以检测结果是有效信号功率和噪声信号功率之和。

（3）发送链路质量指示。链路质量指示为网络层或应用层提供接收数据帧时无线信号的强度和质量信息，与信道能量检测不同的是，它要对信号进行解码，生成的是一个信噪比指标。这个信噪比指标和物理层数据单元一同提交给上层处理。

（4）评估 CSMA/CA 的空闲信道，判断信道是否空闲。IEEE 802.15.4 定义了 3 种空闲信道评估模式：①简单判断信道的信号能量，当信号能量低于某一门限值时就认为信道空闲；②通过判断无线信号的特征，这个特征主要包括两方面，即扩频信号特征和载波频率；③前两种模式的综合，同时检测信号强度和信号特征，给出信道空闲判断。

（5）选择信道频率。

（6）发送和接收数据。物理层定义了 3 个载波频段用于收发数据。在这 3 个频段上发送数据使用的速率、信号处理过程以及调制方式等方面存在一些差异。在 868MHz 和 915MHz 这两个频段上，信号处理过程相同，只是数据速率不同。

2. 物理层管理服务

1）属性操作

个域网信息数据库（PAN Information Base, PIB）具有若干属性。协议在进行各种操作时，经常要用到这些属性的值，或对这些属性值进行修改。当 MAC 层管理实体需要获取物理层的某个属性值时，会向物理层管理实体发送属性请求。物理层接收到这个请求之后，会在其 PIB 中检索所请求的属性。如果检索成功，则会向 MAC 层返回成功状态和所检索属性的值；如果未检索到所请求的属性，则会向 MAC 层返回出错状态。

2）设备收发状态转换

物理层的无线电收发电路有多个工作状态，在工作中常需要在各个状态之间进行转换。物理层收到状态转换请求后，进行状态的转换。如果转换成功，则物理层管理实体向 MAC 层返回成功确认状态；如果收发电路已经工作于所请求的状态，则物理层会向 MAC 层返回收发设备当前工作状态。

3. 信道分配及调制方式

IEEE 802.15.4 工作在 ISM 频段，定义了 3 个载波频段用于收发数据。在这 3 个频段上发送数据使用的速率、信号处理过程以及调制方式等方面存在一些差异，具体分配如表 2-2 所示。

表 2-2 信道分配和调制方式

物 理 层	频段/MHz	扩 频 参 数		数 据 参 数		
		码片速率/ (kchip·s^{-1})	调制方式	比特率/ (kb·s^{-1})	波特率/ (ksymbol·s^{-1})	符号特征
868/915MHz	868～868.6	300	BPSK	20	20	二进制
	902～928	600	BPSK	40	40	二进制
2450MHz	2400～2483.3	20 000	OQPSK	250	62.5	十六进制

在通信过程中，设备只使用频段中的一部分进行通信，这一段频率称为信道。IEEE 802.15.4 的 3 个频段总共提供了 27 个信道（Channel），编号为 0~26，具体包括 868MHz 频段 1 个信道，915MHz 频段 10 个信道，2450MHz 频段 16 个信道。这些信道的频段中心定义如下。

$$f_c = \begin{cases} 868.3 & k=0 \\ 906+2(k-1) & k=1,2,\cdots,10 \\ 2405+5(k-11) & k=11,12,\cdots,26 \end{cases}$$

其中，k 表示信道编号。

4. 物理层的帧结构

数据通信的基本结构称为"帧"，由要传输的数据和必要的附加信息组成。协议栈中的每层都具有本层的帧结构。物理层的数据帧称为物理层协议数据单元（PHY Protocol Data Unit, PPDU）。物理层协议数据单元帧格式如图 2-4 所示。每个 PPDU 帧由同步头、物理帧头、物理帧负载组成。

4B	1B	1B		可变
前导码（Preamble）	SFD	帧长度（7b）	保留位（1b）	PSDU
同步头（SHR）		物理帧头（PHR）		物理帧负载

图 2-4　物理层协议数据单元帧格式

同步头包括前导码和帧起始分隔符（Start-of-Frame Delimiter, SFD）。物理帧第 1 个字段是 4 字节的前导码，前导码由 4 个全 0 的字节组成，收发器在接收前导码期间，会根据前导码序列的特征完成码片同步或符号同步。帧起始分隔符字段长度为 1 字节，其值固定为 0xA7，它表明前导码已经完成同步，开始接收数据帧。收发器接收完前导码后只能做到数据的位同步，通过搜索 SFD 字段的值 0xA7 才能同步到字节上。帧长度（Frame Length）由一字节的低 7 位表示，其值就是物理帧负载的长度，因此物理帧负载的长度不会超过 127 字节。物理帧的负载长度可变，称为物理服务数据单元（PHY Service Data Unit，PSDU），一般用来承载 MAC 帧。

2.5　MAC 层规范

在 IEEE 802 系列标准中，OSI 参考模型的数据链路层进一步划分为 MAC 和 LLC 两个子层。MAC 层使用物理层提供的服务实现设备之间的数据帧传输，而 LLC 层在 MAC 层的基础上在设备间提供面向连接和非连接的服务。MAC 层就是用来解决如何共享信道问题的。

MAC 层提供两种服务：MAC 数据服务和 MAC 管理服务。前者保证 MAC 协议数据单元在物理层数据服务中的正确收发，通过 MAC 公用部分子层（MAC Common Part Sublayer, MCPS）的数据服务接入点（MCPS-SAP)进行访问，后者维护一个存储 MAC 层协议状态相关信息的数据库，通过 MAC 层管理实体的数据服务接入点（MLME-SAP）进行访问。MAC 层参考模型如图 2-5 所示。MAC 层数据服务保证 MAC 协议数据单元在物理层数据服务中的正确收发，MAC 层管理服务（MLME）维护一个存储 MAC 层协议状态相关信息的数据库。

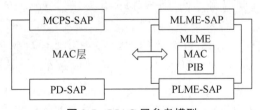

图 2-5　MAC 层参考模型

MAC 层主要功能包括以下 8 方面。
（1）如果设备是协调器，那么就需要产生网络信标。
（2）同步信标。
（3）支持 PAN 的关联（Association）和取消关联（Disassociation）操作。
（4）支持设备安全规范。
（5）使用 CSMA/CA 机制访问物理信道。

（6）支持 GTS 机制。

（7）支持不同设备的 MAC 层间可靠传输。

（8）网络协调器产生并发送信标帧，普通设备根据协调器的信标帧与协调器同步。

关联操作是指一个设备在加入一个特定网络时，向协调器注册以及身份认证的过程。LR-WPAN 中的设备有可能从一个网络切换到另一个网络，这时就需要进行关联和取消关联操作。

GTS 机制和 TDMA 机制相似，但它可以动态地为有收发请求的设备分配时隙。使用 GTS 机制需要设备间的时间同步，IEEE 802.15.4 中的时间同步通过下面介绍的"超帧"机制实现。

1. 超帧

MAC 层的帧包括数据帧、确认帧、命令帧、信标帧。此外，还有超帧结构，超帧包括了多种类型的帧。

超帧是一种用来组织网络通信时间分配的逻辑结构。超帧时间分配由网络协调器定义，主要包括活跃时段和非活跃时段。网络中的所有通信都必须在活跃时段进行，而在非活跃时段，设备可以进入休眠模式以达到省电目的。

超帧的活跃时段被划分为 16 个等长的时槽，每个时槽的长度、竞争访问时段包含的时槽数等参数，都由协调器设定，并通过超帧开始时发出的信标帧广播到整个网络。网络中普通设备接收到超帧开始时的信标帧后，就可以根据其中的内容安排自己的任务，如进入休眠状态直到这个超帧结束。

超帧的活跃时段还可划分为 3 个阶段：信标帧发送时段、竞争访问时段（Contention Access Period，CAP）和非竞争访问时段（Contention-Free Period，CFP）。在使用超帧结构的模式下，每个超帧都以网络协调器发出信标帧（Beacon）为始，这个信标帧中包含了超帧将持续的时间以及对这段时间的分配等信息。在竞争访问时段，设备通过 CSMA/CA 机制与网络协调器通信。非竞争访问时段又划分为一些 GTS（保证时隙），在每个 GTS，网络协调器只允许指定的设备与其通信。网络协调器在每个超帧时段最多可以分配 7 个 GTS，一个 GTS 可以占有多个时槽。

如果协调器不需要使用超帧结构，它可以停止发送信标帧。信标帧可以用来识别个域网，同步个域网中的设备，描述超帧结构等。

在超帧的竞争访问时段，IEEE 802.15.4 网络设备使用带时槽的 CSMA/CA 访问机制，并且任何通信都必须在竞争访问时段结束前完成。针对网络负荷较低的情况或要求特定传输带宽的情况，协调器可以从超帧中划分出一部分时间，专门为这样的传输请求服务。被划分出的时间称为保证时隙（GTS）。一个超帧中保证时隙的集合称为非竞争接入，它往往紧跟在竞争接入期的后面。保证时隙传输模式也是可选的，由普通设备向个域网协调器申请，协调器会根据当前的资源状况给予答复，并通过信标帧将下一个超帧的结构广播到网络中。竞争接入期中的数据传输必须在非竞争接入期开始之前结束；同样，非竞争接入期中每个保证时隙中的数据传输也要在下一个保证时隙开始之前或非竞争接入期的终点之前结束。在非竞争时段，协调器根据上一个超帧 PAN 中设备申请 GTS 的情况，将非竞争时段划分成若干 GTS。每个 GTS 由若干时槽组成，时槽数目在设备申请 GTS 时指定。如果申请成功，申请设备就拥有了它指定的时槽数目。每个 GTS 中的时槽都指定分配给了时槽申请设备，因而不需要竞争信道。IEEE 802.15.4 标准要求任何通信都必须在自己分配的 GTS 内完成。

超帧中规定非竞争时段必须跟在竞争时段后面。竞争时段的功能包括网络设备可以自由收发数据、域内设备向协调者申请 GTS 时段、新设备加入当前 PAN 等。非竞争阶段由协调者指定的设备发送或接收数据包。如果某个设备在非竞争时段一直处在接收状态，那么拥有 GTS 使用权的设备就可以在 GTS 阶段直接向该设备发送信息。

2. 数据传输模型

LR-WPAN 中存在着 3 种数据传输方式：设备发送数据给协调器、协调器发送数据给设备、对等设备之间的数据传输。星状拓扑网络中只存在前两种数据传输方式，因为数据只在协调器和设备之间交换；而在点对点拓扑网络中，3 种数据传输方式都存在。

LR-WPAN 中有两种通信模式可供选择：信标使能通信和信标不使能通信。在信标使能的网络中，网络建好后，PAN 网络协调器周期地广播信标帧以标识超帧的开始。在这种方式下，如果设备需要传输数据给协调器，那么设备在收到协调器广播的信标帧后，将进行网络同步，定为各时隙，设备之间通信使用基于时隙的 CSMA/CA 信道访问机制在竞争时段内进行访问，然后完成数据的传输。设备依据上层的要求在传输的帧中设置是否需要应答，协调器据此发送应答帧。如果协调器需要传输数据给目标设备，则协调器在信标帧中携带目标设备相关信息；目标设备在收到信标帧后，采用基于时隙的 CSMA/CA 发送 MAC 层数据请求命令帧。协调器首先按要求决定是否发送应答帧，然后也采用基于时隙的 CSMA/CA 机制把数据发送出去。在得到确认后，协调器从自己的内存中删除对应的数据；若未收到确认，协调器重发数据。在信标使能的网络中，如果存在应答确认帧，则一般直接跟到对应帧后传输给源设备，不采用信道竞争访问，因此应答帧一般比较短。

在信标不使能的通信网络中，PAN 网络协调器不发送信标帧，各个设备使用非分时槽的 CSMA/CA 机制访问信道。该机制的通信过程如下：每当设备需要发送数据或发送 MAC 命令时，首先等候一段随机长的时间，然后开始检测信道状态。如果信道空闲，该设备立即开始发送数据；如果信道忙，设备需要重复上面的等待一段随机时间和检测信道状态的过程，直到能够发送数据。在设备接收到数据帧或命令帧而需要回应确认帧时，确认帧应紧跟着接收帧发送，而不使用 CSMA/CA 机制竞争信道。

3. MAC 层帧结构

MAC 层帧结构的设计目标是用最低复杂度实现在多噪声无线信道环境下的可靠数据传输。每个 MAC 子层的帧都由帧头、负载和帧尾 3 部分组成。帧头由帧控制域、帧序列号和地址域组成。帧负载具有可变长度，具体内容由帧类型决定。帧尾是帧头和负载数据的 16 位 CRC 校验序列，如图 2-6 所示。

在 MAC 层中设备地址有两种格式：16 位（2 字节）的短地址和 64 位（8 字节）的扩展地址。16 位短地址是设备与 PAN 协调器关联时，由协调器分配的网内局部地址；64 位扩展地址是全球唯一地址，在设备进入网络之前就分配好了。16 位短地址只能保证在 PAN 内部是唯一的，所以在使用 16 位短地址通信时需要结合 16 位的 PAN 标识符才有意义。两种地址类型的地址信息的长度是不同的，从而导致 MAC 帧头的长度也是可变的。一个数据帧使用哪种地址类型由帧控制字段的内容指示。在帧结构中没有表示帧长度的字段，这是因为在物理层的帧里面有表示 MAC 帧长度的字段，MAC 负载长度可以通过物理层帧长和 MAC 帧头的长度计算出来。

2B	1B	0/2B	0/2/8B	0/2B	0/2/8B	0/5/6/10/14B	可变	2B
帧控制域（Frame Control）	帧序列号（Seq Num）	目标 PAN ID	目标地址	源 PAN ID	源地址	附加安全头部	帧负载	FCS 校验
		地址域					MAC 负载	帧尾（MFR）
		帧头（MHR）						

图 2-6　MAC 层帧结构

4. MAC 层帧分类

IEEE 802.15.4 网络共定义了 4 种类型的帧：信标帧、数据帧、确认帧和 MAC 命令帧。

1）信标帧

信标帧结构如图 2-7 所示。需要注意的是，信标帧中的地址域只包含设备的 PAN ID 和地址。信标帧的负载数据单元由 4 部分组成：超帧描述、GTS 分配释放信息、待转发数据目标地址信息和信标帧负载数据。

2B	1B	4/10B	0/5/6/10/14B	2B	可变	可变	可变	2B
帧控制域（Frame Control）	帧序列号（Seq Num）	地址域	附加安全头部	超帧描述	GTS 分配释放信息	待转发数据目标地址信息	帧负载	FCS 校验
帧头				MAC 负载				帧尾

图 2-7　信标帧结构

具体说明如下。

（1）超帧描述字段。信标帧中的超帧描述字段规定了这个超帧的持续时间、活跃部分持续时间以及竞争访问时段持续时间等信息。

（2）GTS 分配释放信息字段。GTS 分配释放信息字段将无竞争时段划分为若干 GTS，并把每个 GTS 具体分配给某个设备。

（3）待转发数据目标地址信息字段。转发数据目标地址列出了与协调器保存的数据相对应的设备地址。一个设备如果发现自己的地址出现在待转发数据目标地址信息字段里，则意味着协调器存有属于它的数据，所以它就会向协调器发出请求传送数据的 MAC 命令帧。

（4）信标帧负载数据。信标帧负载数据为上层协议提供数据传输接口。例如，在使用安全机制时，这个负载域将根据被通信设备设定的安全通信协议填入相应的信息。通常情况下，这个字段可以忽略。

在无信标使能网络中，协调器在其他设备的请求下也会发送信标帧，此时信标帧的功能是辅助协调器向设备传输数据，整个帧只有待转发数据目标地址信息字段有意义。

2）数据帧

数据帧用来传输上层发到 MAC 层的数据，它的负载字段包含了上层需要传输的数据。数据负载传输至 MAC 层时，被称为 MAC 服务数据单元。它的首尾被分别附加了 MHR 头信息和 MFR 尾信息后，就构成了 MAC 数据帧，如图 2-8 所示。

2B	1B	4/20B	0/5/6/10/14B	可变	2B
帧控制域 （Frame Control）	帧序列号 （Seq Num）	地址域	附加安全头部	数据帧负载	FCS 校验
帧头				MAC 负载	帧尾

图 2-8　数据帧结构

MAC 数据帧传输至物理层后，就成为物理帧的负载 PSDU。PSDU 在物理层被"包装"，其首部增加了同步信息 SHR 和帧长度 PHR 字段。同步信息 SHR 包括用于同步的前导码和 SFD 字段，它们都是固定值。帧长度 PHR 字段标识了 MAC 帧的长度，为 1 字节而且只有其中的低 7 位有效位，所以 MAC 帧的长度不会超过 127 字节。

3）确认帧

确认帧结构如图 2-9 所示，由帧头和帧尾组成。需要注意的是，确认帧的序列号应该与被确认帧的序列号相同，并且负载长度为 0。如果设备收到目的地址为其自身的数据帧或 MAC 命令帧，并且帧的控制信息字段的确认请求位被置为 1，设备需要回应一个确认帧。确认帧紧接着被确认帧发送，不需要使用 CSMA/CA 机制竞争信道。

2B	1B	2B
帧控制域（Frame Control）	帧序列号（Seq Num）	FCS 校验
帧头		帧尾

图 2-9　确认帧结构

4）MAC 命令帧

MAC 命令帧用于组建 PAN、传输同步数据等，结构如图 2-10 所示。目前定义好的命令帧有 9 种类型，主要完成 3 方面的功能：把设备关联到 PAN、与协调器交换数据、分配 GTS。命令帧在格式上和其他类型的帧没有太大的区别，只是帧控制域的帧类型位有所不同。帧头的帧控制域的帧类型为 011B（B 表示二进制），表示这是一个命令帧。命令帧的具体功能由帧的负载数据表示。负载数据是一个变长结构，所有命令帧负载的第 1 个字节是命令类型字节，后面的数据针对不同的命令类型有不同的含义。

2B	1B	4/20B	0/5/6/10/14B	1B	可变	2B
帧控制域 （Frame Control）	帧序列号 （Seq Num）	地址域	附加安全头部	命令帧 ID	命令帧负载	FCS 校验
帧头				MAC 负载		帧尾

图 2-10　MAC 命令帧结构

5. PAN 的建立和管理

建立 PAN 是由协调器完成的。首先要进行信道扫描，检查信道的工作情况，通过对信道的检测判断是否有其他 PAN 在信道上工作。信道扫描包括能量扫描、主动扫描、被动扫描和孤点扫描。能量扫描的结果是被扫描信道中能量的峰值，这个结果提供给上层选择信道使用。MAC 层接收到扫描请求后，MAC 层管理实体向物理层发送请求，制定被扫描的信道以及扫描时间，然后对信道进行扫描。扫描时间结束后，MAC 层管理实体获得测量得到的最大能量值，将结果报告给上层。主动扫描是以发现并锁定一个协调器作为目的，并根据扫描结果确定一个 PAN 标识符。在建立一个 PAN 和加入一个 PAN 之前都可以进行主动扫描。扫描过程是首先切换到所选择的信道，然后发送信标请求接收机开始工作。这段时间内，设备将丢弃所有非信标帧，如果接收到的信标 PAN 标识符和源地址在扫描前不存在，则 MAC 层管理实体将记录 PAN 标识符中的信标信息。在扫描过程中，如果发现信标数量达到最大值或扫描时间结束，则主动扫描终止。如果一个不支持信标的协调器接收到此命令，则会以非时隙的 CSMA/CA 方式传输一个信标。被动扫描与主动扫描类似，其目的也是锁定协调器。孤点扫描是指扫描已经与协调器建立了连接，但与协调器失去同步的设备。孤点扫描的目的是重新与协调器建立连接。上层发出对一组逻辑信道进行孤点扫描的请求后扫描开始，设备首先切换到相应的逻辑信道，发送一个孤点通告命令，然后使接收机开始工作，如果在一定的时间内收到协调器重新连接的命令，则锁定协调器成功，设备关闭接收机，扫描结束。协调器在收到孤点通告命令后，将在设备列表中查询是否有该设备的记录。如果有该设备的记录，则向孤点设备发送一个重新连接的命令，该命令包括当前的 PAN 标识符、当前逻辑信道以及孤立设备的短地址。如果协调器没有查询到该孤点设备的记录，则忽略此命令，不再重新连接。

6. 设备与网络协调器的连接和断开

1）设备与网络协调器建立连接

设备在进行数据收发之前，必须与网络协调器建立连接。设备向协调器发送连接请求，协调器接收到该请求之后，根据上层的相应设置决定是否允许与其建立连接，然后给发送请求的设备返回相应的应答信息。设备通过主动扫描或被动扫描获得协调器的信息，此时可以向协调器发出加入网络的请求。在选择了符合条件的 PAN 后，上层会请求 MAC 层和物理层更新其 PIB 属性。开始连接时，欲连接协调器的设备的上层向 MAC 层发送连接请求，MAC 层收到该请求后，向物理层发送请求并切换到相应的信道，更新协调器参数，启动发射机，然后向指定的协调器发送连接请求命令，然后向物理层发送命令，开启接收机，准备接收协调器发送的确认信息。协调器 MAC 层在收到连接请求后，会发送一个确认帧表示已经收到连接请求，同时向上层发送连接指示，上层在接收到这个指示之后，根据其内部资源判断是否接受连接请求。如果协调器有充足的资源，则会给新设备分配一个短地址，并发送一个包含这个地址和连接成功应答的连接响应命令。如果协调器没有足够多的资源，则会生成包含连接失败响应的命令。设备成功地得到连接响应命令后，首先向协调器发送一个确认帧，以确认接收到连接响应命令。如果连接响应命令的连接状态表示连接成功，则设备会保存协调器的短地址和扩展地址，并获得一个短地址。

2）设备与网络协调器断开连接

连接在 PAN 上的设备也可以请求离开网络，协调器也可以主动将某设备的网络连接断开。设备在断开网络时，其上层向 MAC 管理实体发送断开网络连接的请求，MAC 层则会通过物理层启动发射机，发送断开命令，然后转为接收状态，等待协调器确认应答。协调器在收到断开命令后，给设备发送一个确认帧加以确认，并将断开连接的请求通知上层。设备 MAC 层实体发送断开请求后，会等待协调器响应。如果没有收到响应，则 MAC 层管理实体会重新发送断开请求命令。协调器主动断开与某设备的连接时，其上层同样会向

MAC 层管理实体发送断开连接的请求，MAC 层管理实体发送断开请求命令，将欲断开的设备地址添加到协调器的待处理事务列表中，等待设备提取。如果设备收到协调器请求并收到断开网络通知命令，则其会向协调器发送确认帧。协调器无论是否收到确认帧，都会断开设备的连接。

7. 同步

同步机制的作用是保证设备与协调器之间保持同步。在支持信标帧的情况下，设备是通过接收由协调器发送过来的信标帧完成同步的；在不支持信标帧的情况下，设备是通过轮询协调器数据完成同步的。

1）支持信标帧的同步

在支持信标帧的 PAN 设备中，为了检测待收数据或跟踪新表，设备只允许与本设备 PAN 标识符相同的信标进行捕获。如果设备的 PAN 标识符设置为广播 PAN 标识符 0xFFFF，则不会试图捕获信标同步。

2）不支持信标帧的同步

在不支持信标的 PAN 设备中，由 MAC 层上层向 MAC 层发出命令，向协调器轮询数据，当 MAC 层管理实体收到轮询请求时，就启动设备对协调器的轮询，向协调器索取数据。

3）孤点设备重排列

MAC 层上层请求发送数据时，如果连续多次失败，则认为该设备已经成为孤点设备。当 MAC 层确认设备已经被孤立时，上层会指示 MAC 层管理实体进行孤点设备重排列，或者复位 MAC 层进行关联操作。如果 MAC 层的上层确定进行孤点设备重排列操作，则会向 MAC 层发出孤点扫描请求，MAC 层接收到扫描请求后，开始对孤点信道进行扫描。如果扫描成功，即找到了 PAN，设备就根据协调器的重排列命令中的 PAN 信息进行 MAC 属性的设置；如果扫描失败，则 MAC 层的上层会决定重新扫描或重新关联。

8. 保证时隙分配与管理

保证时隙（GTS）只用于 PAN 协调器与设备间的通信过程，设备独享超帧结构的部分时隙作为专用信道，其传输过程不受 CSMA/CA 协议的限制。一个 GTS 在超帧结构中有足够多的资源的前提，可以占用多个超帧时隙，PAN 协调器最多可以分配 7 个 GTS。GTS 遵循先分配后使用的规则。设备向协调器发出 GTS 请求，协调器根据当前的超帧容量决定是否分配 GTS。GTS 的分配原则是先到先服务。所有 GTS 都排列在超帧的末端。每个 GTS 使用结束之后便会被撤销。PAN 协调器可以随时撤销 GTS，请求 GTS 的设备也可以撤销 GTS。GTS 的管理只由协调器负责，协调器存储 GTS 所必需的信息，这些信息包括 GTS 开始时隙、长度、方向以及关键设备地址。GTS 的方向指相对于 GTS 关联设备是发送还是接收。每个设备可以申请一个发送时隙和一个接收时隙，也可以只申请其中一个时隙，所以设备地址和方向就可以唯一标识一个 GTS。当设备得到一个 GTS 时，会记录其开始时隙、长度和方向。如果设备分配到了一个接收 GTS，则整个 GTS 内设备都会开启接收机；如果设备分配到了一个发送 GTS，则整个 GTS 内协调器会开启发送机。设备在 GTS 内接收到一个要求确认数据的帧后，也会用同样的方式发送确认帧。设备也可以在发送 GTS 内接收确认帧。只有设备在跟踪信标时才可以请求或使用 GTS。设备的 MAC 层的上层向

MAC 层管理实体发送同步请求指示设备跟踪新表。当设备同 PAN 协调器失去同步时，会失去全部 GTS。

9. MAC 层服务规范

MAC 层提供特定服务聚合子层（SSCS）和物理层之间的接口。从概念上说，MAC 层还应包括 MAC 层管理实体（MLME），以提供调用 MAC 层管理功能的管理服务接口；同时 MAC 层管理实体还负责维护 MAC PAN 信息数据库（MAC PIB）。

MAC 层通过 MAC 公共部分子层（MCPS）的数据 SAP（MCPS-SAP）提供 MAC 数据服务；通过 MLME-SAP 提供 MAC 管理服务。这两种服务通过物理层 PD-SAP 和 PLME-SAP 提供了 SSCS 和物理层之间的接口。除了这些外部接口外，MCPS 和 MLME 之间还隐含了一个内部接口，用于 MLME 调用 MAC 数据服务。

10. MAC 层安全规范

IEEE 802.15.4 提供的安全服务是在应用层已经提供密钥的情况下的对称密钥服务。密钥的管理和分配都由上层协议负责。这种机制提供的安全服务基于这样一个假定：密钥的产生、分配和存储都在安全方式下进行。在 IEEE 802.15.4 中，以 MAC 帧为单位提供了访问控制、数据加密、帧完整性检查和顺序更新 4 种帧安全服务，为了适用各种不同的应用，设备可以在无安全模式、ACL 模式和安全模式 3 种安全模式中进行选择。

2.6 MAC/PHY 信息交互流程

无线网关通信模型如图 2-11 所示。模型主要包括以下 3 方面。

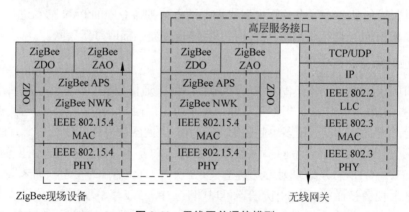

图 2-11 无线网关通信模型

1. 无线通信机制

现场设备与无线网关之间数据通信采用了 ZigBee 无线通信技术。ZigBee 无线通信技术采用 CSMA/CA 接入方式，有效避免了无线电载波之间的冲突，保证了数据传输的可靠性。其 MAC 层和物理层（PHY）由 IEEE 802.15.4 工作小组制定，NWK 和 APS 则由 ZigBee 联盟制定，其他部分——ZDO（ZigBee 设备对象）和 ZAO（ZigBee 应用对象），由用户根据不同应用来完成。

2. 以太网协议转换

无线网关的接入功能主要体现在协议转换，即将 ZigBee 无线通信协议转换为以太网有线协议，通过以太网接入控制网络。IEEE 802.3 PHY 和 IEEE 802.3 MAC 为标准的以太网物理层和介质访问层，IEEE 802.2 LLC 提供以太网帧与 IP 层接口，传输层为标准 TCP/UDP。

3. 高层服务接口

针对工业应用，无线网关要求提供高层服务及接口，使用户可以通过无线网关对现场设备进行组态、调校。高层服务接口（High Layer Service Interface）位于 ZigBee APS 层与 TCP/IP 层之间，为系统实现各种服务提供通用接口。

2.7　基于 IEEE 802.15.4 标准的无线传感器网络应用实例

下面介绍一个基于 IEEE 802.15.4 标准的无线传感器网络应用实例。

1. 组网类型

本实例中，无线传感器网络采用星状拓扑结构，一个与计算机相连的无线模块作为中心节点，可以与任何一个普通节点通信。普通节点可以由一组传感器节点组成，如温度传感器、湿度传感器、烟雾传感器等，它们对周围环境中的各个参数进行测量和采样，并将采集到的数据发往中心节点，由中心节点对发来的数据和命令进行分析处理，完成相应操作。普通节点只能接收从中心节点传来的数据，与中心节点进行数据交换。

2. 数据传输机制

在整个无线传感器网络中，采取的是主机轮巡查问和突发事件报告的机制。主机每隔一定时间向每个传感器节点发送查询命令；节点收到查询命令后，向主机回发数据。如果发生紧急事件，节点可以主动向中心节点发送报告。中心节点通过对普通节点的阈值参数进行设置，可以满足不同用户的需求。

网内的数据传输是根据无线模块的网络号、国内 IP 地址进行的。在初始设置时，先设定每个无线模块所属网络的网络号，再设定每个无线模块的 IP 地址，通过这种方法能够确定网络中无线模块地址的唯一性。若要加入一个新的节点，只需给它分配一个不同的 IP 地址，并在中心计算机上更改全网的节点数，记录新节点的 IP 地址。

3. 传输流程

1）命令帧的发送流程

命令帧的发送流程如图 2-12 所示。

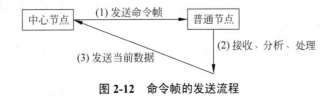

图 2-12　命令帧的发送流程

因为查询命令帧采取轮巡发送机制,所以丢失少量查询命令帧对数据的采集影响不大;而如果采取出错重发机制,则容易造成不同节点的查询命令之间的互相干扰。

2)关键帧的发送流程

关键帧的发送流程如图 2-13 所示,包括阈值帧、关键重启命令帧等,采用出错重发机制。

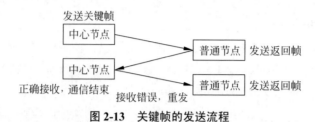

图 2-13 关键帧的发送流程

4. 传输帧格式及其应用

IEEE 802.15.4 标准定义了一套新的安全协议和数据传输协议。本实例采用的无线模块根据 IEEE 802.15.4 标准,定义了一套帧格式传输各种数据。

(1)数据型数据帧。数据型数据帧的作用是把指定的数据传输到网络中指定节点上的外部设备中,具体接收目标也由这两种帧结构中的"目的地址"给定,如图 2-14 所示。

数据类型 44h	目的地址	数据段长度	数据段	异或校验位

图 2-14 数据型数据帧结构

(2)返回型数据帧。返回型数据帧的作用是无线模块将网络情况反馈给自身 UART0 上的外设,如图 2-15 所示。

数据类型 52h	目的地址	数据段长度	数据段	异或校验位

图 2-15 返回型数据帧结构

本实例利用这两种帧格式定义了适用于无线传感器网络的数据帧,并针对这些数据帧采取不同的应对措施保证数据传输的有效性。

(1)无线传感器网络的数据帧格式是在无线模块数据帧的基础上进行修改的,主要包括传感器数据帧、中心节点的阈值设定帧、查询命令帧和重启命令帧。其中,传感器数据帧和阈值设定帧帧长都为 8 字节,包括无线模块的数据类型域(1 字节)、目标地址域(1 字节)、异或校验域(1 字节)以及数据长度域(5 字节)。5 字节的数据长度域包括传感数据类型(1 字节)、数据(3 字节)、源地址(1 字节)。当数据类型域为 0xBB 时,表示将要传输的是 A/D 转换器当前采集到的数据,源地址是当前无线模块的 IP 地址;当数据类型域为 0xCC 时,表示当前数据是系统设置的阈值,源地址是中心节点的 IP 地址。重启命令帧和查询命令帧都为 5 字节,包括无线模块的数据类型(1 字节)、目的地址(1 字节)、数据长度(1 字节,只传递无线传感器网络的数据类型位),并用 0xAA 表示当前的数据是查询命令,用 0xDD 表示看门狗重启的命令。

(2)温度传感器节点给中心节点计算机的返回帧,在无线模块的数据帧基础上加以修改，帧长为 6 字节，包括无线模块的数据类型（1 字节）、目的地址（1 字节）、数据长度（2 字节）、源地址（1 字节）、异或校验（1 字节）。在数据类型中，用 0x00 表示当前接收到的数据是正确的，用 0x01 表示当前接收到的数据是错误的。中心节点若收到代表接收错误的返回帧，则重发数据，直到温度传感器节点正确接收为止。若计算机收到 10 个没有正确接收的返回帧，则从计算机发送命令让看门狗重启。

（3）无线模块给外设的返回帧，当无线模块之间完成一次传输后，会将此次传输的结果回馈给与其相连接的外设。若成功传输，则类型为 0x00；若两个无线模块之间通信失败，则类型为 0xFF。当接收到通信失败的帧时，传感器发送的是当前环境的数据，把数据重发，若连续接收到 10 次发送失败的返回帧，停发数据，等待下一次命令。若此时发送的是报警信号，则在连续重发 10 次后，开始采取延迟发送，每次隔一定的时间后，向中心节点发送报警报告，直到其发出，如果在此期间收到中心节点的任何命令，则先将报警命令立即发出。因为 IEEE 802.15.4 标准已经在底层定义了 CSMA/CD 的冲突监测机制，所以在收到发送不成功的错误帧后，中心计算机随机延迟一段时间（1~10 个轮回）后再发送新一轮的命令帧，采取这种机制避免重发的数据帧加剧网络拥塞。如此 10 次以后，则标识网络暂时不可用，并且以后每隔 10 个轮回的时间，发送一个命令帧测试网络，如果收到正确的返回帧，则表示网络恢复正常，重新开始新的轮回。

思考题

1. 说明物理层协议数据单元帧格式及其各部分含义。
2. 如何理解 MAC 层各类帧在结构与功能上的异同？

第 3 章

ZigBee 无线传感器网络通信标准

3.1 ZigBee 标准概述

ZigBee 协议（紫蜂协议）——蜜蜂（Bee）是靠飞翔和"嗡嗡"（Zig）地抖动翅膀的"舞蹈"与同伴传递花粉所在的方位信息，也就是说，蜜蜂依靠这样的方式构成了群体中的通信网络。ZigBee 由 IEEE 802.15 工作组提出，并由 TG4 制定规范。ZigBee 技术在 IEEE 802.15.4 的推动下，不仅在工业、农业、军事、环境、医疗等传统领域取得了成功的应用，未来更可能涉及人类日常生活和社会生产活动的所有领域，真正实现无处不在的网络。ZigBee 技术是一组有关组网、安全和应用软件方面的技术标准，建立在 IEEE 802.15.4 标准之上，IEEE 802.15.4 只处理低级 MAC 层和物理层协议，ZigBee 联盟对其网络层协议和应用程序接口（Application Programming Interface, API）进行了标准化。

2004 年，ZigBee 1.0 诞生。它是 ZigBee 规范的第 1 个版本。由于推出仓促，存在一些错误。2006 年，ZigBee 2006 推出，它已经是一个比较完善的协议。2007 年底，ZigBee Pro 版本推出，随后成为应用广泛的 ZigBee 协议。2009 年 3 月，ZigBee RF4CE 推出，具备更强的灵活性和远程控制能力。2016 年 5 月，ZigBee 3.0 在亚洲市场正式发布，使世界上任何一家公司生产的基于 ZigBee 3.0 标准的智能家居产品都可以实现互联。

ZigBee 是一种短距离、低功耗无线通信技术，主要适用于自动控制和远程控制领域，可以嵌入各种设备，主要适用于家电和小型电子设备之间进行的数据传输以及典型的有周期性数据（如传感器）、间歇性数据（如照明控制）和低反应时间数据（如鼠标）的传输。其目标功能是自动化控制。它采用跳频技术，使用的频段分别为 2.4GHz（ISM）、868MHz（欧洲）及 915MHz（美国），而且均为免许可频段，有效覆盖范围为 10~75m。当网络速率降低到 28kb/s 时，传输范围可以扩大到 334m，具有更高的可靠性。

由于 ZigBee 工作周期较短且采用休眠模式，收发数据的功耗较低。ZigBee 对延时进行了优化处理，通信延时和休眠状态激活的延时都非常短。ZigBee 的数据传输速率低，协议简单，可以有效地降低开发成本，并且 ZigBee 协议免收专利费用。ZigBee 提供三级安全模式，使用 ACL，采用高级加密标准（AES-128）的对称密码，可以灵活地确定其安全性。ZigBee 采用碰撞避免机制，数据传输可靠性较高，并且为需要固定带宽的通信业务预留了专用时隙，可避免发送数据时的竞争和碰撞。ZigBee 与现有的控制网络标准可实现无缝连接，通过网络协议自动建立网络，采用 CSMA/CA 方式进行信道存取；为可靠传输提供全握手协议，协议栈紧凑简单，一般只需 4KB 的只读存储器（Read-Only Memory, ROM）即可。

ZigBee 标准基于 IEEE 802.15.4 协议栈，主要针对低速率的通信网络而设计。它功耗低，是最有可能应用在工控场合的无线方式。它采用跳频技术和扩频技术。另外，它可与 254 个设备联网。ZigBee 本身的特点使其在工业监控、传感器网络、家庭监控、安全系统等领域有很大的发展空间。ZigBee 体系结构如图 3-1 所示。

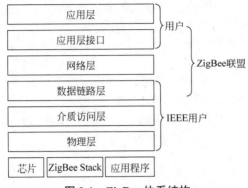

图 3-1　ZigBee 体系结构

3.2　ZigBee 技术特点

ZigBee 是一种无线连接协议，可工作在 2.4GHz（全球）、868MHz（欧洲）和 915MHz（美国）3 个频段上，分别具有最高 250kb/s、20kb/s 和 40kb/s 的传输速率，传输距离为 10～75m，但可以继续增大。作为一种无线通信技术，ZigBee 自身的技术优势主要表现在以下几方面。

1. 功耗低

ZigBee 网络节点设备工作周期较短，收发数据信息功耗低，发射功率仅为 1mW 且使用了休眠模式（当不需要接收数据时处于休眠状态，当需要接收数据时由协调器唤醒它们），因此 ZigBee 技术特别省电。据估算，ZigBee 设备仅靠两节 5 号电池就可以维持长达 6～24 个月的使用时间，这是其他无线设备望尘莫及的，避免频繁更换电池或充电，从而减轻了网络维护负担。同时，由于电池续航时间取决于很多因素，如电池种类、容量和应用场合，ZigBee 技术在协议上对电池使用也进行了优化。对于典型应用，碱性电池可以使用数年；对于某些工作时间与总时间（工作时间+休眠时间）之比小于 1%的情况，电池的寿命甚至可以超过 10 年。

2. 成本低

ZigBee 通过简化协议降低了对硬件的要求，所以其研发和生产成本较低。普通网络节点硬件只需 8 位微处理器，4~32KB 的 ROM，且软件实现也很简单。随着产品产业化，ZigBee 通信模块价格预计能降到 10 元人民币，并且 ZigBee 协议是免专利费的。低成本是 ZigBee 成为无线传感器网络重要协议的关键因素。

3. 可靠性高

ZigBee 采用了碰撞避免机制，同时为需要固定带宽的通信业务预留了专用时隙，避免了收发数据时的竞争和冲突；而且 MAC 层采用完全确认的数据传输机制，每个发送的数据包都必须等待接收方的确认信息，如果传输过程出现了问题可以进行重发，从根本上保证了数据传输的可靠性。

4. 容量大

一个 ZigBee 网络最多包含 255 个 ZigBee 网络节点，其中一个是主控（Master）设备，其余是从属（Slave）设备。若通过协调器（Coordinator）建立网络，则整个网络最多可以支持超过 64000 个 ZigBee 网络节点，再加上各个协调器可相互连接，一个区域内最多可以同时存在 100 个 ZigBee 网络，而且网络组成灵活。

5. 时延小

ZigBee 技术与蓝牙技术的时延相比，其各项指标值都小得多。ZigBee 的通信时延和从休眠状态激活的时延都非常短，典型的搜索时延为 30ms，而蓝牙的时延为 3～10s；休眠激活的时延为 15ms；活动设备信道接入的时延为 15ms。因此，ZigBee 技术适用于对时延要求比较苛刻的无线控制应用（如工业控制场合等）。

6. 安全性好

ZigBee 技术提供了基于循环冗余检验（Cyclic Redundancy Check, CRC）的数据包完整性检查和鉴权功能，在数据传输中提供了三级安全性。第一级实际是无安全方式，对于某种应用，如果安全并不重要或上层已经提供足够的安全保护，设备就可以选择这种方式转移数据。对于第二级安全级别，设备可以使用 ACL 防止非法设备获取数据，在这一级不采取加密措施。第三级安全级别在数据转移中采用属于高级加密标准（AES）的对称密码。AES 可以用来保护数据和防止攻击者冒充合法设备。

7. 有效范围小

ZigBee 有效覆盖范围为 10～75m，具体依据实际发射功率的大小和各种不同的应用模式而定，基本上能够覆盖普通的家庭或办公室环境。

8. 兼容性

ZigBee 无线传感器网络与现有的控制网络标准无缝集成；通过协调器（Coordinator）自动建立网络，采用 CSMA/CA 方式进行信道存取；为了传输的可靠性，提供全握手协议。

ZigBee 的应用领域如图 3-2 所示。

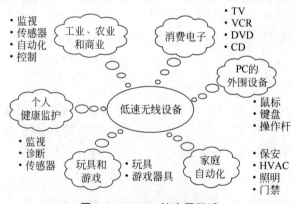

图 3-2　ZigBee 的应用领域

（1）家庭和楼宇网络：通过 ZigBee 网络，可以远程控制家里的电器、门窗等；可以方便地进行水、电、气远程自动抄表；通过一个 ZigBee 遥控器，可以控制所有家电。未来的家庭将会有 50～100 个支持 ZigBee 的芯片安装在电灯开关、烟火检测器、抄表系统、无线报警、安保系统、暖通空调、厨房机械中，为实现远程控制服务。

（2）工业控制：在工业自动化领域，利用传感器和 ZigBee 网络，使数据的自动采集、分析和处理变得更加容易，可以作为决策辅助系统的重要组成部分，如危险化学成分的检测、火警的早期检测和预报、高速旋转机器的检测和维护等。

（3）公共场所：烟雾探测器等。

（4）农业控制：传统农业主要使用孤立的、没有通信能力的机械设备，依靠人力监测作物的生长状况。采用了传感器和 ZigBee 网络后，农业将可以逐渐转向以信息和软件为中心的生产模式，使用更多的自动化、网络化、智能化和远程控制设备来耕种。传感器可以收集包括土壤湿度、氮浓度、pH 值、降水量、温湿度和气压等信息，这些信息和采集信息的地理位置经由 ZigBee 网络传递到中央控制设备供农民决策和参考，这样就能够及早、准确地发现问题，从而有助于保持并提高农作物的产量。

（5）医疗：借助各种传感器和 ZigBee 网络，准确、实时地监测病人的血压、体温和心跳速度等信息，从而减轻医生查房的工作负担，有助于医生作出快速反应，特别是对于重病和病危患者的监护治疗。也包括老人与行动不便者的紧急呼叫器和医疗传感器等。

（6）商业：智慧型标签等。

3.3 ZigBee 协议框架

ZigBee 体系架构是在 IEEE 802.15.4 标准基础上建立的，最下面两层由 IEEE 802.15.4 标准定义的物理层（PHY）和 MAC 层构成，没有为更高层规定任何要求。ZigBee 标准则定义了协议的网络层和应用层，并采用 IEEE 802.15.4 的物理层和 MAC 层作为其底层协议。因此，任何遵循 ZigBee 标准的设备也同样遵循 IEEE 802.15.4 标准。IEEE 802.15.4 是独立于 ZigBee 标准而开发的，也就是说，仅基于 IEEE 802.15.4 而不使用详细的 ZigBee 协议层建立短距离无线网络是有可能的。用户只需要在 IEEE 802.15.4 的物理层和 MAC 层之上开发自己的网络层和应用层。这些定制的网络层和应用层通常比 ZigBee 的协议更简单，并且主要针对具体的应用。定制的网络层和应用层的一个好处就是实现整个协议所需的内存较小，从而可以有效降低成本。

完整的 ZigBee 协议栈由物理层、MAC 层、网络层、安全层和高层应用规范组成，如图 3-3 所示。ZigBee 协议栈的网络层、安全层和应用程序接口等由 ZigBee 联盟制定。物理

图 3-3 ZigBee 协议栈

层和 MAC 层由 IEEE 802.15.4 标准定义。在 MAC 层上面提供与上层的接口，可以直接与网络层连接，或者通过 SSCS 和 LLC 中间子层实现连接。ZigBee 联盟在 IEEE 802.15.4 的基础上定义了网络层、安全层和应用程序接口。其中，安全层（Security）主要实现密钥管理、存取等功能。应用程序接口负责向用户提供简单的应用软件接口，包括应用子层支持（Application Sub-layer Support，APS）、ZigBee 设备对象（ZigBee Device Object，ZDO）等，实现应用层对设备的管理。

3.4　ZigBee 网络层规范

1. 网络层参考模型及实现

网络层主要实现节点加入、离开、路由查找和传送数据等功能。目前 ZigBee 网络层主要支持两种路由算法，即树路由和网状网路由；支持星状（Star）、树状（Cluster-Tree）、网格（Mesh）等多种拓扑结构，如图 3-4 所示。

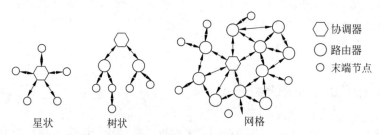

图 3-4　ZigBee 组网拓扑结构

在这些拓扑结构中，一般包括 3 种设备：协调器、路由器和终端节点。

协调器也称为全功能设备（FFD），相当于蜂群结构中的蜂后，是唯一的。协调器是 ZigBee 网络启动或建立网络的设备，一旦网络建立，该协调器就如同一个路由器，在网络中提供数据交换、建立安全机制、建立网络中绑定等路由功能。网络中的其他操作并不依赖该协调器，因为 ZigBee 网络是分布式网络。路由器相当于雄蜂，数目不多，路由器需要一直处于工作状态，需要主干线供电。但在树状拓扑网络模式中，允许路由器周期地运行操作，所以可以采用电池供电。路由器的功能主要包括作为普通设备加入网络、实现多跳路由、辅助其他子节点完成通信。末端节点则相当于数量最多的工蜂，也称为精简功能设备（RFD），只能传输数据给 FFD 或从 FFD 接收数据，该设备需要的内存较少，特别是内部随机存储器（Random Access Memory, RAM）。为了维持网络最基本的运行，末端节点没有指定的责任，没有必不可少性，可以根据自己的功能需要休眠或唤醒，一般可由电池供电。树路由把整个网络看作以协调器为根的一棵树，不需要路由表，节省存储资源，缺点是不灵活，浪费了大量的地址空间，路由效率低。网状网路由是无线自组织网按需平面距离矢量路由协议（Ad Hoc On-Demand Distance Vector Routing，AODV）路由算法的一个简化版本。在 AODV 中，一个网络节点要建立连接时才广播一个连接建立的请求，其他 AODV 节点转发这个请求消息，并记录源节点和回到源节点的临时路由。当接收连接请求的节点知道到达目的节点的路由时，就把这个路由信息按照先前记录的回到源节点的临时路由发回源节点。源节点和目的节点之间使用这个路由进行数据传输。当链路断开时，路由错误回送源节点，源节点就重新发起路由查找的过程。它可以用于较大规模的网络，需要节点维护一个路由表，耗费一定的存储资源，但往往能达到最优的路由效率，而且使用灵活。

除了这两种路由方法，ZigBee 还可以进行邻居表路由，其实邻居表可以看作特殊的路由表，只不过是需要一跳就可以发送到目的节点。

2. 网络层规范

ZigBee 协议栈的核心部分在网络层。网络层负责拓扑结构的建立和维护、命名和绑定服务，它们协同完成寻址、路由、传输数据及安全这些不可或缺的任务，支持星状（Star）、树状（Cluster-Tree）、网格（Mesh）等多种拓扑结构。为了满足应用层的要求，ZigBee 协议的网络层划分为网络层数据实体（NLDE）和网络层管理实体（NLME），NLDE 提供相关的 SAP 的数据传输服务，而 NLME 则提供经由相关的 SAP 的管理服务。这两个实体为网络层提供两种服务：数据服务和管理服务。两种服务通过两个接口进行访问：网络层数据服务访问点（NLDE-SAP）和网络层管理服务访问点（NLME-SAP）。网络层可以通过 NLDE-SAP 和 NLME-SAP 为应用层提供服务，同时通过 MCPS-SAP 和 MLME-SAP 为 MAC 层提供服务。NLME 使用 NLDE 完成一些管理任务，并维护一个被称作网络信息中心的数据库对象。另外，在 NLME 和 NLDE 之间有一个隐藏的接口，数据服务可以通过此接口使用管理服务；反之，管理服务通过此接口可以使用数据服务。

网络层数据服务允许一个应用程序在同一个网络中的两个或多个设备之间传输应用协议数据单元，主要提供以下服务。

（1）生成网络数据单元。网络层数据服务通过在应用层单元数据增加一个合适的协议帧头，生成网络层数据单元。

（2）指定路由拓扑。网络层数据服务通过传输一个网络层数据单元至一个合适的设备，通信的链路按照路由路径发向目的地。

（3）安全传输。保证传输的真实性和保密性。

网络层管理服务提供配置新设备、建立新网络、允许设备加入和离开网络、邻居寻址和路由发现的功能，主要提供以下服务。

（1）配置新设备。通过协议栈配置各设备成为协调器或作为路由器和终端节点加入一个已存在的网络。

（2）建立新网络。配置协调器建立一个新的网络。

（3）允许设备加入或离开网络。ZigBee 协调器或路由器请求一个设备加入或离开网络。

（4）邻居寻址。发现、记录和报告关于设备的单跳邻居信息的能力。

（5）路由发现。发现并记录网络传输。

3. 网络层帧结构

网络层的帧由网络层帧头和网络负载组成，如图 3-5 所示。

2B	2B	2B	1B	1B	变长
帧控制域	目标地址	源地址	半径	序列号	帧负载
	路由域				
帧头					网络负载

图 3-5 ZigBee 网络层帧结构

网络层帧头信息格式是固定的，但是地址域和序列号并非在所有帧结构中都出现。其中目标地址、源地址、半径和序列号合称为路由域。网络层数据帧和命令帧的区别在于命令帧的数据域有 1 字节的 NWK 命令标识符。

4. 网络层功能

网络层负责拓扑结构的建立和维护网络连接，主要功能包括设备连接和断开网络时所采用的机制，以及在帧信息传输过程中所采用的安全性机制；此外，还包括设备的路由发现和路由维护和转交。并且，网络层完成对一跳（One-Hop）邻居设备的发现和相关节点信息的存储。一个 ZigBee 协调器创建一个新网络，为新加入的设备分配短地址等。网络层还提供一些必要的函数，确保 ZigBee 的 MAC 层正常工作，并且为应用层提供合适的服务接口。

网络层的主要功能包括以下 8 方面。

（1）通过添加恰当的协议头，能够从应用层生成网络层的 PDU，即 NPDU。

（2）确定网络的拓扑结构。

（3）配置一个新的设备，可以是协调器，也可以向已经存在的网络中加入设备。

（4）建立并启动无线网络。

（5）加入或离开网络。

（6）ZigBee 的协调器能为加入网络的设备分配地址。

（7）发现并记录邻居表、路由表。

（8）信息的接收控制，同步 MAC 层或直接接收信息。

3.5 ZigBee 应用层规范

ZigBee 应用层建立在网络层之上，ZigBee 应用层有 3 个组成部分，包括应用支持子层（APS）、应用程序框架（AF）和 ZigBee 设备对象（ZDO）。它们共同为各应用开发者提供统一的接口，规定了与应用相关的功能，如端点（End-Point）的规定、绑定（Binding）、服务发现和设备发现等。

应用支持子层的主要功能包括维护绑定表和绑定设备间消息传输，所谓的绑定是指根据两个设备所提供的服务和它们的需求将两个设备关联起来。应用程序框架主要为 ZigBee 设备对象提供工作环境。ZigBee 设备对象的主要功能为定义网络的节点角色以及网络服务管理等，发现网络中的设备并检查它们能够提供哪些应用服务，产生或回应绑定请求，并在网络设备间建立安全的通信。

1. 应用支持子层

应用支持子层提供网络层和应用层之间的接口，此接口为 ZigBee 设备对象（各制造商定义的应用对象）都使用的通用服务。该服务通过两个实体实现：应用支持子层数据实体（APSDE）和应用支持子层管理实体（APSME）。APSDE 和 APSME 通过 APSDE 服务接入点（APSDE-SAP）和 APSME 服务接入点（APSME-SAP）提供应用支持子层的数据服务和管理服务。APSDE 为两个或多个位于同一网络的设备之间提供数据传输服务，包括过滤组地址信息、数据负载的数据包分制和重组以及可靠数据传输。APSME 提供安全服务、设备绑定、建立和删除组地址，用于支持 64 位 IEEE 地址和 16 位网络地址之间的地址映射，维护管理对象的数据库，也就是 APS 信息数据库（AIB）。

应用支持子层（APS）主要作用包括：协议数据单元（APDU）的处理，应用支持子层数据实体提供在同一个网络中的应用实体之间的数据传输机制，应用支持子层管理实体给应用对象提供多种服务，并维护管理对象的数据库。

2. 应用程序框架

ZigBee 应用程序框架（Application Framework, AF）是 ZigBee 设备对象的工作环境。运行在 ZigBee 协议栈上的应用程序实际上就是厂商自定义的应用对象，并且遵循规范运行在端点 1～240 上。在 ZigBee 应用中，AF 提供了两种标准服务类型，一种是键值对（Key Value Pair，KVP）服务类型，另一种是报文（Message，MSG）服务类型。KVP 服务用于传输规范所定义的特殊数据，它定义了属性（Attribute）、属性值（Value）以及用于 KVP 操作的命令：Set、Get、Event。其中，Set 用于设置一个属性值；Get 用于获取一个属性值；Event 用于通知一个属性已经发生改变。KVP 消息主要用于传输一些较为简单的变量格式。由于 ZigBee 的很多应用领域中的消息较为复杂，并不适用于 KVP 格式，因此 ZigBee 协议规范定义了 MSG 服务类型。MSG 服务对数据格式不作要求，适合任何格式的数据传输，因此可以用于传送数据量大的消息。

AF 为各个用户自定义的应用对象提供了模板式的活动空间，为每个应用对象提供了键值对（KVP）服务和报文（MSG）服务。KVP 命令帧格式如图 3-6 所示，MSG 命令帧格式如图 3-7 所示。

4b	4b	16b	0/8b	可变
命令类型标识符	属性数据类型	属性标识符	错误代码	属性数据

图 3-6　KVP 命令帧格式

8b	可变
事务长度	事务数据

图 3-7　MSG 命令帧格式

3. ZigBee 设备对象

ZigBee 设备配置层提供标准的 ZigBee 配置服务，它定义和处理描述符请求。在 ZigBee 设备配置层中定义了称为 ZigBee 设备对象（ZDO）的特殊软件对象，在其他服务中提供绑定服务。远程设备可以通过 ZigBee 设备对象接口请求任何标准的描述符信息。当接收到这些请求时，ZDO 会调用配置对象以获取相应的描述符值。ZDO 是特殊的应用对象，它在端点（End-Point）0 上实现。ZDO 通过端点 0 可以使应用程序和 ZigBee 协议栈的其他通信层进行通信，实现对协议栈各层的初始化和配置，其主要功能如下。

（1）初始化应用支持子层、网络层和安全服务规范。

（2）定义网络中设备的角色。

（3）设备发现并提供服务。

（4）服务发现。

（5）实现绑定管理、安全管理和节点管理。

（6）执行端点号为 1～240 的应用端点的初始化。

ZigBee 协议栈中的 ZDO 实际上是介于应用层端点和应用支持子层中间的端点，其主要功能集中在网络管理和维护上，主要负责端点号为 0 的 ZigBee 设备对象，描述了一个 ZigBee 的基本功能。应用层的端点可以通过 ZDO 提供的功能获取网络或其他节点的信息，包括网络的拓扑结构、其他节点的网络地址和状态以及其他节点的类型和提供的服务等信息。

端点是应用对象存在的地方，ZigBee 允许多个应用同时位于一个节点上，ZigBee 定义了几种描述符，对设备以及提供的服务进行描述，可以通过这些描述符寻找合适的服务或者设备。

此外，ZigBee 协议栈还提供了安全组件，如采用了 AES 128 算法对网络层和应用层的数据进行加密保护；设立信任中心的角色，用于管理密钥和管理设备，可以执行设置的安全策略。

3.6　ZigBee 安全服务规范

ZigBee 设备之间的通信使用 IEEE 802.15.4 无线标准，该标准指定物理层（PHY）和 MAC 层两层规范。而 ZigBee 规范了网络层（NWK）和应用层（APL）标准。各层规范功能分别如下。

PHY：提供基本的物理无线通信能力。

MAC：提供设备间的可靠性授权和一跳通信连接服务。

NWK：提供用于构建不同网络拓扑结构的路由和多跳功能。

APL：包括一个应用支持子层（APS）、ZigBee 设备对象（ZDO）和应用。

在安全服务规范方面，协议栈分别在 MAC、NWK 和 APS 三层具有安全机制，保证各层数据帧的安全传输。同时，APS 子层提供建立和保持安全关系的服务；ZDO 管理安全性策略和设备的安全性结构。

思考题

ZigBee 协议与 IEEE 802.15.4 标准之间有什么联系与区别？

第 4 章

ZigBee 开发平台

作为一种全新的信息获取平台，无线传感器网络能够实时监测和采集网络区域内各种监控对象的信息，并将这些采集信息传输到网关节点，从而实现规定区域内目标监测、跟踪和远程控制。无线传感器网络是一个由各种类型且廉价的大量传感器节点（如电磁、气体、温度、湿度、噪声、光强度、压力、土壤成分等传感器）组成的无线自组织网络。无线传感器网络在农业、医疗、工业、交通、军事、物流以及个人家庭等众多领域都具有广泛的应用，其研究、开发和应用很大程度上关系到国家安全、经济发展等各方面。因为无线传感器网络广阔的应用前景和潜在的巨大应用价值，近年来在国内外引起了广泛的重视。另外，由于国际上各个机构、组织和企业对无线传感器网络技术及相关研究的高度重视，也大大促进了无线传感器网络的高速发展，无线传感器网络在越来越多的应用领域开始发挥其独特的作用。

ZigBee 技术是一种近距离、低复杂度、低功耗、低速率、低成本的双向无线通信技术，主要适用于距离短、功耗低且传输速率不高的各种电子设备之间进行数据传输以及典型的有周期性数据、间歇性数据和低反应时间数据传输的应用。ZigBee 网络主要是为工业现场自动化控制数据传输而建立，它必须具有简单、使用方便、工作可靠、价格低的特点。因此，ZigBee 技术成为实现无线传感器网络最重要的技术之一。但是，ZigBee 的应用开发综合了传感器技术、嵌入式技术、无线通信技术，使 ZigBee 技术对于普通开发者似乎遥不可及。

随着集成电路技术的发展，无线射频芯片厂商采用片上系统（System on Chip，SoC）的办法对高频电路进行了大量的集成，大大简化了无线射频应用程序的开发。其中，最具代表性的是 TI 公司开发的 2.4GHz IEEE 802.15.4/ZigBee 片上系统解决方案 CC2530 无线单片机。TI 公司提供完整的技术手册、开发文档、工具软件，使普通开发者开发无线传感网应用成为可能。TI 公司不仅提供了实现 ZigBee 网络的无线单片机，而且免费提供了符合 ZigBee 2007 协议规范的 Z-Stack 协议栈和较为完整的开发文档。因此，CC2530+Z-Stack 成为目前 ZigBee 无线传感网开发的最重要技术之一。

使用 CC2530+Z-Stack 开发 ZigBee 无线传感网应用需要以下开发环境。

（1）CC2530 开发板。目前有众多厂家提供了 CC2530 射频模块，实现了射频功能，并将所有 I/O 引脚引出。在这个基础上，本书设计了一个学习板，实现了 CC2530 的外围功能，在它上面可以运行本书提供的所有例程。如果用于教学，本书还设计了一个作业板，将外围电路进行调整，供学习者练习使用。

（2）IAR 集成开发环境。这是一个功能强大的 8051 系列单片机集成开发环境，支持绝大多数标准和扩展架构的 8051 单片机。本书使用的 IAR 版本号为 8.10，支持 Z-Stack 协议栈 2.5.0。在这里要注意，不同版本的 Z-Stack 协议栈需要不同版本的 IAR 集成开发环境才能支持。

（3）Z-Stack 协议栈。

（4）一台运行 IAR 软件的计算机。

4.1 ZigBee 硬件开发平台

4.1.1 CC2530 射频模块

本书所用的 ZigBee 模块基于 ZigBee 2007 标准和 TI 公司第 2 代 ZigBee SoC CC2530F256 芯片，模块采用表面安装技术（Surface Mounting Technology, SMT）工艺批量生产，一致性好，可靠性高；模块工作在免费的 2.4GHz 频段，数字 I/O 接口全部引出，用处广泛；模块降低了客户射频开发的困难；软件方面，支持 TI-MAC、SimpliciTI、Z-Stack、RemoTI 等软件包，方便客户开发符合 IEEE 802.15.4、ZigBee 2007、ZigBee Pro 和 ZigBee RF4CE 等标准或其他非标准的产品。模块体积小巧，采用外置 SMA 天线设计，增益大，接收灵敏度高，通信距离远，实测可视距离可达 400m。引出 CC2530 所有 I/O 口，方便用户进行二次开发，最大程度地利用系统资源。模块接口为标准的 2.54mm 间距双排插针，通用性强，方便用户快速、经济地搭建自己的系统，性价比高。

CC2530 射频模块具有以下特征。

（1）基于 CC2530F256 单芯片 ZigBee SoC，集成 8051 内核，方便开发测试。

（2）模块尺寸为 36mm×26mm。

（3）SMA 座，外接 50Ω 天线。

（4）模块对外提供 TTL 串口和所有 I/O 引脚。

（5）开发工具使用 IAR Embedded Workbench for MCS-51，开发调试方便快捷。

CC2530 射频模块主要技术指标如表 4-1 所示。

表 4-1　CC2530 射频模块主要技术指标

性能参数名称	指　标
频段	2405～2480MHz
主芯片	CC2530F256
通信协议标准	IEEE 802.15.4
调制方式	DSSS（O-QPSK）
数据传输速率	250kb/s
通信范围	空旷场合 400m（MAX）
接收灵敏度	−97dBm
寻址方式	64 位 IEEE 地址，8 位网络地址
数据加密	AES 128
错误校验	CRC 16/32
信道接入方式	CSMA-CA 和时隙化的 CSMA-CA
信道数	16

续表

性能参数名称	指 标
接口	2×7，2×6 双排 2.54mm 间距插针
发射电流（最大）	34mA
接收电流（最大）	25mA
工作温度	−40～85℃
电源	2.0～3.6V
物理尺寸	36mm×26mm

模块引出引脚定义如表 4-2 所示。

表 4-2　模块引出引脚定义

插 座 编 号	引 脚 编 号	引 脚 定 义	引 脚 功 能
P1	1	GND	地线
	2	P2_4/Q1	CC2530 的 I/O 脚 P2_4/32768 晶振复用
	3	P2_3/Q2	CC2530 的 I/O 脚 P2_3/32768 晶振复用
	4	P2_2	CC2530 的 I/O 脚 P2_2
	5	P2_1	CC2530 的 I/O 脚 P2_1
	6	P2_0	CC2530 的 I/O 脚 P2_0
	7	P1_7	CC2530 的 I/O 脚 P1_7
	8	P1_6	CC2530 的 I/O 脚 P1_6
	9	P1_5	CC2530 的 I/O 脚 P1_5
	10	P1_4	CC2530 的 I/O 脚 P1_4
	11	P1_3	CC2530 的 I/O 脚 P1_3
	12	P1_2	CC2530 的 I/O 脚 P1_2
	13	P1_1	CC2530 的 I/O 脚 P1_1/20mA 电流驱动能力
	14	P1_0	CC2530 的 I/O 脚 P1_0/20mA 电流驱动能力
P2	1	GND	地线
	2	VDD	电源线 2～3.6V
	3	RESET	复位脚，低电平有效
	4	VDD	电源线 2～3.6V
	5	P0_0	CC2530 的 I/O 脚 P0_0
	6	P0_1	CC2530 的 I/O 脚 P0_1
	7	P0_2	CC2530 的 I/O 脚 P0_2
	8	P0_3	CC2530 的 I/O 脚 P0_3
	9	P0_4	CC2530 的 I/O 脚 P0_4
	10	P0_5	CC2530 的 I/O 脚 P0_5
	11	P0_6	CC2530 的 I/O 脚 P0_6
	12	P0_7	CC2530 的 I/O 脚 P0_7

4.1.2　调试器接口

SmartRF04EB 是 TI 公司发布的第 4 版 CC 系列芯片调试器，可用于 CC11xx、CC243x、

CC251x、CC253x 等多个系列芯片,支持仿真、调试、单步、烧录、加密等操作,可与 IAR 编译环境和 TI 公司发布的相关软件进行无缝连接。

SmartRF04EB 产品特点如下。

(1)与 IAR for 8051 集成开发环境无缝连接。

(2)支持内核为 51 的 TI ZigBee 芯片,如 CC111x/CC243x/CC253x/CC251x。

(3)下载速度高达 150KB/s。

(4)自动识别速度。

(5)可通过 TI 公司相关软件更新最新版本固件。

(6)USB 即插即用。

(7)标准 10 引脚输出座。

(8)电源指示和运行指示。

(9)尺寸小巧,设计精美,稳定性很高,输出大电流时电源非常稳定。

(10)固件版本 0043 解决了以前版本的缺陷,相当稳定,且能很好地支持 25xx 系列芯片。

(11)支持仿真下载和协议分析。

(12)可对目标板供电(3.3V/50mA)。

(13)出厂的每个调试器均具有唯一的 ID 号,一台计算机可以同时使用多个 ID 号,便于协议分析和系统联调。

(14)支持多种版本的 IAR 软件,如用于 2430 的 IAR730B、用于 25xx 的 IAR751A 和 IAR760 等,并与 IAR 软件实现无缝集成。

调试器输出引脚排列如表 4-3 所示。

表 4-3　调试器输出引脚排列

序　号	描　述	序　号	描　述
1	GND	2	VDD
3	DC	4	DD
5	CSN	6	CLK
7	RESET	8	MOSI
9	MISO	10	NC

4.1.3　ZigBee 学习板

1. 射频模块接口、LED 及红外发射

射频模块接口采用双排 2.54mm 间距通用插槽,用于连接 CC2530 射频模块。

绿色 LED 为 LED1,连接引脚 P1_6;红色 LED 为 LED2,连接引脚 P1_7。

红外发射管用于红外实验,连接引脚 P1_1。

图 4-1 所示为这部分的原理。

2. 调试器接口

调试器接口用于连接调试器,采用双排 10 引脚 2.54mm 间距通用插槽,原理如图 4-2 所示。

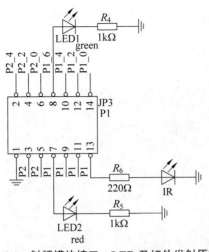

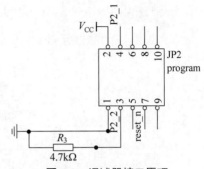

图 4-1 射频模块接口、LED 及红外发射原理   图 4-2 调试器接口原理

3. 按键

两个按键 S1 和 S2 分别连接在引脚 P0_1 和 P0_2，原理如图 4-3 所示。

4. 1602 型 LCD

1602 型 LCD 是一种工业字符型液晶，能够同时显示 16×2 即 32 个字符（16 列 2 行）。LCD1602 显示模块具有体积小、功耗低、显示内容丰富等特点，被广泛应用于各种单片机应用中。因为 CC2530 使用 3.3V 电压，所以学习板采用的是 3.3V 1602 型 LCD，原理如图 4-4 所示。

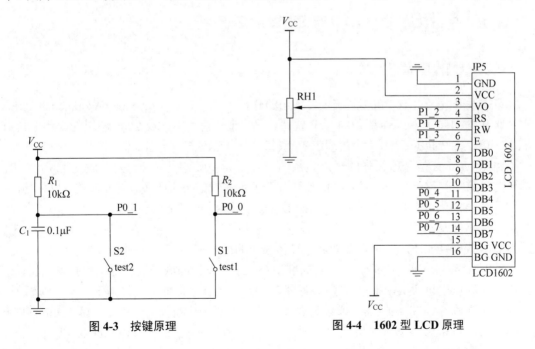

图 4-3 按键原理   图 4-4 1602 型 LCD 原理

5. RS-232 接口

目前 RS-232 是计算机与通信工业中应用最广泛的一种串行接口。RS-232 被定义为一种

在低速率串行通信中增加通信距离的单端标准。使用 MAX3232 芯片进行 RS-232 电平转换，原理如图 4-5 所示。

6. 红外接收

学习板上使用 VS1838 红外接收头，用于红外信号的接收，原理如图 4-6 所示。

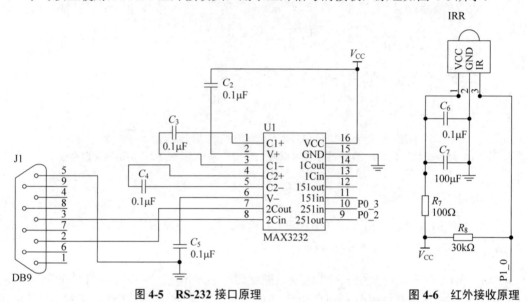

图 4-5　RS-232 接口原理　　　　图 4-6　红外接收原理

4.2　ZigBee 软件开发平台

4.2.1　IAR 简介

应用及开发 ZigBee 2007 系统主要使用的软件工具是 IAR Embedded Workbench IDE，它好比开发 51 单片机系统所用的 Keil 软件。这里请注意，ZigBee 2006 所用的软件工具为 IAR 7.30B，而 ZigBee 2007 系统所用的软件版本为 IAR 7.51 以上版本。

IAR Systems 是全球领先的嵌入式系统开发工具和服务供应商，公司成立于 1983 年，提供的产品和服务涉及嵌入式系统的设计、开发和测试的每个阶段，包括带有 C/C++编译器和调试器的集成开发环境（Integrated Development Environment, IDE）、实时操作系统和中间件、开发套件、硬件仿真器以及状态机建模工具。最著名的产品是 C 编译器 IAR Embedded Workbench，支持众多知名半导体公司的微处理器。

IAR Embedded Workbench 是一套高度精密且使用方便的嵌入式应用编程开发工具。该集成开发环境中包含 IAR 的 C/C++编译器、汇编工具、链接器、库管理器、文本编辑器、工程管理器和 C-SPY 调试器。通过其内置的针对不同芯片的代码优化器，IAR Embedded Workbench 可以为 8051 系列芯片生成非常高效和可靠的 Flash/PROMable 代码。IAR Embedded Workbench IDE 提供一个框架，任何可用的工具都可以完整地嵌入其中。IAR Embedded Workbench 适用于大量 8 位、16 位以及 32 位的微处理器和微控制器，用户在开发新的项目时也能在熟悉的开发环境中进行。它为用户提供一个易学和具有最大量代码继承能力的开发环境，以及对大多数和特殊目标的支持。IAR Embedded Workbench 有效提高了用户的工作效率，通过 IAR 工具，用户可以大大节省工作时间。

4.2.2　IAR 基本操作

1. IAR 的安装

可以在 http：//www.iar.com/ew8051 下载 Evaluation edition for TI wireless solutions，这个评估版本可以使用 30 天。

2. IAR 工程的建立

（1）启动 IAR，主界面如图 4-7 所示。

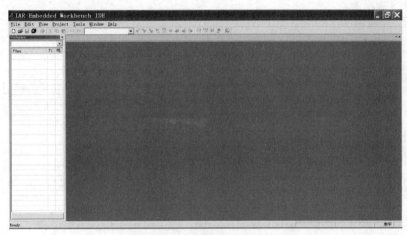

图 4-7　IAR 主界面

（2）执行 Project→Create New Project 菜单命令，弹出如图 4-8 所示的对话框，单击 OK 按钮。

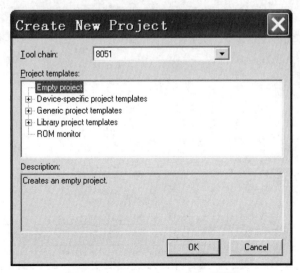

图 4-8　Create New Project 对话框

（3）在 c:\test 下建立一个 led 目录，将工程文件 led.ewp 放在其中，如图 4-9 所示。

图 4-9　保存工程

3. 新建一个 C 文件

（1）执行 File→New→File 菜单命令。

（2）执行 File→Save as 菜单命令，另存为 led.c，如图 4-10 所示。

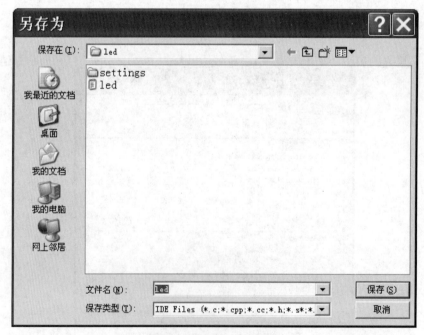

图 4-10　新建一个 C 文件

4. 将 C 文件加入工程中

选中工程，执行 Project→Add Files 菜单命令，弹出如图 4-11 所示的对话框。

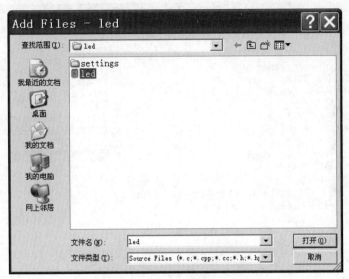

图 4-11　将 C 文件加入工程中

将 led.c 文件加入工程中。

5. 工程配置

在编写程序之前，需要对工程进行配置。

（1）先选中需要配置的工程，执行 Project→Options 菜单命令，弹出如图 4-12 所示的对话框。

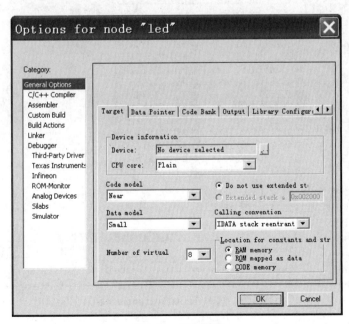

图 4-12　工程配置

（2）在 Category 列表中单击 General Options 选项。在 Target 选项卡中，单击 Device information 栏中 Device 选择框右侧的按钮，弹出如图 4-13 所示的对话框。

图 4-13　选择设备

（3）打开 Texas Instruments 目录，如图 4-14 所示。

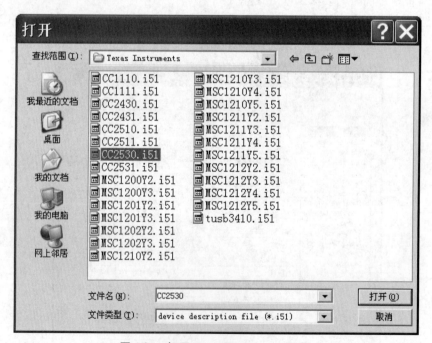

图 4-14　打开 Texas Instruments 目录

（4）选择 CC2530.i51。

（5）在 Category 列表中单击 Linker 选项，切换至 Config 选项卡，如图 4-15 所示。

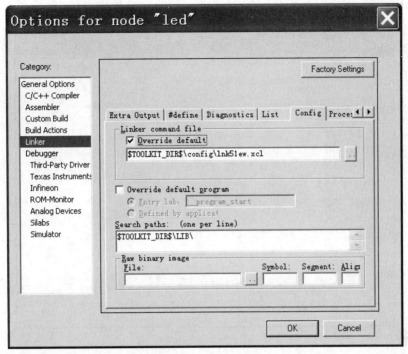

图 4-15　Config 选项卡

（6）勾选 Override default program 复选框，单击 OK 按钮，弹出如图 4-16 所示的对话框，选择 lnk51ew_cc2530.xcl。

图 4-16　选择 lnk51ew_cc2530.xcl

6. 保存工程

执行 File→Save All 菜单命令，弹出如图 4-17 所示的对话框。

图 4-17　保存工程

在"文件名"文本框中输入工程名 test。

7. 调试程序

执行 Project→Debug 菜单命令或按 Ctrl+D 组合键，弹出如图 4-18 所示的调试界面。

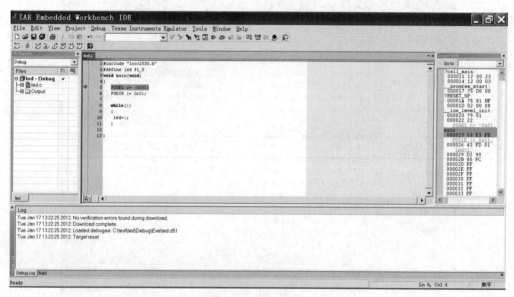

图 4-18　调试界面

执行 Debug→Go 菜单命令或按 F5 键，运行程序。

第 5 章

CHAPTER 5

CC2530 基础实验

5.1　CC2530 无线片上系统概述

CC2530（无线片上系统单片机）是用于 IEEE 802.15.4、ZigBee 和 RF4CE 应用的一个真正的片上系统（SoC）解决方案。它能够以非常低的总材料成本建立强大的网络节点。CC2530 结合了领先的 2.4GHz 射频收发器的优良性能、业界标准的增强型 8051 单片机、系统内可编程闪存、8KB RAM 和许多其他强大的功能。根据芯片内置闪存的不同容量，CC2530 有 4 种不同的型号：CC2530F32/64/128/256，编号后缀分别代表具有 32KB、64KB、128KB、256KB 的闪存。CC2530 具有不同的运行模式，使得它尤其适应超低功耗要求的系统。运行模式之间的转换时间短，进一步确保了低能源消耗。

CC2530 在 CC2430 的基础上进行了较大改进。最大的改进是 ZigBee 协议栈，整个协议栈都进行了升级，无论稳定性还是可靠性都有不错的表现。速率依旧是 250kb/s，功率增大到 4.5dBm，发送信道也进行了修改，寄存器进行相应改变，所以 ZigBee 2006 协议栈就无法用于 CC2530 了。ZigBee 2007 协议栈对组网、再组网、数据传输及节点数量都有较大提升，可以说 CC2530 不是因为本身而具有价值，更多的是得益于 ZigBee 2007 协议栈的提升。

除了 CC2530 之外，CC253x 片上系统还包括 CC2531，与 CC2530 的主要区别在于是否支持 USB。CC253x 系列芯片概览如表 5-1 所示。

表 5-1　CC253x 系列芯片概览

特　　征	CC2530F32/F64/F128/F256	CC2531F256
闪存容量	32KB/64KB/128KB/256KB	256KB
SRAM 容量	8KB	8KB
是否支持 USB	否	是

CC2530F256 结合了 TI 公司的 ZigBee Z-Stack 协议栈，提供了一个强大和完整的 ZigBee 解决方案。CC2530F64 结合了 TI 公司的 RemoTI 协议栈，更好地提供了一个强大和完整的 ZigBee RF4CE 远程控制解决方案。RF4CE 是新一代家电遥控的标准和协议，是基于 ZigBee / IEEE 802.15.4 的家电遥控的射频新标准。RF4CE 不仅能提高操作的可靠性，提高信号的传输距离和抗干扰性，使信号传递不受障碍物影响，还能实现双向通信和解决不同电器的互操作问题，遥控器电池寿命也可显著延长。消费者将不再需要用遥控器的发射端准确指向电器的接收端，也不再需要用数个遥控器操控家中不同的电子设备。

2.4GHz 的 CC2530 片上系统解决方案应用广泛。它们可以很容易地建立在基于 IEEE 802.15.4 标准协议的 RemoTI 网络协议和用于 ZigBee 兼容解决方案的 Z-Stack 软件上，或是专门的 SimpliciTI 网络协议上。但是，它们的使用不仅限于这些协议，如 CC2530 系列还适用于 6LoWPAN 和无线 HART 的实现。TI 公司目前主推 CC2530，而已经不推荐使用 CC2430 了。

5.1.1　CC2530 芯片主要特性

（1）高性能、低功耗且具有代码预取功能的 8051 微控制器内核。

（2）符合 2.4GHz IEEE 802.15.4 标准的优良的无线接收灵敏度和抗干扰性能 2.4GHz 射频收发器。

（3）低功耗。

① 主动模式 RX（CPU 空闲）：24mA。

② 主动模式 TX 在 1dBm（CPU 空闲）：29mA。

③ 供电模式 1（4μs 唤醒）：0.2mA。

④ 供电模式 2（睡眠定时器运行）：1μA。

⑤ 供电模式 3（外部中断）：0.4μA。

⑥ 宽电源电压范围：2～3.6V。

（4）支持硬件调试。

（5）支持精确的数字化 RSSI/LQI 和强大的 5 通道 DMA。

（6）IEEE 802.5.4 MAC 定时器，通用定时器。

（7）具有 IR 发生电路。

（8）具有捕获功能的 32kHz 睡眠定时器。

（9）硬件支持 CSMA/CA 功能。

（10）具有电池监测功能和温度传感功能。

（11）具有 8 路输入和可配置分辨率的 12 位 ADC。

（12）集成 AES 安全协处理器。

（13）两个支持多种串行通信协议的强大 USART。

（14）21 个通用 I/O 引脚（19×4mA，2×20mA）。

（15）看门狗定时器。

（16）强大灵活的开发工具。

5.1.2　CC2530 的应用领域

（1）2.4GHz IEEE 802.15.4 系统。

（2）RF4CE 远程控制系统（需要大于 64KB 的闪存）。

（3）ZigBee 系统（需要 256KB 闪存）。

（4）家庭/楼宇自动化。

（5）照明系统。

（6）工业控制和监控。

（7）低功耗无线传感网络。

（8）消费型电子。

（9）医疗保健。

5.1.3　CC2530 概述

CC2530 大致可以分为 4 部分：CPU 和内存、时钟和电源管理以及外设、无线设备。

1. CPU 和内存

CC253x 系列芯片使用的 8051 CPU 内核是一个单周期的 8051 兼容内核。它有 3 种不同的内存访问总线（SFR、DATA 和 CODE/XDATA），单周期访问 SFR、DATA 和主 SRAM。它还包括一个调试接口和一个 18 输入扩展中断单元。

中断控制器总共提供 18 个中断源，分为 6 个中断组，每个与 4 个中断优先级之一相关。当设备从活动模式回到空闲模式时，任意中断服务请求就被激发。一些中断还可以从睡眠模式（供电模式 1～供电模式 3）唤醒设备。

内存仲裁器位于系统中心，因为它把 CPU 与 DMA 控制器和物理存储器以及所有外设连接起来。内存仲裁器有 4 个内存访问点，每次访问可以映射到 3 个物理存储器之一：一个 8KB SRAM、闪存和 XREG/SFR 寄存器。它负责执行仲裁，并确定同时访问同一个物理存储器之间的顺序。

8KB SRAM 映射到 DATA 存储空间和部分 XDATA 存储空间。8KB SRAM 是一个超低功耗的静态随机存储器（Static Random Access Memory, SRAM），即使数字部分掉电（供电模式 2 和供电模式 3）也能保留其内容。这对于低功耗应用来说是很重要的一个功能。

32KB/64KB/128KB/256KB 闪存块为设备提供了内电路可编程的非易失性程序存储器，映射到 XDATA 存储空间。除了保存程序代码和常量以外，非易失性存储器允许应用程序保存必须保留的数据，这样设备重启之后就可以使用这些数据。使用这个功能，例如可以利用已经保存的网络具体数据，CC2530 就不需要每次启动都经历网络寻找和加入过程。

2. 时钟和电源管理

数字内核和外设由一个 1.8V 低差稳压器供电。它提供了电源管理功能，可以实现使用不同供电模式延长电池寿命。

3. 外设

CC2530 包括许多不同的外设，允许应用程序设计者开发先进的应用。

调试接口执行一个专有的两线串行接口，用于内电路调试。通过这个调试接口，可以执行整个闪存的擦除、控制使能哪个振荡器、停止和开始执行用户程序、执行 8051 内核提供的指令、设置代码断点，以及内核中全部指令的单步调试。使用这些技术，可以很好地执行内电路的调试和外部闪存的编程。

设备含有闪存以存储程序代码。闪存可通过用户软件和调试接口编程。闪存控制器处理写入和擦除嵌入式闪存。闪存控制器允许页面擦除和 4 字节编程。

I/O 控制器负责所有通用 I/O 引脚。CPU 可以配置外设模块是否控制某个引脚或它们是否受软件控制，如果是，每个引脚配置为一个输入还是输出。CPU 中断可以分别在每个引脚上使能。每个连接到 I/O 引脚的外设可以选择两个不同的 I/O 引脚位置，以确保在不同应用程序中的引脚的使用不发生冲突。

系统可以使用一个多功能的 5 通道直接存储器访问（Direct Memory Access, DMA）控制器，使用 XDATA 存储空间访问存储器，因此能够访问所有物理存储器。每个通道（触发器、优先级、传输模式、寻址模式、源和目标指针及传输计数）用 DMA 描述符在存储器任何地方配置。许多硬件外设（AES 内核、闪存控制器、USART、定时器、ADC 接口）通过使用 DMA 控制器在 SFR 或 XREG 地址和闪存/SRAM 之间进行数据传输，在获得高效率操作的同时，大大减轻了内核的负担。

定时器 1 是一个 16 位定时器，具有定时器/PWM 功能。它有一个可编程的分频器、一个 16 位周期值以及 5 个各自可编程的计数器/捕获通道，每个都有一个 16 位比较值。每个计数器/捕获通道可以用作一个 PWM 输出或捕获输入信号边沿的时序。它还可以配置在 IR 产生模式，定时器 3 的输出是用最小的 CPU 干涉产生调制的 IR 信号。

MAC 定时器（定时器 2）是专门为支持 IEEE 802.15.4 MAC 或软件中其他时隙的协议而设计的。定时器有一个可配置的定时器周期和一个 8 位溢出计数器，可以用于保持跟踪已经经过的周期数。一个 16 位捕获寄存器也用于记录接收/发送一个帧开始界定符的精确时间或传输结束的精确时间，还有一个 16 位输出比较寄存器可以在具体时间产生不同的选通命令（开始 RX、开始 TX 等）到无线模块。

定时器 3 和定时器 4 是 8 位定时器，具有定时器/计数器/PWM 功能。它们有一个可编程的分频器、一个可编程的计数器通道，具有一个 8 位的比较值。定时器 3 和定时器 4 计数器通道经常用作输出 PWM。

睡眠定时器是一个超低功耗的定时器，在除了供电模式 3 的所有工作模式下不断运行。定时器的典型应用是作为实时计数器或作为一个唤醒定时器跳出供电模式 1 或供电模式 2。

ADC 支持 7～12 位的分辨率，分别具有 30kHz 或 4kHz 的带宽。DC 和音频转换可以使用高达 8 个输入通道。输入可以选择作为单端输入或差分输入。参考电压可以是内部电压、AVDD（模拟电源）或是一个单端或差分外部信号。ADC 还有一个温度传感输入通道测量内部温度。ADC 可以自动执行定期抽样或转换通道序列的程序。

随机数发生器使用一个 16 位线性反馈移位寄存器（Linear Feedback Shift Register, LFSR）产生伪随机数，可以被 CPU 读取或由选通命令处理器直接使用。例如，随机数可以用作产生随机密钥，用于安全。

AES 加密/解密内核允许用户使用带有 128 位密钥的 AES 算法加密和解密数据。这一内核能够支持 IEEE 802.15.4 MAC 安全、ZigBee 网络层和应用层要求的 AES 操作。

一个内置的看门狗允许 CC2530 在固件挂起的情况下复位自身。当看门狗定时器由软件使能时，它必须定期清除；否则，超时就复位设备。或者，可以配置它用作一个通用 32kHz 定时器。

USART 0 和 USART 1 每个被配置为一个 SPI 主/从或一个 UART。它们为 RX 和 TX 提供了双缓冲以及硬件流控制，因此非常适用于高吞吐量的全双工应用。每个都有自己的高精度波特率发生器，因此可以使普通定时器空闲出来用作其他用途。

4. 无线设备

CC2530 具有一个 IEEE 802.15.4 兼容无线收发器。RF 内核控制模拟无线模块。另外，它提供了微控制单元（Microcontroller Unit, MCU）和无线设备之间的一个接口，可以发出命令、读取状态、自动操作和确定无线设备事件的顺序。无线设备还包括一个数据包过滤和地址识别模块。

5.1.4　CC2530 芯片引脚的功能

CC2530 芯片采用 6mm×6mm QFN40 封装，共有 40 个引脚，可分为 I/O 引脚、电源引脚和控制引脚，如图 5-1 所示。

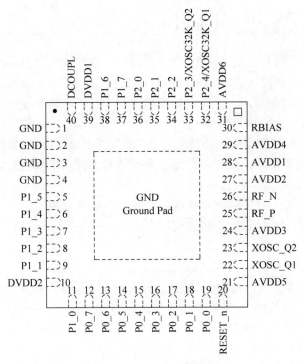

图 5-1　CC2530 芯片引脚

1. I/O 端口引脚功能

CC2530 芯片有 21 个可编程 I/O 引脚，P0 和 P1 是完整的 8 位 I/O 端口，P2 只有 5 个可以使用的位。其中，P1_0 和 P1_1 具有 20mA 的输出驱动能力，其他 I/O 端口引脚具有 4mA 的输出驱动能力。在程序中可以设置特殊功能寄存器（Special Function Register, SFR）将这些引脚设为普通 I/O 口或是作为外设 I/O 口使用。

CC2530 芯片所有 I/O 口具有以下特性：在输入时有上拉和下拉的能力；全部 I/O 口具有响应外部中断的能力，同时这些外部中断可以唤醒休眠模式。

2. 电源引脚功能

AVDD1～AVDD6：为模拟电路提供 2.0～3.6V 工作电压。
DCOUPL：提供 1.8V 的去耦电压，此电压不为外电路使用。
DVDD1、DVDD2：为 I/O 口提供 2.0～3.6V 电压。
GND：接地。

3. 控制引脚功能

RESET_n：复位引脚，低电平有效。
RBIAS：为参考电流提供精确的偏置电阻。

RF_N：RX 期间负 RF 输入信号到 LNA。

RF_P：RX 期间正 RF 输入信号到 LNA。

XOSC_01：32MHz 晶振引脚 1。

XOSC_02：32MHz 晶振引脚 2。

5.1.5　CC2530 增强型 8051 内核简介

CC2530 集成了业界标准的增强型 8051 内核，增强型 8051 内核使用标准的 8051 指令集，但是因为 8051 内核使用了不同于许多其他 8051 类型的一个指令时序，带有时序循环的代码可能需要修改。而且，由于涉及外设的特殊功能寄存器有很大不同，所以涉及特殊功能寄存器的指令代码可能不能正确运行。

增强型 8051 内核使用标准的 8051 指令集。因为以下原因，指令执行比标准 8051 更快。

（1）每个指令周期是一个时钟，而标准 8051 每个指令周期是 12 个时钟。

（2）消除了总线状态的浪费。

因为一个指令周期与可能的内存存取是一致的，增强型 8051 内核使用标准的 8051 指令集，而大多数单字节指令在一个时钟周期内执行。

CC2530 有 5 个复位源。以下事件将产生复位。

（1）强制 RESET_n 输入引脚为低。

（2）上电复位条件。

（3）布朗输出复位条件。

（4）看门狗定时器复位条件。

（5）时钟丢失复位条件。

复位之后初始条件如下。

（1）I/O 引脚配置为带上拉的输入（P1_0 和 P1_1 是输入，但是没有上拉/下拉）。

（2）CPU 程序计数器装在 0x0000，程序执行从这个地址开始。

（3）所有外设寄存器初始化为各自复位值。

（4）看门狗定时器禁用。

（5）时钟丢失探测器禁用。

5.2　通用 I/O 端口

5.2.1　通用 I/O 端口简介

CC2530 有 21 个数字 I/O 引脚，可以配置为通用数字 I/O 引脚或外设 I/O 引脚（即配置为用于 CC2530 内部 ADC、定时器或 USART 的 I/O 引脚）。这些 I/O 引脚的用途可以通过一系列寄存器配置，由用户软件加以实现。

这些 I/O 引脚具备以下重要特性。

（1）21 个数字 I/O 引脚。

（2）可以配置为通用 I/O 引脚或外部设备 I/O 引脚。

（3）输入口具备上拉或下拉能力。

（4）具有外部中断能力，21 个 I/O 引脚都可以用作外部中断源输入口，外部中断可以将 CC2530 从睡眠模式中唤醒。

当用作通用 I/O 端口时，引脚可以组成 3 个 8 位口，定义为 P0、P1 和 P2。P0 和 P1 为 8 位，P2 为 5 位，共 21 个 I/O 口，所有端口可以实现位寻址。所有端口均可以通过特殊功能寄存器 P0、P1 和 P2 位寻址和字节寻址。每个端口引脚都可以单独设置为通用 I/O 端口或外部设备 I/O 端口，本节学习的是将端口引脚设置为通用 I/O 端口。除了两个高驱动输出口 P1_0 和 P1_1 各具备 20mA 的输出驱动能力以外（这种输出驱动能力对于红外发射这样的应用尤为重要），其他所有输出均具备 4mA 的驱动能力。

5.2.2　通用 I/O 端口相关寄存器

（1）PxSEL 寄存器，其中 x 为端口的标号（0～2），用来设置端口的每个引脚为通用 I/O 或外部设备 I/O。默认时，每当复位之后，所有数字输入/输出引脚都设置为通用输入引脚。

（2）PxDIR 寄存器用来设置每个端口引脚为输入或输出。只要设置 PxDIR 中的指定位为 1，其对应的引脚就被设置为输出了，如表 5-2 所示（以 P0 端口为例）。

表 5-2　P0DIR 寄存器

位	名　称	复　位	R/W	描　述
7:0	DIRP0_[7:0]	0x00	R/W	P0_7 到 P0_0 的 I/O 方向 0：输入 1：输出

（3）PxINP 寄存器用来在通用 I/O 端口用作输入时将其设置为上拉、下拉或三态操作模式。默认时，复位之后，所有端口均设置为带上拉的输入。要取消输入的上拉或下拉功能，就要将 PxINP 中的对应位设置为 1。I/O 端口引脚 P1_0 和 P1_1 即使外设功能是输入，也没有上拉/下拉功能。

注意：（1）配置为外设 I/O 信号的引脚没有上拉/下拉功能。

（2）在电源模式 PM1、PM2 和 PM3 下 I/O 引脚保留当进入 PM1/PM2/PM3 时设置的 I/O 模式和输出值。

下面列出了端口 P0 的相关寄存器，如表 5-3 和表 5-4 所示。

表 5-3　P0SEL 寄存器

位	名　称	复　位	R/W	描　述
7:0	SELP0_[7:0]	0x00	R/W	P0_7 到 P0_0 功能选择 0：通用 I/O 1：外设功能

表 5-4　P0INP 寄存器

位	名　称	复　位	R/W	描　述
7:0	MDP0_[7:0]	0x00	R/W	P0_7 到 P0_0 的 I/O 输出模式 0：上拉/下拉 1：三态

注意：P0INP 位为 0 时，是上拉还是下拉由 P2INP 来设置。

5.2.3　实验：点亮 LED

（1）实验目的：编程实现点亮实验板上的发光二极管 LED1 和 LED2，掌握通用 I/O 端口输出的方法。

（2）电路分析。

LED 电路如图 5-2 所示。

由图 5-2 可知，点亮 LED1 和 LED2，需要将 P1_6 和 P1_7 设为 1。

（3）程序流程图如图 5-3 所示。

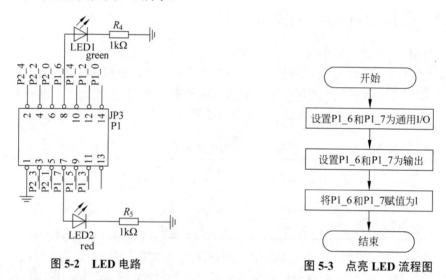

图 5-2　LED 电路　　　　　　　图 5-3　点亮 LED 流程图

（4）exboard.h 头文件。

在示例中，定义了一个头文件，将学习板上的按键和 LED 定义成宏，以后就可以直接使用了。

```
#define uint  unsigned int
#define uchar unsigned char
#define uint32 unsigned long

#define led1 P1_6
#define led2 P1_7
#define key1 P0_0
#define key2 P0_1
```

（5）例程。

```
#include "ioCC2530.h"
#include "exboard.h"
void main(void)
{
   P1SEL&= ~0xC0;
   P1DIR|= 0xC0;

   while(1)
   {

     led1=1;
```

```
      led2=1;

   }
}
```

5.2.4　实验：按键控制 LED 交替闪烁

（1）实验目的：编程实现按键控制 LED 交替闪烁，掌握通用 I/O 端口输入的方法。

（2）电路分析。

按键电路如图 5-4 所示。

由图 5-4 可知，key1 键按下，P0_0 值为 0。

（3）程序流程图如图 5-5 所示。

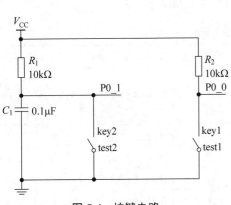

图 5-4　按键电路

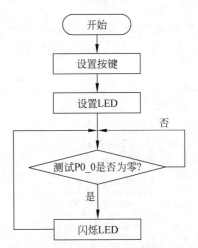

图 5-5　按键控制 LED 交替闪烁流程图

（4）例程。

```
#include<ioCC2530.h>
#include "exboard.h"

void main()
{  P0SEL &= ~0x01;          //设置 P0_0 为通用 I/O
   P0DIR &= ~0x01;          //按键在 P0 口,设置 P0_0 为输入模式

   P1SEL &= ~0xC0;          //P1SEL 第 6,7 位设为通用 I/O
   P1DIR |= 0xC0;           //P1DIR 第 6,7 位设为输出模式

   led1=1;
   led2=0;
   while(1)
   {
     if(key1==0)            //测试 key1 是否按下
     {
       if(key1==0)
       {
         while(key1==0);
         led1=!led1;        //闪烁 LED
         led2=!led2;
```

```
        }
      }
    }
  }
```

作业

（1）在作业板上点亮 LED1 和 LED2。

（2）在作业板上通过按键 key2 控制 LED1 和 LED2 交替闪烁。

5.3 外部中断

5.3.1 中断概述

CC2530 有 18 个中断源，每个中断源都有它自己的、位于一系列寄存器中的中断请求标志。每个中断可以分别使能或禁用。CC2530 中断描述如表 5-5 所示。

表 5-5　CC2530中断描述

中断号码	描　述	中断名称	中断向量	中断屏蔽, CPU	中断标志, CPU
0	RF 发送 FIFO 队列空或 RF 接收 FIFO 队列溢出	RFERR	03h	IEN0.RFERRIE	TCON.RFERRIF
1	ADC 转换结束	ADC	0Bh	IEN0.ADCIE	TCON.ADCIF
2	USART0 RX 完成	URX0	13h	IEN0.URX0IE	TCON.URX0IF
3	USART1 RX 完成	URX1	1Bh	IEN0.URX1IE	TCON.URX1IF
4	AES 加密/解密完成	ENC	23h	IEN0.ENCIE	S0CON.ENCIF
5	睡眠定时器比较	ST	2Bh	IEN0.STIE	IRCON.STIF
6	端口 2 输入/USB	P2INT	33h	IEN2.P2IE	IRCON2.P2IF
7	USART0 TX 完成	UTX0	3Bh	IEN2.UTX0IE	IRCON2.UTX0IF
8	DMA 传输完成	DMA	43h	IEN1.DMAIE	IRCON.DMAIF
9	定时器 1（16 位）捕获/比较/溢出	T1	4Bh	IEN1.T1IE	IRCON.T1IF
10	定时器 2	T2	53h	IEN1.T2IE	IRCON.T2IF
11	定时器 3（8 位）捕获/比较/溢出	T3	5Bh	IEN1.T3IE	IRCON.T3IF
12	定时器 4（8 位）捕获/比较/溢出	T4	63h	IEN1.T4IE	IRCON.T4IF
13	端口 0 输入	P0INT	6Bh	IEN1.P0IE	IRCON.P0IF
14	USART1 TX 完成	UTX1	73h	IEN2.UTX1IE	IRCON2.UTX1IF
15	端口 1 输入	P1INT	7Bh	IEN2.P1IE	IRCON2.P1IF
16	RF 通用中断	RF	83h	IEN2.RFIE	S1CON.RFIF
17	看门狗计时溢出	WDT	8Bh	IEN2.WDTIE	IRCON2.WDTIF

5.3.2　中断屏蔽

1. 中断屏蔽寄存器

每个中断请求可以通过设置 IEN0、IEN1 或 IEN2 中断使能寄存器的中断使能位使能或禁止。某些外部设备会因为若干中断事件产生中断请求。这些中断请求可以作用于 P0 端口、P1 端口、P2 端口、DMA、计数器或 RF 上。对于每个内部中断源对应的特殊功能寄存器，这些外部设备都有中断屏蔽位。IEN0、IEN1 和 IEN2 寄存器如表 5-6～表 5-8 所示。

表 5-6　IEN0——中断使能寄存器 0

位	名　称	复　位	R/W	描　述
7	EA	0	R/W	禁用所有中断 0：无中断被禁用 1：通过设置对应的使能位将每个中断源分别使能和禁止
6	—	0	R0	没有使用，读出来是 0
5	STIE	0	R/W	睡眠定时器中断使能 0：中断使能 1：中断禁止
4	ENCIE	0	R/W	AES 加密/解密中断使能 0：中断使能 1：中断禁止
3	URX1IE	0	R/W	USART1 RX 中断使能 0：中断使能 1：中断禁止
2	URX0IE	0	R/W	USART0 RX 中断使能 0：中断使能 1：中断禁止
1	ADCIE	0	R/W	ADC 中断使能 0：中断使能 1：中断禁止
0	RFERRIE	0	R/W	RF TX/RX FIFO 中断使能 0：中断使能 1：中断禁止

表 5-7　IEN1——中断使能寄存器 1

位	名　称	复　位	R/W	描　述
7:6	—	00	R0	没有使用，读出来是 0
5	P0IE	0	R/W	端口 P0 中断使能 0：中断禁止 1：中断使能
4	T4IE	0	R/W	定时器 4 中断使能 0：中断禁止 1：中断使能

续表

位	名　称	复　位	R/W	描　述
3	T3IE	0	R/W	定时器 3 中断使能 0: 中断禁止 1: 中断使能
2	T2IE	0	R/W	定时器 2 中断使能 0: 中断禁止 1: 中断使能
1	T1IE	0	R/W	定时器 1 中断使能 0: 中断禁止 1: 中断使能
0	DMAIE	0	R/W	DMA 传输中断使能 0: 中断禁止 1: 中断使能

表 5-8　IEN2——中断使能寄存器 2

位	名　称	复　位	R/W	描　述
7:6	—	00	R0	没有使用,读出来是 0
5	WDTIE	0	R/W	看门狗定时器中断使能 0: 中断禁止 1: 中断使能
4	P1IE	0	R/W	端口 P1 中断使能 0: 中断禁止 1: 中断使能
3	UTX1IE	0	R/W	USART1 TX 中断使能 0: 中断禁止 1: 中断使能
2	UTX0IE	0	R/W	USART0 TX 中断使能 0: 中断禁止 1: 中断使能
1	P2IE	0	R/W	端口 P2 中断使能 0: 中断禁止 1: 中断使能
0	RFIE	0	R/W	RF 一般中断使能 0: 中断禁止 1: 中断使能

在上述 3 个寄存器中,IEN0.EA 是对总中断进行中断使能控制,其余部分是对所有中断源进行中断使能控制(包括端口 P1、P2 和 P3 中断的使能及外设中断的使能)。

P0IEN、P1IEN、P2IEN 寄存器为端口 P0、P1 和 P2 每个引脚设置中断使能,如表 5-9～表 5-11 所示。

表 5-9　P0IEN——端口 P0 位中断屏蔽

位	名　称	复　位	R/W	描　述
7:0	P0_[7:0]IEN	0x00	R/W	P0_7 到 P0_0 中断使能 0: 中断禁用 1: 中断使能

表 5-10　P1IEN——端口 P1 位中断屏蔽

位	名　称	复　位	R/W	描　述
7:0	P1_[7:0]IEN	0x00	R/W	P1_7 到 P1_0 中断使能 0：中断禁用 1：中断使能

表 5-11　P2IEN——端口 P2 位中断屏蔽

位	名　称	复　位	R/W	描　述
7:6	—	00	R/W	未使用
5	DPIEN	0	R/W	USB D+中断使能
4:0	P2_[4:0]IEN	0 0000	R/W	P2_4 到 P2_0 中断使能 0：中断禁用 1：中断使能

2. 中断使能的步骤

中断使能的步骤如图 5-6 所示。

（1）设置 IEN0.EA 位为 1，开中断。

（2）设置 IEN0、IEN1 和 IEN2 寄存器中相应中断使能位为 1。

（3）如果需要，则设置端口 P0、P1、P2 各引脚对应的各中断使能位为 1。

（4）最后在 PICTL 寄存器中设置中断是上升沿还是下降沿触发。

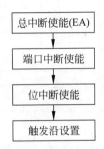

图 5-6　中断使能的步骤

5.3.3　中断处理

当中断发生时，无论该中断使能还是禁止，CPU 都会在中断标志寄存器中设置中断标志位，在程序中可以通过中断标志位判断是否发生了相应的中断。如果在设置中断标志时中断使能，那么在下一个指令周期，由硬件强行产生一个长调用指令 LCALL 到对应的向量地址，运行中断服务程序。中断的响应需要不同的时间，取决于该中断发生时 CPU 的状态。当 CPU 正在运行的中断服务程序的优先级大于或等于新的中断时，新的中断暂不运行，直至新的中断的优先级高于正在运行的中断服务程序。

TCON、S0CON、S1CON、IRCON、IRCON2 是 CC2530 的 5 个中断标志寄存器，如表 5-12～表 5-16 所示。

表 5-12　TCON——中断标志寄存器 1

位	名　称	复　位	R/W	描　述
7	URX1IF	0	R/WH0	USART1 RX 中断标志。当 USART1 RX 中断发生时设为 1 且当 CPU 指向中断向量服务例程时清除 0：无中断未决 1：中断未决

续表

位	名　称	复　位	R/W	描　述
6	—	0	R/W	没有使用
5	ADCIF	0	R/WH0	ADC 中断标志。ADC 中断发生时设为 1 且 CPU 指向中断向量例程时清除 0：无中断未决 1：中断未决
4	—	0	R/W	没有使用
3	URX0IF	0	R/WH0	USART0 RX 中断标志。当 USART0 中断发生时设为 1 且 CPU 指向中断向量例程时清除 0：无中断未决 1：中断未决
2	IT1	1	R/W	保留。必须一直设为 1。设置为 0 将使能低级别中断探测，几乎总是如此（启动中断请求时执行一次）
1	RFERRIF	0	R/WH0	RF TX、RX FIFO 中断标志。当 RFERR 中断发生时设为 1 且 CPU 指向中断向量例程时清除 0：无中断未决 1：中断未决
0	IT0	1	R/W	保留。必须一直设为 1。设置为 0 将使能低级别中断探测，几乎总是如此（启动中断请求时执行一次）

表 5-13　S0CON——中断标志寄存器 2

名　称	复　位	R/W	描　述
—	0000 00	R/W	没有使用
ENCIF_1	0	R/W	AES 中断。ENC 有两个中断标志：ENCIF_1 和 ENCIF_2，当 AES 协处理器请求中断时两个标志都要设置
ENCIF_0	0	R/W	0：无中断未决 1：中断未决

表 5-14　S1CON——中断标志寄存器 3

位	名　称	复　位	R/W	描　述
7:2	—	0000 00	R/W	没有使用
1	RFIF_1	0	R/W	RF 一般中断。RF 有两个中断标志：RFIF_1 和 RFIF_0，设置其中一个标志就会请求中断服务。当无线设备请求中断时两个标志都要设置 0：无中断未决
0	RFIF_0	0	R/W	1：中断未决

表 5-15　IRCON——中断标志寄存器 4

位	名　　称	0	R/W	描　　述
7	STIF	0	R/W	睡眠定时器中断标志 0：无中断未决 1：中断未决
6	—	0	R/W	必须写为 0。写入 1 总是使能中断源
5	P0IF	0	R/W	端口 P0 中断标志 0：无中断标志 1：中断未决
4	T4IF	0	R/WH0	定时器 4 中断标志。当定时器 4 中断发生时设为 1 并且当CPU指向中断向量服务例程时清除 0：无中断未决 1：中断未决
3	T3IF	0	R/WH0	定时器 3 中断标志。当定时器 3 中断发生时设为 1 并且当CPU指向中断向量服务例程时清除 0：无中断未决 1：中断未决
2	T2IF	0	R/WH0	定时器 2 中断标志。当定时器 2 中断发生时设为 1 并且当CPU指向中断向量服务例程时清除 0：无中断未决 1：中断未决
1	T1IF	0	R/WH0	定时器 1 中断标志。当定时器 1 中断发生时设为 1 并且当CPU指向中断向量服务例程时清除 0：无中断未决 1：中断未决
0	DMAIF	0	R/W	DMA 完成中断未决 0：无中断未决 1：中断未决

表 5-16　IRCON2——中断标志寄存器 5

位	名　　称	复　　位	R/W	描　　述
7:5	—	000	R/W	没有使用
4	WDTIF	0	R/W	看门狗定时器中断标志 0：无中断未决 1：中断未决
3	P1IF	0	R/W	端口 P1 中断标志 0：无中断未决 1：中断未决
2	UTX1IF	0	R/W	USART1 TX 中断标志 0：无中断未决 1：中断未决
1	UTX0IF	0	R/W	USART0 TX 中断标志 0：无中断未决 1：中断未决
0	P2IF	0	R/W	端口 P2 中断标志 0：无中断未决 1：中断未决

P0IFG、P1IFG、P2IFG 是端口 0、端口 1、端口 2 每位的中断标志寄存器,如表 5-17~表 5-19 所示。

表 5-17 P0IFG——端口 P0 位中断标志位

位	名　　称	复　位	R/W	描　述
7:0	P0IF[7:0]	0x00	R/W0	端口 P0 位 7 到位 0 输入中断状态标志。当输入端口中断请求未决信号时,其相应的标志位将置 1

表 5-18 P1IFG——端口 P1 位中断标志位

位	名　　称	复　位	R/W	描　述
7:0	P0IF[7:0]	0x00	R/W0	端口 P1 位 7 到位 0 输入中断状态标志。当输入端口中断请求未决信号时,其相应的标志位将置 1

表 5-19 P2IFG——端口 P2 位中断标志位

位	名　称	0	R/W	描　述
7:6	—	0	R0	不使用
5	DPIF	0	R/W	USB D+中断状态标志。当 D+线有一个中断请求未决时设置该标志,用于检测 USB 挂起状态下的 USB 恢复事件。当 USB 控制器没有挂起时不设置该标志
4:0	P2IF[4:0]	0	R/W	端口 P2 位 4 到位 0 输入中断状态标志。当输入端口引脚有中断请求未决信号时,其相应的标志位将置 1

5.3.4 实验:按键中断控制 LED

(1)实验目的:编程实现按键控制 LED1 和 LED2 交替闪烁,掌握通用 I/O 端口中断处理方法。

(2)实验步骤与现象:按键 key1 控制 LED1 和 LED2 交替闪烁。

(3)程序流程图如图 5-7 所示。

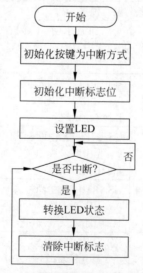

图 5-7 按键中断控制 LED 流程图

（4）例程。

```
#include<ioCC2530.h>
#include "exboard.h"

void main()
{
    P0SEL &= ~0x02;
    P0INP |= 0x02;                  //上拉
    P0IEN |= 0x02;                  //P0_1 设置为中断方式
    PICTL |= 0x02;                  //下降沿触发

    EA = 1;
    IEN1 |= 0x20;                   //P0 设置为中断方式
    P0IFG |= 0x00;                  //初始化中断标志位

    P1SEL &= ~0xC0;                 //设置 LED
    P1DIR|=0xC0;

    led1=1;
    led2=0;
    while(1)
    {

    }

}
#pragma vector = P0INT_VECTOR   //端口 P0 的中断处理函数
    __interrupt void P0_ISR(void)
{
    if(P0IFG>0)                     //按键中断
    {
        led1=!led1;
        led2=!led2;

        P0IFG = 0;                  //清除 P0_0 中断标志
        P0IF = 0;                   //清除 P0 中断标志
    }

}
```

作业

在作业板上实现按键以中断方式控制 LED。

5.4 定时器

5.4.1 片内外设 I/O

USART、定时器和 ADC 这样的片内外设同样也需要 I/O 口实现其功能。对于 USART、定时器，具有两个可以选择的位置对应它们的 I/O 引脚，如表 5-20 所示。

表 5-20　外设 I/O 引脚映射

外设/功能	P0								P1								P2				
	7	6	5	4	3	2	1	0	7	6	5	4	3	2	1	0	4	3	2	1	0
ADC	A7	A6	A5	A4	A3	A2	A1	A0													T
USART0 SPI			C	SS	M0	MI															
Alt.2											M0	M1	C	SS							
USART0 UART			RT	CT	TX	RX															
Alt.2											TX	RX	RT	CT							
USART1 SPI			M1	M0	C	SS															
Alt.2									M1	M0	C	SS									
USART1 UART			RX	TX	RT	CT															
Alt.2									RX	TX	RT	CT									
TIMER1		4	3	2	1	0															
Alt.2	3	4												0	1	2					
TIMER3												1	0								
Alt.2									1	0											
TIMER4															1	0					
Alt.2																		1			0
32kHz XOSC																		Q1	Q2		
DEBUG																				DC	DD

在前面的实验中，当这些 I/O 引脚被用作通用 I/O 时，需要设置对应的 PxSEL 位为 0；而如果 I/O 引脚被选择实现片内外设 I/O 功能，需要设置对应的 PxSEL 位为 1。

PERCFG 寄存器可以设置定时器和 USART 使用备用位置 1 或备用位置 2，如表 5-21 所示。

表 5-21　PERCFG 寄存器

位	名　称	复　位	R/W	描　　述
7	—	0	R0	没有使用
6	T1CFG	0	R/W	定时器 1 的 I/O 位置 0：备用位置 1 1：备用位置 2
5	T3CFG	0	R/W	定时器 3 的 I/O 位置 0：备用位置 1 1：备用位置 2
4	T4CFG	0	R/W	定时器 4 的 I/O 位置 0：备用位置 1 1：备用位置 2

续表

位	名　称	复　位	R/W	描　述
3:2	—	0	R0	没有使用
1	U1CFG	0	R/W	USART1 的 I/O 位置 0：备用位置 1 1：备用位置 2
0	U0CFG	0	R/W	USART0 的 I/O 位置 0：备用位置 1 1：备用位置 2

5.4.2 定时器简介

CC2530 共有 4 个定时器：T1、T2、T3、T4，定时器用于范围广泛的控制和测量应用，可用的 5 个通道的正计数/倒计数模式可以实现电机控制等应用。

定时器 1（T1）是一个独立的 16 位定时/计数器，支持输入采样、输出比较和 PWM 功能。T1 有 5 个独立的输入采样/输出比较通道，每个通道对应一个 I/O 口。T2 为 MAC 定时器。T3、T4 为 8 位定时/计数器，支持输出比较和 PWM 功能。T3、T4 有两个独立的输出比较通道，每个通道对应一个 I/O 口。

定时器 1 的功能如下。

（1）5 个捕获/比较通道。

（2）上升沿、下降沿或任何边沿的输入捕获。

（3）设置、清除或切换输出比较。

（4）自由运行、模或正计数/倒计数操作。

（5）可被 1、8、32 或 128 整除的时钟分频器。

（6）在每个捕获/比较和最终计数上生成中断请求。

（7）DMA 触发功能。

5.4.3 定时器 1 寄存器

PERCFG .T1CFG 选择是否使用备用位置 1 或备用位置 2。

定时器 1 由以下寄存器组成，如表 5-22～表 5-25 所示。

（1）T1CNTH——定时器 1 计数高位。

（2）T1CNTL——定时器 1 计数低位。

（3）T1CTL——定时器 1 控制。

（4）T1STAT——定时器 1 状态。

表 5-22　T1CNTH——定时器 1 计数器高位寄存器

位	名　称	复　位	R/W	描　述
7:0	CNT[15:8]	0x00	R	定时器 1 计数器高字节，包含在读取 T1CNTL 时计数器缓存的高 16 位

表 5-23　T1CNTL——定时器 1 计数器低位寄存器

位	名　称	复　位	R/W	描　　述
7:0	CNT[7:0]	0x00	R/W	定时器 1 计数器低字节。包括 16 位定时计数器低字节。向该寄存器中写任何值，导致计数器被清除为 0x0000，初始化所有通道的输出引脚

表 5-24　T1CTL——定时器 1 控制寄存器

位	名　称	复　位	R/W	描　　述
7:4	—	0000 0	R0	保留
3:2	DIV[1:0]	00	R/W	分频器划分值。产生主动的时钟边缘用来更新计数器 00：标记频率/1 01：标记频率/8 10：标记频率/32 11：标记频率/128
1:0	MODE[1:0]	00	R/W	选择定时器 1 模式 00：暂停运行 01：自由运行模式，从 0x0000 到 0xFFFF 反复计数 10：模模式，从 0x0000 到 T1CC0 反复计数 11：正计数/倒计数模式，从 0x0000 到 T1CC0 反复计数并且从 T1CC0 倒计数到 0x0000

表 5-25　T1STAT——定时器 1 状态寄存器

位	名　称	复　位	R/W	描　　述
7:6	—	0	R0	保留
5	OVFIF	0	R/W0	定时器 1 计数器溢出中断标志。当计数器在自由运行或模模式下达到最终计数值时设置，当在正/倒计数模式下达到 0 时倒计数。写 1 没有影响
4	CH4IF	0	R/W0	定时器 1 通道 4 中断标志。当通道 4 中断条件发生时设置。写 1 没有影响
3	CH3IF	0	R/W0	定时器 1 通道 3 中断标志。当通道 3 中断条件发生时设置。写 1 没有影响
2	CH2IF	0	R/W0	定时器 1 通道 2 中断标志。当通道 2 中断条件发生时设置。写 1 没有影响
1	CH1IF	0	R/W0	定时器 1 通道 1 中断标志。当通道 1 中断条件发生时设置。写 1 没有影响
0	CH0IF	0	R/W0	定时器 0 通道 0 中断标志。当通道 0 中断条件发生时设置。写 1 没有影响

5.4.4　定时器 1 操作

　　一般来说，T1CTL 控制寄存器用于控制定时器操作，T1STAT 状态寄存器保存中断标志。定时器 1 有 3 种操作模式，对应不同的定时应用，各种操作模式如下。

1. 自由运行模式

　　在自由运行模式下，计数器从 0x0000 开始，每个活动时钟边沿增加 1。当计数器达到

0xFFFF（溢出）时，计数器载入 0x0000，继续递增它的值，如图 5-8 所示。当达到最终计数值 0xFFFF 时，设置 IRCON.T1IF 和 T1STAT.OVFIF 标志。如果设置了相应的中断屏蔽位 TIMIF.OVFIM 以及 IEN1.T1IE，将产生一个中断请求。自由运行模式可以用于产生独立的时间间隔，输出信号频率。

2. 模模式

在模模式下，16 位计数器从 0x0000 开始，每个活动时钟边沿增加 1。当计数器达到寄存器 T1CC0（溢出）时，寄存器 T1CC0H: T1CC0L 保存最终计数值，计数器将复位到 0x0000，并继续递增，如图 5-9 所示。如果定时器开始于 T1CC0 以上的一个值，当达到最终计数值（0xFFFF）时，设置 IRCON.T1IF 和 T1CTL.OVFIF 标志。如果设置了相应的中断屏蔽位 TIMIF.OVFIM 以及 IEN1.T1IE，将产生一个中断请求。模模式被大量应用于周期不是 0xFFFF 的应用程序。

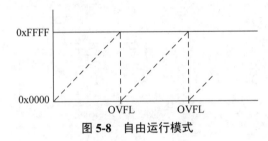

图 5-8　自由运行模式

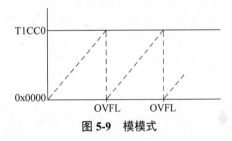

图 5-9　模模式

3. 正计数/倒计数模式

在正计数/倒计数模式下，计数器反复从 0x0000 开始，正计数直到达到 T1CC0H: T1CC0L 保存的值。然后计数器将倒计数达到 0x0000，如图 5-10 所示。这个定时器用于周期必须是对称输出脉冲而不是 0xFFFF 的应用程序，因为这种模式允许中心对齐的 PWM 输出应用的实现。当达到最终计数值时，设置 IRCON.T1IF 和 T1CTL.OVFIF 标志。如果设置了相应的中断屏蔽位 TIMIF.OVFIM 以及 IEN1.T1EN，将产生一个中断请求。

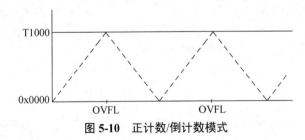

图 5-10　正计数/倒计数模式

5.4.5　16 位计数器

定时器 1 包括一个 16 位计数器，在每个活动时钟边沿递增或递减。活动时钟边沿周期由寄存器位 CLKCON.TICKSPD 定义，它设置全球系统时钟的划分，提供了 0.25～32MHz 的不同时钟标记频率（可以使用 32MHz XOSC 作为时钟源），这在定时器 1 中由 T1CTL.DIV 设置的分频器值进一步划分（这个分频器值可以为 1、8、32 或 128）。因此，当 32MHz

晶振用作系统时钟源时,定时器 1 可以使用的最低时钟频率是 1953.125Hz,最高时钟频率是 32MHz。当 16MHz RC 振荡器用作系统时钟源时,定时器 1 可以使用的最高时钟频率是 16MHz。

读取 16 位的计数器值,分别包含在高位字节 T1CNTH 和低位字节 T1CNTL 中。当读取 T1CNTL 时,计数器的高位字节被缓冲到 T1CNTH,以便高位字节可以从 T1CNTH 中读出。因此,T1CNTL 必须在读取 T1CNTH 之前首先读取。对 T1CNTL 寄存器的所有写入访问将复位 16 位计数器。

当达到最终计数值(溢出)时,计数器产生一个中断请求。可以用 T1CTL 控制寄存器设置启动并停止该计数器。当一个不是 00 的值写入 T1CTL.MODE 时,计数器开始运行。如果将 00 写入 T1CTL.MODE,计数器停止在它现在的值上。

5.4.6 实验:定时器 1 控制 LED 闪烁

(1)实验目的:编程实现定时器 1 控制 LED,掌握定时器计数器的使用方法。

(2)实验现象:LED1 大约 5s 闪烁一次。

(3)程序分析。

在主函数中,程序首先开启 T1 的溢出中断,然后设置 T1CTL 寄存器,使 T1 处于 8 分频的自由模式。所以 T1 的计数器值每 $8/(32\times10^6)$s 增加 1,在自由模式下 T1 计数器计数到 0xFFFF 发生溢出中断,大约为 0.16s。

在中断处理函数中,每 300 次中断 LED1 闪烁一次。

(4)程序流程图如图 5-11 所示。

(5)例程。

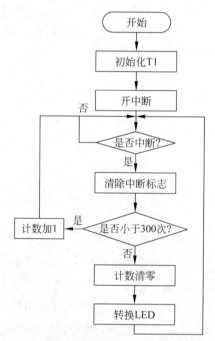

图 5-11 定时器 1 控制 LED 闪烁程序流程图

```
#include<ioCC2530.h>
#include "exboard.h"
uint counter=0;                 //统计溢出次数

void Init_T1(void)
{
  P1SEL &= ~0xC0;
  P1DIR = 0xC0;

  CLKCONCMD &= ~0x7f;           //晶振设置为 32MHz
  while(CLKCONSTA & 0x40);      //等待晶振稳定

  EA = 1;                       //开中断
  T1IE = 1;                     //开 T1 溢出中断
  T1CTL =0x05;                  //启动,设置 8 分频,自由模式
```

```
    led1=0;

}
/***************************
//主函数
***************************/
void main()
{

  Init_T1();

  while(1)                          //查询溢出
  {

  }
}
#pragma vector = T1_VECTOR
  __interrupt void T1_ISR(void)
{
IRCON = 0x00;                       //清中断标志,也可由硬件自动完成
  if(counter<300)
  counter++;                        //300 次中断 LED1 闪烁一轮(约为 5s)
  else
  {
  counter = 0;                      //计数清零
  led1 = !led1;                     //闪烁标志反转
  }
}
```

5.4.7　定时器 3/4 概述

定时器 3 和定时器 4 的所有定时器功能都是基于 8 位计数器建立的，所以定时器 3 和定时器 4 的最大计数值要远远小于定时器 1，常用于较短时间间隔的定时。定时器 3 和定时器 4 各有 0、1 两个通道，功能较定时器 1 要弱。计数器在每个时钟边沿递增或递减。活动时钟边沿的周期由寄存器位 CLKCONCMD.TICKSPD[2:0]定义，由 TxCTL.DIV[2:0]（其中 x 指的是定时器号，值为 3 或 4）设置的分频器值进一步划分。计数器可以作为一个自由运行计数器、倒计数器、模计数器或正/倒计数器运行。

可以通过 TxCNT 寄存器读取 8 位计数器的值，其中 x 指的是定时器号，值为 3 或 4。计数器开始和停止是通过设置 TxCTL 控制寄存器的值实现的。当 TxCTL.START 写入 1 时，计数开始；当 TxCTL.START 写入 0 时，计数器停留在它的当前值。

1. 自由运行模式

在自由运行模式操作下，计数器从 0x00 开始，每个活动时钟边沿递增。当计数器达到 0xFF 时，计数器载入 0x00，并继续递增。当达到最终计数值 0xFF 时（如发生了一个溢出），就设置 TIMIF.TxOVFIF 中断标志。如果设置了相应的中断屏蔽位 TxCTL.OVFIM，就产生一个中断请求。自由运行模式可以用于产生独立的时间间隔和输出信号频率。

2. 倒计数模式

在倒计数模式下，定时器启动之后，计数器载入 TxCC0 的内容。然后计数器倒计时，直到 0x00。当达到 0x00 时，设置 TIMIF.TxOVFIF 标志。如果设置了相应的中断屏蔽位

TxCTL.OVFIM，就产生一个中断请求。定时器倒计数模式一般用于需要事件超时间隔的应用程序。

3. 模模式

在模模式下，8 位计数器在 0x00 启动，每个活动时钟边沿递增。当计数器达到 TxCC0 寄存器所含的最终计数值时，计数器复位到 0x00，并继续递增。当发生这个事件时，设置 TIMIF.TxOVFIF 标志。如果设置了相应的中断屏蔽位 TxCTL.OVFIM，就产生一个中断请求。模模式可以用于周期不是 0xFF 的应用程序。

4. 正/倒计数模式

在正/倒计数定时器模式下，计数器反复从 0x00 开始正计数，直到达到 TxCC0 所含的值，然后计数器倒计数，直到达到 0x00。这个定时器模式用于需要对称输出脉冲且周期不是 0xFF 的应用程序。因此，它允许中心对齐的 PWM 输出应用程序的实现。

通过写入 TxCTL.CLR 清除计数器也会复位计数方向，即从 0x00 模式正计数。

为这两个定时器各分配一个中断向量。当以下定时器事件之一发生时，将产生一个中断。

（1）计数器达到最终计数值。

（2）比较事件。

（3）捕获事件。

TIMIF 寄存器包含定时器 3 和定时器 4 的所有中断标志。寄存器仅当设置了相应的中断屏蔽位时，才会产生一个中断请求。如果有其他未决的中断，必须通过 CPU，在一个新的中断请求产生之前，清除相应的中断标志。

5.4.8　实验：定时器 1 和定时器 3 同时控制 LED1 和 LED2 以不同频率闪烁

（1）实验目的：编程实现定时器 1 控制 LED1，定时器 3 控制 LED2，掌握同时使用两个定时器的方法。

（2）实验现象：LED1 大约 5s 闪烁一次，LED2 几乎不停地闪烁。

（3）程序分析。

在主函数中，程序首先开启 T1、T3 的溢出中断，然后设置 T1CTL 和 T3CTL 寄存器，使 T1、T3 处于 8 分频的自由模式。所以 T1 的计数器值每 $8/(32\times10^6)$s 增加 1，在自由模式下 T1 计数器计数到 0xFFFF 发生溢出中断，约为 0.16s。T3 是 8 位计数器，在自由模式下 T3 计数器计数到 0xFF 发生溢出中断，约为 0.000064s，所以 LED2 的闪烁频率要远远快于 LED1。

在中断处理函数中，每 300 次中断 LED 1 闪烁一次。

（4）例程。

```
#include<ioCC2530.h>
#include "exboard.h"

uint counter=0;                    //统计 T1 溢出次数
uint counter1=0;                   //统计 T3 溢出次数
                                   //初始化函数声明
```

```
void Init_T1(void)
{
    P1SEL &= ~0xC0;
    P1DIR = 0xC0;


    CLKCONCMD &= ~0x7f;          //晶振设置为 32MHz
    while(CLKCONSTA & 0x40);      //等待晶振稳定


    EA = 1;                       //开中断
    T1IE = 1;                     //开 T1 溢出中断
    T1CTL =0x05;                  //启动,设置 8 分频,自由模式

    led1=1;
    led2=0;
}

/**************************
//主函数
**************************/
void main()
{
    Init_T1();
    T3IE = 1;
    T3CTL=0x7C;                   //T3 启动,设置 8 分频,自由模式

    while(1)                       //查询溢出
    {

    }
}
#pragma vector = T1_VECTOR
__interrupt void T1_ISR(void)
{
 IRCON = 0x00;                     //清中断标志,也可由硬件自动完成
   if(counter<300)
     counter++;                    //300 次中断 LED 闪烁一轮(约为 5s)
   else
   {
     counter = 0;                  //计数清零
     led1 = !led1;                 //闪烁标志反转
   }
 }
#pragma vector = T3_VECTOR
 __interrupt void T3_ISR(void)
 {
    IRCON = 0x00;                  //清中断标志,也可由硬件自动完成
    if(counter1<300)
      counter1++;                  //300 次中断 LED 闪烁一轮(约为 0.01s)
    else
    {
      counter1 = 0;                //计数清零
      led2 = !led2;                //闪烁标志反转
    }
 }
```

5.5　1602 型 LCD

5.5.1　1602 型 LCD 简介

字符型液晶模块是目前单片机应用设计中最常用的信息显示器件。1602 型 LCD 是一种工业字符型液晶，能够同时显示 16×2 即 32 个字符（16 列 2 行）。1602 型 LCD 是一种专门用来显示字母、数字、符号等的点阵型液晶模块。它由若干 5×7 或 5×11 等点阵字符位组成，每个点阵字符位都可以显示一个字符，每位之间有一个点距的间隔，每行之间也有间隔，起到了字符间距和行间距的作用，正因为如此，所以它不能很好地显示图形。1602 型 LCD 有 8 位数据总线 D0～D7，以及 RS、R/W、E 这 3 个控制端口，工作电压为 5V 或 3.3V，并且具有字符对比度调节和背光功能。1602 型 LCD 显示模块具有体积小、功耗低、显示内容丰富等特点，广泛应用于各种单片机应用中。

5.5.2　1602 型 LCD 引脚功能

1602 型 LCD 采用标准的 16 引脚接口，具体如下。

第 1 脚：VSS，电源地。

第 2 脚：VCC，接电源正极。

第 3 脚：V0，液晶显示器对比度调整端，接正电源时对比度最弱，接地电源时对比度最高（对比度过高时会产生"鬼影"，使用时可以通过一个 10kΩ 的电位器调整对比度）。

第 4 脚：RS，寄存器选择，高电平（1）时选择数据寄存器，低电平（0）时选择指令寄存器。

第 5 脚：RW，读写信号线，高电平（1）时进行读操作，低电平（0）时进行写操作。

第 6 脚：E（或 EN）端，使能（Enable）端。

第 7～14 脚：D0～D7，8 位双向数据端。

第 15、16 脚：空脚或背灯电源，15 脚背光正极，16 脚背光负极。

5.5.3　1602 型 LCD 的特性

（1）+3.3V 或+5V 电压（由于 CC2530 工作在 3.3V，所以学习板采用的是+3.3V 工作电压的 1602 型 LCD）。

（2）对比度可调。

（3）内含复位电路。

（4）提供各种控制命令，如清屏、字符闪烁、光标闪烁、显示移位等多种功能。

（5）80 字节显示数据存储器 DDRAM。

（6）内建 192 个 5×7 点阵的字型的字符发生存储器 CGROM。

（7）8 个可由用户自定义的 5×7 字符发生存储器 CGRAM。

5.5.4　1602 型 LCD 字符集

1602 型 LCD 模块内部的字符发生存储器（CGROM）已经存储了 160 个不同的点阵字

符图形，这些字符有阿拉伯数字、英文字母的大小写、常用的符号和日文假名等，每个字符都有一个固定的代码，如大写英文字母 A 的代码是 01000001B（41H），显示时模块把地址 41H 中的点阵字符图形显示出来，就能看到字母 A。

因为 1602 型 LCD 识别的是 ASCII 码，可以用 ASCII 码直接赋值，在单片机编程中还可以用字符型常量或变量赋值，如'A'。

5.5.5　1602 型 LCD 基本操作程序

（1）读状态。输入：RS=L，RW=H，E=H；输出：DB0～DB7=状态字。

（2）读数据。输入：RS=H，RW=H，E=H；输出：无。

（3）写指令。输入：RS=L，RW=L，DB0～DB7=指令码，E=H；输出：DB0～DB7=数据。

（4）写数据。输入：RS=H，RW=L，DB0～DB7=数据，E=H；输出：无。

1. 1602 型 LCD 读操作时序

1602 型 LCD 读操作时序如图 5-12 所示。

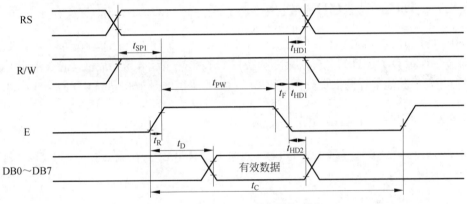

图 5-12　1602 型 LCD 读操作时序

2. 1602 型 LCD 写操作时序

1602 型 LCD 写操作时序如图 5-13 所示。

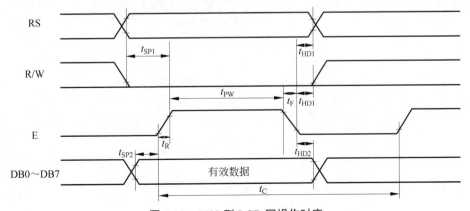

图 5-13　1602 型 LCD 写操作时序

5.5.6 1602 型 LCD 指令集

1602 型 LCD 通过 D0～D7 的 8 位数据端传输数据和指令。

（1）显示模式设置（初始化）。

0010 01000 [0x28]：设置 16×2 显示，5×7 点阵，4 位数据接口。

（2）显示开关及光标设置（初始化）。

0000 1DCB：D 为显示（1 有效），C 为光标显示（1 有效），B 为光标闪烁（1 有效）。

0000 01NS：N=1 为读或写一个字符后地址指针加 1 且光标加 1，N=0 为读或写一个字符后地址指针减 1 且光标减 1，S=1 且 N=1 为写一个字符后整屏显示左移，S=0 为写一个字符后整屏显示不移动。

（3）数据指针设置。

数据首地址为 80H，所以数据地址为 80H+地址码（0～27H，40～67H）。

（4）其他设置。

01H 为显示清屏，数据指针为 0，所有显示为 0；02H 为显示回车，数据指针为 0。

5.5.7 1602 型 LCD 4 线连接方式

1602 型 LCD 的 4 线连接方式可以节省 4 个端口，只需 7 个 I/O 口就可以满足要求，数据口只需要连接 DB4～DB7，写入命令和数据的顺序是先高 4 位，后低 4 位。由于 CC2530 的 I/O 口相对于其他单片机来说较少，所以学习板上采用的是 1602 型 LCD 的 4 线连接方式。

5.5.8 实验：LCD 显示实验

（1）实验目的：编程实现 LCD 在第 1 行显示"Hello!"，在第 2 行显示"ZigBee!"，掌握 LCD 编程的方法。

（2）硬件电路分析。

LCD 原理如图 5-14 所示。

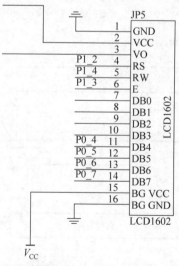

图 5-14 LCD 原理

P1_2、P1_3 和 P1_4 对应 1602 型 LCD 的 VO、RW、E 这 3 个控制引脚。P0_4、P0_5、P0_6、P0_7 对应 1602 型 LCD 的 4 个数据接口，进行数据传输时，P0 先传输高 4 位，再将低 4 位移位到高 4 位进行传输。

（3）例程。

```
/*******************************************************************
*   描述：
*
*        1602 型 LCD 显示演示程序
*
*        在第 1 行显示  Hello!
*
*        在第 2 行显示  ZigBee!
*
*
*
*******************************************************************/

#include<ioCC2530.h>
#include "exboard.h"

#define rs P1_2
#define rw P1_4
#define ep P1_3

char count = 1;

void delay_us(int n)
{
   while(n--)
   {
       asm("nop");asm("nop");asm("nop");asm("nop");
       asm("nop");asm("nop");asm("nop");asm("nop");
       asm("nop");asm("nop");asm("nop");asm("nop");
       asm("nop");asm("nop");asm("nop");asm("nop");
       asm("nop");asm("nop");asm("nop");asm("nop");
       asm("nop");asm("nop");asm("nop");asm("nop");
       asm("nop");asm("nop");asm("nop");asm("nop");
       asm("nop");asm("nop");asm("nop");asm("nop");
   }
}

//延时 1ms
void delay(int n)
{
   while(n--)
   {
       delay_us(1000);
   }
}
char lcd_bz()
{                                  //测试 LCD 忙碌状态
   P0DIR& = 0x0F;                  //将高 4 位设为输入
   char result;
   rs = 0;
   rw = 1;
   ep = 1;
```

```c
    asm("nop");
    asm("nop");
    asm("nop");
    asm("nop");

    result = (P0 & 0x80);
    ep = 0;
    P0DIR|=0xF0;                          //将高 4 位设为输出
    return result;
}

void lcd_wcmd(char cmd)
{                                         //写入指令数据到 LCD
    while(lcd_bz());
    rs = 0;
    rw = 0;
    ep = 0;
    asm("nop");
    asm("nop");
    P0 = cmd;                             //先将命令高 4 位写入
    delay(1);
    ep = 1;
    delay(1);
    ep = 0;
    asm("nop");
    asm("nop");
    P0 = cmd<<4;                          //再将命令低 4 位写入
    delay(1);
    ep = 1;
    delay(1);
    ep = 0;
}


void lcd_pos(char pos)
{                                         //设定显示位置
    lcd_wcmd(pos | 0x80);
}

void lcd_wdat(char dat)
{                                         //写入字符显示数据到 LCD
    while(lcd_bz());
    rs = 1;
    rw = 0;
    ep = 0;
    P0 = dat;                             //先将数据高 4 位写入
    delay(1);
    ep = 1;
    delay(1);
    ep = 0;

    P0 = dat<<4;                          //再将数据低 4 位写入
    delay(1);
    ep = 1;
    delay(1);
    ep = 0;
}
```

```
void lcd_init()
{                                    //LCD 初始化设定
    rs = 0;
    rw = 0;
    asm("nop");
    ep = 0;
    asm("nop");

    ep = 1;
    asm("nop");
    P0 = 0x20;
    asm("nop");
    ep = 0;
    delay(1);
    ep = 1;
    asm("nop");
    P0 = 0x20;
    asm("nop");
    ep = 0;
    delay(5);

    ep = 1;
    asm("nop");
    P0 = 0x20;
    asm("nop");
    ep = 0;
    delay(1);
    lcd_wcmd(0x28);
    delay(1);
    lcd_wcmd(0x0C);
    delay(1);
    lcd_wcmd(0x06);
    delay(1);
    lcd_wcmd(0x01);                  //清除 LCD 的显示内容
    delay(1);
}
main()
{
    unsigned char dis1[] = "Hello!";
    unsigned char dis2[] = "ZigBee!";
    P1SEL &= ~0x1C;
    P1INP |= 0x01;
    P0DIR|=0xF0;
    P1DIR|=0x1C;
    char i;
    lcd_init();                      //初始化 LCD
    delay(10);
    lcd_pos(1);                      //设置显示位置为第 1 行的第 5 个字符
    i = 0;
    while(dis1[i] != '\0')
    {                                //显示字符"Hello!"
        lcd_wdat(dis1[i]);
        i++;
    }
    lcd_pos(0x41);                   //设置显示位置为第 2 行第 2 个字符
    i = 0;
    while(dis2[i] != '\0')
    {
        lcd_wdat(dis2[i]);           //显示字符"ZigBee!"
```

```
        i++;
    }

}
```

为了在其他实验中使用 LCD，根据上面的程序编写了 LCD.h 和 LCD.c 文件。LCD.h 文件内容如下。

```
extern void lcd_init();
extern void delay(char ms);
extern void lcd_pos(char pos);
extern void lcd_wdat(char dat);
extern void lcd_WriteString(char *line1,char *line2);
```

增加了一个 void lcd_WriteString() 函数，可以直接在 LCD 上输出上下两行字符串。lcd_WriteString()函数如下。

```
void lcd_WriteString(char *line1,char *line2)
{

    lcd_wcmd(0x01);
    lcd_wcmd(0x02);
    lcd_pos(1);                        //设置显示位置为第1行的第5个字符

    while(*line1 != '\0')
    {                                  //显示字符"welcome!"
        lcd_wdat(*line1);
        line1++;
    }
    lcd_pos(0x40);                     //设置显示位置为第2行第2个字符

    while(*line2 != '\0')
    {                                  //显示字符"welcome!"
        lcd_wdat(*line2);
        line2++;
    }
}
```

作业

查阅资料，在作业板上的 12864 型 LCD 上显示以下内容。

```
Hello!
ZigBee!
```

5.6 USART

5.6.1 串行通信接口

CC2530 有两个串行通信接口 USART0 和 USART1，它们能够分别运行于异步模式（UART）或同步模式（SPI）。当寄存器位 UxCSR.MODE 设置为 1 时，就选择 UART 模式，这里的 x 是 USART 的编号，其数值为 0 或 1。两个 USART 具有同样的功能，可以设置单独的 I/O 引脚，一旦硬件电路确定下来，再进行程序设计时，需要按照硬件电路设置 USART 的 I/O 引脚。寄存器位 PERCFG.U0CFG 选择是否使用备用位置 1 或备用位置 2。在 UART 模式下，可以使用双线连接方式（含有 RXD、TXD 引脚）或四线连接方式（含有 RXD、TXD、RTS 和 CTS 引脚），其中 RTS 和 CTS 引脚用于硬件流量控制。UART 模式的操作具有以下特点。

（1）8 位或 9 位负载数据。

（2）奇校验、偶校验或无奇偶校验。

（3）配置起始位和停止位电平。

（4）配置最低有效位（LSB）或最高有效位（MSB）首先传输。

（5）独立收发中断。

（6）独立收发 DMA 触发。

（7）奇偶校验和帧校验出错状态。

UART 模式提供全双工传输，接收器中的位同步不影响发送功能。传输一个 UART 字节包含一个起始位、8 个数据位、一个作为可选项的第 9 位数据或奇偶校验位，再加上一个或两个停止位。注意，虽然真实的数据包含 8 位或 9 位，但是数据传输只涉及 1 字节。

5.6.2　串行通信接口寄存器

UART 操作由 USART 控制和状态寄存器 UxCSR 以及 UART 控制寄存器 UxUCR 控制。UxBAUD 寄存器用于设置波特率，UxBUF 寄存器是 USART 接收/传输数据缓存，这里的 x 是 USART 的编号，其数值为 0 或 1。USART0 的相关寄存器如表 5-26～表 5-30 所示。

表 5-26　U0CSR——USART0 控制和状态寄存器

位	名　　称	复　位	R/W	描　　述
7	MODE	0	R/W	USART 模式选择 0：SPI 模式 1：UART 模式
6	RE	0	R/W	UART 接收器使能。注意在 UART 完全配置之前不使能接收 0：禁用接收器 1：使能接收器
5	SLAVE	0	R/W	SPI 主/从模式选择 0：SPI 主模式 1：SPI 从模式
4	FE	0	R/W0	UART 帧错误状态 0：无帧错误检测 1：字节收到不正确停止位级别
3	ERR	0	R/W0	UART 奇偶错误状态 0：无奇偶错误检测 1：字节收到奇偶错误
2	RX_BYTE	0	R/W0	接收字节状态。URAT 模式和 SPI 从模式。当读 U0DBUF 时该位自动清除，通过写 0 清除它，这样有效丢弃 U0DBUF 中的数据 0：没有收到字节 1：准备好接收字节
1	TX_BYTE	0	R/W0	传输字节状态。URAT 模式和 SPI 主模式 0：字节没有被传输 1：写到数据缓存寄存器的最后字节被传输
0	ACTIVE	0	R	USART 传输/接收主动状态。在 SPI 从模式下该位等于从模式选择 0：USART 空闲 1：在传输或接收模式 USART 忙碌

表 5-27　U0UCR——USART0 UART 控制寄存器

位	名　称	复　位	R/W	描　述
7	FLUSH	0	R0/W1	清除单元。当设置时，该事件将立即停止当前操作并且返回单元的空闲状态
6	FLOW	0	R/W	UART 硬件流使能。用 RTS 和 CTS 引脚选择硬件流控制的使用 0：禁止流控制 1：使能流控制
5	D9	0	R/W	UART 奇偶校验位。当使能奇偶校验时，写入 D9 的值决定发送的第 9 位的值，如果收到的第 9 位不匹配收到字节的奇偶校验，接收时报告 ERR 如果奇偶校验使能，那么该位设置以下奇偶校验级别 0：奇校验 1：偶校验
4	BIT9	0	R/W	UART 9 位数据使能。当该位为 1 时，使能奇偶校验位传输（即第 9 位）。如果通过 PARITY 使能奇偶校验，第 9 位的内容是通过 D9 给出的 0：8 位传输 1：9 位传输
3	PARITY	0	R/W	UART 奇偶校验使能。除了为奇偶校验设置该位用于计算，必须使能 9 位模式 0：禁止奇偶校验 1：使能奇偶校验
2	SPB	0	R/W	UART 停止位的位数。选择要传输的停止位的位数 0：1 位停止位 1：2 位停止位
1	STOP	1	R/W	UART 停止位的电平必须不同于开始位的电平 0：停止位低电平 1：停止位高电平
0	START	0	R/W	UART 起始位电平。闲置线的极性采用选择的起始位级别的电平的相反的电平 0：起始位低电平 1：起始位高电平

表 5-28　U0GCR（0xC5）——USART0 通用控制寄存器

位	名　称	复　位	R/W	描　述
7	CPOL	0	R/W	SPI 时钟极性 0：负时钟极性 1：正时钟极性
6	CPHA	0	R/W	SPI 时钟相位 0：当 SCK 从 CPOL 倒置到 CPOL 时数据输出到 MOSI，并且当 SCK 从 CPOL 倒置到 CPOL 时数据输入抽样到 MISO 1：当 SCK 从 CPOL 倒置到 CPOL 时数据输出到 MISO，并且当 SCK 从 CPOL 倒置到 CPOL 时数据输入抽样到 MOSI
5	ORDER	0	R/W	传送位顺序 0：LSB 先传输 1：MSB 先传输
4:0	BAUD_E[4:0]	0 0000	R/W	波特率指数值。BAUD_E 和 BAUD_M 决定了 UART 波特率和 SPI 的主 SCK 时钟频率

表 5-29　U0BUF——USART0 接收/传输数据缓存寄存器

位	名　　称	复　位	R/W	描　述
7:0	DATA[7:0]	0x00	R/W	USART 接收和传输数据。当写这个寄存器时数据被写到内部，传输数据寄存器。当读取该寄存器时，数据来自内部读取的数据寄存器

表 5-30　U0BAUD——USART0 波特率控制寄存器

位	名　　称	复　位	R/W	描　述
7:0	BAUD_M[7:0]	0x00	R/W	波特率小数部分的值。BAUD_E 和 BAUD_M 决定了 UART 的波特率和 SPI 的主 SCK 时钟频率

5.6.3　设置串行通信接口寄存器波特率

当运行在 UART 模式时，内部的波特率发生器设置 UART 波特率，由寄存器 UxBAUD.BAUD_M[7:0]和 UxGCR.BAUD_E[4:0]定义波特率，如表 5-31 所示。

表 5-31　32MHz 系统时钟常用的波特率设置

波特率/(b · s^{-1})	UxBAUD.BAUD_M	UxGCR.BAUD_E	误差/%
2400	59	6	0.14
4800	59	7	0.14
9600	59	8	0.14
14 400	216	8	0.03
19 200	59	9	0.14
28 800	216	9	0.03
38 400	59	10	0.14
57 600	216	10	0.03
76 800	59	11	0.14
115 200	216	11	0.03
230 400	216	12	0.03

5.6.4　实验：UART 发送

当USART 收/发数据缓冲器、UxBUF 寄存器写入数据时，该字节发送到输出引脚 TXDx.UxBUF 寄存器是双缓冲的。

（1）实验目的：编程实现学习板通过串口不断向计算机串口发送 HELLO 字符串，掌握 UART 发送数据的方法。

（2）程序流程图如图 5-15 所示。

（3）例程。

```
#include<ioCC2530.h>
#include<string.h>
#include "exboard.h"

//函数声明
void Delay(uint);
void initUARTSEND(void);
void UartTX_Send_String(char *Data, int len);
```

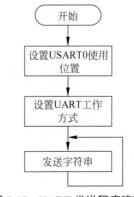

图 5-15　UART 发送程序流程图

```c
char Txdata[25];
/***************************************************************
    延时函数
***************************************************************/
void Delay(uint n)
{
   uint i;
   for(i=0;i<n;i++);
   for(i=0;i<n;i++);
   for(i=0;i<n;i++);
   for(i=0;i<n;i++);
   for(i=0;i<n;i++);
}
/***************************************************************
    串口初始化函数
***************************************************************/
void initUARTSEND(void)
{
   CLKCONCMD &= ~0x40;              //设置系统时钟源为 32MHz 晶振
   while(CLKCONSTA & 0x40);         //等待晶振稳定
   CLKCONCMD &= ~0x47;              //设置系统主时钟频率为 32MHz

   PERCFG = 0x00;                   //USART0 使用位置1,P0_2, P0_3
   P0SEL = 0x3C;                    //P0_2,P0_3,P0_4,P0_5 用作串口
   U0CSR |= 0x80;                   //UART 方式
   U0GCR |=9;
   U0BAUD |= 59;                    //波特率设为 19200
   UTX0IF = 0;                      //UART0  TX 中断标志初始置为 0
}
/***************************************************************
串口发送字符串函数
***************************************************************/
void UartTX_Send_String(char *Data, int len)
{
  int j;
  for(j=0;j<len;j++)
  {
   U0DBUF = *Data++;
   while(UTX0IF == 0);
   UTX0IF = 0;
  }
}
/***************************************************************
主函数
***************************************************************/
void main(void)
{
  uchar i;
  initUARTSEND();
  strcpy(Txdata, "HELLO");                        //将 HELLO 字符串赋给 Txdata
  while(1)
  {
     UartTX_Send_String(Txdata,sizeof("HELLO"));  //串口发送数据
     Delay(5000);
  }
}
```

（4）程序分析。

UartTX_Send_String()函数的作用是将指定长度字符串发送给串口，在一个循环中将字符串中每个字符取出发送给串口。

```
U0DBUF = *Data++;
```

发送一个字符后，需要等待字符发送完毕，串口每发送完成一个字符，就会产生一个中断，而中断标志位 UTX0IF 成为检测字符是否发送完毕的标志。以下代码用于检测字符是否发送完毕。

```
while(UTX0IF == 0);
```

检测完毕需要将 UTX0IF 标志位置 0，以便进行下一个字符的发送和检测。

5.6.5　UART 接收

当向 UxCSR.RE 位写 1 时，UART 数据接收就开始了。然后，UART 会在输入引脚 RXDx 中寻找有效起始位，并且设置 UxCSR.ACTIVE 位为 1。当检测出有效起始位时，收到的字节就传入接收寄存器，通过 UxBUF 寄存器提供收到的数据字节。当 UxBUF 读出时，xCSR.RX_BYTE 位由硬件清零。

5.6.6　实验：UART 发送与接收

（1）实验目的：编程实现学习板通过串口向计算机发送字符串"What is your name?"，计算机向学习板发送名字，名字以#符号结束，学习板向串口发送字符串"HELLO"+名字。

（2）程序流程图如图 5-16 所示。

（3）例程。

```
#include<ioCC2530.h>
#include<string.h>
#include "exboard.h"

void initUART0(void);
void InitialAD(void);
void UartTX_Send_String(uchar *Data,int len);

uchar str1[20]="What is your name?";
uchar str2[7]="hello";
uchar Recdata[20];
uchar RXTXflag = 1;
uchar temp;
uint  datanumber = 0;
uint  stringlen;
/***********************************************************
初始化串口函数
***********************************************************/
void initUART0(void)
{
    CLKCONCMD &= ~0x40;               //设置系统时钟源为 32MHz 晶振
    while(CLKCONSTA & 0x40);          //等待晶振稳定
    CLKCONCMD &= ~0x47;               //设置系统主时钟频率为 32MHz
```

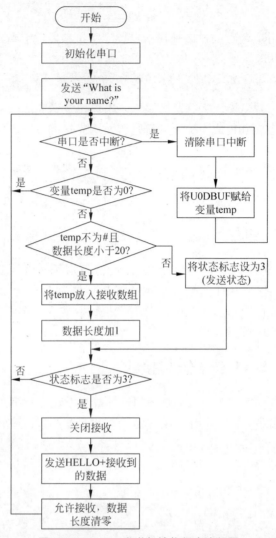

图 5-16   UART 发送与接收程序流程图

```
    PERCFG = 0x00;                    //位置 1 为 P0 口
    P0SEL = 0x3C;                     //P0 用作串口
    P2DIR &= ~0xC0;                   //P0 优先作为 UART0
    U0CSR |= 0x80;                    //串口设置为 UART 方式
    U0GCR |= 9;
    U0BAUD |= 59;                     //波特率设为 19200
    UTX0IF = 1;                       //UART0 TX 中断标志初始置为 1
    U0CSR |= 0x40;                    //允许接收
    IEN0 |= 0x84;                     //开总中断,接收中断
}
/****************************************************************
串口发送字符串函数
****************************************************************/
void UartTX_Send_String(uchar *Data, int len)
{
  uint j;
  for(j=0;j<len;j++)
```

```
  {
    U0DBUF = *Data++;
    while(UTX0IF == 0);
    UTX0IF = 0;
  }
}
/*******************************************************************
主函数
*******************************************************************/
void main(void)
{
  P1DIR = 0x03;                       //P1 控制 LED
  initUART0();

  UartTX_Send_String(str1,20);
  while(1)
  {
    if(RXTXflag == 1)                 //接收状态
    {
      if(temp != 0)
      {
          //#被定义为结束字符,最多能接收 20 个字符
          if((temp!='#')&& (datanumber<20))
          {
            Recdata[datanumber++] = temp;
          }
          else
          {
            RXTXflag = 3;             //进入发送状态
          }
        temp = 0;
      }
    }
    if(RXTXflag == 3)                 //发送状态
    {
      U0CSR &= ~0x40;                 //不能接收
      UartTX_Send_String(str2,6);
      UartTX_Send_String(Recdata,datanumber);
      U0CSR |= 0x40;                  //允许接收
      RXTXflag = 1;                   //恢复到接收状态
      datanumber = 0;                 //指针归 0

    }
  }
}
/*******************************************************************
串口接收一个字符:一旦有数据从串口传至CC2530,则进入中断,将接收到的数据赋值给temp变量
*******************************************************************/
#pragma vector = URX0_VECTOR
__interrupt void UART0_ISR(void)
 {
  URX0IF = 0;                         //清中断标志
  temp = U0DBUF;
 }
```

（4）程序分析。

当串口接收到数据后，会产生上面的中断，接收到的数据放在 U0DBUF 寄存器中。

将 U0DBUF 的值存入全局变量 temp，主函数的无限循环中检测到 temp 有数据，会对其进行进一步处理。

作业

（1）编写程序，实现从串口发送字符，控制学习板上的 LED：发送 1，LED1 亮；发送 2，LED2 亮；发送 3，LED1 灭；发送 4，LED2 灭。

（2）编写程序，实现从串口发送字符串，以#字符为结束，将串口发送的内容在学习板上显示出来。

（3）在作业板上实现作业（1）。

（4）在作业板上实现作业（2）。

5.7　ADC

5.7.1　ADC 简介

所谓 A/D 转换器，就是模拟/数字转换器（Analog to Digital Converter，ADC），作用是将输入的模拟信号转换为数字信号。当模拟信号需要以数字形式处理、存储或传输时，ADC 几乎必不可少。8 位、10 位、12 位或 16 位的慢速片内（On-Chip）ADC 在微控制器中十分普遍。速度很高的 ADC 在数字示波器中是必需的，另外在软件无线电中也很关键。

CC2530 的 ADC 支持高达 14 位的模拟/数字转换，具有高达 12 位的有效数字位，比一般单片机的 8 位 ADC 精度要高。它包括一个模拟多路转换器，具有多达 8 个各自可配置的通道，以及一个参考电压发生器。转换结果可以通过 DMA 写入存储器，从而减轻 CPU 的负担。

CC2530 的 ADC 的主要特性如下。

（1）可选的抽取率。

（2）8 个独立的输入通道，可接收单端或差分（电压差）信号。

（3）参考电压可选为内部单端、外部单端、外部差分或 AVDD5（供电电压）。

（4）产生中断请求。

（5）转换结束时 DMA 触发。

（6）可以将片内的温度传感器作为输入。

（7）电池测量功能。

5.7.2　ADC 输入

端口 0 引脚的信号可以用作 ADC 输入（这时一般用 AIN0～AIN7 称呼这些引脚）。可以把 AIN0～AIN7 配置为单端或差分输入。在选择差分输入的情况下，差分输入包括输入对 AIN0-AIN1、AIN2-AIN3、AIN4-AIN5 和 AIN6-AIN7。差分模式下的转换取自输入对之间的电压差，如 AIN0 和 AIN1 这两个引脚的差。除了输入引脚 AIN0～AIN7，片上温度传感器的输出也可以选择作为 ADC 的输入，用于片上温度测量。还可以输入一个对应 AVDD5/3 的电压作为一个 ADC 输入。这个输入允许在应用中实现一个电池监测器的功能。

注意，在这种情况下参考电压不能取决于电源电压，如 AVDD5 电压不能用作一个参考电压。8 位模拟输入来自 I/O 引脚，不必经过编程变为模拟输入。但是，相应的模拟输入在 APCFG 寄存器中禁用，那么通道将被跳过。当使用差分输入时，处于差分对的两个引脚都必须在 APCFG 寄存器中设置为模拟输入引脚。APCFG 寄存器如表 5-32 所示。

表 5-32　APCFG——模拟 I/O 配置寄存器

位	名　称	复　位	R/W	描　述
7:0	APCFG [7:0]	0x00	R/W	模拟外设 I/O 配置。APCFG[7:0]选择 P0_7～P0_0 作为模拟 I/O 0：模拟 I/O 禁用 1：模拟 I/O 使用

ADC 的输入用 16 个通道来描述，单端电压输入 AIN0～AIN7 用通道 0～7 表示。差分输入对 AIN0-AIN1、AIN2-AIN3、AIN4-AIN5 和 AIN6-AIN7 用通道 8～11 表示。GND 为通道 12，温度传感器为通道 14，AVDD5/3 为通道 15。ADC 使用哪个通道作为输入由 ADCCON2（序列转换）或 ADCCON3（单个转换）寄存器决定。

5.7.3　ADC 寄存器

ADC 有两个数据寄存器：ADCL——ADC 数据低位寄存器、ADCH——ADC 数据高位寄存器，分别如表 5-33 和表 5-34 所示。ADC 有 3 个控制寄存器：ADCCON1、ADCCON2 和 ADCCON3，如表 5-35 和表 5-36 所示。这些寄存器用于配置 ADC 并报告结果。

表 5-33　ADCL——ADC 数据低位寄存器

位	名　称	复　位	R/W	描　述
7:2	ADC [5:0]	000000	R	ADC 转换结果的低位部分
1:0	—	00	R0	没有使用。读出来一直是 0

表 5-34　ADCH——ADC 数据高位寄存器

位	名　称	复　位	R/W	描　述
7:0	ADC [13:6]	0x00	R	ADC 转换结果的高位部分

表 5-35　ADCCON1——ADC 控制寄存器 1

位	名　称	复　位	R/W	描　述
7	EOC	0	R/H0	转换结束。当 ADCH 被读取时清除。如果已读取前一数据之前完成一个新的转换，EOC 位仍然为高 0：转换没有完成 1：转换完成
6	ST	0		开始转换。读为 1，直到转换完成 0：没有转换正在进行 1：如果 ADCCON1.STSEL=11 并且没有序列正在运行，就启动一个转换序列

续表

位	名 称	复 位	R/W	描 述
5:4	STSEL [1:0]	11	R/W1	启动选择。选择该事件，将启动一个新的转换序列 00：P2_0 引脚的外部触发 01：全速，不等待触发器 10：定时器 1 通道 0 比较事件 11：ADCCON1.ST =1
3:2	RCTRL [1:0]	00	R/W	控制 16 位随机数发生器。当写 01 时，操作完成时设置将自动返回到 00 00：正常运行（13X 型展开） 01：LFSR 的时钟一次（没有展开） 10：保留 11：停止。关闭随机数发生器
1:0	—	11	R/W	保留。一直设为 11

表 5-36　ADCCON2/3——ADC 控制寄存器 2/3

位	名 称	复 位	R/W	描 述
7:6	EREF [1:0]	00	R/W	选择用于额外转换的参考电压 00：内部参考电压 01：AIN7 引脚上的外部参考电压 10：AVDD5 引脚 11：在 AIN6-AIN7 差分输入的外部参考电压
5:4	EDIV [1:0]	00	R/W	设置用于额外转换的抽取率。抽取率也决定了完成转换需要的时间和分辨率 00：64 抽取率（7 位 ENOB） 01：128 抽取率（9 位 ENOB） 10：256 抽取率（10 位 ENOB） 11：512 抽取率（12 位 ENOB）
3:0	EDIV [1:0]	0000	R/W	单个通道选择。选择写 ADCCON3 触发的单个转换所在的通道号码。当单个转换完成时，该位自动清除 0000：AIN0 0001：AIN1 0010：AIN2 0011：AIN3 0100：AIN4 0101：AIN5 0110：AIN6 0111：AIN7 1000：AIN0-AIN1 1001：AIN2-AIN3 1010：AIN4-AIN5 1011：AIN6-AIN7 1100：GND
3:0	EDIV [1:0]	0000	R/W	1101：正电压参考 1110：温度传感器 1111：VDD/3

ADCCON1.EOC 是一个状态位，当一个转换结束时，设置为高电平，常用于判断转换是否完成。当读取 ADCH 时，它就被清除。ADCCON1.ST 位用于启动一个转换序列，当这个位设置为高电平时，ADCCON1.STSEL 是 11，如果当前没有转换正在运行，就启动一个序列。序列转换完成，这个位就被自动清除。

ADCCON2 寄存器控制转换序列是如何执行的？ADCCON2.SREF 位用于选择参考电压。参考电压只能在没有转换运行时修改。ADCCON2.SDIV 位选择抽取率（并因此也设置了分辨率和完成一个转换所需的时间或样本率）。抽取率只能在没有转换运行时修改。

ADCCON3 寄存器控制单个转换的通道号码、参考电压和抽取率。单个转换在 ADCCON3 寄存器写入后将立即发生，或者如果一个转换序列正在进行，该序列结束之后立即发生。该寄存器位的编码和 ADCCON2 是完全一样的。

5.7.4　ADC 转换结果

数字转换结果以 2 的补码形式表示。对于单端配置，结果总是为正。这是因为结果是输入信号和地面之间的差值，它总是在一个正符号数输入幅度等于所选的电压参考 V_{REF} 时达到最大值。对于差分配置，两个引脚对之间的差分被转换，这个差分可以是负符号数。

对于抽取率为 512 的一个数字转换结果的 12 位 MSB，当模拟输入 $V_{conv} = V_{REF}$ 时，数字转换结果为 2047；当模拟输入 $V_{conv} = -V_{REF}$ 时，数字转换结果为 −2048。

当 ADCCON1.EOC 设置为 1 时，数字转换结果是可以获得的，且结果放在 ADCH 和 ADCL 中。

5.7.5　单个 ADC 转换

除了转换序列，ADC 可以编程为从任何通道单独执行一个转换。这样一个转换通过写 ADCCON1 寄存器触发。除非一个转换序列已经正在进行，转换立即开始。

5.7.6　实验：片内温度传感器实验

（1）实验目的：编程实现片内温度传感器值的读取，掌握单个 ADC 转换编程的方法。

（2）实验步骤与现象：LCD 上显示片内温度传感器值。

（3）程序流程图如图 5-17 所示。

（4）例程。

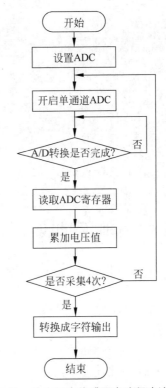

图 5-17　片内温度传感器实验程序流程图

```
#include "ioCC2530.h"
#include "exboard.h"
#include "lcd.h"

uint AvgTemp;
```

```
uint getTemperature(void)
{
  char   i;
  uint   AdcValue;
  uint   value;

  AdcValue = 0;
  for( i = 0; i < 4; i++ )
  {
    ADCCON3|=0x3E;
    ADCCON1|=0x40;                  //使用1.25V内部电压,12位分辨率,源为片内温度
                                    //传感器开启单通道ADC
    while(!(ADCCON1&0x80));         //等待转换完成
    value =  ADCL >> 2;            //ADCL寄存器低两位无效
    value |= (((uint)ADCH) << 6);
    AdcValue += value;             //AdcValue被赋值为4次转换值之和
  }
  value = AdcValue >> 2;           //累加除以4,得到平均值
  return value*0.0629-303.3;       //根据转换值计算出实际的温度
}
/*************************************************************
主函数
*************************************************************/
void main(void)
{
  char i;
  char temp[3];
  lcd_init();                      //初始化LCD
  AvgTemp = 0;
  AvgTemp= getTemperature();
  temp[0]=AvgTemp/10+0x30;
  temp[1]=AvgTemp%10+0x30;
  temp[2]= '\0';

  lcd_WriteString((char*)"temperature",temp);
}
```

5.8 睡眠定时器

5.8.1 睡眠定时器简介

睡眠定时器用于设置系统进入和退出低功耗睡眠模式之间的周期，睡眠定时器的主要功能如下。

（1）24位定时计数器，运行在32kHz时钟频率。

（2）24位比较器，具有中断和DMA触发功能。

（3）24位捕获。

睡眠定时器是一个24位定时器，运行在32kHz时钟频率（可以是RC振荡器或晶体振荡器）上。睡眠定时器在复位之后立即启动，如果没有中断就继续运行。定时器的当前值可以从ST2:ST1:ST0寄存器中读取。当定时器的值等于24位比较器的值时，就发生一次定时器比较。通过写入ST2:ST1:ST0寄存器设置比较值。当STLOAD.LDRDY为1时写入ST0开始

加载新的比较值，即写入 ST2、ST1 和 ST0 寄存器的最新值。加载期间 STLOAD.LDRDY 为 0，软件不能开始一个新的加载，直到 STLOAD.LDRDY 回到 1。读 ST0 将捕获 24 位计数器的当前值，因此 ST0 寄存器必须在 ST1 和 ST2 之前读，以捕获一个正确的睡眠定时器计数值。当发生一个定时器比较时，中断标志 STIF 被设置。定时器值被系统时钟更新。ST 中断的中断使能位是 IEN0.STIE，中断标志是 IRCON.STIF。

当运行在所有供电模式（除了 PM3）时，睡眠定时器将开始运行。因此，睡眠定时器的值在 PM3 模式下不保存。在 PM1 和 PM2 模式下睡眠定时器比较事件用于唤醒设备，返回主动模式的主动操作。复位之后的比较值的默认值为 0xFFFFFF。睡眠定时器比较还可以用作一个 DMA 触发。注意，如果电压降到 2V 以下同时处于 PM2 模式，睡眠间隔将会受到影响。

5.8.2 睡眠定时器寄存器

睡眠定时器使用的寄存器：ST2——睡眠定时器 2；ST1——睡眠定时器 1；ST0——睡眠定时器 0；STLOAD——睡眠定时器加载状态，分别如表 5-37～表 5-40 所示。

表 5-37 ST2——睡眠定时器 2

位	名　称	复　位	R/W	描　　述
7:0	ST2 [7:0]	0x00	R/W	睡眠定时器计数/比较值。当读取时，该寄存器返回睡眠定时器的高位[23:16]。当写该寄存器的值时，设置比较值的高位[23:16]。当读 ST0 寄存器时，读的值是锁定的。当写 ST0 寄存器时，写的值是锁定的

表 5-38 ST1——睡眠定时器 1

位	名　称	复　位	R/W	描　　述
7:0	ST1 [7:0]	0x00	R/W	睡眠定时器计数/比较值。当读取时，该寄存器返回睡眠定时计数的中间位[15:8]。当写该寄存器时，设置比较值的中间位[15:8]。当读 ST0 寄存器时，读的值是锁定的。当写 ST0 寄存器时，写的值是锁定的

表 5-39 ST0——睡眠定时器 0

位	名　称	复　位	R/W	描　　述
7:0	ST0 [7:0]	0x00	R/W	睡眠定时器计数/比较值。当读取时，该寄存器返回睡眠定时计数的低位[7:0]。当写该寄存器时，设置比较值的低位[7:0]。写该寄存器被忽略，除非 STLOAD.LDRDY 为 1

表 5-40 STLOAD——睡眠定时器加载状态寄存器

位	名　称	复　位	R/W	描　　述
7:1	—	0000 000	R0	保留
0	LDRDY	1	R	加载准备好。当睡眠定时器加载 24 位比较值时，该位为 0；当睡眠定时器准备好开始加载一个新的比较值时，该位为 1

5.8.3 实验：睡眠定时器唤醒实验

（1）实验目的：了解睡眠定时器的使用。

（2）实验现象：LED1每隔8s闪烁10次，LED2每隔8s闪烁1次。

（3）代码分析。

① 当睡眠定时器的值等于24位比较器的值时，就发生一次睡眠定时器中断。

② 睡眠定时器在复位之后立即启动，所以不能直接设置睡眠定时器的比较值，需要先将睡眠定时器的当前值读出，再加上需要定时的值，写入睡眠定时器。

③ 通过写入ST2：ST1：ST0寄存器设置比较值。而STLOAD.LDRDY初始值为1，所以不需要设置。写入ST0寄存器开始加载新的比较值，即写入ST2、ST1和ST0寄存器的最新的值。所以写入的次序应为ST2→ST1→ST0。

④ 读ST0寄存器将捕获24位计数器的当前值。因此，ST0寄存器必须在ST1和ST2之前读，以捕获一个正确的睡眠定时器计数值。

⑤ 发生一次睡眠定时器中断，IRCON.STIF位将置1，所以在中断后要继续定时，需要将STIF位清除。

⑥ 睡眠定时器的时钟频率为32.768kHz，不能分频，所以1s睡眠定时器的值会增加32768。也就是睡眠定时器的值增加32768，定时1s时间。

（4）程序流程图如图5-18所示。

（5）例程。

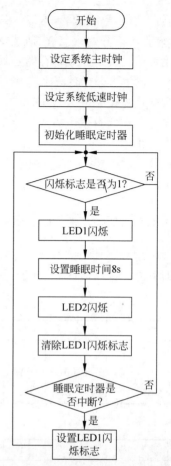

图5-18 睡眠定时器唤醒程序流程图

```c
#include<ioCC2530.h>
#include "exboard.h"

#define CRYSTAL 0
#define RC 1

void Set_ST_Period(uint sec);
void Init_SLEEP_TIMER(void);
void Delay(uint n);
void LedGlint(void);

char LEDBLINK;

void InitLEDIO(void)
{
    P1DIR |= 0xC0;                      //P16、P17 定义为 LED 输出
    led1 = 0;
    led2 = 0;
    //LED 灯初始化为关
}

/*******************************************
设定系统主时钟函数
*******************************************/
```

```
void  SET_MAIN_CLOCK(source)
{
  if(source)
  {
    CLKCONCMD |= 0x40;                    //选择 16MHz RC 振荡器
    while(!(CLKCONSTA &0x40));            //待稳
  }
  else
  {
    CLKCONCMD &= ~0x47;                   //选择 32MHz 晶振
    while((CLKCONSTA &0x40));             //待稳
  }
}
/*****************************************
设定系统低速时钟函数
*****************************************/
void SET_LOW_CLOCK(source)
{
  (source==RC)?(CLKCONCMD |= 0x80):CLKCONCMD &= ~0x80);
}


/***************************************************************
//主函数
***************************************************************/
void main(void)
{
  SET_MAIN_CLOCK(CRYSTAL);
  SET_LOW_CLOCK(CRYSTAL);
  InitLEDIO();
  LEDBLINK = 0;
  led1 = 1;
  led2 = 0;

  Init_SLEEP_TIMER();                     //初始化睡眠定时器
  LedGlint();                             //闪烁 LED1
  Set_ST_Period(8);                       //设置睡眠时间 8s
  while(1)
  {
    if(LEDBLINK)
    {
      LedGlint();
      Set_ST_Period(8);
      led2 = !led2;
      LEDBLINK = 0;                       //清除 LED1 闪烁标志
    }
    Delay(100);
  }
}


/*****************************************
//初始化睡眠定时器
*****************************************/
void Init_SLEEP_TIMER(void)
{
  ST2 = 0x00;
  ST1 = 0x0F;
  ST0 = 0x0F;
  EA = 1;                                 //开中断
```

```
    STIE = 1;                              //睡眠定时器中断使能
    STIF = 0;                              //睡眠定时器中断状态位置 0
}

/*****************************************
//延时函数
*****************************************/
void Delay(uint n)
{
  uint jj;
  for(jj=0;jj<n;jj++);
  for(jj=0;jj<n;jj++);
  for(jj=0;jj<n;jj++);
  for(jj=0;jj<n;jj++);
  for(jj=0;jj<n;jj++);
}


/*****************************************
//LED1 闪烁函数,闪烁 10 次
*****************************************/
void LedGlint(void)
{
  uchar jj=10;
  while(jj--)
  {
    led1 = !led1;
    Delay(10000);
  }
}
/*************************************************************
//设置睡眠时间
*************************************************************/
void Set_ST_Period(uint sec)
{
  long sleepTimer = 0;
  //读睡眠定时器当前值到变量 sleepTimer 中, 先读 ST0 的值
  sleepTimer |= ST0;
  sleepTimer |= (long)ST1 << 8;
  sleepTimer |= (long)ST2 << 16;
  //睡眠定时器的时钟频率为 32.768kHz, 1s 需要增加 32768
  //将睡眠时间加到 sleepTimer 上
  sleepTimer += ((long)sec * (long)32768);
  //将 sleepTimer 写入睡眠定时器
  ST2 = (char) (sleepTimer >> 16);
  ST1 = (char) (sleepTimer >> 8);
  ST0 = (char) sleepTimer;
}
//当睡眠定时器值等于 24 位比较器的值时, 触发睡眠定时器中断
#pragma vector = ST_VECTOR
__interrupt void ST_ISR(void)
{
  STIF = 0;                               //清除睡眠定时器标志位
  LEDBLINK = 1;                           //设置 LED1 闪烁标志
}
```

5.9　时钟和电源管理

CC2530 的数字内核和外设由一个 1.8V 的低差稳压器供电，CC2530 包括一个电源管理功能，可以实现使用不同供电模式的低功耗运行模式，延长电池的使用寿命。

5.9.1　CC2530 电源管理简介

CC2530 不同的运行模式或供电模式用于低功耗运行。超低功耗运行的实现通过关闭电源模块以避免损耗功耗，还通过使用特殊的门控时钟和关闭振荡器降低动态功耗。

CC2530 有 5 种不同的运行模式（供电模式），分别为主动模式、空闲模式、PM1、PM2 和 PM3。主动模式是一般模式，而 PM3 模式具有最低的功耗。表 5-41 给出了不同的供电模式对系统运行的影响，以及稳压器和振荡器选择。

表 5-41　供电模式

供电模式	高频振荡器	低频振荡器	稳压器（数字）
配置	A：32MHz 晶体振荡器 B：16MHz RC 振荡器	C：32kHz 晶体振荡器 D：32kHz RC 振荡器	
主动/空闲模式	A 或 B	C 或 D	ON
PM1	无	C 或 D	ON
PM2	无	C 或 D	OFF
PM3	无	无	OFF

（1）主动模式：完全功能模式。稳压器的数字内核开启，16MHz RC 振荡器和 32MHz 晶体振荡器至少有一个运行。32kHz RC 振荡器或 32kHz 晶体振荡器也有一个在运行。

（2）空闲模式：除了 CPU 内核停止运行，其他和主动模式一样。

（3）PM1：稳压器的数字部分开启。32MHz 晶体振荡器和 16MHz RC 振荡器都不运行。32kHz RC 振荡器或 32kHz 晶体振荡器运行。复位、外部中断或睡眠定时器过期时系统将转到主动模式。

（4）PM2：稳压器的数字内核关闭。32MHz 晶体振荡器和 16MHz RC 振荡器都不运行。32kHz RC 振荡器或 32kHz 晶体振荡器运行。复位、外部中断或睡眠定时器到期时系统将转到主动模式。

（5）PM3：稳压器的数字内核关闭。所有振荡器都不运行。复位或外部中断时系统将转到主动模式。

5.9.2　CC2530 电源管理控制

所需的供电模式通过 SLEEPCMD 寄存器的 MODE 位和 PCON.IDLE 位来选择。设置寄存器 PCON.IDLE 位，进入 SLEEPCMD.MODE 所选的模式。

来自端口引脚或睡眠定时器的使能中断，或上电复位将从其他供电模式唤醒设备，使它回到主动模式。当进入 PM1、PM2 或 PM3 模式，就运行一个掉电序列。当设备从 PM1、PM2 或 PM3 模式中出来，从 16MHz 开始，进入供电模式（设置 PCON.IDLE），且

CLKCONCMD.OSC = 0 时，自动变为 32MHz。如果进入供电模式设置了 PCON.IDLE，且 CLKCONCMD.OSC = 1，则继续运行在 16MHz。

5.9.3　CC2530 振荡器和时钟

设备有一个内部系统时钟或主时钟。该系统时钟的源既可以采用 16MHz RC 振荡器，也可以采用 32MHz 晶体振荡器。时钟的控制可以使用 CLKCONCMD 寄存器来完成。

设备还有一个 32kHz 时钟源，可以是 RC 振荡器或晶振，也由 CLKCONCMD 寄存器控制。CLKCONSTA 寄存器是一个只读的寄存器，用于获得当前时钟状态。振荡器可以选择高精度的晶体振荡器，也可以选择低功耗的高频 RC 振荡器。

（1）设备有两个高频振荡器：32MHz 晶体振荡器、16MHz RC 振荡器。

32MHz 晶体振荡器启动时间对一些应用程序来说可能比较长，因此设备可以运行在 16MHz RC 振荡器，直到晶振稳定。16MHz RC 振荡器功耗低于晶体振荡器，但是由于不像晶振那么精确，不能用于 RF 收发器操作。

（2）设备的两个低频振荡器为 32kHz 晶体振荡器和 32kHz RC 振荡器。

32kHz 晶体振荡器用于运行在 32.768kHz，为系统需要的时间精度提供一个稳定的时钟信号。校准时，32kHz RC 振荡器运行在 32.753kHz。32kHz RC 振荡器应用于降低成本和电源消耗。这两个 32kHz 振荡器不能同时运行。

（3）数据保留。在 PM2 和 PM3 供电模式下，从大部分内部电路中去除了电源。但是，SRAM 将保留它的部分内容，PM2 和 PM3 模式下内部寄存器的内容也保留。除非又另外指定一个给定的寄存器位域，保留其内容的寄存器是 CPU 寄存器、外设寄存器和 RF 寄存器。转换到 PM2 或 PM3 低功耗模式对软件是透明的。

5.9.4　实验：中断唤醒系统实验

（1）实验目的：了解几种系统电源模式的基本设置及切换。

（2）实验现象：程序指定 S1 为外部中断源唤醒 CC2530，每次系统唤醒 LED1 亮，LED2 闪烁 10 次后关闭两个 LED，进入系统睡眠 PM3 模式。当然，也可通过系统复位进行系统唤醒。

（3）程序流程图如图 5-19 所示。

（4）例程。

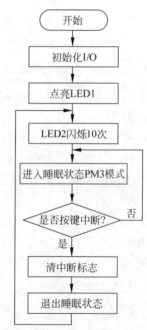

图 5-19　中断唤醒系统实验程序流程图

```c
#include<ioCC2530.h>

#define uint unsigned int
#define uchar unsigned char
#define DELAY 15000

#define RLED P1_0
```

```
#define YLED P1_1                        //LED 控制 I/O 口定义

void Delay(void);
void Init_IO_AND_LED(void);
void SysPowerMode(uchar sel);

/****************************************************************
    延时函数
****************************************************************/
void Delay(void)
{
   uint i;
   for(i = 0;i<DELAY;i++);
   for(i = 0;i<DELAY;i++);
   for(i = 0;i<DELAY;i++);
   for(i = 0;i<DELAY;i++);
   for(i = 0;i<DELAY;i++);
}

/****************************************************************
系统工作模式选择函数
* para1      0    1    2    3
* mode       PM0 PM1 PM2 PM3

****************************************************************/
void SysPowerMode(uchar mode)
{
   uchar i,j;
   i = mode;
   if(mode<4)
   {
       SLEEPCMD &= 0xFC;
       SLEEPCMD |= i;                    //设置系统睡眠模式
       for(j=0;j<4;j++);
       PCON = 0x01;                      //进入睡眠模式
   }
   else
   {
       PCON = 0x00;                      //系统唤醒
   }
}

/****************************************************************
     LED 控制 I/O 口初始化函数
****************************************************************/
void Init_IO_AND_LED(void)
{
   P1DIR = 0x03;
   RLED = 0;
   YLED = 0;
   //P0SEL &= ~0x32;
   //P0DIR &= ~0x32;
   P0INP  &= ~0x32;                      //设置 P0 口输入电路模式为上拉/下拉
   P2INP &= ~0x20;                       //选择上拉
   P0IEN |= 0x32;                        //P01 设置为中断方式
   PICTL |= 0x01;                        //下降沿触发
   EA = 1;
   IEN1 |= 0x20;                         //开 P0 口总中断
```

```
    P0IFG |= 0x00;                        //清中断标志
};
/*******************************************************************
    主函数
********************************************************************/
void main()
{
   uchar count = 0;
   Init_IO_AND_LED();
   RLED = 1;                              //开红色 LED,系统工作指示
   Delay();                               //延时
   while(1)
   {
       YLED = !YLED;
       RLED = 1;
       count++;
       if(count >= 20)
       {
               count = 0;
               RLED = 0;
               SysPowerMode(3);
       //10 次闪烁后进入睡眠状态 PM3 模式
       }
        Delay();
               //延时函数无形参,只能通过改变系统时钟频率或 DELAY 的宏定义
               //改变小灯的闪烁频率
   };
}
/**********************************************
   中断处理函数-系统唤醒
**********************************************/
#pragma vector = P0INT_VECTOR
 __interrupt void P0_ISR(void)
{
     if(P0IFG>0)
     {
       P0IFG = 0;
     }
       P0IF = 0;
       SysPowerMode(4);
}
```

5.10   看门狗

在单片机程序可能进入死循环的情况下,看门狗定时器(Watch Dog Timer, WDT)是一种恢复的方法。当软件在选定时间间隔内不能清除 WDT 时,WDT 必须复位系统。看门狗可用于容易受到电气噪声、电源故障、静电放电等影响的应用,或需要高可靠性的环境。如果一个应用不需要看门狗功能,可以配置看门狗定时器为一个定时器,这样可以用于在选定的时间间隔产生中断。

看门狗定时器的特性如下。

（1）4 个可选的定时器间隔。

（2）看门狗模式。

（3）定时器模式。

（4）在定时器模式下产生中断请求。

WDT 可以配置为一个看门狗定时器或一个通用定时器。WDT 模块的运行由 WDCTL 寄存器控制。看门狗定时器包括一个 15 位计数器，它的频率从 32kHz 时钟源获得。注意，用户不能获得 15 位计数器的内容。在所有供电模式下，15 位计数器的内容保留，如果重新进入主动模式，看门狗定时器会继续计数。

5.10.1　看门狗模式

在系统复位之后，看门狗定时器就被禁用。要设置 WDT 为看门狗模式，必须设置 WDCTL.MODE[1:0]位为 10，然后看门狗定时器的计数器从 0 开始递增。在看门狗模式下，一旦定时器使能，就不可以禁用定时器，因此，如果 WDT 已经运行在看门狗模式下，再向 WDCTL.MODE[1:0]写入 00 或 10 就不起作用了。WDT 运行在一个频率为 32.768kHz（使用 32kHz 晶振）的看门狗定时器时钟上。这个时钟频率的超时期限为 1.9ms、15.625ms、0.25s 和 1s，分别对应 64、512、8192 和 32768 的计数值设置。

如果计数器达到选定定时器的间隔值，看门狗定时器就为系统产生一个复位信号。如果在计数器达到选定定时器的间隔值之前，执行了一个看门狗清除序列，计数器就复位到 0，并继续递增。看门狗清除的序列包括在一个看门狗时钟周期内，写 0xA 到 WDCTL.CLR[3:0]，然后写 0x5 到同一个寄存器位。如果这个序列没有在看门狗周期结束之前执行完毕，看门狗定时器就为系统产生一个复位信号。

在看门狗模式下，WDT 使能，就不能通过写入 WDCTL.MODE[1:0]位改变这个模式，且定时器间隔值也不能改变。在看门狗模式下，WDT 不会产生中断请求。

5.10.2　定时器模式

如果不需要看门狗功能，可以将看门狗定时器设置成普通定时器，必须把 WDCTL.MODE[1:0]位设置为 11，定时器就开启且计数器从 0 开始递增。当计数器达到选定间隔值时，定时器将产生一个中断请求。

在定时器模式下，可以通过写 1 到 WDCTL.CLR[0]清除定时器内容。当定时器被清除时，计数器的内容就置为 0。写 00 或 01 到 WDCTL.MODE[1:0]以停止定时器，并清零。

定时器间隔由 WDCTL.INT[1:0]位设置。在定时器操作期间，定时器间隔不能改变，且当定时器开始时必须设置。在定时器模式下，当达到定时器间隔时，不会产生复位。

注意，如果选择了看门狗模式，定时器模式就不能在芯片复位之前选择。

5.10.3　看门狗定时器寄存器

看门狗定时器的 WDCTL 寄存器如表 5-42 所示。

表 5-42　看门狗定时器的 WDCTL 寄存器

位	名　称	复　位	R/W	描　述
7:4	CLR [3:0]	0000	R0/W	清除定时器。当 0xA 跟随 0x5 写入这些位时，定时器被清除（即加载 0）。注意，定时器仅写入 0xA 后，在一个看门狗时钟周期内写入 0x5 时被清除。当看门狗定时器是 IDLE 时，写这些位没有影响。当运行在定时器模式时，定时器可以通过写 1 到 CLR[0]（不管其他 3 位）被清除为 0x0000（但是不停止）
3:2	MODE [1:0]	00	R/W	模式选择。该位用于启动 WDT 并设置处于看门狗模式还是定时器模式。当处于定时器模式时，设置这些位为 IDLE 将停止定时器。注意，当运行在定时器模式时，要转换到看门狗模式，首先停止 WDT，然后启动 WDT 处于看门狗模式。当运行在看门狗模式时，写这些位没有影响。 00：IDLE 01：IDLE（未使用，等于 00 设置） 10：看门狗模式 11：定时器模式
1:0	INT [1:0]	00	R/W	定时器间隔选择。这些位选择定时器间隔定义为 32kHz 振荡器周期的规定数。注意，间隔只能在 WDT 处于 IDLE 时改变，这样间隔必须在定时器启动的同时设置 00：定时周期×32768（约 1s），32kHz 晶振 01：定时周期×8192（约 0.25s） 10：定时周期×512（约 15.625ms） 11：定时周期×64（约 1.9ms）

5.10.4　实验：看门狗实验

（1）实验目的：编程实现看门狗周期单片机重启，LED1 和 LED2 不断闪烁。加入喂狗函数后不重启，验证看门狗功能。

（2）程序流程图如图 5-20 所示。

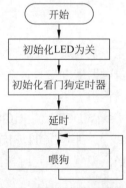

图 5-20　看门狗实验程序流程图

（3）例程。

```
#include<ioCC2530.h>
#include "exboard.h"
```

```
void InitLEDIO(void)
{
    P1DIR |= 0xC0;                      //P16、P17 定义为输出
    led2 =0;
    led1 = 0;                           //LED 初始化为关
}

void Init_Watchdog(void)
{
    WDCTL = 0x00;
    //时间间隔 1s,看门狗模式
    WDCTL |= 0x08;
    //启动看门狗
}

void  SET_MAIN_CLOCK(source)
{
    if(source)
    {
        CLKCONCMD |= 0x40;              //RC
        while(!(CLKCONSTA &0x40));      //待稳
    }
    else
    {
        CLKCONCMD &= ~0x47;             //晶振
        while((CLKCONSTA &0x40));       //待稳
    }
}
void FeetDog(void)
{
    WDCTL = 0xA0;
    WDCTL = 0x50;
}
void Delay(uint n)
{
    uint i;
    for(i=0;i<n;i++);
    for(i=0;i<n;i++);
    for(i=0;i<n;i++);
    for(i=0;i<n;i++);
    for(i=0;i<n;i++);
}

void main(void)
{
    SET_MAIN_CLOCK(0);
    InitLEDIO();
    Init_Watchdog();

    Delay(10000);

    led2=1;
    led1=1;
    while(1)
    {
        FeetDog();
                                        //喂狗指令(加入后系统不复位,LED 不闪烁)
    }
}
```

（4）代码分析。

① 将 LED1 和 LED2 初始化为关。

② 设置看门狗模式为时间间隔 1s。

③ 将 LED1 和 LED2 初始化为开。

④ 在死循环中，不断地执行喂狗函数，单片机不重启，LED1 和 LED2 不闪烁。

⑤ 如果在死循环中将喂狗函数注释掉，单片机重启，LED1 和 LED2 不断闪烁。

5.11　DMA

DMA 是 Direct Memory Access 的缩写，即"直接内存存取"。这是一种高速的数据传输模式，ADC/UART/RF 收发器等外设单元和存储器之间可以直接在 DMA 控制器的控制下交换数据而几乎不需要 CPU 的干预。除了在数据传输开始和结束时做一点处理外，在传输过程中 CPU 可以进行其他工作。这样，在大部分时间里，CPU 和这些数据交互处于并行工作状态。因此，系统的整体效率可以得到很大的提高。

在实际项目中，传感器的数量往往很多，大量的转换数据有待处理。对这些数据的移动将会给 CPU 带来很大的负担。为了解放 CPU，会将一些传输大量数据的操作交给 DMA。

DMA 可以用来减轻 8051 CPU 内核传输数据操作的负担，从而实现在高效利用电源的条件下的高性能。只需要 CPU 极少的干预，DMA 控制器就可以将数据从 ADC/RF 收发器的外设单元数据传输到存储器。

DMA 控制器协调所有 DMA 传输，确保 DMA 请求和 CPU 存储器访问之间按照优先等级协调、合理地进行。DMA 控制器含有若干可编程的 DMA 通道，用来实现存储器到存储器的数据传输。

DMA 控制器控制整个 XDATA 存储空间的数据传输。由于大多数寄存器映射到 DMA 存储器空间，对通道的操作能够实现很多功能，从而减轻 CPU 的负担。例如，从存储器传输数据到 USART，或定期在 ADC 和存储器之间传输数据样本，等等。使用 DMA 还可以保持 CPU 在低功耗模式下与外设单元之间传输数据，不需要唤醒，这就降低了整个系统的功耗。

DMA 控制器的主要功能如下。

（1）5 个独立的 DMA 通道。

（2）3 个可以配置的 DMA 通道优先级。

（3）32 个可以配置的传输触发事件。

（4）源地址和目标地址的独立控制。

（5）单独传输、数据块传输和重复传输模式。

（6）支持设置可变传输长度。

（7）既可以工作在字模式，又可以工作在字节模式。

5.11.1　DMA 操作

DMA 控制器有 5 个通道，即 DMA 通道 0～通道 4。每个 DMA 通道能够从 DMA 存储器空间的一个位置传输数据到另一个位置，如 XDATA 位置之间。

为了使用 DMA 通道，必须首先对 DMA 进行配置。

当 DMA 通道配置完毕后，在允许任何传输发起之前，必须进入工作状态。DMA 通道通过将 DMA 通道工作状态寄存器 DMAARM 中指定位置 1，就可以进入工作状态。

一旦 DMA 通道进入工作状态，当配置的 DMA 触发事件发生时，DMA 传输就开始了。可能的 DMA 触发事件有 32 个，如 UART 传输、定时器溢出等。DMA 通道要使用的触发事件由 DMA 通道配置设置，因此直到配置被读取之后才能知道。

补充一点，为了通过 DMA 触发事件开始 DMA 传输，用户软件可以设置对应的 DMAREQ 位，强制使一个 DMA 传输开始。

5.11.2　DMA 配置参数

（1）源地址。DMA 通道开始读数据的地址。

（2）目标地址。DMA 通道从源地址读出要写数据的首地址。用户必须确认该目标地址可写。这可以是任何 XDATA 地址——在 RAM、XREG 或 XDATA 寻址的 SFR 中。

（3）传输数量，指 DMA 传输完成之前必须传输的字节/字的个数。当达到传输数量后，DMA 通道重新进入工作状态或解除工作状态，并警告 CPU 即将有中断请求到来。传输数量可以在配置中定义，也可以采用可变长度。

（4）VLEN 设置，即可变长度传输。

（5）DMA 通道可以利用源数据中的第 1 个字节或字（对于字，使用位[12:0]）作为传输长度，允许可变长度的传输。当使用可变长度传输时，要给出关于如何计算要传输的字节数的各种选项。在任何情况下，都是设置传输长度（LEN）为传输的最大长度。如果首字节或字指明的传输长度大于 LEN，那么 LEN 个字节/字将被传输。

当使用可变长度传输时，那么 LEN 应设置为允许传输的最大长度加 1。

注意，仅在选择字节长度传输数据时才可以使用 M8 位。

可以同 VLEN 一起设置的选项如下。

① 传输首字节/字规定的个数+1 字节/字（先传输字节/字的长度，然后按照字节/字长度指定传输尽可能多的字节/字）。

② 传输首字节/字规定的字节/字。

③ 传输首字节/字规定的个数+2 字节/字（先传输字节/字的长度，然后按照字节/字长度指定加 1 传输尽可能多的字节/字）。

④ 传输首字节/字规定的个数+3 字节/字（先传输字节/字的长度，然后按照字节/字长度指定加 2 传输尽可能多的字节/字）。

（6）源和目标增量。当 DMA 通道进入工作状态或重新进入工作状态时，源地址和目标地址传输到内部地址指针。地址增量可能有以下 4 种。

① 增量为 0。每次传输之后，地址指针将保持不变。

② 增量为 1。每次传输之后，地址指针将加上一个数。

③ 增量为 2。每次传输之后，地址指针将加上两个数。

④ 减量为 1。每次传输之后，地址指针将减去一个数。

其中，一个数在字节模式下等于 1 字节，在字模式下等于 2 字节。

（7）DMA 传输模式。传输模式确定当 DMA 通道开始传输数据时是如何工作的。下面描述了 4 种传输模式。

① 单一模式：每当触发时，发生一次 DMA 传输，DMA 通道等待下一次触发。完成指定的传输长度后，传输结束，通报给 CPU，解除 DMA 通道的工作状态。

② 块模式：每当触发时，按照传输长度指定的若干 DMA 传输被尽快传输，此后，通报给 CPU，解除 DMA 通道的工作状态。

③ 重复单一模式：每当触发时，发生一次 DMA 传输，DMA 通道等待下一次触发。完成指定的传输长度后，传输结束，通报给 CPU，且 DMA 通道重新进入工作状态。

④ 重复块模式：每当触发时，按照传输长度指定的若干 DMA 传输被尽快传输，此后，通报给 CPU，DMA 通道重新进入工作状态。

（8）DMA 优先级。DMA 优先级对每个 DMA 通道是可以配置的。DMA 优先级用于判定同时发生的多个内部存储器请求中的哪一个优先级最高，以及 DMA 存储器存取的优先级是否超过同时发生的 CPU 存储器存取的优先级。

在同属内部关系的情况下，采用轮转调度方案应对，确保所有存取请求。有以下 3 种级别的 DMA 优先级。

① 高级：最高内部优先级别。DMA 存取总是优先于 CPU 存取。

② 一般级：中等内部优先级别。保证 DMA 存取至少在每秒一次的尝试中优先于 CPU 存取。

③ 低级：最低内部优先级别。DMA 存取总是劣于 CPU 存取。

（9）字节或字传输。判定已经完成的传输究竟是 8 位（字节）还是 16 位（字）。

（10）中断屏蔽。在完成 DMA 传输的基础上，该 DMA 通道能够产生一个中断到处理器。这个位可以屏蔽该中断。

（11）模式 8 设置。这个域的值决定是采用 7 位还是 8 位长的字节传输数据。此模式仅适用于字节传输。

DMA 配置数据结构如表 5-43 所示。

表 5-43　DMA 配置数据结构

字节偏移量	位	名　　称	描　　　　述
0	7:0	SRCADDR[15:8]	DMA 通道源地址，高位
1	7:0	SRCADDR[7:0]	DMA 通道源地址，低位
2	7:0	DESTADDR[15:8]	DMA 通道目的地址，高位。注意，闪存不能直接写入
3	7:0	DESTADDR[7:0]	DMA 通道目的地址，高位。注意，闪存不能直接写入
4	7:5	VLEN[2:0]	可变长度传输模式。在字模式中，第 1 个字的[12：0]位被认为是传输长度的 000：采用 LEN 作为传输长度 001：传输由第 1 个字节/字+1 指定的字节/字的长度（上限到由 LEN 指定的最大值）。因此，传输长度不包括字节/字的长度 010：传输由第 1 个字节/字指定的字节/字的长度（上限到由 LEN 指定的最大值）。因此，传输长度包括字节/字的长度 011：传输由第 1 个字节/字+2 指定的字节/字的长度（上限到由 LEN 指定的最大值）。因此，传输长度不包括字节/字的长度 100：传输由第 1 个字节/字+3 指定的字节/字的长度（上限到由 LEN 指定的最大值）。因此，传输长度不包括字节/字的长度 101：保留 110：保留 111：使用 LEN 作为传输长度的备用

续表

字节偏移量	位	名　称	描　述
4	4:0	LEN[12:8]	DMA 的通道传输长度。当 VLEN 从 000 到 111 时采用最大允许长度。当处于 WORDSIZE 模式时，DMA 通道数以字为单位，否则以字为单位
5	7:0	LEN[7:0]	DMA 的通道传输长度。当 VLEN 从 000 到 111 时采用最大允许长度。当处于 WORDSIZE 模式时，DMA 通道数以字为单位，否则以字节为单位
6	7	WORDSIZE	选择每个 DMA 传输是采用 8 位（0）还是 16 位（1）
6	6:5	TMODE[1:0]	DMA 通道传输模式 00：单一模式 01：块模式 10：重复单一模式 11：重复块模式
6	4:0	TRIG[4:0]	选择要使用的 DMA 触发 00000：无触发（写到 DMAREQ 仅是触发） 00001：前一个 DMA 通道完成 00010~11110：选择外部事件
7	7:6	SRCINC[1:0]	源地址递增模式（每次传输之后） 00：0 字节/字 01：1 字节/字 10：2 字节/字 11：−1 字节/字
7	5:4	DESTINC[1:0]	目的地址递增模式（每次传输之后） 00：0 字节/字 01：1 字节/字 10：2 字节/字 11：−1 字节/字
7	3	IRQMASK	该通道的中断屏蔽 0：禁止中断发生 1：DMA 通道完成时使能中断发生
7	2	M8	采用 VLEN 的第 8 位模式作为传输单位长度，仅应用在 WORDSIZE=0 且 VLEN 为 000~111 时 0：采用所有 8 位作为传输长度 1：采用字节的低 7 位作为传输长度
7	1:0	PRIORITY[1:0]	DMA 通道的优先级别 00：低级，CPU 优先 01：保证级，DMA 至少在每秒一次的尝试中优先 10：高级，DMA 优先 11：保留

5.11.3　DMA 配置安装

以上描述的 DMA 通道参数（如地址模式、传输模式和优先级等）必须在 DMA 通道进入工作状态之前配置并激活。参数不直接通过寄存器配置，而是通过写入存储器中特殊的 DMA 配置数据结构配置。

对于使用的每个 DMA 通道，需要有它自己的 DMA 配置数据结构。DMA 配置数据结构包含 8 字节，DMA 配置数据结构可以存放在由用户软件设定的任何位置，而地址通过一组 SFR，即 DMAxCFGH：DMAxCFGL 送到 DMA 控制器。一旦 DMA 通道进入工作状态，DMA 控制器就会读取该通道的配置数据结构。需要注意的是，指定 DMA 配置数据结构开始地址的方法十分重要。这些地址对于 DMA 通道 0 和 DMA 通道 1～通道 4 是不同的。

DMA0CFGH：DMA0CFGL 给出 DMA 通道 0 配置数据结构的开始地址。

DMA1CFGH：DMA1CFGL 给出 DMA 通道 1 配置数据结构的开始地址，其后跟着通道 2～通道 4 的配置数据结构。

1. 停止 DMA 传输

使用 DMAARM 寄存器解除 DMA 通道工作状态，停止正在运行的 DMA 传输或进入工作状态的 DMA。将 1 写入 DMAARM.ABORT 位，就会停止一个或多个进入工作状态的 DMA 通道，同时通过设置相应的 DMAARM.DMAARMx 为 1 选择停止哪个 DMA 通道。当设置 DMAARM.ABORT 为 1 时，非停止通道的 DMAARM.DMAARMx 位必须写入 0。

2. DMA 中断

每个 DMA 通道可以配置为一旦完成 DMA 传输，就产生中断到 CPU。该功能由 IRQMASK 位在通道配置时实现。当中断产生时，DMAIRQ 寄存器中所对应的中断标志位置 1。当然，要处理 DMA 中断，需要设置 DMAIE = 1 和 EA = 1。

一旦 DMA 通道完成传输，无论在通道配置中 IRQMASK 位是何值，中断标志都会置 1。这样，当通道重新进入工作状态且 IRQMASK 的设置改变时，软件必须总是清除这个寄存器相应位。

5.11.4　实验：DMA 传输

（1）实验现象：程序运行后，在 LCD 上显示提示信息，按 S1 键，DMA 传输开始，如果传输成功，则显示提示信息。

（2）程序分析。

对于 DMA 传输，DMA 配置参数非常重要，在 dma.h 文件中定义了以下结构体。

```
#pragma bitfields=reversed
typedef struct {
  char SRCADDRH;
  char SRCADDRL;
  char DESTADDRH;
  char DESTADDRL;
  char VLEN      :3;
  char LENH      :5;
  char LENL      :8;
  char WORDSIZE  :1;
  char TMODE     :2;
  char TRIG      :5;
  char SRCINC    :2;
  char DESTINC   :2;
  char IRQMASK   :1;
  char M8        :1;
  char PRIORITY  :2;
} DMA_DESC;
```

　　在定义此结构体时，用到了很多冒号（：），后面还跟着一个数字，这种语法叫作"位域"。位域是指在存储信息时，并不需要占用一个完整的字节，而只需要占几个或一个二进制位。例如，在存放一个开关量时，只有 0 和 1 两种状态，用一位二进制位即可。为了节省存储空间，并使处理简便，C 语言提供了一种数据结构，称为"位域"或"位段"。所谓"位域"，是把一个字节中的二进制位划分为几个不同的区域，并说明每个区域的位数。每个域有一个域名，允许在程序中按域名进行操作。这样就可以把几个不同的对象用一个字节的二进制位域来表示。

　　首先必须配置 DMA，但 DMA 的配置比较特殊：不是直接对某些 SFR 赋值，而是在外部定义一个结构体，对其赋值，然后再将此结构体的首地址的高 8 位赋给 DMA0CFGH，低 8 位赋给 DMA0CFGL。

　　定义一个结构体，对其赋值。

```
//设置 DMA 通道
  SET_WORD(dmaChannel.SRCADDRH,dmaChannel.SRCADDRL,&sourceString);
//设置源数据的地址
  SET_WORD(dmaChannel.DESTADDRH,dmaChannel.DESTADDRL,&destString);
//设置源目的地址
  SET_WORD(dmaChannel.LENH,dmaChannel.LENL,sizeof(sourceString));
//设置传输的长度
  dmaChannel.VLEN     = 0;         //设置传输的动态长度
  dmaChannel.PRIORITY = 0x02;      //设置优先级
  dmaChannel.M8       = 0;         //字节传输时是 8 位
  dmaChannel.IRQMASK  = 0;         //DMA 中断屏蔽
  dmaChannel.DESTINC  = 0x01;      //设置目的地址增量
  dmaChannel.SRCINC   = 0x01;      //设置源地址增量
  dmaChannel.TRIG     = 0;         //设置触发方式为手动触发
  dmaChannel.TMODE    = 0x01;      //每次 DMA 触发,传输长度为 LEN 的块
  dmaChannel.WORDSIZE = 0x00;      //每次 DMA 传输 1 字节
```

将结构体的首地址的高 8 位赋给 DMA0CFGH，低 8 位赋给 DMA0CFGL。

```
DMA0CFGH = (char)((uint)(&dmaChannel)>> 8);
DMA0CFGL = (char)((uint)(&dmaChannel));
```

　　等待 DMA 传输完毕。通道 0 的 DMA 传输完毕后，就会触发中断，通道 0 的中断标志 DMAIRQ 第 0 位会被自动置 1。通过检测它判断 DMA 传输是否结束。

```
while(!(DMAIRQ & 0x01));
```

（3）程序流程图如图 5-21 所示。

（4）例程。

```
#include<ioCC2530.h>
#include "exboard.h"
#include "lcd.h"
#include "dma.h"
void main(void)
{
  DMA_DESC dmaChannel;
  char     sourceString[] = "This is a test string used to demonstrate DMA
transfer.";
  char     destString[ sizeof(sourceString) ];
  char     i;
```

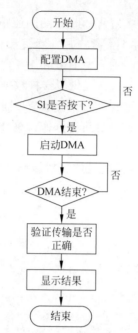

图 5-21　DMA 传输程序流程图

```
char      errors = 0;

CLKCONCMD &= ~0x40;                 //设置系统时钟源为 32MHz 晶振
while(CLKCONSTA & 0x40);            //等待晶振稳定
CLKCONCMD &= ~0x47;                 //设置系统主时钟频率为 32MHz

P0DIR &= ~0x01;                     //初始化按键
lcd_init();                        //初始化 LCD

//清除目的字符串
memset(destString, 0, sizeof(destString));

//设置 DMA 通道
SET_WORD(dmaChannel.SRCADDRH, dmaChannel.SRCADDRL,&sourceString);
//设置源数据的地址
SET_WORD(dmaChannel.DESTADDRH, dmaChannel.DESTADDRL, &destString);
//设置源目的地址
SET_WORD(dmaChannel.LENH, dmaChannel.LENL, sizeof(sourceString));
//设置传输的长度
dmaChannel.VLEN     = 0;            //设置传输的动态长度
dmaChannel.PRIORITY = 0x02;         //设置优先级
dmaChannel.M8       = 0;            //字节传输时是 8 位
dmaChannel.IRQMASK  = 0;            //DMA 中断屏蔽
dmaChannel.DESTINC  = 0x01;         //设置目的地址增量
dmaChannel.SRCINC   = 0x01;         //设置源地址增量
dmaChannel.TRIG     = 0;            //设置触发方式为手动触发
dmaChannel.TMODE    = 0x01;         //每次 DMA 触发,传输长度为 LEN 的块
dmaChannel.WORDSIZE = 0x00;         //每次 DMA 传输 1 字节

//配置 DMA 通道 0
DMA0CFGH = (char) ((uint) (&dmaChannel) >> 8);
```

```
    DMA0CFGL = (char) ((uint) (&dmaChannel));
    //DMA_SET_ADDR_DESC0(&dmaChannel);
    DMAARM = 0x81;                      //DMA 停止
    DMAARM = 0x01;                      //DMA 通道 0 进入工作状态
    //等待启动 DMA
    lcd_WriteString((char*)"Press S1",(char*)"to start DMA");
    while(key1);

    DMAIRQ = 0x00;                      //清除 DMA 中断标志
    DMAREQ = 0x01;                      //启动 DMA

    //等待 DMA 结束
    while(!(DMAIRQ & 0x01));

    //验证传输是否正确
    for(i=0;i<sizeof(sourceString);i++)
    {
      if(sourceString[i] != destString[i])
         errors++;
    }

    //显示结果
    if(errors == 0)
    {
      lcd_WriteString((char*)"Dma transfer",(char*)"Correct!");
    }
    else
    {
      lcd_WriteString((char*)"Error",(char*)"Transfer");
    }
}
```

思考题

1. 收集资料列举出目前 3 种主流的 ZigBee 芯片，并与 CC2530 比较。

2. 收集资料编写程序，实现 CC2530 直接使用 RF 实现点到点通信。要求一个 CC2530 节点通过串口输入数据，使用 RF 发送到另一个 CC2530 节点，这个 CC2530 节点将接收到的内容发送到串口。

第 6 章

常用传感器

6.1 数字温湿度传感器 DHT11

6.1.1 DHT11 简介

数字温湿度传感器 DHT11 是一款含有已校准数字信号输出的温湿度复合传感器。它使用专用的数字模块采集技术和温湿度传感技术,确保产品具有极高的可靠性与卓越的长期稳定性。传感器包括一个电阻式感湿元件和一个 NTC 测温元件,并与一个高性能 8 位单片机相连接。因此,该产品具有品质卓越、超快响应、抗干扰能力强、性价比极高等优点。每个 DHT11 传感器都在极为精确的湿度校验室中进行校准。校准系数以程序的形式存储在 OTP(One Time Programmable)内存中,传感器内部在检测信号的处理过程中要调用这些校准系数。单线制串行接口使系统集成变得简易快捷。DHT11 具有超小的体积、极低的功耗,信号传输距离可达 20m 以上,使其成为各类应用甚至最为苛刻的应用场合的最佳选择。

6.1.2 DHT11 典型应用电路

DHT11 典型应用电路如图 6-1 所示。

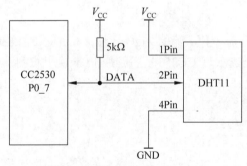

图 6-1 DHT11 典型应用电路

在传感器板上,DHT11 与 CC2530 的 P0_7 端口相连。

6.1.3 DHT11 串行接口

DATA 引脚用于单片机与 DHT11 之间的通信和同步,采用单总线数据格式,一次通信时间为 4ms 左右,数据分为小数部分和整数部分,当前小数部分用于以后扩展,现读出为零。操作流程如下。

（1）一次完整的数据传输为 40b，高位先出。

（2）数据格式：8b 湿度整数数据+8b 湿度小数数据+8b 温度整数数据+8b 温度小数数据+8b 校验和。

（3）数据传输正确时，校验和数据等于"8b 湿度整数数据+8b 湿度小数数据+8b 温度整数数据+8b 温度小数数据"所得结果的末 8 位。

（4）用户 MCU 发送一次开始信号后，DHT11 从低功耗模式切换到高速模式，等待主机开始信号结束后，DHT11 发送响应信号，送出 40b 数据，并触发一次信号采集，用户可选择读取部分数据。如果没有接收到主机发送开始信号，DHT11 不会主动进行温湿度采集，采集数据后切换到低功耗模式。

6.1.4　DHT11 串行接口通信过程

总线空闲状态为高电平，主机把总线拉低等待 DHT11 响应。主机把总线拉低必须大于 18ms，保证 DHT11 能检测到起始信号。DHT11 接收到主机的开始信号后，等待主机开始信号结束，然后发送 80μs 低电平响应信号。主机发送开始信号结束后，延时等待 20～40μs 后，读取 DHT11 的响应信号。主机发送开始信号后，可以切换到输入模式，或者输出高电平均可，总线由上拉电阻拉高。总线为低电平，说明 DHT11 发送响应信号，DHT11 发送响应信号后，再把总线拉高 80μs，准备发送数据。如果读取响应信号为高电平，则 DHT11 没有响应，请检查线路是否连接正常。当最后 1b 数据传输完毕后，DHT11 拉低总线 50μs，随后总线由上拉电阻拉高进入空闲状态。DHT11 串行接口通信过程如图 6-2 所示。

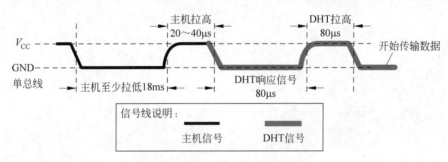

图 6-2　DHT11 串行接口通信过程

DHT11 串行接口每比特数据都以 50μs 低电平时隙开始，高电平的长短决定了数据位是 0 还是 1。

数字 0 信号表示方法如图 6-3 所示。

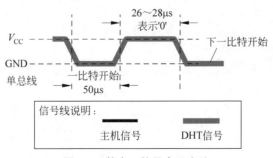

图 6-3　数字 0 信号表示方法

数字1信号表示方法如图6-4所示。

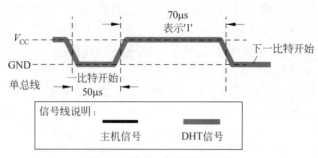

图6-4　数字1信号表示方法

6.1.5　实验：DHT11实验

（1）实验目的：编程实现不断读取DHT11的温湿度值并通过串口发送给PC，掌握DHT11温湿度传感器编程的方法。

（2）例程。

```
#include<ioCC2530.h>
#include "exboard.h"

char  charFLAG;
char  charcount,chartemp;
char  charT_data_H,charT_data_L,charRH_data_H,
charRH_data_L,charcheckdata;
char  charT_data_H_temp,charT_data_L_temp,charRH_data_H_temp,
charRH_data_L_temp,charcheckdata_temp;
char  charcomdata;
char  str[5];
char  Txdata[25]= "当前温度和湿度:";
void initUART(void)
{
    CLKCONCMD &= ~0x40;              //设置系统时钟源为32MHz晶振
    while(CLKCONSTA & 0x40);         //等待晶振稳定
    CLKCONCMD &= ~0x47;              //设置系统主时钟频率为32MHz

    PERCFG = 0x00;                   //位置1 P0口
    P0SEL = 0x0C;                    //P0_2,P0_3,P0_4,P0_5用作串口

    U0CSR |= 0x80;                   //UART方式
    U0GCR |=9;
    U0BAUD |= 59;                    //波特率设为19200
    UTX0IF = 0;                      //UART0 TX中断标志初始置位0
}
/*************************************************************
串口发送字符串函数
*************************************************************/
void UartTX_Send_String(char *Data,int len)
{
  int j;
  for(j=0;j<len;j++)
  {
    U0DBUF = *Data++;
    while(UTX0IF == 0);
```

```
    UTX0IF = 0;
  }
}


void  Delay_10us(void)
{
  char i;
  for(i=0;i<16;i++);
}

void Delay(int ms)
{                                       //延时子程序
  char i,j;
  while(ms)
  {
    for(i = 0;  i<=167;  i++)
    {
        for(j=0;j<=48;j++);
    }
    ms--;
  }
}
void  COM(void)
{
    char i;
    for(i=0;i<8;i++)
    {

    charFLAG=2;
    while((!P0_7)&&charFLAG++);
    Delay_10us();
    Delay_10us();
    Delay_10us();
    chartemp=0;
    if(P0_7)chartemp=1;
    charFLAG=2;
    while((P0_7)&&charFLAG++);
    //超时则跳出 for 循环
    if(charFLAG==1)break;
    //判断数据位是 0 还是 1

    charcomdata<<=1;
    charcomdata|=chartemp;
    }

  }

  //--------------------------------
  //-----湿度读取函数 -----------------
  //--------------------------------
  //----以下变量均为全局变量-------------
  //----温度高 8 位== charT_data_H------
  //----温度低 8 位== charT_data_L------
  //----湿度高 8 位== charRH_data_H-----
  //----湿度低 8 位== charRH_data_L-----
  //----校验 8 位 == charcheckdata-----

  void RH(void)
```

```
    {
    //主机拉低18ms
    P0DIR |= 0x80;
    P0_7=0;
    Delay(18);
    P0_7=1;
    //总线由上拉电阻拉高,主机延时40μs
    Delay_10us();
    Delay_10us();
    Delay_10us();
    Delay_10us();
    //主机设为输入,判断从机响应信号
    P0_7=1;
        P0DIR &= ~0x80;
    //判断从机是否有低电平响应信号,若不响应则跳出,响应则向下运行
    if(!P0_7)                          //T!
    {
    charFLAG=2;
    //判断从机是否发出80μs的低电平,响应信号是否结束
    while((!P0_7)&&charFLAG++);
    charFLAG=2;
    //判断从机是否发出80μs的高电平,若发出则进入数据接收状态
    while((P0_7)&&charFLAG++);
    //数据接收状态
    COM();
    charRH_data_H_temp=charcomdata;
    COM();
    charRH_data_L_temp=charcomdata;
    COM();
    charT_data_H_temp=charcomdata;
    COM();
    charT_data_L_temp=charcomdata;
    COM();
    charcheckdata_temp=charcomdata;
    P0DIR |= 0x80;
    P0_7=1;
    //数据校验

      chartemp=(charT_data_H_temp+charT_data_L_temp+charRH_ data_H_temp+
              charRH_ data_L_temp);
      if(chartemp==charcheckdata_temp)
      {
        charRH_data_H=charRH_data_H_temp;
        charRH_data_L=charRH_data_L_temp;
        charT_data_H=charT_data_H_temp;
        charT_data_L=charT_data_L_temp;
        charcheckdata=charcheckdata_temp;
      }
    }

}
void main()
{

  //系统初始化串口
  initUART();
  Delay(1);                          //延时1ms
  while(1)
```

```
{
    UartTX_Send_String(Txdata,25);
    //------------------------
    //调用温湿度读取子程序
    RH();
    str[0]=charT_data_H/10+0x30;
    str[1]=charT_data_H%10+0x30;
    str[2]=charRH_data_H/10+0x30;
    str[3]=charRH_data_H%10+0x30;
    str[4]='\t';
    //串口显示程序
    //------------------------
    UartTX_Send_String(str,5);//SendData(str);//发送到串口
    //读取模块数据周期不宜小于2s
    Delay(2000);
    }
}
```

6.2 红外人体感应模块实验

红外人体感应模块是基于红外线技术的自动控制产品，灵敏度高，可靠性强，超低电压工作模式，广泛应用于各类自动感应电器设备，尤其是干电池供电的自动控制产品。

6.2.1 红外人体感应模块功能特点

（1）全自动感应：人进入其感应范围则输出高电平，人离开其感应范围则自动延时关闭高电平，输出低电平。

（2）工作电压范围宽：默认工作电压为 4.5～20V DC。

（3）微功耗：静态电流小于 50μA，特别适合电池供电的自动控制产品。

（4）感应模块通电后有 1min 左右的初始化时间，在此期间模块会间隔地输出 0～3 次，1min 后进入待机状态。

（5）感应距离为 7m 以内，感应角度小于 100°锥角，工作温度为 –15～70℃。

红外人体感应模块如图 6-5 所示。

图 6-5 红外人体感应模块

6.2.2　实验：红外人体感应模块实验

（1）实验目的：编程实现当有人体进入红外人体感应模块探测区域时传感板上的 LED1 和 LED2 闪烁，掌握红外人体感应模块编程的方法。

（2）例程。

```
#include "ioCC2530.h"
#include "exboard.h"
#define signal P0_5

void main(void)
{
  P1SEL &= ~0xc0;
  P1DIR |= 0xc0;

  P0SEL &= ~0x20;
  P0DIR &= ~0x20;
  while(1)
  {
    if(signal)
    {
      led1=1;
      led2=1;
  }
    else
    {
      led1=0;
      led2=0;
    }
  }

}
```

6.3　结露传感器实验

结露传感器 HDS05 是正特性开关型元件，对低湿不敏感，仅对高湿敏感，可在直流电压下工作。

6.3.1　结露传感器 HDS05 特性曲线

结露传感器 HDS05 特性曲线如图 6-6 所示。

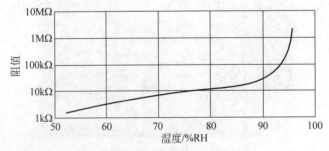

图 6-6　结露传感器 HDS05 特性曲线

在高湿环境下，结露传感器 HDS05 的阻值急剧变化。

6.3.2　结露传感器 HDS05 电路设计

结露传感器 HDS05 应用电路原理如图 6-7 所示。

结露传感器 HDS05 安全电压为 0.8V，所以并联了一个二极管，二极管正向导通电压在 0.7V 左右，可以限制结露传感器 HDS05 工作在安全电压，在使用 CC2530 进行 A/D 转换时，可以使用 1.25V 的参考电压。结露传感器 HDS05 对高湿敏感，在环境湿度超过 90%RH 时，阻值急剧发生变化，可以根据实验设定一个阈值，超过这个值就发出结露报警。

结露传感器 HDS05 实物如图 6-8 所示。

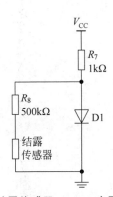

图 6-7　结露传感器 HDS05 应用电路原理

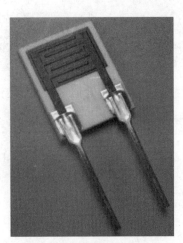

图 6-8　结露传感器 HDS05

6.3.3　实验：结露传感器实验

```
#include "ioCC2530.h"
#include "exboard.h"

char Txdata[25];
/*******************************************************
 延时函数
 ******************************************************/
void Delay(uint n)
{
    uint i;
    for(i=0;i<n;i++);
    for(i=0;i<n;i++);
    for(i=0;i<n;i++);
    for(i=0;i<n;i++);
    for(i=0;i<n;i++);
}
/*******************************************************
 串口初始化函数
 ******************************************************/
void initUARTSEND(void)
```

```
{
    CLKCONCMD  &= ~0x40;           //设置系统时钟源为 32MHz 晶振
    while(CLKCONSTA & 0x40);       //等待晶振稳定
    CLKCONCMD  &= ~0x47;           //设置系统主时钟频率为 32MHz

    PERCFG = 0x00;                 //USART0 使用位置1 P0_2,P0_3 口
    P0SEL = 0x3C;                  //P0_2,P0_3,P0_4,P0_5 用作串口

    U0CSR |= 0x80;                 //UART 方式
    U0GCR |=9;
    U0BAUD |= 59;                  //波特率设为 19200
    UTX0IF = 0;                    //UART0 TX 中断标志初始置为 0
}
/********************************************************************
串口发送字符串函数
********************************************************************/
void UartTX_Send_String(char *Data, int len)
{
  int j;
  for(j=0;j<len;j++)
  {
    U0DBUF = *Data++;
    while(UTX0IF == 0);
    UTX0IF = 0;
  }
}
uint vol;
uint getVol(void)
{
    uint  value;
    uint  value1;
    APCFG|=0x40;

    value=0;

    ADCCON3=0x36;
    ADCCON1=0x7F;                  //使用 1.25V 内部电压,12 位分辨率,源为湿度传感器值
                                   //开启单通道 ADC
    while(!(ADCCON1&0x80));        //等待 A/D 转换完成
    value =  ADCL >> 2;            //ADCL 寄存器低两位无效
    value1=ADCH;
    value |= (value1 << 6);


    return value;                  //根据转换值,计算出实际的湿度
}
/********************************************************************
主函数
********************************************************************/
void main(void)
{

    initUARTSEND();                //初始化串口
```

```
    vol = getVol();
    if(vol>3500)
    {
        strcpy(Txdata,"water");                    //将字符串 water 赋给 Txdata

        UartTX_Send_String(Txdata, sizeof("water"));   //串口发送数据
    }
    else
    {
        strcpy(Txdata, "no water");    //将字符串 no water 赋给 Txdata
        UartTX_Send_String(Txdata,sizeof("no water"));    //串口发送数据

    }
}
```

6.4　烟雾传感器模块

6.4.1　烟雾传感器模块的功能特点

（1）具有信号输出指示。

（2）双路信号输出（模拟量输出及 TTL 电平输出）。

（3）TTL 输出有效信号为低电平（当输出低电平时信号灯亮，可直接接单片机）。

（4）模拟量输出 0～5V 电压，浓度越高，电压越高。

（5）对液化气、天然气、城市煤气有较好的灵敏度。

（6）具有长期的使用寿命和可靠的稳定性。

（7）快速的响应恢复特性。

烟雾传感器模块实物如图 6-9 所示。

图 6-9　烟雾传感器模块实物

6.4.2　实验：烟雾传感器模块实验

（1）实验目的：编程实现有烟雾时传感板上的 LED1 和 LED2 闪烁，掌握烟雾传感器
模块编程的方法。

（2）例程。

```c
#include "ioCC2530.h"
#include "exboard.h"
#define signal P0_6
void main(void)
{
    P1SEL &= ~0xC0;
    P1DIR |= 0xC0;

    P0SEL &= ~0x40;
    P0DIR &= ~0x40;
    while(1)
    {
        if(!signal)
        {
            led1=1;
            led2=1;
        }
        else
        {
            led1=0;
            led2=0;

        }
    }

}
```

6.5 光强度传感器模块

6.5.1 数字光模块 GY-30 介绍

数字光模块 GY-30 具有以下特点。

（1）I2C 总线接口。

（2）光谱的范围与人眼相近。

（3）照度数字转换器。

（4）宽范围和高分辨率（1～65535lux）。

（5）低电流关机功能。

（6）50Hz / 60Hz 光噪声抗干扰功能。

（7）1.8V 逻辑输入接口。

（8）无需任何外部零件。

（9）光源的依赖性不大（如白炽灯、荧光灯、卤素灯、白色 LED）。

（10）红外线的影响很小。

数字光模块实物如图 6-10 所示。

VCC
SCL
SDA
ADDR
GND

图 6-10 数字光模块实物

6.5.2 I2C 总线介绍

1. I2C 总线概述

I2C（Inter-Integrated Circuit）总线是一种由 Philips 公司开发的两线式串行总线，用于连接微控制器及其外围设备（特别是外部存储器件）。

I2C 总线在传输数据过程中共有 3 种特殊类型的信号，分别是开始信号、结束信号和应答信号。

I2C 总线最主要的优点是简单性和有效性。由于接口直接在组件之上，因此 I2C 总线占用的空间非常小，减少了电路板的空间和芯片管脚的数量，降低了互连成本。I2C 总线的另一个优点是支持多主机，其中任何能够进行发送和接收的设备都可以成为主机。一个主机能够控制信号的传输和时钟频率。当然，在任何时间点上只能有一个主机。

I2C 总线是由数据线 SDA 和时钟线 SCL 构成的串行总线，可发送和接收数据。各种 I2C 设备均并联在这条总线上，但就像电话机一样，只有拨通对应的号码才能工作，所以每个电路和模块都有唯一的地址。

2. I2C 总线的起始和停止

SCL 为高电平期间，SDA 由高电平向低电平的变化表示起始信号；SCL 为高电平期间，SDA 由低电平向高电平的变化表示终止信号，如图 6-11 所示。

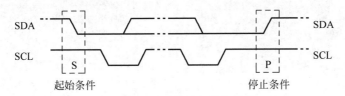

起始条件   停止条件

图 6-11 I2C 总线的起始和停止

3. I2C 的数据传输

SCL 为高电平期间，数据线上的数据必须保持稳定，只有 SCL 信号为低电平期间，SDA 状态才允许变化。

4. I2C 的数据读写和应答

（1）I2C 与 UART 的不同在于先传高位，后传低位。

（2）主机写数据时，每发送 1 字节，接收机需要回复一个应答位 0，通过应答位判断从机是否接收成功。

（3）主机读数据时，接收 1 字节结束后，主机也需要发送一个应答位 0，但是接收最后一个字节结束后，则发送一个非应答位 1，再发送一个停止信号，最终结束通信。

6.5.3　实验：光强度传感器模块实验

```c
#include "ioCC2530.h"
#include "uart.h"
#include "exboard.h"

#define BV(n)        (1 << (n))
#define st(x)        do { x } while (__LINE__ == -1)
#define HAL_IO_SET(port, pin, val)      HAL_IO_SET_PREP(port, pin, val)
#define HAL_IO_SET_PREP(port, pin, val)  st( P##port##_##pin## = val;)
#define HAL_IO_GET(port, pin)  HAL_IO_GET_PREP( port,pin)
#define HAL_IO_GET_PREP(port, pin)  (P##port##_##pin)

#define LIGHT_SCL_0() HAL_IO_SET(1,4,0)
#define LIGHT_SCL_1() HAL_IO_SET(1,4,1)
#define LIGHT_DTA_0() HAL_IO_SET(1,3,0)
#define LIGHT_DTA_1() HAL_IO_SET(1,3,1)

#define LIGHT_DTA()        HAL_IO_GET(1,3)

#define SDA_W() (P1DIR |=BV(3))
#define SCL_W() (P1DIR |=BV(4))
#define SDA_R() (P1DIR &=~BV(3))
#define delay() {asm("nop");asm("nop");asm("nop");asm("nop");}

/**** BH1750 命令********/
#define DPOWR    0x00          //断电
#define POWER    0x01          //上电
#define RESET    0x07          //重置
#define CHMODE   0x10          //连续高分辨率模式
#define CHMODE2  0x11          //连续高分辨率模式 2
#define CLMODE   0x13          //连续低分辨率模式
#define HMODE    0x20          //一次高分辨率模式
#define HMODE2   0x21          //一次高分辨率模式 2
#define LMODE    0x23          //一次低分辨率模式

#define  SlaveAddress   0x46      //定义器件在 I2C 总线中的从地址
                                  //根据 ALTADDRESS 地址引脚不同修改
                                  //ALTADDRESS 引脚接地时地址为 0x46
                                  //接电源时地址为 0x3A

char BUF[8];                      //光照数据缓冲区
char lux[5];
char Txdata[25]= "当前光照度:";
char ack;
//延时 1us
void delay_us(int n)
{
    while(n--)
    {
        asm("nop");asm("nop");asm("nop");asm("nop");
        asm("nop");asm("nop");asm("nop");asm("nop");
```

```
        asm("nop");asm("nop");asm("nop");asm("nop");
        asm("nop");asm("nop");asm("nop");asm("nop");
        asm("nop");asm("nop");asm("nop");asm("nop");
        asm("nop");asm("nop");asm("nop");asm("nop");
        asm("nop");asm("nop");asm("nop");asm("nop");
        asm("nop");asm("nop");asm("nop");asm("nop");
    }
}

//延时1ms
void delay_ms(int n)
{
    while(n--)
    {
        delay_us(1000);
    }
}
//光照数据转换函数
char conversion(int temp_data)
{
    char t,flag=0,i=0;
    uint  k=10000;
    while(k>0)
    {
        t=temp_data/k;
        temp_data-=t*k;
        if(flag==0)
    {
        if(t!=0)
        {
          lux[i++]=t+0x30;
          flag=1;
        }
    }
        else
        {
            lux[i++]=t+0x30;
        }
        k=k/10;
    }
    return i+1;
}

/***************************
启动I2C
***************************/

void start_i2c(void)
{
    SDA_W();
    SCL_W();
    LIGHT_DTA_1();
    delay_us(5);
    LIGHT_SCL_1();
    delay_us(5);
    LIGHT_DTA_0();
    delay_us(5);
    LIGHT_SCL_0();
```

```
        delay_us(5);

}

/******************************
结束 I2C
******************************/

void stop_i2c(void)
{
    SDA_W();
    LIGHT_DTA_0();
    //delay_us(5);
    LIGHT_SCL_1();
    delay_us(5);
    LIGHT_DTA_1();
    delay_us(5);
    LIGHT_SCL_0();
    delay_us(5);

}

/******************************
字节发送成功收到 0,ACK=1
******************************/
static int  send_byte(unsigned char c)
{
    char i,error=0;
    SDA_W();
    for(i=0x80;i>0;i/=2)
    {
        LIGHT_SCL_0();
        delay_us(5);
        if(i&c)
            LIGHT_DTA_1();
        else
            LIGHT_DTA_0();

        LIGHT_SCL_1();                    //设置时钟线为高，通知设备开始接收数据
        delay_us(6);

    }
    delay_us(1);
    LIGHT_SCL_0();
    LIGHT_DTA_1();
    SDA_R();
    P1INP=0;
    P2INP=0;
    //delay_us();
    LIGHT_SCL_1();
    delay_ms(6);
    if(LIGHT_DTA())
        ack=0;
    else ack=1;

    LIGHT_SCL_0();
    delay_us(6);
    return error;
}
```

```
/*********************************
发送 ACK=1 或 0
********************************/
void sendACK(char ack)
{
  SDA_W();
  if(ack)
  LIGHT_DTA_1();
  else
  LIGHT_DTA_0();;                //写应答信号
  LIGHT_SCL_1();                 //拉高时钟线
  delay_us(6);                   //延时
  LIGHT_SCL_0();                 //拉低时钟线
  delay_us(6);                   //延时
}

char read_byte()
{
  uint  i;
  char val=0;
  LIGHT_DTA_1();
  SDA_R();
  for(i=0x80;i>0;i/=2)
  {
      LIGHT_SCL_1();
      delay_us(5);
      if(LIGHT_DTA())
          val=(val | i);

      LIGHT_SCL_0();
      delay_us(5);
  }

  return val;

}
//********单字节写入*********************************************
void Single_Write_BH1750(char REG_Address)
{
    start_i2c();                 //起始信号
    send_byte(SlaveAddress);     //发送设备地址+写信号
    send_byte(REG_Address);      //内部寄存器地址
    stop_i2c();                  //发送停止信号
}
//*************************************************************
  连续读出 BH1750 内部数据
//*************************************************************
 void Multiple_read_BH1750(void)
{
char i;
    start_i2c();                 //起始信号
    send_byte(SlaveAddress+1);   //发送设备地址+写信号

    for (i=0; i<3; i++)          //连续读取 3 个地址数据,存储到 BUF
    {
        BUF[i] = read_byte();    //BUF 存储数据
        if (i == 3)
```

```
        {
          sendACK(1);                  //最后一个数据需要回应 NOACK
        }
        else
        {
          sendACK(0);                  //回应 ACK
        }
    }
    stop_i2c();                        //停止信号
    delay_ms(5);
}

/**************************
测量光强度
**************************/

float  get_light(void)
{
    uint t0;

    float t;
    Single_Write_BH1750(0x01);        //上电
    Single_Write_BH1750(0x10);        //高分辨率模式
    delay_ms(180);
    Multiple_read_BH1750();

    t0=BUF[0];
    t0=(t0<<8)+BUF[1];                //合成数据,即光照数据
    t=(float)t0/1.2;
    return t;
}
 void main(void)
{
    initUARTSEND();
    UartTX_Send_String(Txdata,12);
    int l=conversion(get_light());
    UartTX_Send_String(lux,l);

}
```

作业

查阅资料，在作业板上使用 DS18B20 测量环境温度。

思考题

DS18B20 是常用的数字温度传感器，其输出的是数字信号，具有体积小、硬件开销低、抗干扰能力强、精度高的特点。收集资料编写程序，使用 CC2530 读取 DS18B20 测量的温度值并在串口输出。

第 7 章

CC2530 实现红外通信

7.1 红外通信简介

7.1.1 红外通信的特点

无线遥控方式可分为无线电式、超声波式、声控式和红外线式。由于无线电式容易对其他电视机和无线电通信设备造成干扰，而且系统本身的抗干扰性能也很差，误动作多，所以未能大量使用。超声波式频带较窄，易受噪声干扰，系统抗干扰能力差。声控式识别正确率低，因难度大而未能大量采用。红外线式是以红外线作为载体传输控制信息的，电子技术的发展以及单片机的出现，促进了数字编码方式的红外遥控系统的快速发展。另外，红外遥控具有很多的优点。例如，红外发射装置采用红外发光二极管，遥控发射器易于小型化且价格低廉；采用数字信号编码和二次调制方式，不仅可以实现多路信息的控制，增加遥控功能，提高信号传输的抗干扰性，减少误动作，而且功率消耗低；红外线不会向室外泄漏，不会产生信号串扰；反应速度快，传输效率高，工作稳定可靠。所以，现在很多无线遥控方式都采用红外线方式。红外遥控器在家用电器和工业控制系统中已得到广泛应用。将基带二进制信号调制为一系列的脉冲串信号，通过红外发射管发射红外信号。

7.1.2 红外发射和接收

红外遥控系统分为发射和接收两部分。发射部分的发射元件为红外发光二极管，它发出的是红外线而不是可见光。常用的红外发光二极管发出的红外线波长为 940nm 左右，外形与普通 ϕ5mm 发光二极管相同，只是颜色不同，一般有透明、黑色和深蓝色 3 种。

根据红外发射管本身的物理特性，必须要有载波信号与即将发射的信号相"与"，然后将相"与"后的信号送至发射管，才能进行红外信号的发射，而在频率为 38kHz 的载波信号下，发射管的性能最好，发射距离最远，所以在硬件设计上，一般采用 38kHz 的晶振产生载波信号，与发射信号进行逻辑与运算后，驱动到红外发光二极管上，红外发射信号形成过程如图 7-1 所示。

接收部分的红外接收管是一种光敏二极管，使用时要给红外接收二极管加反向偏压，它才能正常工作而获得高的灵敏度。红外接收二极管一般有圆形和方形两种。由于红外发光二极管的发射功率较小，红外接收二极管收到的信号较弱，所以接收端就要增加高增益放大电路。所以，现在不论是业余制作或正式的产品，大都采用成品的一体化接收头。红外线一体化接收头是集红外接收、放大、滤波和比较器输出于一体的模块，性能稳定、可靠。有了一体化接收头，人们不再制作接收放大电路，这样红外接收电路不仅简单，而且可靠性大大提高。

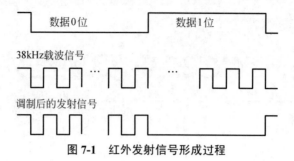

图 7-1　红外发射信号形成过程

常用的红外接收头，均有 3 个引脚，即电源正（VCC）、电源负（GND）和数据输出（OUT）。接收头的引脚排列因型号不同而不尽相同，图 7-2 所示是学习板上用的红外发射接收头 VS1838 的引脚图。

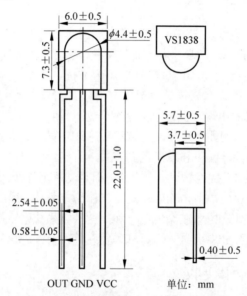

图 7-2　红外发射接收头 VS1838 引脚图

7.1.3　红外遥控发送和接收电路

红外遥控有发送和接收两个组成部分。发送端采用单片机将待发送的二进制信号编码调制为一系列的脉冲串信号，通过红外发射管发射红外信号。接收端普遍采用价格便宜、性能可靠的一体化红外接收头接收红外信号，它同时对信号进行放大、检波、整形，得到数字信号的编码信息再送给单片机，经单片机解码并执行，去控制相关对象。

红外遥控接收应用电路如图 7-3 所示。

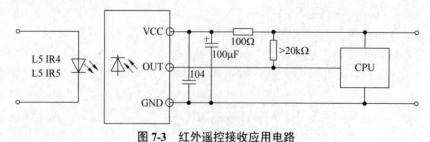

图 7-3　红外遥控接收应用电路

7.1.4 红外发射电路

由于 CC2530 可以使用定时器产生 38kHz 的调制信号，所以只需要在 CC2530 引脚上接一个红外发射管就可以了，在一般情况下，还需要串联一个小电阻。需要注意的是，红外发射对引脚的驱动能力有要求，对于 CC2530 只有引脚 P1_0 和 P1_1 符合要求，可以作为红外信号的输出引脚。

7.1.5 NEC 协议

NEC 协议是众多红外遥控协议中比较常见的一种。NEC 编码的一帧（通常为按一下遥控器按键所发送的数据）由引导码、用户码及键数据码组成，如图 7-4 所示。用户码及键数据码取反的作用是加强数据的正确性。

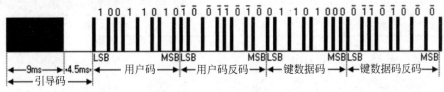

图 7-4 NEC 协议

（1）引导码低电平持续时间（即载波时间）为 9000μs 左右，高电平持续时间为 4500μs 左右。

（2）键数据码的数字信息通过一个高低电平持续时间来表示，1 的持续时间大概是 1680μs 高电平+560μs 低电平，0 的持续时间大概是 560μs 高电平+560μs 低电平。

（3）键数据码的反码是为了保证传输的准确。

7.2 实验：中断方式发射红外信号

（1）实验目的：在学习板上编程向另一块学习板发送红外信号，掌握 CC2530 以中断方式发射红外信号的方法。

（2）代码分析。

① 定时器 3 产生 38kHz 载波信号。

定时器 3 有一个单独的分频器，T3CTL.DIV 取值为 010，有效时钟=标记频率/4。T3CC0 寄存器设置载波信号的周期，取值为 105，频率约为 76kHz。定时器 T3 选择模式，当计数器的值等于 T3CC0 寄存器的值时，发生定时器 3 溢出中断。在中断处理函数中，如果当前的信号为 0，则将高低电平进行转换，一个高低电平组成的波的频率为 38kHz。38kHz 载波频率误差的计算如表 7-1 所示。

表 7-1 38kHz 载波频率误差的计算

描 述	值
系统时钟频率	32000kHz
IR 载波频率	38kHz

续表

描　　述	值
系统时钟周期	0.00003125ms
IR 载波周期	0.00003125ms
定时器分频器	4
定时器周期	0.000125ms
理想的定时器值	210.5263158
实际的定时器值	211
实际的定时器周期	0.026375ms
实际的定时器频率	37.91469194kHz
周期误差	59.21052632ns
频率误差	85.30805687Hz
频率误差（百分数）	0.2245%

定时器 3 中断处理函数代码如下。

```
//定时器 3 的中断处理函数,每 1/76000s 被调用一次
#pragma vector = T3_VECTOR
__interrupt void T3_ISR(void)
{
    //当标识位为 0 时,将 IR 输出引脚电平反转,输出 38kHz 信号
    if (flag==0)
    {
        P1_1=~P1_1;
    }
    else
    {
        P1_1 = 0;
    }

}
```

② 信号周期的定时。

红外信号对信号周期的要求比较严格，所以采用定时器 1 来定时。

下面几个宏用于定时器 1 的操作。

```
#define T1_Start() T1CTL=0xa              //启动定时器 1 的宏
#define T1_Stop()  T1CTL=0x8              //停止定时器 1 的宏
#define T1_Clear() T1STAT=0              //清除定时器 1 中断标志的宏
#define T1_Set(dat) T1CC0L=dat; T1CC0H=dat>>8   //启动定时器 1 通道 0 比较值的宏
#define T1_Over()  (T1STAT&1)            //测试定时器 1 通道 0 中断标志的宏
```

以下代码的作用是发送 9ms 的低电平引导码，其中 flag=0 表示发送低电平信号。

```
T1_Set(9000);
flag=0;
T1_Clear();
T1_Start();
while(!T1_Over());
T1_Stop();
```

（3）例程。

```
#include<ioCC2530.h>

#define uint unsigned int

#define T1_Start() T1CTL=0xa                  //启动定时器 1 的宏
#define T1_Stop() T1CTL=0x8                    //停止定时器 1 的宏
#define T1_Clear() T1STAT=0                    //清除定时器 1 中断标志的宏
#define T1_Set(dat) T1CC0L=dat;T1CC0H=dat>>8   //启动定时 1 通道 0 比较值的宏
#define T1_Over()  (T1STAT&1)                  //测试定时器 1 通道 0 中断标志的宏

static unsigned int count;                     //延时计数器
static unsigned char flag;                     //红外发送标志
char iraddr1;                                   //十六位地址的第 1 个字节
char iraddr2;                                   //十六位地址的第 2 个字节

void SendIRdata(char p_irdata);
void Init_T3(void)
{
    P1DIR = 0x02;                              //设引脚 P1_1 为输出

    CLKCONCMD &= ~0x7f;                         //晶振设置为 32MHz
    while(CLKCONSTA & 0x40);                    //等待晶振稳定

    EA = 1;                                     //开总中断
    T3IE = 1;                                   //开定时器 3 中断

    T3CTL=0x46;                                 //定时器 3 设 4 分频,设模模式
    T3CCTL0=0x44;                               //定时器 3 通道 0 开中断,设比较模式
    T3CC0=105;                                  //设置定时器 3 通道 0 比较寄存器值
}
void Init_T1(void)
{

    T1IE = 1;                                   //开定时器 1 中断
    T1CTL =0x0a;                                //定时器 1 设 32 分频,设模模式
    T1CCTL0=0x44;                               //定时器 1 通道 0 开中断,设比较模式

}

void main(void)
{
    Init_T3();
    Init_T1();

    P1_1 = 1;                                   //IR 输出引脚,初始化为 1
    T3CTL|=0x10;                                //启动定时器 3

    iraddr1=0;                                  //地址码第 1 个字节
    iraddr2=0xFF;

    SendIRdata(18);
    }
    //定时器 3 的中断处理函数,每 1/76000s 被调用一次
    #pragma vector = T3_VECTOR
```

```
        __interrupt void T3_ISR(void)
    {
        //当标识位为 0 时,将 IR 输出引脚电平反转,输出 38kHz 信号
        if (flag==0)
        {
            P1_1=~P1_1;
        }
        else
        {
            P1_1 = 0;
        }

}
void SendIRdata(char p_irdata)
{
    int i;
    char irdata=p_irdata;

    //发送 9ms 的低电平引导码
    T1_Set(9000);
    flag=0;
    T1_Clear();
    T1_Start();
    while(!(T1_Over()));
    T1_Stop();

    //发送 4.5ms 的高电平引导码
    T1_Set(4500);
    flag=1;
    T1_Clear();
    T1_Start();
    while(!T1_Over());
    T1_Stop();
    //发送 300μs 低电平引导码
    flag=0;
    T1_Set(300);
    T1_Clear();
    T1_Start();
    while(!T1_Over());
    T1_Stop();

    //发送十六位地址的第 1 个字节
    irdata=iraddr1;
    for(i=0;i<8;i++)
    {
        //如果当前位为 1,则发送 1680μs 的高电平和 560s 的低电平
        //如果当前位为 0,则发送 560μs 的高电平和 560s 的低电平
        if(irdata-(irdata/2)*2)
        {
            T1_Set(1680);
        }
        else
        {
            T1_Set(560);
        }
        T1_Clear();
        T1_Start();
```

```
        flag=1;
        while(!T1_Over());
        T1_Stop();

        flag=0;
        T1_Set(560);
        T1_Clear();
        T1_Start();
        while(!T1_Over());
        T1_Stop();

        irdata=irdata>>1;                    //数据右移一位,等待发送
}
flag=0;
//发送十六位地址的第2个字节
irdata=iraddr2;
for(i=0;i<8;i++)
{

        flag=1;

        if(irdata-(irdata/2)*2)
        {
            T1_Set(1680);
        }
        else
        {
            T1_Set(560);
        }
        T1_Clear();
        T1_Start();
        while(!T1_Over());
        T1_Stop();

        flag=0;
        T1_Set(560);
        T1_Clear();
        T1_Start();
        while(!T1_Over());
        T1_Stop();

        irdata=irdata>>1;
}
flag=0;
//发送8位数据
irdata=p_irdata;
for(i=0;i<8;i++)
{

        flag=1;

        if(irdata-(irdata/2)*2)
        {
            T1_Set(1680);
        }
        else
        {
            T1_Set(560);
        }
```

```
        T1_Clear();
        T1_Start();
        while(!T1_Over());
        T1_Stop();
        flag=0;
        T1_Set(560);
        T1_Clear();
        T1_Start();
        while(!T1_Over());
        T1_Stop();

        irdata=irdata>>1;
    }
    flag=0;
    //发送8位数据的反码
    irdata=~p_irdata;

    for(i=0;i<8;i++)
    {

        flag=1;
        if(irdata-(irdata/2)*2)
        {
            T1_Set(1680);
        }
        else
        {
            T1_Set(560);
        }
        T1_Clear();
        T1_Start();
        while(!T1_Over());
        T1_Stop();

        flag=0;
        T1_Set(560);
        T1_Clear();
        T1_Start();
        while(!T1_Over());
        T1_Stop();

        irdata=irdata>>1;
    }
    flag=1;
}
```

7.3 实验：PWM方式输出红外信号

CC2530可以按照类似PWM输出的机制输出调制的红外信号，只需最少的CPU参与即可产生IR的功能。调制码可以使用16位的定时器1和8位的定时器3合作生成。定时器3用于产生载波。定时器3有一个单独的分频器。它的周期使用T3CC0寄存器设置。定时器3通道1用于PWM输出。载波的占空比使用T3CC1寄存器设置。通俗地说，T3CC0寄存器设置的是一个38kHz载波信号的周期，T3CC1寄存器设置的是在这个周期中高电平和低电平周期是多少。而通道1使用比较模式：在比较时清除，在0x00设置输出

（T3CCTL1.CMP=100）。例如，T3CC0=211，T3CC1=105，这时定时器 3 通道 1 输出是占空比为 1∶2 的方波，也就是高低电平各占一半的方波。这种方法与前面使用的中断产生载波的方法不同，前面的程序是中断每半个载波周期跳转一次，而 PWM 方式是一次完整地输出一个载波，而且如果需要输出占空比为 1∶3 的方波，PWM 方式就方便多了。

　　IRCTL.IRGEN 寄存器位使得定时器 1 处于 IR 产生模式。当设置了 IRGEN 位，定时器 1 采用定时器 3 通道 1 的输出比较信号作为标记，而不是采用系统标记。这时相当于定时器 1 计数器不再计算系统时钟信号的个数，而是计算定时器 3 通道 1 输出的方波的个数，这在后面需要给定时器 1 通道比较寄存器赋值时尤其要注意。

　　定时器 1 处于调制模式（T1CTL.MODE = 10）。定时器 1 的周期是使用 T1CC0 寄存器设置的，通道 0 处于比较模式（T1CCTL0.MODE = 1）。通道 1 比较模式在比较时设置输出，在 0x0000 清除（T1CCTL1.CMP = 011），用于输出门控信号。标记载波的个数由 T1CC1 寄存器设置。例如，在 NEC 码中数据 1 的持续时间大概是 1680μs 高电平+560μs 低电平，需要将 T1CC1 设置为 1680μs，T1CC0 要设置成 1680μs +560μs，而 T1CC1 和 T1CC0 寄存器的值需要分别设为 1680/26.3 和 2240/26.3，其中 26.3μs 是 38kHz 载波信号的周期。每个定时器每周期由 DMA 或 CPU 更新一次，而这个定时操作是需要由 24 位的睡眠定时器完成的，这是由于定时器 1 和定时器 3 已经使用，而定时器 4 是 8 位定时器。

　　（1）实验目的：在学习板上编程向另一块学习板发送红外信号，掌握 CC2530 以 PWM 输出方式发射红外信号的方法。

　　（2）例程。

```c
#include<ioCC2530.h>
#include "exboard.h"

#define T1_Set(dat)    T1CC0L=dat;T1CC0H=dat>>8
#define T11_Set(dat)   T1CC1L=dat;T1CC1H=dat>>8

char iraddr1=0;                     //十六位地址的第 1 个字节
char iraddr2=0xFF;                  //十六位地址的第 2 个字节

void Set_ST_Period(uint sec)
{
    long sleepTimer = 0;
    //读睡眠定时器当前值到变量 sleepTimer 中,先读 ST0 的值
    sleepTimer |= ST0;
    sleepTimer |= (long)ST1 << 8;
    sleepTimer |= (long)ST2 << 16;

    //将睡眠时间加到 sleepTimer 上
    sleepTimer += sec;
    //将 sleepTimer 写入睡眠定时器
    ST2 = (char)(sleepTimer >> 16);
    ST1 = (char)(sleepTimer >> 8);
    ST0 = (char) sleepTimer;
}

void Init_SLEEP_TIMER(void)
{
    ST2 = 0x00;
    ST1 = 0x0F;
    ST0 = 0x0F;
```

```
    EA = 1;           //开中断
    STIE = 1;         //睡眠定时器中断使能
    STIF = 0;         //睡眠定时器中断状态位置0
}

void SendIRdata(char p_irdata);
void Init_T3(void)
{

    T3IE = 0;         //关定时器3中断
    T3CTL =0x46;      //定时器3设4分频,设模模式
    T3CCTL1=0x24;     //定时器3通道1开中断,设比较模式100,在比较时清除输出,在0时设置
    T3CC0=211;        //设置波形总的周期
    T3CC1=105;        //设置波形高电平的周期

}

void Init_T1(void)
{

    T1IE = 0;         //关定时器1溢出中断

    T1CTL =0x02;      //定时器1设为设模模式
    PERCFG=0x40;      //外设定时器1使用备用位置2,输出为引脚P1_1
    T1CCTL0=0x04;     //外设定时器1通道0设为比较输出
    T1CCTL1=0x5c;     //外设定时器1通道1设为比较输出,设比较模式101,在等于T1CC0时
                      //清除输出,在等于T1CC1时设置输出
}

void main(void)
{
    CLKCONCMD &= ~0x7f;      //晶振设置为32MHz
    while(CLKCONSTA & 0x40); //等待晶振稳定

    P1SEL = 0xFE;            //将相应引脚设为外设功能
    P2SEL = 0x28;
    P1DIR = 0xFE;            //将相应引脚设为输出

    Init_T3();;

    P1_1 = 0;
    IRCTL=0x01;              //定时器3的输出作为定时器1的标记输入
    Init_T1();

    Init_SLEEP_TIMER();

    T3CTL|=0x10;             //启动定时器3

    SendIRdata(18);
}
void SendIRdata(char p_irdata)
{
    int i;
    char irdata;
    //发送4.5ms的高电平起始码
    T1_Set(180);
    T11_Set(165);
```

```
    Set_ST_Period(154);              //睡眠定时器控制波形的时间

    while(!(IRCON&0x80));
    STIF=0;                          //睡眠定时器消除中断标志

    //发送16位地址的第1个字节
    irdata=iraddr1;
    for(i=0;i<8;i++)
    {
       if(irdata-(irdata/2)*2)
       {
           T1_Set(85);
           T11_Set(63);
           Set_ST_Period(73);
       }
       else
       {
           T1_Set(42);
           T11_Set(21);
           Set_ST_Period(37);
       }

    while(!(IRCON&0x80));
    STIF=0;

       irdata=irdata>>1;
    }

    //发送16位地址的第2个字节
    irdata=iraddr2;
    for(i=0;i<8;i++)
    {
       if(irdata-(irdata/2)*2)
       {
           T1_Set(85);
           T11_Set(63);
           Set_ST_Period(73);
       }
       else
       {
           T1_Set(42);
           T11_Set(21);
           Set_ST_Period(37);
       }

    while(!(IRCON&0x80));
    STIF=0;
    irdata=irdata>>1;
    }
    //发送8位数据
    irdata=p_irdata;
    for(i=0;i<8;i++)
    {
       if(irdata-(irdata/2)*2)
       {
           T1_Set(85);
           T11_Set(63);
           Set_ST_Period(73);
```

```
    }
    else
    {
        T1_Set(42);
        T11_Set(21);
        Set_ST_Period(37);
    }

    while(!(IRCON&0x80));
    STIF=0;
    irdata=irdata>>1;
}

//发送 8 位数据的反码
irdata=~p_irdata;

for(i=0;i<8;i++)
{
    if(irdata-(irdata/2)*2)
    {
        T1_Set(85);
        T11_Set(63);
        Set_ST_Period(73);
    }
    else
    {
        T1_Set(42);
        T11_Set(21);
        Set_ST_Period(37);
    }

    while(!(IRCON&0x80));
    STIF=0;
    irdata=irdata>>1;
}
T3CTL&=~0x10;
}
```

7.4　实验：红外接收实验

（1）实验目的：编程实现接收红外遥控器的按键编码，并将其键码显示在学习板的1602LCD上。

（2）设计思路。

红外接收要求能够准确计算信号周期，所以使用定时器 1 计算信号的周期。可以将定时器 1 进行 32 分频，定时器 1 每个计数周期就是 $1\,\mu s$。

红外遥控器的按键动作是随机产生的，所以需要使用输入引脚 P1_0 的中断处理红外接收头接收的数据。

（3）例程。

```
#include<ioCC2531.h>
#include "exboard.h"
#include "lcd.h"

#define IRIN  P1_0                    //红外接收器数据线
```

```
uchar IRCOM[7];
#define T1_Start() T1CTL=0x09
#define T1_Stop9) T1CTL=0x08
#define T1_Clear() T1STAT=0
#define T1_Set(dat)   T1CC0L=dat;T1CC0H=dat>>8
#define T1_Over()(T1STAT&1)

main()
{

    CLKCONCMD &= ~0x7F;              //晶振设置为 32MHz
    while(CLKCONSTA & 0x40);         //等待晶振稳定

    P0DIR=0xf0;                      //设置 P0 口引脚方向
    P1DIR=0x1c;

    lcd_init();                      //初始化 LCD

    P1IEN |= 0x11;                   //P1_0 设置为中断方式
    PICTL |= 0x02;                   //下降沿触发
    EA = 1;
    IEN2 |= 0x10;                    //P0 设置为中断方式
    //初始化中断标志位

    T1CTL =0x09;

    while(1)
    {

    }

}
/************************************************************/
#pragma vector = P1INT_VECTOR
__interrupt void P1_ISR(void)
{
    unsigned char j,k;
    unsigned int N=0;

    IEN2 &= ~0x10;
    if (IRIN==1)                     //如果先出现的是高电平信号,则退出
    {
      IEN2 |= 0x10;
      return;
    }
    T1CNTL=0;
    T1CNTH=0;
    T1_Start();                      //启动定时器 1 定时
    while (!IRIN)                    //等 IR 变为高电平,跳过 9ms 的前导低电平信号
    {
    }
    T1_Stop();
    N=T1CNTH;                        //停止定时器 1 定时
    N=N<<8;                          //计算时间
    N=N+T1CNTL;
    if(N<8500)                       //如果小于 8500 μs,则退出
```

```
{
    IEN2 |= 0x10;
    return;
}
T1CNTL=0;
T1CNTH=0;

for(j=0;j<4;j++)                    //收集4组数据
{

    for(k=0;k<8;k++)                //每组数据有8位
    {
        while (IRIN)                //等IR变为低电平,跳过4.5ms的前导高电平信号
        {
        }
        while (!IRIN)               //等IR变为高电平
        {
        }

        T1CNTL=0;
        T1CNTH=0;
        T1_Start();
        while (IRIN)                //计算IR高电平时长
        {
        }
        N=T1CNTH;
        N=N<<8;
        N=N+T1CNTL;
        if (N>=2000)                //IR高电平时长超过2000μs则退出
    {
        IEN2 |= 0x10;
        break;
    }
        IRCOM[j]=IRCOM[j] >> 1;      //数据右移一位,最高位补零
        if (N>=700)                 //IR高电平时长超过700μs,数据最高位置1
        {
            IRCOM[j] = IRCOM[j] | 0x80;

        }//数据最高位补1
        N=0;
        T1CNTL=0;
        T1CNTH=0;
        T1_Stop();
    }//end for k
}//end for j
IEN2 |= 0x10;

IRCOM[5]=IRCOM[2] & 0x0F;           //取键码的低4位,存入IRCOM[5]
IRCOM[6]=IRCOM[2] >> 4;             //键码右移4次,高4位变为低4位,存入IRCOM[6]

if(IRCOM[5]>9)                      //IRCOM[5]转换为ASCII码
{ IRCOM[5]=IRCOM[5]+0x37;}
else
    IRCOM[5]=IRCOM[5]+0x30;

if(IRCOM[6]>9)
{ IRCOM[6]=IRCOM[6]+0x37;}
```

```
    else
       IRCOM[6]=IRCOM[6]+0x30;
    P1DIR=0x1c;                         //IRCOM[6]转为 ASCII 码
    lcd_pos(0);
    lcd_wdat(IRCOM[6]);                 //第 1 位数显示
    lcd_pos(1);
    lcd_wdat(IRCOM[5]);                 //第 2 位数显示

    P1IFG |= 0x00;

}
```

第 8 章

Z-Stack 协议栈

8.1 Z-Stack 协议栈基础

8.1.1 Z-Stack 协议栈简介

Z-Stack 是 TI 公司开发的 ZigBee 协议栈，TI 公司在推出其 CC2530 射频芯片的同时，也向用户提供了自己的 ZigBee 协议栈软件 Z-Stack。这是一款业界领先的商业级协议栈，经过了 ZigBee 联盟的认可而被全球众多开发商广泛采用。用户使用 CC2530 射频芯片可以很容易地开发出具体的应用程序，Z-Stack 实际上是帮助程序员方便开发 ZigBee 的一套系统。Z-Stack 使用瑞典公司 IAR 开发的 IAR Embedded Workbench for 8051 作为集成开发环境。TI 公司为自己设计的 Z-Stack 协议栈提供了一个名为操作系统抽象层（Operating System Abstraction Layer, OSAL）的协议栈调度程序。对于用户，除了能够看到这个调度程序外，其他任何协议栈操作的具体实现细节都被封装在库代码中。用户在进行具体的应用开发时只能够通过调用 API 来进行，而无法知道 ZigBee 协议栈实现的具体细节。

8.1.2 Z-Stack 协议栈基本概念

1. 设备类型

在 ZigBee 网络中存在 3 种逻辑设备类型：Coordinator（协调器）、Router（路由器）和 End-Device（终端设备）。ZigBee 网络由一个协调器以及多个路由器和多个终端设备组成。

1）协调器

协调器负责启动整个网络，它也是网络的第 1 个设备。协调器选择一个信道和一个网络 ID（也称为 PAN ID，即 Personal Area Network ID），随后启动整个网络。

协调器也可以用来协助建立网络中安全层和应用层的绑定。

注意，协调器的角色主要涉及网络的启动和配置。一旦这些都完成，协调器的工作就与一个路由器相同。由于 ZigBee 网络本身的分布特性，接下来整个网络的操作就不再依赖协调器。

2）路由器

路由器的主要功能是允许其他设备加入网络，多跳路由协助由电池供电的子终端设备的通信。

通常，路由器需要一直处于活动状态，因此它必须使用主电源供电。但是，当使用树这种网络拓扑结构时，允许路由器间隔一定的周期操作一次，这样就可以使用电池为其供电。

3）终端设备

终端设备没有维持网络结构的职责，它可以睡眠或唤醒，因此它可以是一个由电池供电的设备。

通常，终端设备所需存储空间（特别是RAM）比较小。

2. 信道

ZigBee采用直接序列扩频（DSSS）工作在ISM频段，在2.4GHz频段上，IEEE 802.15.4/ZigBee规定了16个信道，每个信道带宽为5MHz。

ZigBee与其他通信协议的信道冲突：15、20、25、26信道与Wi-Fi信道冲突较小；蓝牙基本不会冲突；无绳电话尽量不与ZigBee同时使用。

3. PAN ID

16位的ID值用来标识唯一ZigBee网络，主要是用于区分网络，使得同一地区可以同时存在多个ZigBee网络。其取值范围为0x0000～0xFFFF。当设置为0xFFFF时，协调器可以随机获取一个16位的PAN ID建立一个网络。路由器或终端设备可以加入任意已设定信道上的网络而不去关心PAN ID。PAN ID用于在逻辑上区分同一地区或同一信道上的ZigBee节点，在不同地区或同一地区不同的信道上可以使用同一PAN ID。

4. 地址

ZigBee设备有两种类型的地址。一种是64位IEEE地址，即MAC地址；另一种是16位网络地址。

64位IEEE地址是全球唯一的地址，设备将在它的生命周期中一直拥有它。它通常由制造商设置或者在被安装时设置。这些地址由IEEE负责维护和分配。

16位网络地址是当设备加入网络后分配的，协调器按照一定的算法进行分配。它在网络中是唯一的，用来在网络中鉴别设备和发送数据。

5. 数据传输方式

1）单点传输

单点传输是指将数据包发送给一个已经知道网络地址的网络设备。

2）间接传输

间接传输是指当应用程序不知道数据包的目标设备时使用的模式。从发送设备的栈的绑定表中查找目标设备，这种特点称为源绑定。当数据向下发送到达栈中，从绑定表中查找并且使用该目标地址。这样，数据包将被处理成为一个标准的单点传输数据包。如果在绑定表中找到多个设备，则向每个设备都发送一个数据包的副本。

3）广播传输

广播传输是指当应用程序需要将数据包发送给网络中的每个设备时使用的数据传输模式。目标地址可以设置为以下广播地址中的一种。

（1）0xFFFF：数据包将被传输到网络上的所有设备，包括睡眠中的设备。对于睡眠中的设备，数据包将被保留在其父亲节点直到查询到它，或者消息超时。

（2）0xFFFD：数据包将被传输到网络上的所有在空闲时打开接收的设备，也就是除了睡眠中的所有设备。

（3）0xFFFC：数据包发送给所有路由器，包括协调器。

（4）组寻址：当应用程序需要将数据包发送给网络上的一组设备时使用。在使用这个功能之前，必须在网络中定义组。注意，组可以用来关联间接寻址。绑定表中找到的目标地址可能是单点传输或是一个组地址。另外,广播发送可以看作一个组寻址的特例。

6. 端点

端点是为实现一个设备描述而定义的一组群集,定义了一个设备内的一个通信实体,一个特定应用通过它被执行。ZDO的端点为 0,其他应用程序的端点为 1～240,241～255 保留未用。关于端点的理解就是虚拟链路。

7. 拓扑结构

ZigBee 技术具有强大的组网能力,可以形成星状、树状和 Mesh 网状网络,可以根据实际项目需要选择合适的网络结构。默认的拓扑结构是 Mesh 网状拓扑结构。

8. 簇

一个应用规范内的所有设备,通过簇的方式彼此进行通信。簇可输入给一个设备,也可从一个设备输出。簇的作用主要在于发送方和接收方关于通信的一种约定,接收方根据接收到的信息的簇 ID 判定要对接收到的信息进行怎样的处理。

9. 路由

路由能够使 ZigBee 网络自愈,如果某个无线连接断开了,路由又能自动寻找一条新的路径避开那个断开的网络连接,这就极大地提高了网络的可靠性,同时也是 ZigBee 网络的一个关键特性。

10. 协议栈规范

协议栈规范是由 ZigBee 联盟指定的。在同一个网络中的设备必须符合同一个协议栈规范(同一个网络中所有设备的协议栈规范必须一致)。

ZigBee 联盟为 ZigBee 协议栈 2007 定义了两个规范:ZigBee 和 ZigBee PRO。所有设备只要遵循该规范,即使不同厂商生产的不同设备同样可以形成网络。

ZigBee 和 ZigBee PRO 之间最主要的特性差异就是对高级别安全性的支持。高级别安全性提供了一个在点对点连接之间建立链路密钥的机制,并且当网络设备在应用层无法得到信任时增加了更多的安全性。像许多 ZigBee PRO 特性那样,高级安全特性对于某些应用而言非常有用,但在有效利用宝贵节点空间方面却要付出很大代价。

尽管 ZigBee 和 ZigBee PRO 大部分特性相同,但只有在有限条件下二者的设备才能在同一网络中同时使用。如果所建立的网络(由协调器建立)为一个 ZigBee 网络,那么 ZigBee PRO 设备将只能以有限的终端设备的角色连接和参与到该网络中,即该设备将通过一个父级设备(路由器或协调器)与该网络保持通信,且不参与到路由或允许更多的设备连接到该网络中。同样,如果网络最初建立了一个 ZigBee PRO 网络,那么 ZigBee 设备也只能以有限的终端设备的角色参与到该网络中。

如果应用开发者改变了规范,那么其产品将不能与遵循 ZigBee 联盟定义规范的产品组成网络;也就是说,该开发者开发的产品具有特殊性,通常称为"关闭的网络"。

8.1.3　Z-Stack 的下载与安装

可以从 TI 公司的官方网站上下载 Z-Stack,本书使用的是 Z-Stack-CC2530-2.5.0 版本,是 Z-Stack 较新的一个版本，需要 IAR Assembler for 8051 8.10.1 版本支持。建议将 Z-Stack 安装在 C 盘根目录下，其目录结构如下：默认会在 C 盘的根目录下建立 Texas Instruments 目录，该目录下的子目录就是安装 Z-Stack 的文件，根目录下有 4 个文件夹，分别是 Documents、Projects、Tools 和 Components。

1. Documents

Documents 文件夹包含对整个协议栈进行说明的所有文档信息，该文件夹中有很多 PDF 格式的文档，可以把它们当作参考手册，根据需要阅读。

2. Projects

Projects 文件夹包含用于 Z-Stack 功能演示的各个项目的例子，可供开发者参考。

3. Tools

Tools 文件夹包含 TI 公司提供的一些工具。

4. Components

Components 文件夹是 Z-Stack 协议栈的各个功能部件的实现，该文件夹包含的子目录如下。

（1）hal 文件夹为硬件平台的抽象层。

（2）mac 文件夹包含 IEEE 802.15.4 物理协议实现需要的代码文件的头文件。TI 公司出于某种考虑，这部分并没有给出具体的源代码，而是以库文件的形式存放在 .\Projects\Z-Stack\Libraries 文件夹中。

（3）mt 文件夹包含为系统添加在计算机上有 Z-Tools 调试功能所需要的源文件。

（4）osal 文件夹包含操作系统抽象层所需要的文件。

（5）service 文件夹包含 Z-Stack 提供的两种服务所需要的文件：寻址服务和数据服务。

（6）stack 文件夹是 Components 文件夹最核心的部分，是 ZigBee 协议栈的具体实现部分，在其下又有 af（应用框架）、nwk（网络层）、sapi（简单应用接口）、sec（安全）、sys（系统头文件）、zcl（ZigBee 簇库）、zdo（ZigBee 设备对象）7 个文件夹。

（7）zmac 文件夹包含 Z-Stack MAC 导出层文件。

可以看到，核心部分的代码都是编译好的，以库文件的形式给出，如安全模块、路由模块和 Mesh 自组网模块。如果要获得这部分的源代码，可以向 TI 购买。TI 所谓的"开源"只是提供一个平台，开发者可以在上面做应用而已，而绝不是通常人们理解的开源。这也就是在下载源代码后，根本无法查看到有些函数的源代码的原因。

8.2　Sample Application 工程

8.2.1　Sample Application 工程简介

Sample Application 是 Z-Stack 协议栈提供的一个非常简单的演示实例，对了解 Z-Stack 协议栈工作机制很有帮助，后续将以这个工程为例介绍 Z-Stack 协议栈的工作原理。

在 IAR 主界面执行 File→Open→Workspace 菜单命令，打开文件 C: \Texas Instruments\

Z-Stack-CC2530-2.5.0\Projects\Z-Stack\Samples\SampleApp\CC2530DB\SampleApp.ewp，如
图 8-1 所示。

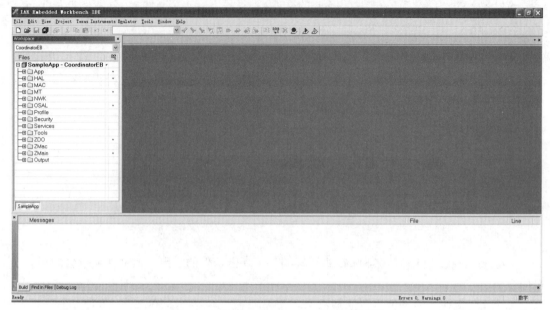

图 8-1　IAR Sample Application 工程界面

　　在左侧窗格中列出了 SampleApp 工程的目录结构，这也是 Z-Stack 工程的结构，大部
分 Z-Stack 工程有相同的目录结构，只是在 App 目录中稍有不同。

　　Z-Stack 目录结构如下。

　　（1）App（Application Programming）：应用层目录，这是用户创建各种不同工程的区
域，在这个目录中包含应用层的内容和这个项目的主要内容。

　　（2）HAL（Hardware Abstraction Layer）：硬件层目录，包含与硬件相关的配置、驱动、
操作函数。

　　（3）MAC：包含 MAC 层的参数配置文件及 MAC 层 LIB 库的函数接口文件。

　　（4）MT（Monitor Test）：实现通过串口可控各层，与各层进行直接交互。

　　（5）NWK（ZigBee Network Layer）：网络层目录，包含网络层配置参数文件及网络层
库的函数接口文件。

　　（6）OSAL：协议栈的操作系统。

　　（7）Profile：AF 层目录，包含 AF 层处理函数文件。

　　（8）Security：安全层目录，包含安全层处理函数，如加密函数等。

　　（9）Services：地址处理函数目录，包含地址模式的定义及地址处理函数。

　　（10）Tools：工程配置目录，包含空间划分及 Z-Stack 相关配置信息。

　　（11）ZDO：ZDO 目录。

　　（12）ZMac：MAC 层目录，包含 MAC 层参数配置及 MAC 层 LIB 库函数回调处理
函数。

　　（13）ZMain：主函数目录，包含入口函数及硬件配置文件。

　　（14）Output：输出文件目录，由 IAR 自动生成。

8.2.2　Sample Application 工程概况

工程中的每个设备都可以发送和接收两种信息：周期信息和闪烁信息。

（1）周期信息。当设备加入该网络后，所有设备每隔 5s（加上一个随机数，单位为毫秒）发送一个周期信息，该信息的数据载荷为发送信息的次数。

（2）闪烁信息。通过按下 SW1 按键发送一个控制 LED 闪烁的广播信息，该广播信息只针对组 1 内的所有设备。所有设备初始化后都被加入组 1，所以网络一旦建立完成便可执行 LED 闪烁实验。可以通过按下设备的 SW2 按键退出组 1，如果设备退出组 1，则不再接收来自组 1 的消息，其 SW1 按键发送的消息也不再控制组 1 中 LED 的闪烁。再次按下 SW2 按键便可让设备再次加入组 1，从而又可以接收来自组 1 的消息，其 SW1 按键也可以控制组 1 内设备的 LED 闪烁。

当设备接收到闪烁信息时会闪烁 LED，而当接收到周期信息时协议栈没有提供具体的实验现象，留给用户自行处理，可以根据实际需要自行更改实验代码。

在该工程中使用了两个按键：SW1 和 SW2，即 Z-Stack 协议栈中的 HAL_KEY_SW_1 和 HAL_KEY_SW_2（由于学习板没有定义 SW1 和 SW2，所以这个功能在学习板上无法实现）。同时，工程中也定义了一个事件用来处理周期信息事件，即 SAMPLEAPP_SEND_PERIODIC_MSG_EVT[SampleApp.h]。

8.2.3　Sample Application 工程初始化与事件的处理

Z-Stack 协议栈的核心是事件的产生和事件的处理。Z-Stack 协议栈各层的初始化是事件处理的前提。

Sample Application 工程应用层初始化代码如下。

```
void SampleApp_Init(uint8 task_id)
{
  SampleApp_TaskID = task_id;          //通过参数的传递为每层分发任务 ID
  SampleApp_NwkState = DEV_INIT;       //设定设备的网络状态为"初始化"
  SampleApp_TransID = 0;

#if defined (BUILD_ALL_DEVICES)
  //BUILD_ALL_DEVICES 是一个编译选项
  //这里根据跳线决定设备是路由器还是协调器,如果检测到跳线则为协调器
  //否则为路由器,在设备启动时如果定义了 BUILD_ALL_DEVICES 编译选项
  //则设备初始化时设备的类型为可选类型
  //当程序执行到这里就明确了具体是什么类型的设备
if (readCoordinatorJumper())          //如果检测到跳线则设备为协调器
  zgDeviceLogicalType = ZG_DEVICETYPE_COORDINATOR;
else                                  //如果没有检测到跳线则设备为路由器
  zgDeviceLogicalType = ZG_DEVICETYPE_ROUTER;
#endif                                //BUILD_ALL_DEVICES

#if defined (HOLD_AUTO_START)
  //如果定义了 HOLD_AUTO_START 编译选项,则执行以下函数
  ZDOInitDevice(0);
#endif

  //设定周期信息的地址,此地址为广播地址 0xFFFF
```

```
SampleApp_Periodic_DstAddr.addrMode = (afAddrMode_t)AddrBroadcast;
SampleApp_Periodic_DstAddr.endPoint = SAMPLEAPP_ENDPOINT;
SampleApp_Periodic_DstAddr.addr.shortAddr = 0xFFFF;

//设定闪烁信息的地址,此地址为组 1 的地址
SampleApp_Flash_DstAddr.addrMode = (afAddrMode_t)afAddrGroup;
SampleApp_Flash_DstAddr.endPoint = SAMPLEAPP_ENDPOINT;
SampleApp_Flash_DstAddr.addr.shortAddr = SAMPLEAPP_FLASH_GROUP;

//对端点 SAMPLEAPP_ENDPOINT 进行描述
SampleApp_epDesc.endPoint = SAMPLEAPP_ENDPOINT;
SampleApp_epDesc.task_id = &SampleApp_TaskID;
SampleApp_epDesc.simpleDesc
        = (SimpleDescriptionFormat_t *)&SampleApp_SimpleDesc;
SampleApp_epDesc.latencyReq = noLatencyReqs;

//注册端点描述符
afRegister(&SampleApp_epDesc);

//注册按键,按键事件由应用层进行处理
RegisterForKeys(SampleApp_TaskID);

//默认情况,所有设备都加入组 1
SampleApp_Group.ID = 0x0001;                            //设定组 ID
osal_memcpy(SampleApp_Group.name,"Group 1",7);          //设定组名
aps_AddGroup(SAMPLEAPP_ENDPOINT,&SampleApp_Group);      //加入组

//如果编译了 LCD_SUPPORTED,在液晶上显示 SampleApp,注意需要评估板支持的 LCD
#if defined(LCD_SUPPORTED)
HalLcdWriteString("SampleApp", HAL_LCD_LINE_1);
#endif
}
```

8.2.4　Sample Application 工程事件的处理函数

Sample Application 工程事件处理函数如下。

```
uint16 SampleApp_ProcessEvent(uint8 task_id, uint16 events)
{
  afIncomingMSGPacket_t *MSGpkt;
  (void)task_id;
  if (events & SYS_EVENT_MSG)
  {
    //从消息列表中获取 SampleApp_TaskID 相关的消息
    MSGpkt = (afIncomingMSGPacket_t) osal_msg_receive(SampleApp_TaskID);
    while (MSGpkt)                    //不为空,说明有消息
    {
      switch (MSGpkt->hdr.event)      //消息的事件
      {
        //按键事件
        case KEY_CHANGE:
          SampleApp_HandleKeys(((keyChange_t *)MSGpkt)->state,
                               ((keyChange_t *)MSGpkt)->keys);
          break;
        //OTA 消息事件
        case AF_INCOMING_MSG_CMD:
          SampleApp_MessageMSGCB(MSGpkt);
```

```
        break;
    //设备状态改变事件
    case ZDO_STATE_CHANGE:
        SampleApp_NwkState = (devStates_t)(MSGpkt->hdr.status);
        if ((SampleApp_NwkState == DEV_ZB_COORD)
            || (SampleApp_NwkState == DEV_ROUTER)
            || (SampleApp_NwkState == DEV_END_DEVICE))
        {
            //按一定间隔发送周期信息
            osal_start_timerEx(SampleApp_TaskID,
                            SAMPLEAPP_SEND_PERIODIC_MSG_EVT,
                            SAMPLEAPP_SEND_PERIODIC_MSG_TIMEOUT);
        }
        else
        {
            //设备不在网络中
        }
        break;
        default;
        break;
    }
    //释放内存以防内存泄漏
    osal_msg_deallocate((uint8 *)MSGpkt);
    //在列表中检索下一条信息
    MSGpkt=(afIncomingMSGPacket_t*)osal_msg_receive(SampleApp_TaskID);
    }
    //返回没有处理的事件
    return (events ^ SYS_EVENT_MSG);
}
//周期信息事件
if (events & SAMPLEAPP_SEND_PERIODIC_MSG_EVT)
{
    //发送周期信息
    SampleApp_SendPeriodicMessage();
    osal_start_timerEx(SampleApp_TaskID, SAMPLEAPP_SEND_PERIODIC_MSG_EVT,
(SAMPLEAPP_SEND_PERIODIC_MSG_TIMEOUT + (osal_rand() & 0x00FF)));
    //返回没有处理的事件
    return (events ^ SAMPLEAPP_SEND_PERIODIC_MSG_EVT);
}
//丢弃未知事件
return 0;
}
```

8.2.5　Sample Application 工程流程

1. 周期信息

在 Sample Application 工程中，当设备成功启动最终触发了 ZDO_STATE_CHANGE 事件时，此事件会调用 Sample Application 工程应用层的 SampleApp_ProcessEvent()事件处理函数进行处理。代码如下。

```
case ZDO_STATE_CHANGE:
    SampleApp_NwkState = (devStates_t)(MSGpkt->hdr。Status);
    if ((SampleApp_NwkState == DEV_ZB_COORD)
        || (SampleApp_NwkState == DEV_ROUTER)
```

```
            || (SampleApp_NwkState == DEV_END_DEVICE))
    {
        //按一定间隔发送周期信息
        osal_start_timerEx(SampleApp_TaskID,
                        SAMPLEAPP_SEND_PERIODIC_MSG_EVT,
                        SAMPLEAPP_SEND_PERIODIC_MSG_TIMEOUT);
    }
    else
    {
        //设备已不在网络中
    }
    break;
```

处理 ZDO_STATE_CHANGE 事件：如果设备的网络状态为 DEV_ZB_COORD、DEV_ROUTER 或 DEV_END_DEVICE，表明设备启动成功。网络状态在设备启动时被设定。如果设备启动成功，则调用 osal_start_timerEx()函数定时触发 SAMPLEAPP_ SEND_PERIODIC_MSG_EVT 事件。该事件的任务 ID 为 SampleApp_TaskID，即该事件还是由 Sample Application 的应用层事件处理函数进行处理。定时长度为 SAMPLEAPP_SEND_PERIODIC_MSG_TIMEOUT。SAMPLEAPP_SEND_PERIODIC_ MSG_EVT 事件的处理还是在 SampleApp_ProcessEvent()函数中，代码如下。

```
if (events & SAMPLEAPP_SEND_PERIODIC_MSG_EVT)
{
    //发送周期信息
    SampleApp_SendPeriodicMessage();
    //定时再次触发 SAMPLEAPP_SEND_PERIODIC_MSG_EVT 事件
    osal_start_timerEx(SampleApp_TaskID,SAMPLEAPP_SEND_PERIODIC_MSG_ EVT,
            (SAMPLEAPP_SEND_PERIODIC_MSG_TIMEOUT + (osal_rand() & 0x00FF)));
    //返回没有处理完成的事件
    return (events ^ SAMPLEAPP_SEND_PERIODIC_MSG_EVT);
}
```

在处理 SAMPLEAPP_SEND_PERIODIC_MSG_EVT 事件时，协议栈调用了 SampleApp_SendPeriodicMessage()函数。在 SampleApp_SendPeriodicMessage()函数处理完成后再次定时触发了 SAMPLEAPP_SEND_PERIODIC_MSG_EVT 事件，其任务 ID 依旧是 SampleApp_TaskID，定时长度为 SAMPLEAPP_SEND_PERIODIC_MSG_TIMEOUT（5000ms [SampleApp.h]）。可以看出，周期信息就是这样被周期性地触发 SAMPLEAPP_SEND_PERIODIC_MSG_EVT 事件产生的，间隔时间就是定时长度 SAMPLEAPP_SEND_PERIODIC_MSG_TIMEOUT。

SampleApp_SendPeriodicMessage()函数代码如下。

```
void SampleApp_SendPeriodicMessage(void)
{
  if (AF_DataRequest(&SampleApp_Periodic_DstAddr, &SampleApp_epDesc,
                SAMPLEAPP_PERIODIC_CLUSTERID,
                1,
                (uint8*)&SampleAppPeriodicCounter,
                &SampleApp_TransID,
                AF_DISCV_ROUTE,
                AF_DEFAULT_RADIUS) == afStatus_SUCCESS)
  {
  }
  else
  {
    //请求发送出错
```

```
    }
}
```

在 SampleApp_SendPeriodicMessage()函数中调用了数据发送函数 AF_DataRequest()发送数据。参数中的地址 SampleApp_Periodic_DstAddr 在 SampleApp_Init()函数中被初始化。其中的参数簇 ID 为 SAMPLEAPP_PERIODIC_CLUSTERID。

当接收端接收到该信息后会触发 AF_INCOMING_MSG_CMD 事件进行处理，根据簇 ID 接收端作出响应的处理。AF_INCOMING_MSG_CMD 事件的处理如下。

```
case AF_INCOMING_MSG_CMD:
    SampleApp_MessageMSGCB(MSGpkt);
break;
```

在处理 AF_INCOMING_MSG_CMD 事件时调用了 SampleApp_MessageMSGCB()事件处理函数进行处理。SampleApp_MessageMSGCB()函数代码如下。

```
void SampleApp_MessageMSGCB(afIncomingMSGPacket_t *pkt)
{
  switch (pkt->clusterId)
  {
   case SAMPLEAPP_PERIODIC_CLUSTERID:
    break;
   ...
  }
}
```

在 SampleApp_MessageMSGCB()函数中根据簇 ID 的不同进行处理。但是，Sample Application 在对簇 IDSAMPLEAPP_SEND_PERIODIC_MSG_EVT 处理时什么都没有做,用户可以根据实际需要自行添加自己的代码。

2. 闪烁信息

当按键 SW1 被按下时发送控制 LED 闪烁的广播信息，该广播信息只针对组 1 内的所有设备。按键会触发 KEY_CHANGE 事件。按键事件处理流程最后会调用 SampleApp_HandleKeys()函数处理 KEY_CHANGE 事件。

```
case KEY_CHANGE:
  SampleApp_HandleKeys(((keyChange_t *)MSGpkt)->state,
                       ((keyChange_t *)MSGpkt)->keys);
break;
```
SampleApp_HandleKeys()函数代码如下。
```
void SampleApp_HandleKeys(uint8 shift, uint8 keys)
{
  if (keys & HAL_KEY_SW_1)//如果 SW1 被按下
  {
    SampleApp_SendFlashMessage(SAMPLEAPP_FLASH_DURATION);
  }
  ...
}
```

由上面的程序可以看出，在处理按键 SW1 时调用了 SampleApp_SendFlashMessage()函数。详细代码如下。
```
void SampleApp_SendFlashMessage(uint16 flashTime)
{
  uint8 buffer[3];
```

```
buffer[0] = (uint8)(SampleAppFlashCounter++);
buffer[1] = LO_UINT16(flashTime);
buffer[2] = HI_UINT16(flashTime);

if (AF_DataRequest(&SampleApp_Flash_DstAddr, &SampleApp_epDesc,
                   SAMPLEAPP_FLASH_CLUSTERID,
                   3,
                   buffer,
                   &SampleApp_TransID,
                   AF_DISCV_ROUTE,
                   AF_DEFAULT_RADIUS) == afStatus_SUCCESS)
{
}
else
{
  //请求发送出错
}
}
```

在 SampleApp_SendFlashMessage()函数中调用了数据发送函数 AF_DataRequest()发送数据。参数中地址 SampleApp_Flash_DstAddr 在 SampleApp_Init()函数中被初始化,该地址为组地址,AF_DataRequest()函数会将相关信息发送到属于该组的所有设备。其中的参数簇 ID 为 SAMPLEAPP_FLASH_CLUSTERID,数据载体为 buffer,包括发送信息次数和 LED 闪烁时间。当接收端接收到该信息后会触发 AF_INCOMING_MSG_CMD 事件进行处理,根据簇 ID 接收端作出响应的处理。AF_INCOMING_MSG_CMD 事件的处理如下。

```
case AF_INCOMING_MSG_CMD:
    SampleApp_MessageMSGCB(MSGpkt);
break;
```

在处理 AF_INCOMING_MSG_CMD 事件时调用了 SampleApp_MessageMSGCB()事件处理函数进行处理。SampleApp_MessageMSGCB()函数代码如下。

```
void SampleApp_MessageMSGCB(afIncomingMSGPacket_t *pkt)
{
 uint16 flashTime;

 switch (pkt->clusterId)
 {
  ...
  case SAMPLEAPP_FLASH_CLUSTERID:
    flashTime = BUILD_UINT16(pkt->cmd.Data[1], pkt->cmd.Data[2]);
    HalLedBlink(HAL_LED_4, 4, 50, (flashTime / 4));
    break;
 }
}
```

在 SampleApp_MessageMSGCB()函数中根据簇 ID 的不同进行处理。Sample Application 在对 SAMPLEAPP_FLASH_CLUSTERID 事件处理时调用了灯闪烁函数 HalLedBlink()控制 LED 的闪烁,闪烁时间由发送端设定值决定。

3. 组的加入与退出

组可以将设备按一定的逻辑加以区分。向一个组发送一条信息,则组内的所有设备都会收到这条信息。设备可以利用 aps_AddGroup()函数加入组,利用 aps_RemoveGroup()函数退出组。

协议栈中组结构体定义如下。

```
typedef struct
{
  uint16 ID;                      //组 ID
  uint8  name[APS_GROUP_NAME_LEN]; //组名
} aps_Group_t;
```

由以上结构体可以看出一个组由组 ID 和组名唯一确定。

在 Sample Application 工程中通过 SW2 按键加入或退出组 1。代码如下。

```
case KEY_CHANGE:
  SampleApp_HandleKeys(((keyChange_t *)MSGpkt)->state,
                       ((keyChange_t *)MSGpkt)->keys);
break;
```

SampleApp_HandleKeys()处理函数如下。

```
void SampleApp_HandleKeys(uint8 shift, uint8 keys)
{
  ...
  if (keys & HAL_KEY_SW_2)
  {
    aps_Group_t *grp;
    grp = aps_FindGroup(SAMPLEAPP_ENDPOINT, SAMPLEAPP_FLASH_GROUP);
    if (grp)
    {
      aps_RemoveGroup(SAMPLEAPP_ENDPOINT, SAMPLEAPP_FLASH_GROUP);
    }
    else
    {
      aps_AddGroup(SAMPLEAPP_ENDPOINT, &SampleApp_Group);
    }
  }
}
```

通过 aps_FindGroup()函数查找 SAMPLEAPP_ENDPOINT 是否加入了组 1，如果加入了则退出组 1，否则加入组 1。

注意：由于没有配置 HAL_KEY_SW_1 和 HAL_KEY_SW_2，组的加入与退出和发送闪烁信息这两个功能在学习板上运行 Sample Application 工程时将无法实现。

8.3　OSAL 循环

8.3.1　Z-Stack 的任务调度

ZigBee 协议栈中的每层都有很多原语操作要执行，因此对于整个协议栈来说，就会有很多并发操作要执行。协议栈中的每层都设计了一个事件处理函数，用来处理与这一层操作相关的各种事件。将这些事件处理函数看作与协议栈每层相对应的任务，由 ZigBee 协议栈中的调度程序 OSAL 进行管理。这样，对于协议栈，无论何时发生了何种事件，都可以通过调度协议栈相应层的任务，即事件处理函数进行处理。这样，整个协议栈便会按照时间顺序有条不紊地运行。

在协议栈中的每层都会有很多不同的事件发生，这些事件发生的时间顺序各不相同。很多时候，事件并不要求立即得到处理，而是要求过一定的时间后再进行处理。因此，往往会遇到下面的情况:假设事件 A 发生后要求 10s 之后执行,事件 B 在事件 A 发生 1s 后产生,且事件 B 要求 5s 后执行。为了按照合理的时间顺序处理不同事件的执行,就需要对各种不同的事件进行时间管理。OSAL 调度程序设计了与时间管理相关的函数,用来管理各种不同的要被处理的事件。

对事件进行时间管理,OSAL 也采用了链表的方式进行,每当发生一个要被处理的事件,就启动一个逻辑上的定时器,并将此定时器添加到链表之中。利用硬件定时器作为时间操作的基本单元。时间操作的最小精度为 1ms,每 1ms 硬件定时器便产生一个时间中断,在时间中断处理程序中更新定时器链表。每次更新,就将链表中的每项时间计数减 1,如果发现定时器链表中有某一项时间计数已经减到 0,则将这个定时器从链表中删除,并设置相应的事件标志。这样任务调度程序便可以根据事件标志进行相应的事件处理。根据这种思路,来自协议栈中的任何事件都可以按照时间顺序得到处理,从而提高了协议栈设计的灵活性,使 Z-Stack 能够完成对实时性要求不高的多任务。

8.3.2　Z-Stack 主函数

Z-Stack 由 main()函数开始执行,main()函数共做了两件事:一是系统初始化,二是开始执行 osal_start_system()函数,进入轮转查询式操作系统。

```
int main(void)
{
  osal_int_disable(INTS_ALL);        //关中断
  HAL_BOARD_INIT();                  //初始化开发板板载设备
  zmain_vdd_check();                 //检测电压是否正常

  InitBoard(OB_COLD);                //板载 I/O 口初始化
  HalDriverInit();                   //HAL 驱动初始化
  osal_nv_init(NULL);                //NV 初始化
  ZMacInit();                        //MAC 层初始化
  zmain_ext_addr();        //检测设备的扩展地址,如果没有有效的扩展地址,则临时分配一个
                           //判断是否需要进行认证初始化
  #if defined ZCL_KEY_ESTABLISH
    //初始化 certicom 认证信息
    zmain_cert_init();
  #endif

  zgInit();                          //初始化基本的 NV 条目

  //如果没有定义 NONWK 编译选项,则进行 AF 初始化
  #ifndef NONWK
    afInit();
  #endif

  osal_init_system();                //初始化 OSAL 操作系统

  osal_int_enable(INTS_ALL);         //开中断

  InitBoard(OB_READY);               //开发板最终初始化

  zmain_dev_info();                  //显示设备信息
```

```
//如果使用了 LCD_SUPPORTED 编译选项,在 LCD 上显示设备的调试信息
#ifdef LCD_SUPPORTED
  zmain_lcd_init();
#endif
//如果定义了 WDT_IN_PM1,则使能看门狗
#ifdef WDT_IN_PM1
  WatchDogEnable(WDTIMX);
#endif

  osal_start_system(); //进入轮转查询式操作系统事件处理的死循环,不再返回到主函数
  return 0;
} // main()
```

8.3.3　Z-Stack 任务的初始化

任务初始化为每层分配一个任务 ID,分配任务 ID 时要和每层的事件处理函数一一对应。

在主函数中调用 osal.c 文件中的 osal_init_system()函数,osal_init_system()函数调用 OSAL_SampleApp.c 文件中的 osalInitTasks()函数进行任务初始化。

```
void osalInitTasks(void)
{
  uint8 taskID = 0;

  tasksEvents = (uint16 *)osal_mem_alloc(sizeof(uint16) * tasksCnt);
  osal_memset(tasksEvents, 0,  (sizeof(uint16) * tasksCnt));

  macTaskInit(taskID++);
  nwk_init(taskID++);
  Hal_Init(taskID++);
#if defined(MT_TASK)
  MT_TaskInit(taskID++);
#endif
  APS_Init(taskID++);
#if defined (ZIGBEE_FRAGMENTATION)
  APSF_Init(taskID++);
#endif
  ZDApp_Init(taskID++);
#if defined (ZIGBEE_FREQ_AGILITY) || defined (ZIGBEE_PANID_CONFLICT)
  ZDNwkMgr_Init(taskID++);
#endif
  SampleApp_Init(taskID);
}
```

代码分析

```
tasksEvents = (uint16 *)osal_mem_alloc(sizeof(uint16) * tasksCnt);
osal_memset(tasksEvents, 0, (sizeof(uint16) * tasksCnt));
```

上述两行代码为一个长度为 tasksCnt(任务的个数)的 uint16 数组 tasksEvents 分配了内存空间并将其值初始化为零。

变量 taskID 初始值为零,每层初始化后其值加 1,在每层初始化过程中记录分配给它的 taskID 值。

注意:每层的 taskID 值会随着编译选项的不同而不同。

在 OSAL_SampleApp.c 文件中,有一个常量数组存放着每层事件处理函数的地址,这样每层的事件处理函数就可以通过每层的 TaskID 访问了。

```
const pTaskEventHandlerFn tasksArr[] = {
  macEventLoop,
  nwk_event_loop,
  Hal_ProcessEvent,
 #if defined(MT_TASK)
   MT_ProcessEvent,
 #endif
   APS_event_loop,
 #if defined (ZIGBEE_FRAGMENTATION)
   APSF_ProcessEvent,
 #endif
   ZDApp_event_loop,
 #if defined (ZIGBEE_FREQ_AGILITY) || defined (ZIGBEE_PANID_CONFLICT)
   ZDNwkMgr_event_loop,
 #endif
   SampleApp_ProcessEvent
};
```

8.3.4 Z-Stack 的系统主循环

在主函数的最后调用了 Osal_start_system()函数，代码如下。

```
void osal_start_system(void)
{
 #if !defined (ZBIT) && !defined (UBIT)
   for(;;)  //无限循环
 #endif
 {
   osal_run_system();
 }
}
```

代码分析

osal_start_system()函数的主要功能是一个无限次的循环，不断地调用 osal_run_system()
函数。

osal_run_system()函数的程序流程如图 8-2 所示。

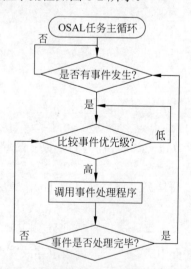

图 8-2 osal_run_system()函数的程序流程

osal_run_system()函数代码如下。

```
void osal_run_system(void)
{
  uint8 idx = 0;

  osalTimeUpdate();
  Hal_ProcessPoll();

  do {
    if (tasksEvents[idx])    //待处理的最高优先级任务
    {
      break;
    }
  } while (++idx < tasksCnt);

  if (idx < tasksCnt)
  {
    uint16 events;
    halIntState_t intState;

    HAL_ENTER_CRITICAL_SECTION(intState);   //关中断
    events = tasksEvents[idx];                   //将某层的事件保存
    tasksEvents[idx] = 0;                        //清除某层的事件
    HAL_EXIT_CRITICAL_SECTION(intState);    //开中断

    activeTaskID = idx;
    events = (tasksArr[idx])(idx, events);
    activeTaskID = TASK_NO_TASK;

    HAL_ENTER_CRITICAL_SECTION(intState);
    tasksEvents[idx] |= events;                  //保存未处理事件
    HAL_EXIT_CRITICAL_SECTION(intState);
  }
#if defined(POWER_SAVING)
  else
  {
    osal_pwrmgr_powerconserve(); //处理器/系统进入休眠
  }
#endif

#if defined (configUSE_PREEMPTION) && (configUSE_PREEMPTION == 0)
  {
    osal_task_yield();
  }
#endif
}
```

代码分析

（1）触发事件主要有 3 种情况：外部中断、定时器和对设备进行轮询。外部中断、定时器不需要进行干预，所以系统主循环每次循环时需要调用 Hal_ProcessPoll()函数对串口这样的设备进行轮询，如果这些设备需要处理，则在 tasksEvents 数组中设置相应的事件。

触发事件函数如下。

osal_set_event()：触发事件。

osal_start_timerEx()：定期触发事件。

osal_msg_send()：触发事件并传递消息。

（2）对于以下代码：

```
do {
    if (tasksEvents[idx])
    {
      break;
    }
} while (++idx < tasksCnt);
```

遍历 tasksEvents 数组，如果某个 taskID 对应的数组元素不为零，则说明相应的层有事件发生，跳出循环。从这段代码可以看出，如果不同层同时发生了事件，则 taskID 值相应层的事件处理优先级高。

（3）events = (tasksArr[idx])(idx，events) 根据 taskID 调用相应层的事件处理函数，对事件进行处理。如果 events 中的事件全部处理完，函数返回值为零，否则没有处理完的事件保存在返回值中。

（4）对于以下代码：

```
HAL_ENTER_CRITICAL_SECTION(intState);
tasksEvents[idx] |= events;
HAL_EXIT_CRITICAL_SECTION(intState);
```

将没有处理完的事件保存在 tasksEvents 数组中，在主循环中继续处理。

8.4 数据的发送和接收

8.4.1 网络参数的设置

Z-Stack 最重要的功能是组网进行数据的发送和接收，在组网之前需要对网络参数进行设置。

1. 协议栈规范的设置

协议栈规范由 ZigBee 联盟定义。在同一个网络中的设备必须符合同一个协议栈规范（同一个网络中所有设备的协议栈规范必须一致）。

ZigBee 联盟为 ZigBee 协议栈 2007 定义了两个规范：ZigBee 和 ZigBee PRO。所有设备只要遵循该规范，即使不同厂商生产的不同设备同样可以形成网络。如果应用开发者改变了规范，那么他的产品将不能与遵循 ZigBee 联盟定义规范的产品组成网络，也就是说，该开发者开发的产品具有特殊性，称为"关闭的网络"，这些设备只能在自己的产品中使用，不能与其他产品通信。更改后的规范可以称为"特定网络"规范。

在 f8wConfig.cfg 文件中，默认情况下，定义了 ZIGBEEPRO：

```
/*使能 ZigBee PRO*/
-DZIGBEEPRO
```

而在 nwk_globals.h 文件中，有这样的定义：

```
#if defined (ZIGBEEPRO)
  #define STACK_PROFILE_ID        ZIGBEEPRO_PROFILE
#else
  #define STACK_PROFILE_ID        HOME_CONTROLS
#endif
```

所以，在默认情况下，Z-Stack 的 STACK_PROFILE_ID 为 ZIGBEEPRO_PROFILE，由于 ZigBee PRO 网络有较好的通信性能和稳定性，所以可以按默认情况将协议栈规范选择为 ZigBee PRO。

2. 拓扑结构

```
#define NWK_MODE_STAR          0
#define NWK_MODE_TREE          1
#define NWK_MODE_MESH          2
```

nwk_globals.h 文件中的 3 种宏定义对应 ZigBee 网络的 3 种网络拓扑。而每种协议规范有自己默认的网络拓扑结构及相关的网络设置。

例如，对于 ZIGBEEPRO_PROFILE 协议规范，有如下设置，将网络的拓扑结构设为网状拓扑。

```
#if (STACK_PROFILE_ID == ZIGBEEPRO_PROFILE)
  #define MAX_NODE_DEPTH       20
  #define NWK_MODE             NWK_MODE_MESH
  #define SECURITY_MODE        SECURITY_COMMERCIAL
#if  (SECURE != 0)
  #define USE_NWK_SECURITY     1   //true 或 false
  #define SECURITY_LEVEL       5
#else
  #define USE_NWK_SECURITY     0   //true 或 false
  #define SECURITY_LEVEL       0
#endif
```

注意：在没有确切把握的情况下，不要试图改变这些网络参数。

3. 逻辑设备类型

ZigBee 网络中存在 3 种逻辑设备类型：协调器（Coordinator）、路由器（Router）和终端设备（End-Device）。ZigBee 网络由一个协调器以及多个路由器和多个终端设备组成。

注意：在星状网络拓扑结构中，没有路由器这种逻辑设备类型。

在 Z-Stack-CC2530-2.5.0 中，一个设备的类型通常在编译时通过编译选项确定。所有应用例子都提供独立的项目文件编译每种设备类型。对于协调器，在 Workspace 区域的下拉菜单中选择 CoordinatorEB；对于路由器，选择 RouterEB；对于终端设备，选择 EndDeviceEB。

4. PAN ID 和信道的选择

PAN ID 是 16 位的网络 ID，用来标识唯一 ZigBee 网络，主要是用于区分同一地区同一信道的网络，使同一地区可以同时存在多个 ZigBee 网络。PAN ID 取值范围是 0x0000～0xFFFE。当设置为 0xFFFF 时，协调器可以随机获取一个 16 位的 PAN ID 建立一个网络，路由器或终端设备可以加入任意一个已设定信道上的网络而不去关心 PAN ID。在逻辑上区分同一地区或同一信道上的 ZigBee 节点，在不同地区或同一地区不同的信道可以使用同一 PAN ID。

Tools 目录下的 f8Config.cfg 文件中，第 59 行设置 PAN ID，需要设置一个 0x0000～0xFFFE 的值，如

```
-DZDAPP_CONFIG_PAN_ID=0x3FFF
```

CC2530 采用直接序列扩频（DSSS）工作在 ISM 频段。在 2.4GHz 频段上，IEEE 802.15.4/ZigBee 规定了 16 个信道，每个信道频带宽度为 5MHz。

由于 Wi-Fi 也工作在 2.4GHz 频段，而 Wi-Fi 目前又几乎无处不在，所以最好选择 ZigBee15/20/25/26 信道。另一种工作在 2.4GHz 频段的常用无线通信技术——蓝牙，由于采用了跳频技术，所以对 ZigBee 不会产生干扰。

同样在 Tools 目录下的 **f8Config.cfg** 文件中设置信道，具体如下。

```
//-DDEFAULT_CHANLIST=0x04000000    //26 - 0x1A
-DDEFAULT_CHANLIST=0x02000000     //25 - 0x19
//-DDEFAULT_CHANLIST=0x01000000    //24 - 0x18
//-DDEFAULT_CHANLIST=0x00800000    //23 - 0x17
//-DDEFAULT_CHANLIST=0x00400000    //22 - 0x16
//-DDEFAULT_CHANLIST=0x00200000    //21 - 0x15
//-DDEFAULT_CHANLIST=0x00100000    //20 - 0x14
//-DDEFAULT_CHANLIST=0x00080000    //19 - 0x13
//-DDEFAULT_CHANLIST=0x00040000    //18 - 0x12
//-DDEFAULT_CHANLIST=0x00020000    //17 - 0x11
//-DDEFAULT_CHANLIST=0x00010000    //16 - 0x10
//-DDEFAULT_CHANLIST=0x00008000    //15 - 0x0F
//-DDEFAULT_CHANLIST=0x00004000    //14 - 0x0E
//-DDEFAULT_CHANLIST=0x00002000    //13 - 0x0D
//-DDEFAULT_CHANLIST=0x00001000    //12 - 0x0C
//-DDEFAULT_CHANLIST=0x00000800    //11 - 0x0B
```

默认情况下使用 11 信道，为了避免 Wi-Fi 的干扰，将信道改为 25 信道，只需要将 11 信道的代码行注释，再将 25 信道的注释去掉就可以了。

8.4.2 数据的发送

1. AF_DataRequest()函数

在 Z-Stack 2007 协议栈中，只需调用 AF_DataRequest()函数即可完成数据的发送。

```
afStatus_t AF_DataRequest (afAddrType_t *dstAddr, endPointDesc_t *srcEP,
uint16 cID,uint16 len,uint8 *buf,uint8 *transID,uint8 options,uint8 radius)
```

而在使用 AF_DataRequest()函数时只需要了解其参数便可以非常灵活地以各种方式发送数据。AF_DataRequest()函数参数说明如下。

*dstAddr——发送目的地址、端点地址以及传输模式；

*srcEP——源端点；

cID——簇 ID；

len——数据长度；

*buf——数据；

*transID——序列号；

options——发送选项；

radius——跳数。

*dstAddr 决定了消息发送到哪个设备及哪个端点，而簇 ID（cID）决定了设备接收到信息如何处理。簇可以理解为一种通信的约定，约定了信息将会被怎样处理。

重要参数说明如下。

1）地址 afAddrType_t

```
typedef struct
{
```

```
  union
   {
     uint16 shortAddr;                    //短地址
   }addr;
   afAddrMode_t addrMode;                 //传输模式
   byte endpoint;                         //端点号
}afAddrType_t;
```

2）端点描述符 endPointDesc_t

```
typedef struct
{
   byte endPoint;                         //端点号
   byte *task_id;                         //任务的端点号
   SimpleDescriptionFormat_t *simpleDesc; //简单的端点描述
   afNetworkLatencyReq_t latencyReq;
}endPointDesc_t;
```

3）简单描述符 SimpleDescriptionFormat_t

```
typedef struct
{
   byte EndPoint;
   uint16 AppProfId;                      //应用规范 ID
   uint16 AppDeviceId;                    //特定规范 ID 的设备类型
   byte AppDevVer:4;                      //特定规范 ID 的设备版本
   byte Reserved:4;                       //AF_V1_SUPPORTusesforAppFlags:4
   byte AppNumInClusters;                 //输入簇 ID 的个数
   cId_t *pAppInClusterList;              //输入簇 ID 的列表
   byte AppNumOutClusters;                //输出簇 ID 的个数
   cId_t *pAppOutClusterList;             //输出簇 ID 的列表
}SimpleDescriptionFormat_t;
```

4）簇 ID

cID ——具体应用串 ID。

5）发送选项 options

```
#define AF_FRAGMENTED 0x01
#define AF_ACK_REQUEST 0x10             //发送后需要接收方的确认
#define AF_DISCV_ROUTE 0x20
#define AF_EN_SECURITY 0x40
#define AF_SKIP_ROUTING 0x80
```

6）半径、跳数 radius

传输跳数或传输半径，默认值为 10。

2. 数据发送模式说明

在协议栈中数据发送模式有广播、组播、单播和绑定发送。

1）广播发送

广播发送可以分为 3 种，如果想使用广播发送，则只需将 dstAddr->addrMode 设为 AddrBroadcast，dstAddr->addr->shortAddr 设为相应的广播类型即可。具体的定义如下。

NWK_BROADCAST_SHORTADDR_DEVALL（0xFFFF）——数据包将被传输到网络上的所有设备，包括睡眠中的设备。对于睡眠中的设备，数据包将被保留在其父亲节点直到查询到它，或者消息超时。

NWK_BROADCAST_SHORTADDR_DEVRXON（0xFFFD）——数据包将被传输到网络上的所有接收机的设备（RXONWHENIDLE），即除了睡眠中的所有设备。

NWK_BROADCAST_SHORTADDR_DEVZCZR（0xFFFC）——数据包发送给所有路由器，包括协调器。

2）组播发送

如果设备想传输数据到某一组设备，那么只需将 dstAddr->addrMode 设为 AddrGroup，dstAddr->addr->shortAddr 设置为相应的组 ID 即可。代码如下。

```
SampleApp_Flash_DstAddr.addrMode=(afAddrMode_t)afAddrGroup;
SampleApp_Flash_DstAddr.endPoint=SAMPLEAPP_ENDPOINT;
SampleApp_Flash_DstAddr.addr.shortAddr=SAMPLEAPP_FLASH_GROUP;
```

根据上述代码的配置，使用 AF_DataRequest()函数进行组播发送。

3）单播发送

单播发送需要知道目标设备的短地址，将 dstAddr-> addrMode 设为 Addr16Bit，dstAddr->addr->shortAddr 设为目标设备的短地址即可。代码如下。

```
SampleApp_Flash_DstAddr.addrMode=(afAddrMode_t)afAddr16Bit;
SampleApp_Flash_DstAddr.endPoint=SAMPLEAPP_ENDPOINT;
SampleApp_Flash_DstAddr.addr.shortAddr=0x00;  //协调器的地址为 0
```

根据上述代码的配置，使用 AF_DataRequest()函数进行单播发送。

4）绑定发送

绑定发送目标设备可以是一个设备、多个设备或一组设备，由绑定表中的绑定信息决定。绑定发送需要将dstAddr->addrMode设为AddrNotPresent，dstAddr->addr->shortAddr设为无效地址0xFFFE。代码如下。

```
ZDAppNwkAddr.addrMode = AddrNotPresent;
ZDAppNwkAddr.addr.shortAddr = 0xFFFE;
```

根据上述代码的配置，使用 AF_DataRequest()函数进行绑定发送。

8.4.3 数据的接收

在 Z-Stack 中，接收到信息后，将触发 SYS_EVENT_MSG 事件下的 AF_INCOMING_MSG_CMD 事件。只需处理 AF_INCOMING_MSG_CMD 事件即可。

下面给出一个数据收发实例。

在 SampleApp 工程中，Z-Stack 要周期性地向网络所有设备广播发送一个信息，具体代码如下。

```
void SampleApp_SendPeriodicMessage(void)
{
  if (AF_DataRequest(&SampleApp_Periodic_DstAddr, &SampleApp_epDesc,
                SAMPLEAPP_PERIODIC_CLUSTERID,1,
                (uint8*)&SampleAppPeriodicCounter,
                &SampleApp_TransID,
                AF_DISCV_ROUTE,
                AF_DEFAULT_RADIUS) == afStatus_SUCCESS)
  {
  }
  else
```

```
    {
       //请求发送出错
    }
}
```

在这个函数中，调用了 AF_DataRequest()函数完成数据的发送，发送地址为 SampleApp_Periodic_DstAddr，即 SampleApp 周期信息地址，该地址为 0xFFFF。而簇 ID 为 SAMPLEAPP_PERIODIC_CLUSTERID。

在接收端触发了目标设备的 **AF_INCOMING_MSG_CMD** 事件。具体代码如下。

```
uint16 SampleApp_ProcessEvent(uint8 task_id, uint16 events)
{
  ...
  case AF_INCOMING_MSG_CMD:
    SampleApp_MessageMSGCB(MSGpkt)
    break;
  ...
}
```

在对 **AF_INCOMING_MSG_CMD** 事件进行处理时，Z-Stack 又调用了 SampleApp_MessageMSGCB(MSGpkt)函数。代码如下。

```
void SampleApp_MessageMSGCB(afIncomingMSGPacket_t *pkt)
{
  uint16 flashTime;
  switch (pkt->clusterId)
  {
    case SAMPLEAPP_PERIODIC_CLUSTERID:
      break;

    case SAMPLEAPP_FLASH_CLUSTERID:
      flashTime = BUILD_UINT16(pkt->cmd.Data[1], pkt->cmd.Data[2]);
      HalLedBlink(HAL_LED_4, 4, 50, (flashTime / 4));
      break;
  }
}
```

在 SampleApp_MessageMSGCB(MSGpkt)函数中，会根据接收到信息的簇 ID 的不同进行相关的处理，也就是上面提及的"簇是一种约定，约定了信息将如何处理"。这个实例中 Z-Stack 对周期信息的处理就是什么都不做，可以根据实际需要用户自己添加相关代码。

说明：在 Z-Stack 协议栈中数据的发送函数为 AF_DataRequest()，但是在 SimpleApp 实例中，Z-Stack 调用了 zb_SendDataRequest()函数进行数据的发送，其实在 zb_SendDataRequest()函数中最终还是调用了 AF_DataRequest()函数对数据进行发送。

练习1 利用两个 CC2530 模块组建网状网络，并由协调器向路由器定期发送消息，在路由器的事件处理函数中设置断点，观察无线传输的数据。

（1）f8wConfig.cfg 文件中，按默认情况，将协议栈规范设置为 ZigBee PRO。

（2）nwk_globals.h 文件中，按默认情况，将网络的拓扑设为网状拓扑结构（注意以上两个步骤并不需要完成，因为协议栈已经默认设置好了）。

（3）设置 PAN ID 和信道。

一个节点选择作为网络的协调器，另一个节点选择作为网络的路由器。

练习2 利用两个 CC2530 模块组建星状网络，并由协调器向终端设备定期发送消息，在终端设备的事件处理函数中设置断点，观察无线传输的数据。

（1）f8wConfig.cfg 文件中，按默认情况，将协议栈规范设置为 ZigBee PRO（注意这个步骤并不需要完成，因为协议栈已经默认设置好了）。

（2）nwk_globals.h 文件中，将网络的拓扑设为星状拓扑结构。

```
#if (STACK_PROFILE_ID == ZIGBEEPRO_PROFILE)
   #define MAX_NODE_DEPTH        20
   #define NWK_MODE              NWK_MODE_MESH
   #define SECURITY_MODE         SECURITY_COMMERCIAL
 #if  (SECURE != 0)
   #define USE_NWK_SECURITY   1   //true 或 false
   #define SECURITY_LEVEL     5
 #else
   #define USE_NWK_SECURITY   0   //true 或 false
   #define SECURITY_LEVEL        0
 #endif
```

将

```
#define NWK_MODE               NWK_MODE_MESH
```

改为

```
#define NWK_MODE               NWK_MODE_STAR
```

（3）设置 PAN ID 和信道。

一个节点选择作为网络的协调器，另一个节点选择作为网络的终端节点。

注意：星状网络没有路由器。

8.5 修改 LED 驱动

Z-Stack 协议栈是 TI 公司为自己的开发板量身定做的。学习板要满足自己的需求，硬件必然要和 TI 公司的开发板有所区别。因此，修改硬件驱动就成为学习 Z-Stack 协议栈的一个重要任务。

SmartRF05EB 是使用 CC2530 EM 评估模块的评估板，主要有 rev13 和 rev17 两个版本，在硬件上稍有不同，Z-Stack 在 hal_board_cfg.h 文件中需要对其设置，默认是 rev17 版本。

在 hal_led.h 文件中，定义了和 LED 相关的参数，包括 4 个 LED、LED 的状态以及一些参数，具体如下。

```
/* LEDS - The LED number is the same as the bit position */
#define HAL_LED_1             0x01
#define HAL_LED_2             0x02
#define HAL_LED_3             0x04
#define HAL_LED_4             0x08
#define HAL_LED_ALL    (HAL_LED_1 | HAL_LED_2 | HAL_LED_3 | HAL_LED_4)

/* Modes */
#define HAL_LED_MODE_OFF      0x00
#define HAL_LED_MODE_ON       0x01
#define HAL_LED_MODE_BLINK    0x02
#define HAL_LED_MODE_FLASH    0x04
#define HAL_LED_MODE_TOGGLE   0x08
```

```
/* Defaults */
#define HAL_LED_DEFAULT_MAX_LEDS        4
#define HAL_LED_DEFAULT_DUTY_CYCLE      5
#define HAL_LED_DEFAULT_FLASH_COUNT     50
#define HAL_LED_DEFAULT_FLASH_TIME      1000
```

HAL 目录下的 Target\config\hal_board_cfg.h 文件中关于开发板硬件的定义如下。

```
/* 1 - Green */
#define LED1_BV             BV(0)
#define LED1_SBIT           P1_0
#define LED1_DDR            P1DIR
#define LED1_POLARITY       ACTIVE_HIGH

#if defined (HAL_BOARD_CC2530EB_REV17)
  /* 2 - Red */
  #define LED2_BV           BV(1)
  #define LED2_SBIT         P1_1
  #define LED2_DDR          P1DIR
  #define LED2_POLARITY     ACTIVE_HIGH

  /* 3 - Yellow */
  #define LED3_BV           BV(4)
  #define LED3_SBIT         P1_4
  #define LED3_DDR          P1DIR
  #define LED3_POLARITY     ACTIVE_HIGH
#endif
```

代码分析

```
#define LED1_BV             BV(0)        //LED1 位于第 0 位
#define LED1_SBIT           P1_0         //LED1 端口为 P1_0
#define LED1_DDR            P1DIR        //将 P1_0 设为输出
#define LED1_POLARITY       ACTIVE_HIGH  //LED1 高电平有效
```

根据学习板的 LED 的设置，将以上代码修改为

```
/* 1-Green */
#define LED1_BV             BV(6)
#define LED1_SBIT           P1_6
#define LED1_DDR            P1DIR
#define LED1_POLARITY       ACTIVE_HIGH

#if defined (HAL_BOARD_CC2530EB_REV17)
  /* 2-Red */
  #define LED2_BV           BV(7)
  #define LED2_SBIT         P1_7
  #define LED2_DDR          P1DIR
  #define LED2_POLARITY     ACTIVE_HIGH

  /* 3-Yellow */
  #define LED3_BV           BV(4)
  #define LED3_SBIT         P1_4
  #define LED3_DDR          P1DIR
  #define LED3_POLARITY     ACTIVE_HIGH
#endif
```

TI 评估板的 LCD 引脚定义与实验板的 LED 引脚有冲突，在 hal_lcd.c 文件中，定义了 LCD 的引脚，具体如下。

```
//control
```

```
P0.0 - LCD_MODE
P1.1 - LCD_FLASH_RESET
P1.2 - LCD_CS

//SPI
P1.5 - CLK
P1.6 - MOSI
P1.7 - MISO

/* LCD Control lines */
#define HAL_LCD_MODE_PORT      0
#define HAL_LCD_MODE_PIN       0

#define HAL_LCD_RESET_PORT     1
#define HAL_LCD_RESET_PIN      1

#define HAL_LCD_CS_PORT        1
#define HAL_LCD_CS_PIN         2

/* LCD SPI lines */
#define HAL_LCD_CLK_PORT       1
#define HAL_LCD_CLK_PIN        5

#define HAL_LCD_MOSI_PORT      1
#define HAL_LCD_MOSI_PIN       6

#define HAL_LCD_MISO_PORT      1
#define HAL_LCD_MISO_PIN       7
```

可以看出，TI 评估板的 LCD 引脚定义与实验板的 LED 引脚有冲突，所以需要禁用 Z-Stack 的 LCD，在 hal_board_cfg.h 文件中，将默认的#define HAL_LCD TRUE 改为#define HAL_LCD FALSE，即

```
#ifndef HAL_LCD
#define HAL_LCD FALSE
#endif
```

在 hal_board_cfg.h 文件中，定义了对 LED 操作的宏，尽管各层对 LED 有一些其他操作，但最终都是用这些宏进行操作，可以在 Z-Stack 中用这些宏对 LED 进行操作。

```
#if defined (HAL_BOARD_CC2530EB_REV17) && !defined (HAL_PA_LNA) && !defined
(HAL_PA_LNA_CC2590)

  #define HAL_TURN_OFF_LED1()        st(LED1_SBIT = LED1_POLARITY(0);)
  #define HAL_TURN_OFF_LED2()        st(LED2_SBIT = LED2_POLARITY(0);)
  #define HAL_TURN_OFF_LED3()        st(LED3_SBIT = LED3_POLARITY(0);)
  #define HAL_TURN_OFF_LED4()        HAL_TURN_OFF_LED1()

  #define HAL_TURN_ON_LED1()         st(LED1_SBIT = LED1_POLARITY(1);)
  #define HAL_TURN_ON_LED2()         st(LED2_SBIT = LED2_POLARITY(1);)
  #define HAL_TURN_ON_LED3()         st(LED3_SBIT = LED3_POLARITY(1);)
  #define HAL_TURN_ON_LED4()         HAL_TURN_ON_LED1()

  #define HAL_TOGGLE_LED1()          st(if (LED1_SBIT){ LED1_SBIT = 0;} else
                                     {LED1_SBIT = 1;})
  #define HAL_TOGGLE_LED2()          st(if (LED2_SBIT){ LED2_SBIT = 0;} else
                                     {LED2_SBIT = 1;})
  #define HAL_TOGGLE_LED3()          st(if (LED3_SBIT){ LED3_SBIT = 0;} else
                                     {LED3_SBIT = 1;})
```

```
#define HAL_TOGGLE_LED4()              HAL_TOGGLE_LED1()

#define HAL_STATE_LED1()              (LED1_POLARITY(LED1_SBIT))
#define HAL_STATE_LED2()              (LED2_POLARITY(LED2_SBIT))
#define HAL_STATE_LED3()              (LED3_POLARITY(LED3_SBIT))
#define HAL_STATE_LED4()              HAL_STATE_LED1()

#elif defined(HAL_BOARD_CC2530EB_REV13)|| defined(HAL_PA_LNA)||
       defined (HAL_PA_LNA_CC2590)

#define HAL_TURN_OFF_LED1()           st(LED1_SBIT = LED1_POLARITY(0);)
#define HAL_TURN_OFF_LED2()           HAL_TURN_OFF_LED1()
#define HAL_TURN_OFF_LED3()           HAL_TURN_OFF_LED1()
#define HAL_TURN_OFF_LED4()           HAL_TURN_OFF_LED1()

#define HAL_TURN_ON_LED1()            st(LED1_SBIT = LED1_POLARITY(1);)
#define HAL_TURN_ON_LED2()            st(LED2_SBIT = LED2_POLARITY(1);)
#define HAL_TURN_ON_LED3()            HAL_TURN_ON_LED1()
#define HAL_TURN_ON_LED4()            HAL_TURN_ON_LED1()

#define HAL_TOGGLE_LED1()             st(if(LED1_SBIT){ LED1_SBIT = 0;} else
                                         {LED1_SBIT = 1;})
#define HAL_TOGGLE_LED2()             HAL_TOGGLE_LED1()
#define HAL_TOGGLE_LED3()             HAL_TOGGLE_LED1()
#define HAL_TOGGLE_LED4()             HAL_TOGGLE_LED1()

#define HAL_STATE_LED1()              (LED1_POLARITY (LED1_SBIT))
#define HAL_STATE_LED2()              HAL_STATE_LED1()
#define HAL_STATE_LED3()              HAL_STATE_LED1()
#define HAL_STATE_LED4()              HAL_STATE_LED1()

#endif
```

练习　在 Z-Stack 主函数中，使用 LED 宏操作学习板上的 LED1 和 LED2，并在调试状态下观察程序执行效果。

（1）修改 hal_board_cfg.h 文件中关于 LED1 和 LED2 的相关内容。

（2）在主函数的 osal_start_system()函数前加入以下代码。

```
HAL_TURN_ON_LED1();
HAL_TURN_ON_LED2();
```

（3）使用 IAR 调试功能，运行到 osal_start_system()函数，观察学习板上的 LED1 和 LED2 是否点亮。

作业

在 Z-Stack 主函数中，使用 LED 宏操作作业板上的 LED1 和 LED2，并在调试状态下观察程序执行效果。

8.6　修改按键驱动

8.6.1　Z-Stack 的按键机制概述

Z-Stack 中提供了两种方式采集按键数据：轮询方式和中断方式。

轮询方式：每隔一定时间，检测按键状态，进行相应处理。

中断方式：按键引发按键中断，进行相应处理。

两种方式在实现上稍有不同，Z-Stack 在默认情况下使用轮询方式进行处理。在有些情况下，使用轮询方式处理按键不够灵敏，但 CC2530 EB 板使用了摇杆按键，无法使用中断方式。

8.6.2　Z-Stack 按键的宏定义

（1）按键 6（SW_6）对应学习板的独立按键 S1，在 HAL\include 目录下的 hal_key.h 文件中对按键进行了基本的配置。

```
/*中断使能和禁用*/
#define HAL_KEY_INTERRUPT_DISABLE      0x00
#define HAL_KEY_INTERRUPT_ENABLE       0x01

/*按键状态 - shift 或 normal*/
#define HAL_KEY_STATE_NORMAL           0x00
#define HAL_KEY_STATE_SHIFT            0x01

/*摇杆和按键的定义*/
#define HAL_KEY_SW_1 0x01       //摇杆向上
#define HAL_KEY_SW_2 0x02       //摇杆向右
#define HAL_KEY_SW_5 0x04       //摇杆居中
#define HAL_KEY_SW_4 0x08       //摇杆向左
#define HAL_KEY_SW_3 0x10       //摇杆向下
#define HAL_KEY_SW_6 0x20       //S1
#define HAL_KEY_SW_7 0x40       //S2
```

（2）在 HAL\include 目录下的 hal_key.c 文件中对按键进行具体配置。

```
/*配置按键和摇杆的中断状态寄存器*/
#define HAL_KEY_CPU_PORT_0_IF P0IF
#define HAL_KEY_CPU_PORT_2_IF P2IF

/*对按键 SW_6 进行配置*/
#define HAL_KEY_SW_6_PORT    P0
#define HAL_KEY_SW_6_BIT     BV(1)        //由于 SW_6 在 P0_1,所以定义为BV(1)
#define HAL_KEY_SW_6_SEL     P0SEL
#define HAL_KEY_SW_6_DIR     P0DIR

/*边沿中断*/
#define HAL_KEY_SW_6_EDGEBIT    BV(0)
#define HAL_KEY_SW_6_EDGE       HAL_KEY_FALLING_EDGE

/*SW_6 中断*/
#define HAL_KEY_SW_6_IEN        IEN1      /*SW_6 的端口中断使能寄存器*/
#define HAL_KEY_SW_6_IENBIT     BV(5)
#define HAL_KEY_SW_6_ICTL       P0IEN     /*SW_6 的位中断使能*/
#define HAL_KEY_SW_6_ICTLBIT    BV(1)
#define HAL_KEY_SW_6_PXIFG      P0IFG     /*SW_6 的中断标志寄存器*/
```

8.6.3　Z-Stack 按键初始化代码分析

1. HalDriverInit()函数

按键的初始化属于硬件的初始化，在 Z-Stack 中硬件初始化在 HalDriverInit()函数中集中处理。在 main()函数中调用了 HAL\common 目录下的 hal_drivers.c文件的 HalDriverInit()
函数进行硬件驱动的初始化。该函数根据编译选项对硬件逐个进行初始化，代码如下。

```
void HalDriverInit (void)
{
 /*TIMER*/
 #if (defined HAL_TIMER) && (HAL_TIMER == TRUE)
   #error "The hal timer driver module is removed."
 #endif

 /*ADC*/
 #if (defined HAL_ADC) && (HAL_ADC == TRUE)
   HalAdcInit();
 #endif

 /*DMA*/
 #if (defined HAL_DMA) && (HAL_DMA == TRUE)
   HalDmaInit();
 #endif

 /*AES*/
 #if (defined HAL_AES) && (HAL_AES == TRUE)
   HalAesInit();
 #endif

 /*LCD*/
 #if (defined HAL_LCD) && (HAL_LCD == TRUE)
   HalLcdInit();
 #endif

 /*LED*/
 #if (defined HAL_LED(&& (HAL_LED == TRUE)
   HalLedInit();
 #endif

 /*UART*/
 #if (defined HAL_UART) && (HAL_UART == TRUE)
   HalUARTInit();
 #endif

 /*KEY*/
 #if (defined HAL_KEY) && (HAL_KEY == TRUE)
   HalKeyInit();
 #endif

 /*SPI*/
 #if (defined HAL_SPI) && (HAL_SPI == TRUE)
   HalSpiInit();
 #endif

 /*HID*/
 #if (defined HAL_HID) && (HAL_HID == TRUE)
   usbHidInit();
 #endif
}
```

所有初始化都是根据条件进行的，默认情况下满足按键初始化条件。在 HAL\Target\
CC2530EB\config 目录下的 hal_board_cfg.h 文件中有如下代码。

```
#ifndef HAL_KEY
#define HAL_KEY TRUE
#endif
```

Z-Stack 协议栈默认情况下配置使用独立的按键。

使用摇杆时还要确保 HAL_ADC 为真,即 Z-Stack 协议栈使用 AD 采集。关于 HAL_ADC,在 HAL\Target\CC2530EB\config 目录下的 hal_board_cfg.h 文件代码如下。

```
#ifndef HAL_ADC
#define HAL_ADC TRUE
#endif
```

Z-Stack 协议栈默认使用 A/D 转换器。由上述#define HAL_KEY TRUE 和 #define HAL_ADC TRUE 可以知道,在 TI 的 Z-Stack 协议栈默认情况下,既可以使用普通的独立按键,也可以使用模拟的摇杆。

2. HalKeyInit()函数

HalDriverInit()函数调用了 hal_key.c 文件中的按键驱动初始化函数 HalKeyInit(),代码如下。

```
void HalKeyInit(void)
{
  //初始化按键值为 0
  halKeySavedKeys = 0;

  HAL_KEY_SW_6_SEL &= ~(HAL_KEY_SW_6_BIT);              //设置为 GPIO
  HAL_KEY_SW_6_DIR &= ~(HAL_KEY_SW_6_BIT);              //设置为输入模式

  HAL_KEY_JOY_MOVE_SEL &= ~(HAL_KEY_JOY_MOVE_BIT);     //设置为 GPIO
  HAL_KEY_JOY_MOVE_DIR &= ~(HAL_KEY_JOY_MOVE_BIT);     //设置为输入模式

  //初始化回调函数
  pHalKeyProcessFunction  = NULL;

  //未配置按键
  HalKeyConfigured = FALSE;
}
```

HalKeyInit()函数配置了 3 个全局变量。全局变量 halKeySavedKeys 是用来保存按键值的,初始化时将其初始化为 0;pHalKeyProcessFunction 为指向按键处理函数的指针,当有按键按下时调用按键处理函数对按键进行处理,初始化时将其初始化为 NULL,在按键的配置函数中对其进行配置;全局变量 HalKeyConfigured 用来标识按键是否被配置,初始化时没有配置按键,所以该变量被初始化为 FALSE。

HalKeyInit()函数配置了 SW_6 的 I/O 口。由前面的宏定义可以看出,SW_6 将被使能。按键初始化函数 HalKeyInit() 将与 SW_6 对应的 I/O 设定通用 I/O 口(GPIO),并将其设置为输入模式。

8.6.4　Z-Stack 按键的配置

1. 板载初始化函数 InitBoard()

板载初始化函数 InitBoard()在主函数中被调用,按键的配置函数在 OnBoard.c 文件的板载初始化函数 InitBoard()中被调用,InitBoard()函数负责板载设备的初始化与配置。在

InitBoard()函数中调用按键配置函数 HalKeyConfig()，根据参数值对按键进行配置，决定了按键的处理方式为轮询方式还是中断方式。默认情况下第 1 个参数的值为 HAL_KEY_INTERRUPT_DISABLE，即按键的处理方式为轮询方式；若将其改为 HAL_KEY_INTERRUPT_ENABLE，按键的处理方式改为中断方式。程序代码如下。

```
void InitBoard(uint8 level)
{
  if (level == OB_COLD)
  {
    *(uint8 *)0x0 = 0;
    osal_int_disable(INTS_ALL);
    ChkReset();
  }
  else  //!OB_COLD
  {
    HalKeyConfig(HAL_KEY_INTERRUPT_DISABLE,  OnBoard_KeyCallback);
  }
}
```

2. HalKeyConfig()函数

hal_key.c 文件中的 HalKeyConfig()函数代码如下。

```
void HalKeyConfig (bool interruptEnable, halKeyCBack_t cback)
{
  //是否使能中断标志
  Hal_KeyIntEnable = interruptEnable;

  //回调函数
  pHalKeyProcessFunction = cback;

  //确定是否使能中断
  if (Hal_KeyIntEnable)                   //中断处理方式的配置
  {
    /* 上升/下降沿配置 */
    PICTL &= ~(HAL_KEY_SW_6_EDGEBIT); //清空边沿位
    /* 对于下降沿，必须置位 */
    #if (HAL_KEY_SW_6_EDGE == HAL_KEY_FALLING_EDGE)
    PICTL |= HAL_KEY_SW_6_EDGEBIT;
    #endif

    /* 中断配置：
     * - 使能中断产生
     * - 使能 CPU 中断
     * - 清除所有未决中断
     */
    HAL_KEY_SW_6_ICTL |= HAL_KEY_SW_6_ICTLBIT;
    HAL_KEY_SW_6_IEN |= HAL_KEY_SW_6_IENBIT;
    HAL_KEY_SW_6_PXIFG = ~(HAL_KEY_SW_6_BIT);

    /* 上升/下降沿配置 */

    HAL_KEY_JOY_MOVE_ICTL &= ~(HAL_KEY_JOY_MOVE_EDGEBIT);    //清空边沿位
    /* 对于下降沿，必须置位 */
    #if (HAL_KEY_JOY_MOVE_EDGE == HAL_KEY_FALLING_EDGE)
    HAL_KEY_JOY_MOVE_ICTL |= HAL_KEY_JOY_MOVE_EDGEBIT;
    #endif
```

```
    HAL_KEY_JOY_MOVE_ICTL |= HAL_KEY_JOY_MOVE_ICTLBIT;
    HAL_KEY_JOY_MOVE_IEN |= HAL_KEY_JOY_MOVE_IENBIT;
    HAL_KEY_JOY_MOVE_PXIFG = ~(HAL_KEY_JOY_MOVE_BIT);

    if (HalKeyConfigured == TRUE)
    {
      osal_stop_timerEx(Hal_TaskID, HAL_KEY_EVENT);         //取消轮询
    }
  }
  else     /* 中断未使能 */
  {
    HAL_KEY_SW_6_ICTL &= ~(HAL_KEY_SW_6_ICTLBIT);          //关中断
    HAL_KEY_SW_6_IEN &= ~(HAL_KEY_SW_6_IENBIT);            //清中断使能位

    osal_set_event(Hal_TaskID, HAL_KEY_EVENT);
  }

  /* 按键已配置 */
  HalKeyConfigured = TRUE;
}
}
```

按键配置函数 HalKeyConfig ()说明如下。

（1）配置 3 个全局变量。Hal_KeyIntEnable 在默认情况下为 FALSE。pHalKeyProcessFunction 被设为 OnBoard.c 文件 InitBoard()函数传过来的 OnBoard_ KeyCallback 参数，这个变量存放的是回调函数，一旦有按键事件发生，将调用这个回调函数进行处理。HalKeyConfigured 在函数最后被设为 TRUE，表示已经进行了按键配置。

（2）轮询方式是 TI 的 Z-Stack 对按键默认的处理方式，在轮询方式配置完成后，Z-Stack 便调用 osal_set_event（Hal_TaskID，HAL_KEY_EVENT）函数，触发了 HAL_KEY_EVENT 事件，其任务 ID 为 Hal_TaskID。在 Z-Stack 主循环中，检测到 HAL_KEY_EVENT 事件，则调用对应的处理函数 HAL 层的事件处理函数 Hal_ProcessEvent()（在 HAL\common 目录下的 hal_drivers.c 文件中）。触发了 HAL 层的 HAL_KEY_EVENT 事件标志着开始了按键的轮询。

（3）如果将按键配置为中断方式，需要将按键配置为上升沿或下降沿触发，同时需要将按键的对应 I/O 口配置为允许中断，即使能中断。在配置触发沿时，首先默认配置为上升沿触发，然后检测按键相关宏定义决定是否需要配置为下降沿触发。在配置完中断使能后，清除中断标志位允许按键中断。

（4）将按键配置为中断方式，在程序中没有定时触发类似 HAL_KEY_EVENT 的事件，而是交由中断函数进行处理，当有按键按下时中断函数就会捕获中断，从而调用按键的处理函数进行进一步的相关处理。

8.6.5 Z-Stack 轮询方式按键处理

1. Hal_ProcessEvent()函数

轮询方式配置完成后，Z-Stack 便调用 osal_set_event（Hal_TaskID，HAL_KEY_EVENT）函数，触发了 HAL_KEY_EVENT 事件，其任务 ID 为 Hal_TaskID。在 Z-Stack 主循环中，检测到 HAL_KEY_EVENT 事件，则调用对应的处理函数 HAL 层的事件处理函数 Hal_ProcessEvent()。详细代码如下。

```
if (events & HAL_KEY_EVENT)
  {

    #if (defined HAL_KEY) && (HAL_KEY == TRUE)
      /* 检测按键 */
      HalKeyPoll();

      /* 如果中断未使能，进行下一次轮询 */
      if (!Hal_KeyIntEnable)
      {
        osal_start_timerEx(Hal_TaskID, HAL_KEY_EVENT, 100);
      }
    #endif //HAL_KEY

    return events ^ HAL_KEY_EVENT;
  }
```

HAL_KEY_EVENT 事件处理说明如下。

（1）在处理 HAL_KEY_EVENT 事件时调用了 HalKeyPoll()函数。HalKeyPoll()函数负责检测是否有按键按下，如果有按键按下，会触发相应的回调函数。

（2）在调用 HalKeyPoll()函数检测完按键过后，用 if 条件判断语句检测按键是否是轮询方式处理，这里是以轮询方式处理按键，所以满足 if 语句的条件，即执行 osal_start_timerEx()函数定时再次触发 HAL_KEY_EVENT 事件，定时长度为 100ms，由此定时触发 HAL_KEY_EVENT 事件即完成了对按键的定时轮询。

2. HalKeyPoll()函数

处理 HAL_KEY_EVENT 事件时调用了 HAL\common 目录下的 hal_drivers.c 文件中的 HalKeyPoll()函数。HalKeyPoll()函数进一步检测是否有按键按下，详细代码如下。

```
void HalKeyPoll (void)
{
  uint8 keys = 0;

  if ((HAL_KEY_JOY_MOVE_PORT & HAL_KEY_JOY_MOVE_BIT))  //高电平有效
  {
    keys = halGetJoyKeyInput();
  }

  if (!Hal_KeyIntEnable)
  {
    if (keys == halKeySavedKeys)
    {
      /* 退出-没有按键变化 */
      return;
    }
    /* 存储当前按键值，供下次比较使用 */
    halKeySavedKeys = keys;
  }
  else
  {
    /* 按键中断处理 */

  }

  if (HAL_PUSH_BUTTON1())
```

```
  {
    keys |= HAL_KEY_SW_6;
  }

  /* 回调函数处理按键 */
  if (keys && (pHalKeyProcessFunction))
  {
    (pHalKeyProcessFunction) (keys, HAL_KEY_STATE_NORMAL);
  }
}
```

HalKeyPoll()函数说明如下。

（1）HalKeyPoll()函数对所有按键进行检测。

（2）按键值的采集。首先函数定义了一个 uint8 类型的局部变量 keys 用来存储按键的值，并将其值初始化为 0。通过 if 条件语句判定 SW_6 是否被按下。注意程序中的代码在检测 SW_5 时是检测对应位是否为高电平，而检测 SW_6 时是检测对应位是否为低电平。这里的高低电平与最初分析原理图时一致。如果有按键按下，则将其对应的数值赋给局部变量 keys。

（3）轮询处理。如果是轮询方式，首先要对读取的按键进行判别，如果读取的按键值为上次的按键值，直接返回不进行处理；如果读取的按键值和上次的按键值不同，则将读取的按键值保存到全局变量 halKeySavedKeys 以便下一次比较，并调用函数进行处理。

（4）回调函数处理按键。有按键按下后则 keys 值不为 0，并且在按键配置 HalKeyConfig() 函数时为按键配置了 OnBoard_KeyCallback() 回调函数。所以 if（keys &&（pHalKeyProcessFunction））中的两个判断条件都为真，即可以用回调函数对按键进行处理。

3. OnBoard_ KeyCallback()回调函数

当有按键按下时，Z-Stack 的底层获取了按键的按键值，会触发按键的 OnBoard_ KeyCallback ()回调函数进一步处理，将按键信息传到上层（应用层）。按键回调函数代码如下。

```
void OnBoard_KeyCallback (uint8 keys, uint8 state)
{
  uint8 shift;
  (void)state;

  shift = (keys & HAL_KEY_SW_6) ? true : false;

  if (OnBoard_SendKeys(keys, shift) != ZSuccess)
  {
    //处理 SW_1
    if (keys & HAL_KEY_SW_1)  //Switch 1
    {
    }
    //处理 SW_2
    if (keys & HAL_KEY_SW_2)  //Switch 2
    {
    }
    //处理 SW_3
    if (keys & HAL_KEY_SW_3)  //Switch 3
    {
    }
    //处理 SW_4
    if (keys & HAL_KEY_SW_4)  //Switch 4
```

```
    {
    }
    //处理 SW_5
    if (keys & HAL_KEY_SW_5)  //Switch 5
    {
    }
    //处理 SW_6
    if (keys & HAL_KEY_SW_6)  //Switch 6
    {
    }
  }
}
```

OnBoard_KeyCallback ()函数中调用了 OnBoard_SendKeys()函数进一步处理，需要注意的是 Z-Stack 将 SW_6 看作 Shift 键。

4. OnBoard_SendKeys()函数

在 OnBoard_SendKeys()函数中将按键的值和按键的状态进行"打包"发送到注册过按键的那一层。具体代码如下。

```
uint8 OnBoard_SendKeys(uint8 keys, uint8 state)
{
  keyChange_t *msgPtr;
  if (registeredKeysTaskID != NO_TASK_ID)
  {
    //向任务发送地址
    msgPtr = (keyChange_t *)osal_msg_allocate(sizeof(keyChange_t));
    if (msgPtr)
    {
      msgPtr->hdr.event = KEY_CHANGE;
      msgPtr->state = state;
      msgPtr->keys = keys;
      osal_msg_send(registeredKeysTaskID, (uint8 *)msgPtr);
    }
    return (ZSuccess);
  }
  else
    return (ZFailure);
}
```

OnBoard_SendKeys ()函数说明如下。

（1）按键的注册。if（registeredKeysTaskID != NO_TASK_ID）用来判断按键是否被注册。在 Z-Stack 中，如果要使用按键，必须要注册，但按键只能注册给一个层。在 SampleApp 工程中，SampleApp.c 文件的应用层初始化 SampleApp_Init()函数中调用了按键注册函数 RegisterForKeys()进行按键注册，其传递的任务 ID 为 SampleApp_TaskID。按键注册函数代码如下。

```
uint8 RegisterForKeys(uint8 task_id)
{
  //只允许第 1 个任务
  if (registeredKeysTaskID == NO_TASK_ID)
  {
    registeredKeysTaskID = task_id;
    return (true);
```

```
    }
    else
        return (false);
}
```

按键注册函数仅允许注册一次，即只能有一个层注册按键。在注册按键时，首先检测
全局变量 registeredKeysTaskID（初始化为 NO_TASK_ID）是否等于 NO_TASK_ID，如果
等于则证明按键没有被注册，可以注册。按键的注册实际上就是将函数传递来的任务 ID 赋
给全局变量 registeredKeysTaskID 的过程。

（2）数据的发送。在确定按键已经被注册的前提下，Z-Stack 对按键信息进行打包处理，
封装到 msgPtr 信息包中，将要触发的 KEY_CHANGE 事件、按键的状态 state 和按键的键
值 keys 一并封装。然后，调用 osal_msg_send()函数将按键信息发送到注册按键的对应层。

5. SampleApp_ProcessEvent()函数

在 SampleApp 工程的轮询按键处理过程中，Z-Stack 最终触发了 SampleApp 应用层的
事件处理函数处理 KEY_CHANGE 事件。代码如下。

```
uint16 SampleApp_ProcessEvent(uint8 task_id,  uint16 events)
{

    case KEY_CHANGE:
      SampleApp_HandleKeys(((keyChange_t *)MSGpkt)->state, ((keyChange_t *)
                          MSGpkt)->keys);
    break;
}
```

SampleApp_ProcessEvent()函数在处理 HAL_KEY_EVENT 事件时调用了应用层的按键
处理函数 SampleApp_HandleKeys()。按键处理函数 SampleApp_HandleKeys()对按键进一步
处理，代码如下。

```
void SampleApp_HandleKeys(uint8 shift,  uint8 keys)
{
  (void)shift;

  if (keys & HAL_KEY_SW_1)
  {
      SampleApp_SendFlashMessage(SAMPLEAPP_FLASH_DURATION);
  }
  if (keys & HAL_KEY_SW_2)
  {

  aps_Group_t *grp;
  grp = aps_FindGroup(SAMPLEAPP_ENDPOINT, SAMPLEAPP_FLASH_GROUP);
  if (grp)
  {
      aps_RemoveGroup(SAMPLEAPP_ENDPOINT, SAMPLEAPP_FLASH_GROUP);
  }
  else
  {

      aps_AddGroup(SAMPLEAPP_ENDPOINT, &SampleApp_Group);
  }
  }
}
```

在按键处理函数 SampleApp_HandleKeys()中根据按键值的不同调用了不同的函数，按键处理完成了其使命。

8.6.6 Z-Stack 中断方式按键处理

1. P0 端口中断处理函数

在按键配置函数 HalKeyConfig()将按键配置为中断方式后，使能了按键相对应的 I/O 口的中断。P0 端口中断处理函数在 HAL\Target\Drivers 目录下的 hal_key.c 文件中，这个函数实质是一个宏。当发生了按键动作，就会触发按键事件，从而调用 P0 端口中断处理函数。P0 端口中断处理函数代码如下。

```
HAL_ISR_FUNCTION(halKeyPort0Isr, P0INT_VECTOR)
{
  HAL_ENTER_ISR();

  if (HAL_KEY_SW_6_PXIFG & HAL_KEY_SW_6_BIT)
  {
    halProcessKeyInterrupt();
  }
  /*
    清除 P0 端口 CPU 中断标志位
    PxIFG 要在 PxIF 前清除
  */
  HAL_KEY_SW_6_PXIFG = 0;
  HAL_KEY_CPU_PORT_0_IF = 0;

  CLEAR_SLEEP_MODE();
  HAL_EXIT_ISR();
}
```

在该中断函数中调用了按键中断处理函数 halProcessKeyInterrupt()对中断进行处理，且将 P0 端口中断标志位清零。

2. halProcessKeyInterrupt()函数

中断处理函数 halProcessKeyInterrupt()代码如下。

```
void halProcessKeyInterrupt (void)
{
  bool valid=FALSE;

  if (HAL_KEY_SW_6_PXIFG & HAL_KEY_SW_6_BIT)  //中断标志位已置位
  {
    HAL_KEY_SW_6_PXIFG = ~(HAL_KEY_SW_6_BIT); //中断标志位清零
    valid = TRUE;
  }

  if (HAL_KEY_JOY_MOVE_PXIFG & HAL_KEY_JOY_MOVE_BIT)  //中断标志位已置位
  {
    HAL_KEY_JOY_MOVE_PXIFG = ~(HAL_KEY_JOY_MOVE_BIT); //中断标志位清零
    valid = TRUE;
  }

  if (valid)
```

```
  {
    osal_start_timerEx(Hal_TaskID, HAL_KEY_EVENT, HAL_KEY_DEBOUNCE_VALUE);
  }
}
```

halProcessKeyInterrupt ()函数说明如下。

（1）函数中的局部变量 valid 标志了是否有按键按下，如果有按键按下，则定时触发 HAL_KEY_EVENT 事件。

（2）按键的检测。在该函数中通过检测按键对应位的中断标志位是否为 1，从而判断按键是否按下。CC2530 的每个 I/O 都可以产生中断，如果有按键按下，则要将对应位的中断标志位置为 0，并将变量 valid 值设置为 TRUE，从而触发 HAL_KEY_EVENT 事件对按键事件进行处理。

（3）HAL_KEY_EVENT 事件。如果有按键按下，则会定时触发 HAL_KEY_EVENT 事件，其任务 ID 为 Hal_TaskID，在 Z-Stack 主循环中将把这个事件交给 HAL 层处理。定时长度为 HAL_KEY_DEBOUNCE_VALUE（25ms）。这里说明一下，在按键中断处理函数 halProcessKeyInterrupt()中并没有读取按键的值，而是定时触发了 HAL_KEY_EVENT 事件，在处理 HAL_KEY_EVENT 事件时读取。定时时长 HAL_KEY_DEBOUNCE_VALUE（25ms）是为了按键消抖。

在 Z-Stack 主循环中，检测到 HAL_KEY_EVENT 事件，则调用对应的处理函数 HAL 层的事件处理函数 Hal_ProcessEvent()（在 HAL\common 目录下的 hal_drivers.c 文件中）。余下的过程与轮询方式就完全相同了。

练习 1 按键 2 以轮询方式控制 LED2 的亮灭。

学习板上的按键 2 与 Z-Stack 中的 SW_6 完全一致，而系统默认的按键处理方式是轮询，所以只需要在应用层添加相应的事件处理就可以了。

（1）在 APP 目录下 SampleApp.c 文件的 SampleApp_HandleKeys（uint8 shift，uint8 keys）函数中添加对 SW_6 处理的代码。

```
if (keys & HAL_KEY_SW_6)
{
  HAL_TOGGLE_LED2();
}
```

（2）在 hal_board_cfg.h 文件中，有对按键动作的定义。

```
#define ACTIVE_LOW              !
#define ACTIVE_HIGH             !!

/* S1 */
#define PUSH1_BV          BV(1)
#define PUSH1_SBIT        P0_1

#if defined (HAL_BOARD_CC2530EB_REV17)
  #define PUSH1_POLARITY    ACTIVE_HIGH
#elif defined (HAL_BOARD_CC2530EB_REV13)
  #define PUSH1_POLARITY    ACTIVE_LOW
#else
  #error Unknown Board Indentifier
#endif
```

由于默认定义的是 HAL_BOARD_CC2530EB_REV17，而学习板是低电平有效的，所

以需要将 HAL_BOARD_CC2530EB_REV17 定义下的 PUSH1_POLARITY 的值定义为
ACTIVE_LOW。

```
#if defined (HAL_BOARD_CC2530EB_REV17)
  #define PUSH1_POLARITY  ACTIVE_LOW
#elif defined (HAL_BOARD_CC2530EB_REV13)
  #define PUSH1_POLARITY  ACTIVE_LOW
#else
  #error Unknown Board Indentifier
#endif
```

将 #define PUSH1_POLARITY ACTIVE_HIGH 改为 #define PUSH1_POLARITY
ACTIVE_LOW 有一个异常情况发生,就是 LED1 不停地闪烁。这是由于在启动时,
ZDO 目录下的 ZDApp.c 文件在执行 ZDApp_Init(uint8 task_id)函数进行 ZDO 层初始
化时会调用 ZDAppCheckForHoldKey()函数;检查 SW_1 的状态,如果此时按下 SW_1
按键则进入 Hold Auto Start 状态,并不停地闪烁 LED。为了避免这种情况发生,可
以将 "ZDAppCheckForHoldKey();" 这条语句注释掉,就能解决 LED 不停地闪烁这
个问题了。

(3)实验成功后会发现,使用轮询方式检测按键反应较慢,所以可以将轮询方式转换为
中断方式,提高按键反应速度。将轮询方式转换为中断方式非常简单,只需要将 OnBoard.c
文件中 void InitBoard()函数中的语句 HalKeyConfig(HAL_KEY_INTERRUPT_DISABLE,
OnBoard_KeyCallback)改为 HalKeyConfig(HAL_KEY_INTERRUPT_ENABLE,OnBoard_
KeyCallback)。

练习2 按键1以中断方式控制 LED1 的亮灭。

(1)将学习板上的按键1配置成 Z-Stack 的 SW_7。

在 HAL\include 目录下的 hal_key.c 文件中,仿照 SW_6 对 SW_7 进行具体的配置。

```
/* SW_7 */
#define HAL_KEY_SW_7_PORT      P0
#define HAL_KEY_SW_7_BIT       BV(0)
#define HAL_KEY_SW_7_SEL       P0SEL
#define HAL_KEY_SW_7_DIR       P0DIR

/* 边沿中断 */
#define HAL_KEY_SW_7_EDGEBIT   BV(0)
#define HAL_KEY_SW_7_EDGE      HAL_KEY_FALLING_EDGE

/* SW_7 中断 */
#define HAL_KEY_SW_7_IEN       IEN1  /* CPU interrupt mask register */
#define HAL_KEY_SW_7_IENBIT    BV(5)/* Mask bit for all of Port_0 */
#define HAL_KEY_SW_7_ICTL      P0IEN /* Port Interrupt Control register */
#define HAL_KEY_SW_7_ICTLBIT   BV(0)/* P0IEN - P0.1 enable/disable bit */
#define HAL_KEY_SW_7_PXIFG     P0IFG /* Interrupt flag at source */
```

(2)在 hal_key.c 文件中的按键驱动初始化函数 HalKeyInit()中加入如下代码。

```
HAL_KEY_SW_7_SEL &= ~(HAL_KEY_SW_7_BIT);
HAL_KEY_SW_7_DIR &= ~(HAL_KEY_SW_7_BIT);
```

(3)将 hal_key.c 文件中 HalKeyConfig()函数修改成以下代码。

```
void HalKeyConfig (bool interruptEnable, halKeyCBack_t cback)
```

```
{
  Hal_KeyIntEnable = interruptEnable;

  pHalKeyProcessFunction = cback;

  if (Hal_KeyIntEnable)
  {

    PICTL &= ~(HAL_KEY_SW_6_EDGEBIT);
    PICTL &= ~(HAL_KEY_SW_7_EDGEBIT);
#if (HAL_KEY_SW_6_EDGE == HAL_KEY_FALLING_EDGE)
    PICTL |= HAL_KEY_SW_6_EDGEBIT;
#endif
#if (HAL_KEY_SW_7_EDGE == HAL_KEY_FALLING_EDGE)
    PICTL |= HAL_KEY_SW_7_EDGEBIT;
#endif

    HAL_KEY_SW_6_ICTL |= HAL_KEY_SW_6_ICTLBIT;
    HAL_KEY_SW_6_IEN |= HAL_KEY_SW_6_IENBIT;
    HAL_KEY_SW_6_PXIFG = ~(HAL_KEY_SW_6_BIT);

    HAL_KEY_SW_7_ICTL |= HAL_KEY_SW_7_ICTLBIT;
    HAL_KEY_SW_7_IEN |= HAL_KEY_SW_7_IENBIT;
    HAL_KEY_SW_7_PXIFG = ~(HAL_KEY_SW_7_BIT);

    HAL_KEY_JOY_MOVE_ICTL &= ~(HAL_KEY_JOY_MOVE_EDGEBIT);
#if (HAL_KEY_JOY_MOVE_EDGE == HAL_KEY_FALLING_EDGE)
    HAL_KEY_JOY_MOVE_ICTL |= HAL_KEY_JOY_MOVE_EDGEBIT;
#endif

    HAL_KEY_JOY_MOVE_ICTL |= HAL_KEY_JOY_MOVE_ICTLBIT;
    HAL_KEY_JOY_MOVE_IEN |= HAL_KEY_JOY_MOVE_IENBIT;
    HAL_KEY_JOY_MOVE_PXIFG = ~(HAL_KEY_JOY_MOVE_BIT);

    if (HalKeyConfigured == TRUE)
    {
      osal_stop_timerEx(Hal_TaskID, HAL_KEY_EVENT);
    }
  }
  else
  {
    HAL_KEY_SW_6_ICTL &= ~(HAL_KEY_SW_6_ICTLBIT);
    HAL_KEY_SW_6_IEN &= ~(HAL_KEY_SW_6_IENBIT);

    HAL_KEY_SW_7_ICTL &= ~(HAL_KEY_SW_7_ICTLBIT);
    HAL_KEY_SW_7_IEN &= ~(HAL_KEY_SW_7_IENBIT);

    osal_set_event(Hal_TaskID, HAL_KEY_EVENT);
  }

  HalKeyConfigured = TRUE;
}
```

（4）HAL\Target\Drivers 目录下 hal_key.c 文件中的 HalKeyPoll()函数的原代码为

```
if (HAL_PUSH_BUTTON1())
{
  keys |= HAL_KEY_SW_6;
}
```

然后加入以下代码。

```
if (HAL_PUSH_BUTTON2())
{
  keys |= HAL_KEY_SW_7;
}
```

宏 HAL_PUSH_BUTTON2()原来是测试摇杆的，但学习板没有摇杆，可以将其改造成测试按键 1。

在 hal_board_cfg.h 文件中，将 PUSH 相关的宏改造成以下代码。

```
#define PUSH2_BV              BV(0)
#define PUSH2_SBIT            P0_0
#define PUSH2_POLARITY        ACTIVE_LOW
```

（5）在 hal_key.c 文件中将按键中断处理函数修改为以下代码。

```
HAL_ISR_FUNCTION(halKeyPort0Isr, P0INT_VECTOR)
{
  HAL_ENTER_ISR();

  if (HAL_KEY_SW_6_PXIFG & HAL_KEY_SW_6_BIT)
  {
    halProcessKeyInterrupt();
    HAL_KEY_SW_6_PXIFG = 0;
  }
  if (HAL_KEY_SW_7_PXIFG & HAL_KEY_SW_7_BIT)
  {
    halProcessKeyInterrupt();
    HAL_KEY_SW_7_PXIFG = 0;
  }

  HAL_KEY_CPU_PORT_0_IF = 0;

  CLEAR_SLEEP_MODE();
  HAL_EXIT_ISR();
}
```

（6）在 hal_key.c 文件中的 void halProcessKeyInterrupt （void）函数中加入处理 SW_7
的代码。

```
if(HAL_KEY_SW_7_PXIFG & HAL_KEY_SW_7_BIT)
  {
    HAL_KEY_SW_7_PXIFG = ~(HAL_KEY_SW_7_BIT);
    valid = TRUE;
  }
```

在 APP 目录下 SampleApp.c 文件的 dSampleApp_HandleKeys（uint8 shift，uint8 keys）
函数中添加对 SW_7 处理的代码。

```
if (keys & HAL_KEY_SW_7)
{
   HAL_TOGGLE_LED1();
}
```

作业

（1）在作业板上完成练习 1。

（2）在作业板上完成练习 2。

8.7 Z-Stack 2007 串口机制

（1）串口配置。串口配置主要完成配置使用 UART0 或 UART1，同时决定是否使用 DMA。协议栈默认使用 DMA，由于本书涉及项目串口传输的数据量较少，所以不使用 DMA，侧重介绍使用中断完成串口传输。串口配置主要在 hal_board_cfg.h 文件中完成。

（2）串口初始化。串口初始化主要完成相关常量的初始化，即打开串口的工作，主要涉及的函数有 MT_UartInit () 和 HalUARTOpen()。

（3）接收数据：接收数据主要完成将串口传递的数据接收并传递给相应的层，主要涉及的函数有 HalUARTPoll() 和串口处理的回调函数。

（4）发送数据：发送数据主要完成将要发送的数据通过串口传递出去，主要涉及的函数有 HalUARTWrite()。

8.7.1 串口配置

串口配置主要决定是使用 DMA 还是使用中断，以及使用 UART0 还是 UART1。串口配置主要在 hal_board_cfg.h 文件中完成。

需要在下面这段宏定义前加上一个宏定义：#define ZAPP_P1。

```
#ifndef HAL_UART
//如果使用串口,必须至少编译以下四者之一
//ZTOOL 是串口调试工具,ZAPP_P1 和 ZAPP_P2 规定串口使用备用位置1还是备用位置2
#if (defined ZAPP_P1) || (defined ZAPP_P2) || (defined ZTOOL_P1) || (defined
ZTOOL_P2)
#define HAL_UART TRUE
#else
#define HAL_UART FALSE
  #endif
#endif
```

默认情况下使用 DMA，由于中断代码相对容易理解而且处理的数据较少，所以可以配置为使用中断处理串口数据。

```
#if HAL_UART
#ifndef HAL_UART_DMA
#if HAL_DMA
#if (defined ZAPP_P2) || (defined ZTOOL_P2)
#define HAL_UART_DMA  2
#else
#define HAL_UART_DMA  1
#endif
#else
#define HAL_UART_DMA  0
#endif
#endif

#ifndef HAL_UART_ISR
#if HAL_UART_DMA
#define HAL_UART_ISR  0
#elif (defined ZAPP_P2) || (defined ZTOOL_P2)
#define HAL_UART_ISR  2
#else
#define HAL_UART_ISR  1
```

```
#endif
#endif
```

在以上的宏定义中，默认情况下使用 DMA。

```
#if HAL_UART
#ifndef HAL_UART_DMA
#if HAL_DMA
#if (defined ZAPP_P2) || (defined ZTOOL_P2)
#define HAL_UART_DMA  2
#else
#define HAL_UART_DMA  0
#endif
#else
#define HAL_UART_DMA  0
#endif
#endif

#ifndef HAL_UART_ISR
#if HAL_UART_DMA
#define HAL_UART_ISR  0
#elif (defined ZAPP_P2) || (defined ZTOOL_P2)
#define HAL_UART_ISR  2
#else
#define HAL_UART_ISR  1
#endif
#endif
```

研究上面的代码，将阴影的语句修改，就将默认情况下使用 DMA 改为使用中断。

8.7.2 串口初始化

1. void HalUARTInit(void)函数

UART 的初始化分为 HAL 层的初始化和 MT 层的初始化，HAL 层的初始化由 hal_uart.c 文件中的 void HalUARTInit(void)函数完成。启动过程中主函数调用 HalDriverInit()函数，HalDriverInit()函数调用 void HalUARTInit（void）函数实现对 UART 的初始化。

```
{
#if HAL_UART_DMA
  HalUARTInitDMA();
#endif
#if HAL_UART_ISR
  HalUARTInitISR();
#endif
#if HAL_UART_USB
  HalUARTInitUSB();
#endif
}
```

2. void HalUARTInitISR(void)函数

HalUARTInitISR()函数是中断方式下的初始化，在 HalUARTInitISR()函数中对 UART 相关寄存器进行初始化。

```
static void HalUARTInitISR(void)
{
  //设置 P2 优先级，USART0 大于 USART1
```

```
  P2DIR &= ~P2DIR_PRIPO;
  P2DIR |= HAL_UART_PRIPO;
#if (HAL_UART_ISR == 1)
  PERCFG &= ~HAL_UART_PERCFG_BIT;  //设置UART0在P0端口
#else
  PERCFG |= HAL_UART_PERCFG_BIT;   //设置UART1在P1端口
#endif
  PxSEL  |= HAL_UART_Px_RX_TX;
  ADCCFG &= ~HAL_UART_Px_RX_TX;
  UxCSR = CSR_MODE;
  UxUCR = UCR_FLUSH;
}
```

3. MT_UartInit()函数

MT_UartInit()函数负责在MT层对UART进行初始化,包括速率的设置和回调函数的设置。

```
void MT_UartInit ()
{
  halUARTCfg_t uartConfig;

  /* 初始化ID */
  App_TaskID = 0;

  /* UART 配置 */
  uartConfig.configured           = TRUE;
  uartConfig.baudRate             = MT_UART_DEFAULT_BAUDRATE;
  uartConfig.flowControl          = MT_UART_DEFAULT_OVERFLOW;
  uartConfig.flowControlThreshold = MT_UART_DEFAULT_THRESHOLD;
  uartConfig.rx.maxBufSize        = MT_UART_DEFAULT_MAX_RX_BUFF;
  uartConfig.tx.maxBufSize        = MT_UART_DEFAULT_MAX_TX_BUFF;
  uartConfig.idleTimeout          = MT_UART_DEFAULT_IDLE_TIMEOUT;
  uartConfig.intEnable            = TRUE;
#if defined (ZTOOL_P1) || defined (ZTOOL_P2)
  uartConfig.callBackFunc         = MT_UartProcessZToolData;
#elif defined (ZAPP_P1) || defined (ZAPP_P2)
  uartConfig.callBackFunc         = MT_UartProcessZAppData;
#else
  uartConfig.callBackFunc         = NULL;
#endif

#if defined (MT_UART_DEFAULT_PORT)
  HalUARTOpen (MT_UART_DEFAULT_PORT, &uartConfig);
#else
  (void)uartConfig;
#endif

#if defined (ZAPP_P1) || defined (ZAPP_P2)
  MT_UartMaxZAppBufLen = 1;
  MT_UartZAppRxStatus  = MT_UART_ZAPP_RX_READY;
#endif
}
```

(1)以下代码用于设置串口的速率,默认为38400。

```
uartConfig.baudRate= MT_UART_DEFAULT_BAUDRATE;
```

(2)以下代码用于设置串口是否流量控制,默认为 TRUE,由于学习板和作业板的串口都不支持流量控制,需要将其修改为 FALSE。

```
uartConfig.flowControl= MT_UART_DEFAULT_OVERFLOW;
```

（3）以下代码用于设置串口一次读取的字符数，默认为 1，在大多数情况下不适合，需要将其修改为合适的大小。

```
MT_UartMaxZAppBufLen= 1;
```

（4）以下代码用于设置串口的回调函数，当串口有数据时，会调用这个回调函数进行处理。由于 SampleApp 工程在默认情况下编译了 ZTOOL_P1 选项，所以在默认情况下，会调用 MT_UartProcessZToolData() 这个回调函数进行处理。

```
#if defined(ZTOOL_P1)|| defined (ZTOOL_P2)
  uartConfig.callBackFunc = MT_UartProcessZToolData;
#elif defined(ZAPP_P1)|| defined (ZAPP_P2)
  uartConfig.callBackFunc = MT_UartProcessZAppData;
#else
  uartConfig.callBackFunc = NULL;
#endif
```

（5）以下代码调用 HAL 层函数打开串口。

```
HalUARTOpen (MT_UART_DEFAULT_PORT, &uartConfig);
```

4. HalUARTOpen()函数

```
uint8 HalUARTOpen(uint8 port, halUARTCfg_t *config)
{
  (void)port;
  (void)config;

  #if (HAL_UART_DMA == 1)
    if (port == HAL_UART_PORT_0)  HalUARTOpenDMA(config);
  #endif
  #if (HAL_UART_DMA == 2)
    if (port == HAL_UART_PORT_1)  HalUARTOpenDMA(config);
  #endif
  #if (HAL_UART_ISR == 1)
    if (port == HAL_UART_PORT_0)  HalUARTOpenISR(config);
  #endif
  #if (HAL_UART_ISR == 2)
    if (port == HAL_UART_PORT_1)  HalUARTOpenISR(config);
  #endif
  #if (HAL_UART_USB)
    HalUARTOpenUSB(config);
  #endif

  return HAL_UART_SUCCESS;
}
```

由于定义了宏 HAL_UART_ISR 值为1，所以调用 HalUARTOpenISR（halUARTCfg_t*config）函数，会发现在 IAR 中无法进入 HalUARTOpenISR（halUARTCfg_t*config）函数，这是由于 HalUARTOpenISR（halUARTCfg_t*config）函数在_hal_uart_isr.c 文件中，而这个文件并没有加入工程中，所以要查看这个函数，需要将_hal_uart_isr.c 文件加入工程中。

5. HalUARTOpenISR()函数

```
static void HalUARTOpenISR(halUARTCfg_t *config)
{
  isrCfg.uartCB = config->callBackFunc;
  HAL_UART_ASSERT((config->baudRate == HAL_UART_BR_9600) ||
```

```
                     (config->baudRate == HAL_UART_BR_19200) ||
                     (config->baudRate == HAL_UART_BR_38400) ||
                     (config->baudRate == HAL_UART_BR_57600) ||
                     (config->baudRate == HAL_UART_BR_115200));

  if (config->baudRate == HAL_UART_BR_57600 ||
      config->baudRate == HAL_UART_BR_115200)
  {
    UxBAUD = 216;
  }
  else
  {
    UxBAUD = 59;
  }

  switch (config->baudRate)
  {
    case HAL_UART_BR_9600:
      UxGCR = 8;
      break;
    case HAL_UART_BR_19200:
      UxGCR = 9;
      break;
    case HAL_UART_BR_38400:
    case HAL_UART_BR_57600:
      UxGCR = 10;
      break;
    default:
      UxGCR = 11;
      break;
  }

  if (config->flowControl)
  {
    UxUCR = UCR_FLOW | UCR_STOP;
    PxSEL |= HAL_UART_Px_RTS | HAL_UART_Px_CTS;
  }
  else
  {
    UxUCR = UCR_STOP;
  }

  UxCSR |= CSR_RE;
  URXxIE = 1;
  UTXxIF = 1;  //Prime the ISR pump
}
```

该函数的主要功能是完成对串口的配置,如串口波特率的设定、串口接收中断使能等。同时,该函数也初始化了串口接收缓存和串口发送缓存。具体分析如下。

(1) 列出 Z-Stack 支持的所有串口速率。

```
HAL_UART_ASSERT((config->baudRate == HAL_UART_BR_9600) ||
                (config->baudRate == HAL_UART_BR_19200) ||
                (config->baudRate == HAL_UART_BR_38400) ||
                (config->baudRate == HAL_UART_BR_57600) ||
                (config->baudRate == HAL_UART_BR_115200));
```

(2) 设定波特率。

```
if (config->baudRate == HAL_UART_BR_57600 ||
```

```
          config->baudRate == HAL_UART_BR_115200)
{
    UxBAUD = 216;
}
else
{
    UxBAUD = 59;
}
```

（3）设定结束电平。

```
UxUCR = UCR_STOP;
```

注意：程序中如 UxUCR 这样的宏是在文件起始位置根据 HAL_UART_ISR 的值进行定义的。

```
#if (HAL_UART_ISR == 1)
#define PxOUT                     P0
#define PxDIR                     P0DIR
#define PxSEL                     P0SEL
#define UxCSR                     U0CSR
#define UxUCR                     U0UCR
#define UxDBUF                    U0DBUF
#define UxBAUD                    U0BAUD
#define UxGCR                     U0GCR
#define URXxIE                    URX0IE
#define UTXxIE                    UTX0IE
#define UTXxIF                    UTX0IF
#else
#define PxOUT                     P1
#define PxDIR                     P1DIR
#define PxSEL                     P1SEL
#define UxCSR                     U1CSR
#define UxUCR                     U1UCR
#define UxDBUF                    U1DBUF
#define UxBAUD                    U1BAUD
#define UxGCR                     U1GCR
#define URXxIE                    URX1IE
#define UTXxIE                    UTX1IE
#define UTXxIF                    UTX1IF
#endif
```

8.7.3 串口接收数据

在系统事件处理函数 void osal_start_system(void)中，在每次循环中都会调用 Hal_ProcessPoll()函数，在 Hal_ProcessPoll()函数中调用了 HalUARTPoll()函数，由于选择了中断处理方式，所以 HalUARTPoll()调用 HalUARTPollISR(void)函数，HalUARTPollISR(void)函数判断是否有必要对串口数据进行处理，如果需要进行处理，则调用串口初始化时规定的回调函数，而回调函数则在最后向应用层发送消息，将串口数据发给应用层进行处理。由于在系统的运行过程中系统事件处理循环是不会停止的，所以系统会不间断地轮询串口是否有数据需要进行处理。

1. HalUARTPollISR(void)函数

```
static void HalUARTPollISR(void)
{
```

```
  if (isrCfg.uartCB != NULL)
  {
   uint16 cnt = HAL_UART_ISR_RX_AVAIL();
   uint8 evt = 0;

   if (isrCfg.rxTick)
   {
     //使用睡眠定时器的最低有效位(必须先读ST0)
     uint8 decr = ST0 - isrCfg.rxShdw;

     if (isrCfg.rxTick > decr)
     {
       isrCfg.rxTick -= decr;
     }
     else
     {
       isrCfg.rxTick = 0;
     }
   }
   isrCfg.rxShdw = ST0;

   if (cnt >= HAL_UART_ISR_RX_MAX-1)
   {
    evt = HAL_UART_RX_FULL;
   }
   else if (cnt >= HAL_UART_ISR_HIGH)
   {
    evt = HAL_UART_RX_ABOUT_FULL;
   }
   else if (cnt && !isrCfg.rxTick)
   {
    evt = HAL_UART_RX_TIMEOUT;
   }

   if (isrCfg.txMT)
   {
     isrCfg.txMT = 0;
     evt |= HAL_UART_TX_EMPTY;
   }

   if (evt)
   {
     isrCfg.uartCB(HAL_UART_ISR-1, evt);
   }
  }
}
```

Z-Stack 协议栈串口接收到数据后可以触发 4 种事件：满（HAL_UART_RX_FULL）、准满（HAL_UART_RX_ABOUT_FULL）、时间溢出（HAL_UART_RX_TIMEOUT）和发送缓存为空（HAL_UART_TX_EMPTY）。其中，满（HAL_UART_RX_FULL）和准满（HAL_UART_RX_ABOUT_FULL）是相对接收缓存而言；而时间溢出（HAL_UART_RX_TIMEOUT）是相对接收时间而言。

（1）满（HAL_UART_RX_FULL）并非指接收缓存完全被填满，协议栈中将满（HAL_UART_RX_FULL）定义为 cnt >= HAL_UART_ISR_RX_MAX-1，默认情况下为 127，留有一定的空间，可以在提取数据的同时接收数据。

（2）默认情况下准满（HAL_UART_RX_ABOUT_FULL）是满的一半，警告用户已经快满了。

（3）时间溢出（HAL_UART_RX_TIMEOUT）。以上两种情况都是在接收缓存将要满或已经"满"了才会被触发，但是在很多情况下，程序接收的数据不可能达到接收缓存的准满和"满"，不会触发任何事件，以致无法处理串口接收到的数据。所以，协议栈还会触发一种时间溢出（HAL_UART_RX_TIMEOUT）事件，主要是在一个设定的时间内如果没有接收到数据就会被触发该事件。

（4）发送缓存为空（HAL_UART_TX_EMPTY），表示需要发送的数据都已经被发送。

如果发生了上述4种事件，变量 evt 不为零，调用回调函数进行处理，并将发生的事件作为参数传递给回调函数。

2. 回调函数

```
void MT_UartProcessZAppData (uint8 port, uint8 event)
{

 osal_event_hdr_t  *msg_ptr;
 uint16 length = 0;
 uint16 rxBufLen  = Hal_UART_RxBufLen(MT_UART_DEFAULT_PORT);


 if ((MT_UartMaxZAppBufLen != 0) && (MT_UartMaxZAppBufLen <= rxBufLen))
 {
  length = MT_UartMaxZAppBufLen;
 }
 else
 {
  length = rxBufLen;
 }


 /* 验证事件 */
 if (event == HAL_UART_TX_FULL)
 {
  //当 TX 已满时做一些事情
  return;
 }

 if (event & (HAL_UART_RX_FULL | HAL_UART_RX_ABOUT_FULL | HAL_UART_RX_TIMEOUT))
 {
  if (App_TaskID)
  {
   /*
      如果应用已准备好且接收缓存中有内容，则发送
   */
   if ((MT_UartZAppRxStatus == MT_UART_ZAPP_RX_READY) && (length != 0))
   {
    /* 禁用 App 流控制直到处理当前数据 */
    MT_UartAppFlowControl (MT_UART_ZAPP_RX_NOT_READY);

    /* 添加 2 字节，1 字节为 CMD 类型，1 字节为长度 */
    msg_ptr = (osal_event_hdr_t *)osal_msg_allocate(length + sizeof
           (osal_event_hdr_t));
    if (msg_ptr)
    {
     msg_ptr->event = SPI_INCOMING_ZAPP_DATA;
     msg_ptr->status = length;
```

```
                /* 读接收缓存数据 */
                HalUARTRead(MT_UART_DEFAULT_PORT,(uint8 *)(msg_ptr + 1),length);

                /* 发送到应用层 */
                osal_msg_send(App_TaskID, (uint8 *)msg_ptr);
              }
            }
          }
        }
```

（1）Hal_UART_RxBufLen()函数读取接收缓存中的数据数量，代码如下。

```
rxBufLen= Hal_UART_RxBufLen(MT_UART_DEFAULT_PORT);
```

（2）全局变量 MT_UartMaxZAppBufLen 决定了回调函数每次能够从接收缓存提取数据的数量，代码如下。

```
 if ((MT_UartMaxZAppBufLen != 0) && (MT_UartMaxZAppBufLen <= rxBufLen))
{
   length = MT_UartMaxZAppBufLen;
}
 else
{
   length = rxBufLen;
}
```

如果接收缓存中的数量大于 MT_UartMaxZAppBufLen，则协议栈一次就先处理 MT_UartMaxZAppBufLen 个数据，否则全部处理。

在 Z-Stack 协议栈中，MT_UartMaxZAppBufLen 通过专用的注册函数 MT_UartZApp-BufferLengthRegister（uint16 maxLen）对其进行修改，代码如下。

```
void MT_UartZAppBufferLengthRegister (uint16 maxLen)
{
  /* 如果 maxLen 大于接收缓存，会出错 */
  if (maxLen <= MT_UART_DEFAULT_MAX_RX_BUFF)
   MT_UartMaxZAppBufLen = maxLen;
  else
   MT_UartMaxZAppBufLen = 1;  /* 默认为 1 字节 */
}
```

用户可以在应用层调用该函数，将想要设定的值传递给该函数，即可设定 MT_UartMaxZAppBufLen 的数值。

（3）任务 ID，即 App_TaskID。检测过确实有满、堆满或时间溢出事件后，进一步检测了任务 ID，这个任务 ID 必须为非零才会执行其下面的代码，并且在后面有关键的一句 osal_msg_send（App_TaskID，（uint8*） msg_ptr），这个函数将 msg_ptr 数据包含的信息发送到 App_TaskID 所对应的层，而 msg_ptr 则正是最终要处理的数据。

可以通过 MT_UART.c 文件中的 MT_UartRegisterTaskID（byte taskID）函数对全局变量 App_TaskID 进行修改，代码如下。

```
void MT_UartRegisterTaskID(byte taskID)
{
  App_TaskID = taskID;
}
```

如果用户想要将串口接收到的数据发送到应用层，可以在应用层初始化函数 SampleApp.c
文件的 SampleApp_Init(uint8 task_id)函数中调用该函数进行注册，将应用层的任务 ID 传递
给该函数即可。在回调函数中调用了 osal_msg_send(App_TaskID, (uint8 *)msg_ptr)函数将
信息发送到 App_TaskID 所对应的层，即用户注册的应用层。

协议栈将事件（SPI_INCOMING_ZAPP_DATA）信息和串口接收的数据进行打包后并
调用 osal_msg_send()函数发送到注册层。这样就完成了接收数据及接收到的数据由底层传
递到注册层（通常为应用层）的完整过程。在 SampleApp.c 文件应用层事件处理函数
SampleApp_ProcessEvent()中对 SPI_INCOMING_ZAPP_DATA 事件进行处理，代码大致如下。

```
uint16 SampleApp_ProcessEvent(uint8 task_id, uint16 events)
{
 afIncomingMSGPacket_t *MSGpkt;
 (void)task_id; //Intentionally unreferenced parameter
  static uint8* buf;
 uint8 len;
 if (events & SYS_EVENT_MSG)
 {
  MSGpkt = (afIncomingMSGPacket_t *)osal_msg_receive(SampleApp_TaskID);
  while (MSGpkt)
  {
    switch (MSGpkt->hdr.event)
    {

    case SPI_INCOMING_ZAPP_DATA:
    ...
    break;
    }
  }
 }
}
```

8.7.4　串口发送数据

串口数据的发送也分为两大部分：数据写入发送缓存和数据写入串口。其中，第 1 步
也就是第 1 部分主要是通过 HalUARTWrite()函数完成的；而将数据写入串口则主要是通过
发送中断服务函数完成的。HalUARTWrite()函数的声明如下。

```
uint16 HalUARTWrite(uint8 port, uint8 *buf, uint16 len)
```

其中，port 为 UART 端口号；buf 为指向要发送数据的指针；len 为发送数据的长度。

练习　使用 Z-Stack 实现两个节点使用串口通信。

（1）在协调器节点加入 ZAPP_P1 预编译选项。

（2）在 SampleApp.c 文件中的 SampleApp_Init(uint8 task_id)函数中加入以下代码。

```
MT_UartRegisterTaskID(SampleApp_TaskID);
```

注意，需要用#include"MT_UART.h"将应用层注册为串口的事件处理层。

（3）将最多处理的字节数改为 50，在 MT 目录下的 MT_UART.c 文件中修改 void
MT_UartInit()函数。

```
#if defined (ZAPP_P1) || defined (ZAPP_P2)
  /* 默认最大字节数 */
```

```
  MT_UartMaxZAppBufLen  = 50;
  MT_UartZAppRxStatus   = MT_UART_ZAPP_RX_READY;
#endif
```

（4）MT 目录下的 MT_UART.c 文件中的 void MT_UartProcessZAppData(uint8 port，uint8 event)函数中的最后源代码：osal_msg_send(App_TaskID，(uint8 *)msg_ptr)；将 SPI_INCOMING_ZAPP_DAT 事件加上串口传过来的数据发送给应用层进行处理。

在 App 目录下的 SampleApp.c 文件中的应用层事件处理函数 uint16 SampleApp_ProcessEvent(uint8 task_id，uint16 events)中增加对 SPI_INCOMING_ZAPP_DAT 事件的处理代码：

```
len=MSGpkt->hdr.status;
buf=&(MSGpkt->hdr.status);
SampleApp_SendUartMessage(buf,len);
```

注意，需要声明相应的函数和变量。

（5）在目录 App 下的 SampleApp.c 文件中增加发送串口数据的函数。

```
void SampleApp_SendUartMessage(uint8 * buf, uint8 len)
{

  if(zgDeviceLogicalType == ZG_DEVICETYPE_COORDINATOR)
  {
   SampleApp_Uart_SendData_DstAddr.addrMode=(afAddrMode_t)AddrBroadcast;
   SampleApp_Uart_SendData_DstAddr.endPoint=SAMPLEAPP_ENDPOINT;
   SampleApp_Uart_SendData_DstAddr.addr.shortAddr=0xFFFF;
  }
  else
  {
   SampleApp_Uart_SendData_DstAddr.addrMode=(afAddrMode_t)Addr16Bit;
   SampleApp_Uart_SendData_DstAddr.endPoint=SAMPLEAPP_ENDPOINT;
   SampleApp_Uart_SendData_DstAddr.addr.shortAddr=0x0000;

  }
  if(AF_DataRequest(&SampleApp_Uart_SendData_DstAddr,&SampleApp_epDesc,
                    SAMPLEAPP_FLASH_CLUSTERID,
                    Len,
                    buf,
                    &SampleApp_TransID,
                    AF_DISCV_ROUTE,
                    AF_DEFAULT_RADIUS) == afStatus_SUCCESS)
  {
  }
  else
  {
   //请求发送出错
  }


}
```

（6）在协调器节点的 SampleApp.c 文件中修改数据处理函数 SampleApp_MessageMSGCB()。

当路由器接收到来自协调器的信息后，触发 AF_INCOMING_MSG_CMD 事件并调用了 SampleApp_MessageMSGCB()函数对其进行处理。SampleApp_MessageMSGCB()函数具体代码如下。

```
void SampleApp_MessageMSGCB(afIncomingMSGPacket_t *pkt)
{
  switch (pkt->clusterId)
  {
    uint8 *pointer1;

    case SAMPLEAPP_PERIODIC_CLUSTERID:
      break;

    case SAMPLEAPP_FLASH_CLUSTERID:
      pointer1=&pkt->cmd.Data[1];                //接收数据指针,指向数据
      HalUARTWrite(0,pointer1,pkt->cmd.Data[0]); //cmd.Data[0]是数据的大小
      break;
  }
}
```

作业

在作业板上完成练习。

8.8 Z-Stack 启动分析

8.8.1 启动配置

1. 预编译选项

预编译选项是将源程序提供的特性选择应用。大多数预编译选项是充当"开关"的作用的,直接通过预编译选项决定是否应用某一特性。

2. 预编译选项的添加和删除

在 IAR 环境中选择 Project→Options 菜单项,选择 C/C++Compiler,打开 Processor 选项卡,在下面的 Defined symbols 列表框中加入预编译选项。如果要删除这个预编译选项,可以直接删除,或在选项前面加 x。

3. 常用预编译选项

```
NV_RESTORE          //可以自动恢复网络
POWER_SAVING        //使能电池设备的节能功能
REFLECTOR           //反射,绑定时必须要用到
RTR_NWK             //使能路由功能
ZDO_COORDINATOR     //使能协调器功能
HOLD_AUTO_START     //取消自动启动功能
```

8.8.2 Z-Stack 启动相关概念

1. 设备类型选择

(1)通过 Workspace 下拉列表选择设备的类型,如图 8-3 所示。

(2)在 Tools 目录下有 f8wCoord.cfg、f8wRouter.cfg、f8wEdev.cfg 这 3 个配置文件。如果选择 CoordinatorEB,则 f8wCoord.cfg 文件有效,文件内容如下。

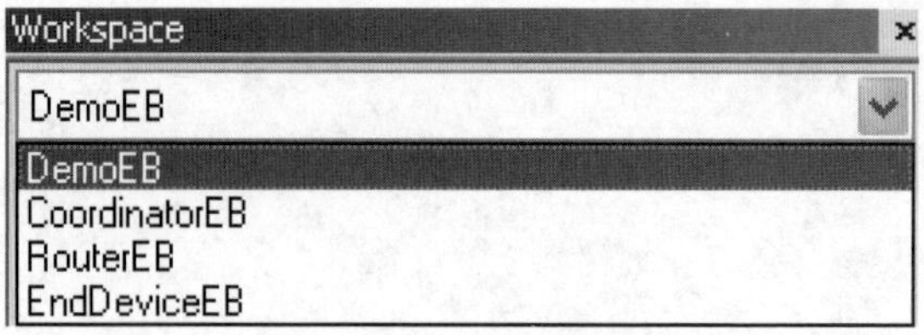

图 8-3　选择设备类型

```
/* 协调器设置 */
-DZDO_COORDINATOR  //协调器功能
-DRTR_NWK          //路由功能
```

如果选择 RouterEB，则 f8wRouter.cfg 文件有效，文件内容如下。

```
/* 路由器设置 */
-DRTR_NWK          //路由功能
```

如果选择 EndDeviceEB，则 f8wEdev.cfg 文件有效，文件内容如下。

```
/* */
```

如果选择 DemoEB，则 BUILD_ALL_DEVICES 预编译选项有效，当前设备是协调器，也是路由器，同时也是终端。

通过配置文件可以看出，协调器不仅具有协调器的功能，还可以充当路由器，也就是说，如果协调器创建完网络，就可以认为协调器变成了路由器。路由器只有路由的功能，而终端设备没有路由的功能，更没有协调器的功能。

（3）根据上面 3 个文件内容，在 NWK 目录下有 ZGlobals.h 文件，其中有以下一组宏定义，在 Z-Stack 协议栈中用它们区分不同的设备，代码如下。

```
#if defined(BUILD_ALL_DEVICES) && !defined(Z-STACK_DEVICE_BUILD)
  #define Z-STACK_DEVICE_BUILD (DEVICE_BUILD_COORDINATOR | DEVICE_BUILD_ROUTER |
                                DEVICE_BUILD_ENDDEVICE)
#endif

#if !defined (Z-STACK_DEVICE_BUILD)
  #if defined (ZDO_COORDINATOR (
    #define Z-STACK_DEVICE_BUILD  (DEVICE_BUILD_COORDINATOR)
  #elif defined (RTR_NWK)
    #define Z-STACK_DEVICE_BUILD  (DEVICE_BUILD_ROUTER)
  #else
    #define Z-STACK_DEVICE_BUILD  (DEVICE_BUILD_ENDDEVICE)
  #endif
#endif

//************************************************************
//使用以下宏确定设备类型
#define ZG_BUILD_COORDINATOR_TYPE  (Z-STACK_DEVICE_BUILD & DEVICE_BUILD_
                                    COORDINATOR)
#define ZG_BUILD_RTR_TYPE          (Z-STACK_DEVICE_BUILD & (DEVICE_BUILD_
                                    COORDINATOR | DEVICE_BUILD_ROUTER))
#define ZG_BUILD_ENDDEVICE_TYPE    (Z-STACK_DEVICE_BUILD & DEVICE_BUILD_
                                    ENDDEVICE)
#define ZG_BUILD_RTRONLY_TYPE      (Z-STACK_DEVICE_BUILD == DEVICE_BUILD_ ROUTER)
#define ZG_BUILD_JOINING_TYPE      (Z-STACK_DEVICE_BUILD & (DEVICE_BUILD_ROUTER |
                                    DEVICE_BUILD_ENDDEVICE))
```

```
//*********************************************************
#if(Z-STACK_DEVICE_BUILD == DEVICE_BUILD_COORDINATOR)
  #define ZG_DEVICE_COORDINATOR_TYPE 1
#else
  #define ZG_DEVICE_COORDINATOR_TYPE (zgDeviceLogicalType == ZG_DEVICETYPE_
                                      COORDINATOR)
#endif

#if (Z-STACK_DEVICE_BUILD == (DEVICE_BUILD_ROUTER | DEVICE_BUILD_COORDINATOR))
  #define ZG_DEVICE_RTR_TYPE 1
#else
  #define ZG_DEVICE_RTR_TYPE ((zgDeviceLogicalType == ZG_DEVICETYPE_
                                 COORDINATOR) || (zgDeviceLogicalType ==
                                 ZG_DEVICETYPE_ROUTER))
#endif

#if (Z-STACK_DEVICE_BUILD == DEVICE_BUILD_ENDDEVICE)
  #define ZG_DEVICE_ENDDEVICE_TYPE 1
#else
  #define ZG_DEVICE_ENDDEVICE_TYPE (zgDeviceLogicalType == ZG_DEVICETYPE_ ENDDEVICE)
#endif

#define ZG_DEVICE_JOINING_TYPE          ((zgDeviceLogicalType == ZG_ DEVICETYPE_
                                         ROUTER) || (zgDeviceLogicalType ==
                                         ZG_DEVICETYPE_ENDDEVICE))

//*********************************************************

#if (ZG_BUILD_RTR_TYPE)
  #if (ZG_BUILD_ENDDEVICE_TYPE)
    #define Z-STACK_ROUTER_BUILD      (ZG_BUILD_RTR_TYPE && ZG_DEVICE_ RTR_TYPE)
  #else
    #define Z-STACK_ROUTER_BUILD        1
  #endif
#else
  #define Z-STACK_ROUTER_BUILD          0
#endif

#if (ZG_BUILD_ENDDEVICE_TYPE)
  #if (ZG_BUILD_RTR_TYPE)
    #define Z-STACK_END_DEVICE_BUILD    (ZG_BUILD_ENDDEVICE_TYPE && ZG_ DEVICE_
                                         ENDDEVICE_TYPE)
  #else
    #define Z-STACK_END_DEVICE_BUILD    1
  #endif
#else
  #define Z-STACK_END_DEVICE_BUILD      0
#endif


/*********************************************************************
 * CONSTANTS
 */

//ZCD_NV_LOGICAL_TYPE (zgDeviceLogicalType)
#define ZG_DEVICETYPE_COORDINATOR       0x00
#define ZG_DEVICETYPE_ROUTER            0x01
#define ZG_DEVICETYPE_ENDDEVICE         0x02
```

2. 设备启动模式

1）设备启动模式的数据结构

```
typedef enum
{
  MODE_JOIN,          //加入
  MODE_RESUME,        //恢复
  //MODE_SOFT,        //暂不支持
  MODE_HARD,          //创建网络
  MODE_REJOIN         //重新加入
} devStartModes_t;
```

设备启动模式（devStartMode）初始化在 ZDO 目录下的 ZDApp.c 文件中。

代码分析 MODE_JOIN 和 MODE_REJOIN 是路由器和终端使用的选项，用来加入或重新加入网络。而 MODE_HARD 是协调器使用的选项，用来创建一个网络。MODE_RESUME 是恢复设备原来的状态。

2）设备启动模式的初始化

```
#if (ZG_BUILD_RTRONLY_TYPE) || (ZG_BUILD_ENDDEVICE_TYPE)
  devStartModes_t devStartMode = MODE_JOIN;
  //devStartModes_t devStartMode = MODE_RESUME;
#else
  devStartModes_t devStartMode = MODE_HARD;
#endif
```

代码分析 如果是路由器或终端，则启动类型初始化为加入网络；否则是协调器，启动类型初始化为 MODE_HARD。

3. 设备状态

1）设备状态的数据结构

```
typedef enum
{
  DEV_HOLD,                      //初始化——不自动启动
  DEV_INIT,                      //初始化——没有联入网络
  DEV_NWK_DISC,                  //发现网络
  DEV_NWK_JOINING,               //加入网络
  DEV_NWK_REJOIN,                //终端再次加入网络
  DEV_END_DEVICE_UNAUTH,         //终端加入但不被信任中心认证
  DEV_END_DEVICE,                //终端加入被信任中心认证
  DEV_ROUTER,                    //路由器认证加入
  DEV_COORD_STARTING,            //作为协调器启动
  DEV_ZB_COORD,                  //作为协调器启动
  DEV_NWK_ORPHAN                 //丢失父节点信息的设备
} devStates_t;
```

2）设备状态的初始化

设备状态（devState）的初始化在 ZDO 目录下的 ZDApp.c 文件中。

```
#if defined(HOLD_AUTO_START)
  devStates_t devState = DEV_HOLD;
#else
  devStates_t devState = DEV_INIT;
#endif
```

　　代码分析　如果编译了 HOLD_AUTO_START，则设备状态（devState）为 DEV_HOLD；否则设备状态（devState）为 DEV_INIT。

　　一个设备启动时将自动试图组建一个网络或加入一个网络，如果一个设备希望等待一定的时间或等待一个外部事件加入网络，需要定义预编译选项 HOLD_AUTO_START 在随后的时间加入网络，在 SimpleApp 工程中默认定义了预编译选项 HOLD_AUTO_START。

8.8.3　SampleApp 工程协调器启动过程分析

　　Z-Stack 工作的机理在于初始化和事件处理，事件处理在前面章节中已经涉及了一些，对于 Z-Stack 启动过程的初步了解，可以加深对 Z-Stack 工作原理的理解。下面以 SampleApp 工程协调器启动过程为例对 Z-Stack 启动过程进行初步分析。

　　在 Z-main.c 文件的函数中，调用了 osal_init_system()函数对 Z-Stack 进行初始化，在 osal_init_system()函数中调用了 osalInitTasks()函数对任务进行初始化，在 osalInitTasks（void）函数中调用 ZDApp_Init()函数对 ZDO 层进行初始化，ZDO 层是设备启动应该主要关注的一层。ZDApp_Init()函数代码如下。

```
void ZDApp_Init(uint8 task_id)
{
  //保存任务 ID
  ZDAppTaskID = task_id;

  //初始化 ZDO 全局短地址
  ZDAppNwkAddr.addrMode = Addr16Bit;
  ZDAppNwkAddr.addr.shortAddr = INVALID_NODE_ADDR;
  (void)NLME_GetExtAddr();   //加载 saveExtAddr 指针

  //ZDAppCheckForHoldKey();

  //初始化 ZDO 条目，设置设备的启动方式
  ZDO_Init();

  //注册端点到 AF 层
  afRegister((endPointDesc_t *)&ZDApp_epDesc);

#if defined(ZDO_USERDESC_RESPONSE)
  ZDApp_InitUserDesc();
#endif //ZDO_USERDESC_RESPONSE

  //是否启动设备
  if (devState != DEV_HOLD)
  {
    ZDOInitDevice(0);
  }
  else
  {
    ZDOInitDevice(ZDO_INIT_HOLD_NWK_START);
    //闪烁 LED,表示 HOLD_START
    HalLedBlink (HAL_LED_4, 0, 50, 500);
  }
  //初始化 ZDO 回调函数指针 zdoCBFunc[]
  ZDApp_InitZdoCBFunc();
```

```
  ZDApp_RegisterCBs();
} /* ZDApp_Init() */
```

代码分析

```
if (devState != DEV_HOLD)
{
  ZDOInitDevice(0);
}
else
{
  ZDOInitDevice(ZDO_INIT_HOLD_NWK_START);
  //闪烁 LED, 表示 HOLD_START
  HalLedBlink (HAL_LED_4, 0, 50, 500);
}
```

如果定义了 HOLD_AUTO_START 预编译选项，则 devState 等于 DEV_HOLD，不会启动设备。如果按下了 SW_1 按键，devState 等于 DEV_HOLD，也不会启动设备。如果 devState 不为 DEV_HOLD，则调用 ZDOInitDevice(0)函数初始化设备。

协调器、路由器和终端设备从 ZDOInitDevice(0)函数开始的启动过程如图 8-4～图 8-6 所示。

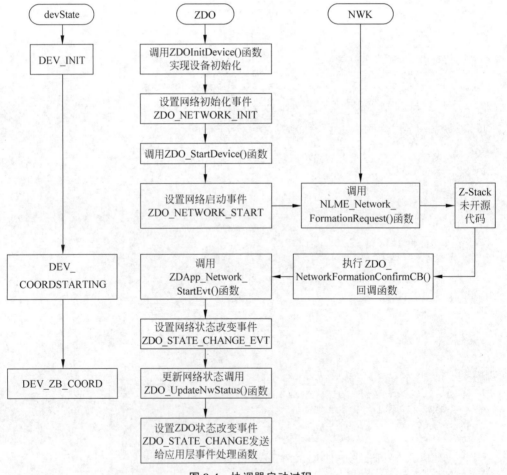

图 8-4　协调器启动过程

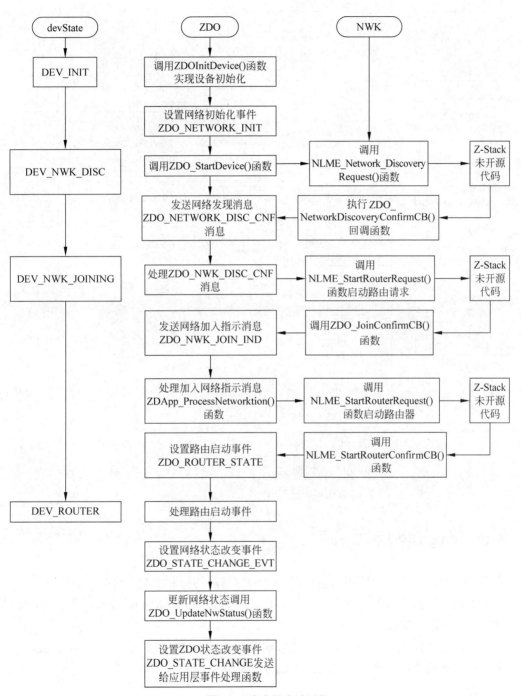

图 8-5 路由器启动过程

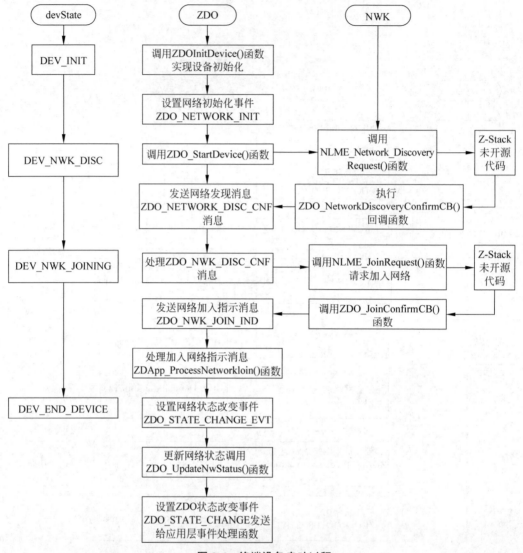

图 8-6　终端设备启动过程

8.9　ZigBee 绑定机制

绑定是一种两个或多个应用设备应用层之间信息流的控制机制。绑定允许应用程序发送一个数据包而不需要知道目标地址。在调用 zb_SendDataRequest()函数发送数据时,可以使用无效地址 0xFFFE 发送数据。

注意:绑定只能在互为"补充的"设备间被创建。也就是说,当两个设备已经在它们的简单描述符结构中登记为一样的命令 ID,并且一个作为输入,另一个作为输出时,绑定才能成功。

如图 8-7 所示,ZigBee 网络中的两个节点分别为 Z1 和 Z2。其中,Z1 节点中包含两个独立端点,分别是 EP3 和 EP21,它们分别表示开关 1 和开关 2;Z2 节点中有 EP5、EP7、EP8、EP17 共 4 个端点,分别表示 4 盏灯。在网络中,通过建立 ZigBee 绑定操作,可以将 EP3 和 EP5、EP7、EP8 进行绑定，将 EP21 和 EP17 进行绑定。这样开关 1 便可以同时控制灯 1～灯 3，开关 2 便可以控制灯 4。利用绑定操作，还可以更改开关和灯之间的绑定关系，从而形成不同的控制关系。从这个例子可以看出，绑定操作能够使用户的应用变得更加方便灵活。

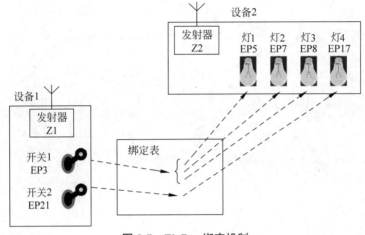

图 8-7 ZigBee 绑定机制

要实现绑定操作，端点必须向协调器发送绑定请求，协调器在有限的时间间隔内接收到两个端点的绑定请求后，便通过建立端点之间的绑定表在这两个不同的端点之间形成一条逻辑链路。因此，在绑定后的两个端点之间进行消息传输的过程属于消息的间接传输。

8.10 SimpleApp 工程

SimpleApp 例程与 SampleApp 例程的区别主要在于 SimpleApp 例程将 SampleApp 例程的应用层换成了 sapi.c，sapi.c 文件中实现了 Z-Stack 的绑定机制，虽然可以依照 SimpleApp 例程在 SampleApp 例程中实现绑定，但直接用 SimpleApp 例程开发绑定相关程序更加方便，而且由于其他各层 TI 提供的例程是共享的，所以之前按键、LED、串口及网络的设置仍然是有效的。

8.10.1 SimpleApp 的打开

在 IAR 主界面中执行 File→Open→Workspace 菜单命令打开 C:\Texas Instruments\Z-Stack-CC2530-2.5.0\Projects\Z-Stack\Samples\SimpleApp\CC2530DB SimpleApp. eww 文件。

SimpleApp 工程中有两个应用，一个是收集传感器的值，其中有一个传感器节点和一个收集节点，传感器节点收集节点的片内温度和电压发送给收集节点；另一个为 LED 开关应用，有一个控制节点和一个开关节点，开关节点控制 LED 的亮灭。

在工作空间中有 4 种项目配置，分别配置成应用中的 4 种设备。

（1）LED 实验：与这个应用相关的配置是 SimpleSwitchEB 和 SimpleControllerEB。SimpleSwitchEB 是终端设备，SimpleControllerEB 是控制设备，是协调器或路由器。

（2）传感器实验：与这个应用相关的配置是 SimpleCollectorEB 和 SimpleSensorEB。SimpleSensorEB 是终端设备，SimpleCollectorEB 是控制设备，是协调器或路由器。

8.10.2 SimpleApp 启动分析

SimpleApp 工程有 HOLD_AUTO_START 和 REFLECTOR 这两个预编译选项，HOLD_AUTO_START 使 SimpleApp 以非自动启动方式启动，而 REFLECTOR 使工程能够使用绑定机制。

（1）在 ZDO 层初始化时，调用 void ZDApp_Init(uint8 task_id)函数，在这个函数中有如下代码。

```
if (devState != DEV_HOLD)
  {
    ZDOInitDevice(0);
  }
  else
  {
    ZDOInitDevice(ZDO_INIT_HOLD_NWK_START);
    HalLedBlink(HAL_LED_4, 0, 50, 500);
  }
```

由于这个实验编译了 HOLD_AUTO_START 这个预编译选项，所以在执行这段代码时要闪烁 LED，而不是执行相关设备的初始化。

（2）应用层的初始化，sapi.c 文件中的 void SAPI_Init(byte task_id)函数负责执行应用层的初始化，其中代码 osal_set_event(task_id，ZB_ENTRY_EVENT)将 ZB_ENTRY_EVENT 事件交给了应用层事件处理函数 UINT16 SAPI_ProcessEvent(byte task_id，UINT16 events)来处理。代码如下。

```
if (events & ZB_ENTRY_EVENT)
{
  uint8 startOptions;

  #if (SAPI_CB_FUNC)
    zb_HandleOsalEvent(ZB_ENTRY_EVENT);
  #endif

  HalLedSet (HAL_LED_4, HAL_LED_MODE_OFF);

  zb_ReadConfiguration(ZCD_NV_STARTUP_OPTION,sizeof(uint8),&startOptions);
  if (startOptions & ZCD_STARTOPT_AUTO_START)
  {
    zb_StartRequest();
  }
  else
  {
    HalLedBlink(HAL_LED_2, 0, 50, 500);
  }
}
```

代码分析

（1）以下代码从 NV 中读出 ZCD_NV_STARTUP_OPTION 选项，存入变量 startOptions。

```
zb_ReadConfiguration(ZCD_NV_STARTUP_OPTION,sizeof(uint8),&startOptions);
```

（2）第 1 次启动时 ZCD_NV_STARTUP_OPTION 选项值不等于 ZCD_STARTOPT_AUTO_START，所以闪烁 LED2，不执行 zb_StartRequest()函数。以后再启动时，ZCD_NV_STARTUP_OPTION 选项值为 ZCD_STARTOPT_AUTO_START，可以直接启动，所以 HOLD_AUTO_START 预编译选项只能在第 1 次启动时起作用。

```
if(startOptions & ZCD_STARTOPT_AUTO_START)
{
  zb_StartRequest();
}
else
{
  //blink leds and wait for external input to config and restart
  HalLedBlink(HAL_LED_2, 0, 50, 500);
}
```

（3）第 1 次启动后，协议栈事件循环已经运行，但网络并没有建立，需要通过按键事件决定是协调器还是路由器或终端节点。

当有按键事件产生，将会交给注册按键的层，SimpleApp 与 SampleApp 一样都是交给应用层的事件处理函数来处理，也就是 sapi.c 文件的 SAPI_ProcessEvent（byte task_id，UINT16 events）函数，在这个函数中调用了 zb_HandleKeys(((keyChange_t *)pMsg)->state，((keyChange_t *)pMsg)->keys)函数处理按键事件。

需要强调的是，SimpleSwitch.c 和 SimpleController.c 文件都有 zb_HandleKeys()函数。当在工作空间中选择配置选项 SimpleSwitchEB 时，则 SimpleSwitch.c 文件有效，SimpleSwitch.c 文件中的 zb_HandleKeys()函数用来处理按键事件。在工作空间中选择 SimpleControllerEB 有效，SimpleController.c 文件中的 zb_HandleKeys()函数用来处理按键事件。这样就可以将控制设备和开关设备的按键事件处理代码分别放在这两个文件中。在传感器实验中，SimpleCollector.c 和 SimpleSensor.c 文件也有同样的情况。

8.11 灯开关实验

在该实验中将所有节点分为两类：控制节点和开关节点，两个节点通过按键建立绑定关系，开关节点可以通过按键控制控制 LED 的亮灭。

8.11.1 SimpleController.c

1. 控制节点中关于簇的定义

在 SimpleController.c 文件中，定义了一个输入簇 TOGGLE_LIGHT_CMD_ID，这个簇与开关节点的同名输出簇配合使用建立绑定关系。

```
#define NUM_OUT_CMD_CONTROLLER              0
#define NUM_IN_CMD_CONTROLLER               1

//控制节点的输入和输出命令列表
const cId_t zb_InCmdList[NUM_IN_CMD_CONTROLLER] =
{
  TOGGLE_LIGHT_CMD_ID,
};
```

2. SimpleController.c 文件中的按键处理函数

在灯开关实验中选择了 SimpleControllerEB 配置选项，SimpleController.c 文件有效。第 1 次启动后，协议栈事件循环已经运行，但网络并没有建立，需要通过按键事件决定

是协调器还是路由器或终端节点。按键事件发生后，调用 SimpleController.c 文件中的
zb_HandleKeys()函数进行事件处理。代码如下。

```
void zb_HandleKeys(uint8 shift, uint8 keys)
{
  uint8 startOptions;
  uint8 logicalType;

  if (0)
  {
    if (keys & HAL_KEY_SW_1)
    {
    }
    if (keys & HAL_KEY_SW_2)
    {
    }
    if (keys & HAL_KEY_SW_3)
    {
    }
    if (keys & HAL_KEY_SW_4)
    {
    }
  }
  else
  {
    if (keys & HAL_KEY_SW_6)
    {
      if (myAppState == APP_INIT)
      {

        zb_ReadConfiguration(ZCD_NV_LOGICAL_TYPE,sizeof(uint8),
                           &logicalType);
        logicalType= ZG_DEVICETYPE_COORDINATOR;
        if(logicalType != ZG_DEVICETYPE_ENDDEVICE)
        {
          logicalType = ZG_DEVICETYPE_COORDINATOR;
          zb_WriteConfiguration(ZCD_NV_LOGICAL_TYPE,sizeof(uint8),
                           &logicalType);
        }

        zb_ReadConfiguration(ZCD_NV_STARTUP_OPTION,sizeof(uint8),
                           &startOptions);
        startOptions = ZCD_STARTOPT_AUTO_START;
        zb_WriteConfiguration(ZCD_NV_STARTUP_OPTION,sizeof(uint8),
                           &startOptions);
        zb_SystemReset();

      }
      else
      {
        zb_AllowBind(myAllowBindTimeout);
      }
    }
    if (keys & HAL_KEY_SW_7)
    {
      if (myAppState == APP_INIT)
      {

        zb_ReadConfiguration(ZCD_NV_LOGICAL_TYPE, sizeof(uint8), &logicalType);
        if(logicalType != ZG_DEVICETYPE_ENDDEVICE)
```

```
          {
            logicalType = ZG_DEVICETYPE_ROUTER;
            zb_WriteConfiguration(ZCD_NV_LOGICAL_TYPE, sizeof(uint8), &logicalType);
          }

          zb_ReadConfiguration(ZCD_NV_STARTUP_OPTION, sizeof(uint8), &startOptions);
          startOptions = ZCD_STARTOPT_AUTO_START;
          zb_WriteConfiguration(ZCD_NV_STARTUP_OPTION, sizeof(uint8), &startOptions);
          zb_SystemReset();
        }
        else
        {
        }
      }
      if (keys & HAL_KEY_SW_3)
      {
      }
      if (keys & HAL_KEY_SW_4)
      {
      }
    }
}
```

代码分析

（1）TI 公司的原始代码是检测 HAL_KEY_SW_1 和 HAL_KEY_SW_2，由于学习板上只有 HAL_KEY_SW_6 和 HAL_KEY_SW_7，所以用 HAL_KEY_SW_6 和 HAL_KEY_SW_7 代替 HAL_KEY_SW_1 和 HAL_KEY_SW_2，分别对应学习板上的 S2 和 S1 按键。

（2）由于 Z-Stack 将 HAL_KEY_SW_6 看作 Shift 键，所以需要将代码 if（shift）改为 if（0）。

（3）在第 1 次启动设备时，如果按下 SW_6，则在 NV 中写入 ZCD_NV_LOGICAL_TYPE 值为 ZG_DEVICETYPE_COORDINATOR，以后启动就不需要通过按键规定设备类型。在 NV 中写入 ZCD_NV_STARTUP_OPTION 值为 ZCD_STARTOPT_AUTO_START，以后启动时就不需要以 HOLD_AUTO_START 方式启动。

（4）在第 1 次启动设备时，再次按下 SW_6；以后启动设备时，第 1 次允许绑定请求。注意如果没有成功加入网络，则无法执行这个操作。

（5）在第 1 次启动设备时，再次按下 SW_7 则设备以路由器启动。

3. zb_AllowBind()函数

在第 1 次启动设备时，第 2 次按下 SW_6；以后启动设备时，第 1 次按下 SW_6，调用 zb_AllowBind()函数允许绑定请求。代码如下。

```
void zb_AllowBind(uint8 timeout)
{
  osal_stop_timerEx(sapi_TaskID, ZB_ALLOW_BIND_TIMER);
  if(timeout == 0)
  {
    afSetMatch(sapi_epDesc.simpleDesc->EndPoint, FALSE);
  }
  else
  {
    afSetMatch(sapi_epDesc.simpleDesc->EndPoint, TRUE);
    if(timeout != 0xFF)
    {
```

```
    if(timeout > 64)
    {
      timeout = 64;
    }
    osal_start_timerEx(sapi_TaskID, ZB_ALLOW_BIND_TIMER, timeout*1000);
  }
}
  return;
}
```

代码说明

（1）参数 timeout 是目标设备进入绑定模式持续的时间（单位为 s）。如果设置为 0xFF，则该设备在任何时候都是允许绑定模式；如果设置为 0x00，则取消目标设备进入允许绑定模式。如果设定的时间大于 64s 就默认为 64s。

（2）uint8 afSetMatch(uint8 ep，uint8 action) 允许或禁止设备响应 ZDO 的描述符匹配请求。如果 action 参数为 TRUE，允许匹配，反之则禁止匹配。参数 ep 表示端点。

（3）ZB_ALLOW_BIND_TIMER 事件。如果设定了允许 ZDO 描述符匹配，而设定的时间不是 0xFF，即不是在任何时间都允许，那么就定时 timeout 时长触发 ZB_ALLOW_BIND_TIMER 事件关闭 ZDO 描述符匹配。触发 ZB_ALLOW_BIND_TIMER 事件，根据 Z-Stack 的事件处理机制，会调用 SApi.c 文件中的 SAPI_ProcessEvent()函数进行处理。代码如下。

```
UINT16 SAPI_ProcessEvent(byte task_id, UINT16 events)
{
  ...
  if (events & ZB_ALLOW_BIND_TIMER)
  {
   //afSetMatch()函数的参数为 FALSE 即是关闭匹配描述符响应
   afSetMatch(sapi_epDesc.simpleDesc->EndPoint, FALSE);
   return (events ^ ZB_ALLOW_BIND_TIMER);
  }
  ...
}
```

（4）开关节点按下 SW_7，向控制器发送命令，控制节点会调用 SimpleController.c 文件中的 zb_ReceiveDataIndication()函数对其进行处理，控制节点闪烁 LED。代码如下。

```
void zb_ReceiveDataIndication(uint16 source, uint16 command, uint16 len,
                              uint8 *pData)
{
  if (command == TOGGLE_LIGHT_CMD_ID)
  {
    HalLedSet(HAL_LED_1, HAL_LED_MODE_TOGGLE);
  }
}
```

8.11.2 SimpleSwitch.c

1. 开关节点中关于簇的定义

在 SimpleSwitch.c 文件中，定义了一个输出簇 TOGGLE_LIGHT_CMD_ID，这个簇与控制节点的同名输入簇配合使用建立绑定关系。

```
#define NUM_OUT_CMD_SWITCH                         1
```

```
#define NUM_IN_CMD_SWITCH                0

const cId_t zb_OutCmdList[NUM_OUT_CMD_SWITCH] =
{
  TOGGLE_LIGHT_CMD_ID
};
```

2. SimpleSwitch.c 文件中的按键处理函数

SimpleSwitch.c 文件中的 zb_HandleKeys()函数代码如下。

```
void zb_HandleKeys(uint8 shift, uint8 keys)
{
  uint8 startOptions;
  uint8 logicalType;

  if (0)
  {
    if (keys & HAL_KEY_SW_1)
    {
    }
    if (keys & HAL_KEY_SW_2)
    {
    }
    if (keys & HAL_KEY_SW_3)
    {
    }
    if (keys & HAL_KEY_SW_4)
    {
    }
  }
  else
  {
    if (keys & HAL_KEY_SW_6)
    {
      if (myAppState == APP_INIT)
      {
        //配置设备的逻辑类型,开关设备总是end-device

        logicalType = ZG_DEVICETYPE_ENDDEVICE;
        //将设备的逻辑类型写入NV中
        zb_WriteConfiguration(ZCD_NV_LOGICAL_TYPE, sizeof(uint8), &logicalType);

        //从NV中读出ZCD_NV_STARTUP_OPTION项
        zb_ReadConfiguration(ZCD_NV_STARTUP_OPTION, sizeof(uint8), &startOptions);
        //将ZCD_NV_STARTUP_OPTION项赋值为ZCD_STARTOPT_AUTO_START,并写入NV
        startOptions = ZCD_STARTOPT_AUTO_START;
        zb_WriteConfiguration(ZCD_NV_STARTUP_OPTION, sizeof(uint8), &startOptions);
        //重新启动
        zb_SystemReset();

      }
      else
      {
        //发出不知扩展地址的绑定请求
        zb_BindDevice(TRUE, TOGGLE_LIGHT_CMD_ID, NULL);
      }
    }
```

```
    if (keys & HAL_KEY_SW_7)
    {
      if (myAppState == APP_INIT)
      {

        logicalType = ZG_DEVICETYPE_ENDDEVICE;
        zb_WriteConfiguration(ZCD_NV_LOGICAL_TYPE, sizeof(uint8), &logicalType);

        zb_ReadConfiguration(ZCD_NV_STARTUP_OPTION, sizeof(uint8), &startOptions);
        startOptions = ZCD_STARTOPT_AUTO_START;
        zb_WriteConfiguration(ZCD_NV_STARTUP_OPTION, sizeof(uint8), &startOptions);
        zb_SystemReset();
      }
      else
      {
        //向控制设备发送命令开关 LED
        zb_SendDataRequest(0xFFFE, TOGGLE_LIGHT_CMD_ID, 0,
                   (uint8 *)NULL, myAppSeqNumber, 0, 0);
      }
    }
    if (keys & HAL_KEY_SW_3)
    {
      //删除绑定
      zb_BindDevice(FALSE, TOGGLE_LIGHT_CMD_ID, NULL);
    }
    if (keys & HAL_KEY_SW_4)
    {
    }
  }
}
```

代码分析

（1）TI 公司的原始代码是检测 HAL_KEY_SW_1 和 HAL_KEY_SW_2，由于学习板上只有 HAL_KEY_SW_6 和 HAL_KEY_SW_7，所以用 HAL_KEY_SW_6 和 HAL_KEY_SW_7 代替 HAL_KEY_SW_1 和 HAL_KEY_SW_2，分别对应学习板上的 S2 和 S1 键。

（2）由于 Z-Stack 将 HAL_KEY_SW_6 看作 Shift 键，所以需要将代码 if(shift)改为 if(0)。

（3）在第 1 次启动设备时，如果按下 SW_6，则在 NV 中写入 ZCD_NV_LOGICAL_TYPE 项值为 ZG_DEVICETYPE_ENDDEVICE，以后启动就不再需要通过按键规定设备类型。在 NV 中写入 ZCD_NV_STARTUP_OPTION 项值为 ZCD_STARTOPT_AUTO_ START，以后启动时就不需要以 HOLD_AUTO_START 方式启动。

（4）在第 1 次启动设备时，再次按下 SW_6；以后启动设备时，第 1 次按下 SW_6 发出绑定请求。注意，如果没有成功加入网络，则无法执行这个操作。

（5）在第 1 次启动设备时，按下 SW_7，与第 1 次启动设备时按下 SW_6 有相同的效果。

（6）成功启动设备后按下 SW_7，向控制器发送命令，代码如下。

```
//向控制设备发送命令开关 LED
zb_SendDataRequest(0xFFFE, TOGGLE_LIGHT_CMD_ID, 0,(uint8 *)NULL,
                   myAppSeqNumber, 0, 0);
```

zb_SendDataRequest()函数的地址参数是 0xFFFE，这是专用于绑定的无效地址。控制节点会调用 SimpleController.c 文件中的 zb_ReceiveDataIndication()函数对其处理。

（7）按下 SW_3，删除绑定，由于学习板没有 SW_3，所以此功能无法实现。

总结建立绑定及开关设备使用按键控制控制设备 LED 的步骤：① 控制设备按 SW_6，允许绑定；② 开关设备按 SW_6，绑定控制设备；③ 开关设备按 SW_7，控制控制设备 LED。

3. zb_BindDevice()函数

TI 公司的 Z-Stack 2007 协议栈中提供以下两种可用的机制配置设备绑定。

（1）目的设备的扩展地址是已知的。

（2）目的设备的扩展地址是未知的。

SimpleApp 工程的 LED 开关实验和传感器实验都是基于扩展地址是未知的绑定模式，所以这里只分析基于扩展地址是未知的绑定模式。

代码如下。

```
zb_BindDevice(uint8 create,           //创建还是删除绑定,TRUE 创建,FALSE 删除
              uint16 commandId,       //命令 ID,绑定是基于命令 ID 的绑定
              uint8 *pDestination)    //扩展地址,可以为 NULL,决定绑定类型
{
  if (create)
  {
    if (pDestination)                 //已知扩展地址的绑定
    {
      ...
    }
    else                              //未知扩展地址的绑定
    {
      destination.addrMode = Addr16Bit;    //16 位短地址模式
      //目的地址为广播地址,在全网进行匹配
      destination.addr.shortAddr = NWK_BROADCAST_SHORTADDR;
      //以下从两个方向进行 Cluster 匹配
      if(ZDO_AnyClusterMatches(1,&commandId,
                        sapi_epDesc.simpleDesc->AppNumOutClusters,
                        sapi_epDesc.simpleDesc->pAppOutClusterList))
      {
        //匹配一个在允许绑定模式下的设备
        ret = ZDP_MatchDescReq(&destination, NWK_BROADCAST_SHORTADDR,
        sapi_epDesc.simpleDesc->AppProfId,1,&commandId,0,(cId_t *)NULL,0);
      }
      else if(ZDO_AnyClusterMatches(1, &commandId,
                        sapi_epDesc.simpleDesc->AppNumInClusters,
                        sapi_epDesc.simpleDesc->pAppInClusterList))
      {
        //匹配一个在允许绑定模式下的设备
        ret = ZDP_MatchDescReq(&destination, NWK_BROADCAST_SHORTADDR,
        sapi_epDesc.simpleDesc->AppProfId,0,(cId_t *)NULL, 1, &commandId, 0);
      }
      if (ret == ZB_SUCCESS)
      {
        osal_start_timerEx(sapi_TaskID, ZB_BIND_TIMER, AIB_MaxBindingTime);
        return;
      }
      ...
    }
  }
}
```

8.11.3　灯开关实验其他函数分析

SimpleSwitch.c、SimpleController.c、SimpleCollector.c 和 SimpleSensor.c 文件有着相同的一组函数,这些函数被 sapi.c 文件调用。当在工作区选择不同的配置选项时,SimpleSwitch.c、SimpleController.c、SimpleCollector.c 和 SimpleSensor.c 文件分别有效。通过这种方法,虽然 sapi.c 文件调用的是同一个函数,但在不同的配置选项中,调用的是不同文件的函数,这些文件根据自己的功能对这组函数有着不同的实现,这些函数被 sapi.c 文件调用,实现了不同节点的功能。

zb_HandleOsalEvent():事件处理函数。

zb_StartConfirm():设备成功启动后被调用。

zb_SendDataConfirm():数据成功发送后被调用。

zb_BindConfirm():绑定操作成功后被调用。

zb_AllowBindConfirm():允许绑定后如果有设备试图绑定被调用。

zb_ReceiveDataIndication():设备收到数据后被调用。

作业

(1)在学习板上实现灯开关实验,观察实验现象。

(2)在作业板上实现灯开关实验。

8.12　传感器采集实验

传感器采集实验中将所有节点分为两类:传感器节点和采集节点。传感器节点负责采集温度值和电压值,并将采集到的数值传递给采集节点。采集节点负责收集信息,并将收集到的信息通过串口发送给计算机。

8.12.1　SimpleCollector.c

采集节点在网络中充当协调器。

(1)采集节点中关于簇的定义如下。

```
#define NUM_OUT_CMD_COLLECTOR                    0
#define NUM_IN_CMD_COLLECTOR                     1

//采集节点的输入和输出命令列表
const cId_t zb_InCmdList[NUM_IN_CMD_COLLECTOR] =
{
  SENSOR_REPORT_CMD_ID
};
```

由上述代码可以看出,在采集节点中定义了一个簇 SENSOR_REPORT_ CMD_ID,并且此簇属于输入簇,与传感器节点同名输出簇相对应。

(2)SimpleCollector.c 文件的按键处理函数与 SimpleController.c 文件大部分相同。

(3)采集节点收到传感器节点传过来的数据,调用 zb_ReceiveDataIndication()函数对其处理,SimpleCollector.c 文件的 zb_ReceiveDataIndication()函数与 SimpleController.c 文件中

zb_ReceiveDataIndication()函数有很大不同,将传感器节点传过来的数据发送到串口,代码
如下。

```
void zb_ReceiveDataIndication(uint16 source, uint16 command, uint16 len,
uint8 *pData)
{
  uint8 buf[32];
  uint8 *pBuf;
  uint8 tmpLen;
  uint8 sensorReading;

  if (command == SENSOR_REPORT_CMD_ID)
  {
    //从传感器收到报告
    sensorReading = pData[1];

    //如果工具可用,写向串口

    tmpLen = (uint8)osal_strlen((char*)strDevice);
    pBuf = osal_memcpy(buf, strDevice, tmpLen);
    _ltoa(source, pBuf, 16);
    pBuf += 4;
    *pBuf++ = ' ';

    if (pData[0] == BATTERY_REPORT)
    {
      tmpLen = (uint8)osal_strlen((char*)strBattery);
      pBuf = osal_memcpy(pBuf, strBattery, tmpLen);

      *pBuf++ = (sensorReading / 10) + '0';        //convent msb to ascii
      *pBuf++ = '.'; //decimal point(battery reading is in units of 0.1 V
      *pBuf++ = (sensorReading % 10) + '0';        //convert lsb to ascii
      *pBuf++ = ' ';
      *pBuf++ = 'V';
    }
    else
    {
      tmpLen = (uint8)osal_strlen((char*)strTemp);
      pBuf = osal_memcpy(pBuf, strTemp, tmpLen);

      *pBuf++ = (sensorReading / 10) + '0';    //convent msb to ascii
      *pBuf++ = (sensorReading % 10) + '0';    //convert lsb to ascii
      *pBuf++ = ' ';
      *pBuf++ = 'C';
    }

    *pBuf++ = '\r';
    *pBuf++ = '\n';
    *pBuf = '\0';

    #if defined(MT_TASK)
       debug_str((uint8 *)buf);
    #endif

    //也可直接写向 UART

  }
}
```

8.12.2　SimpleSensor.c

（1）传感器节点中关于簇的定义如下。

```
#define NUM_OUT_CMD_SENSOR                    1
#define NUM_IN_CMD_SENSOR                     0
const cId_t zb_OutCmdList[NUM_OUT_CMD_SENSOR] =
{
  SENSOR_REPORT_CMD_ID
};
```

由上述代码可以看出，在传感器节点中只定义了一个簇，且该簇也为SENSOR_REPORT_CMD_ID，并且此簇属于输出簇，与采集节点的输入簇相对应。

（2）传感器节点按键处理函数，节点启动后，按SW_6或SW_7键，以终端方式启动。

（3）zb_StartConfirm()函数。

设备启动后调用了zb_StartConfirm()函数，具体程序代码如下。

```
void zb_StartConfirm(uint8 status)
{
 if (status == ZB_SUCCESS)
 {
 myAppState = APP_START;
 osal_start_timerEx(sapi_TaskID,MY_FIND_COLLECTOR_EVT,myBindRetryDelay);
 }
 ...
}
```

在zb_StartConfirm()函数中，如果设备启动成功，则定时触发MY_FIND_COLLECTOR_EVT事件，对应的任务ID为sapi_TaskID。

（4）zb_HandleOsalEvent函数的功能是处理节点的各种事件，MY_FIND_COLLECTOR_EVT事件也是由zb_HandleOsalEvent()函数处理的。

```
void zb_HandleOsalEvent(uint16 event)
{
  if(event & MY_FIND_COLLECTOR_EVT)
  {
    //寻找并绑定一个采集节点
    zb_BindDevice(TRUE, SENSOR_REPORT_CMD_ID, (uint8 *)NULL);
  }
}
```

在zb_HandleOsalEvent()函数中，发生了MY_FIND_COLLECTOR_EVT事件会调用zb_BindDevice()函数发出绑定请求。

（5）zb_BindConfirm()函数。传感器节点与采集节点两个设备建立绑定后，在绑定确认函数中由zb_BindConfirm()触发函数开始发送采集节点的信息。具体程序如下。

```
void zb_BindConfirm(uint16 commandId, uint8 status)
{
  if ((status == ZB_SUCCESS) && (myAppState == APP_START))
  {
    myAppState = APP_BOUND;            //应用层状态:绑定
    myApp_StartReporting();            //调用发送函数
  }
  ...
}
```

（6）myApp_StartReporting()函数。

```
void myApp_StartReporting(void)
{
  osal_start_timerEx(sapi_TaskID,MY_REPORT_TEMP_EVT,myTempReportPeriod);
  osal_start_timerEx(sapi_TaskID,MY_REPORT_BATT_EVT,myBatteryCheckPeriod);
  HalLedSet(HAL_LED_1, HAL_LED_MODE_ON);

}
```

（7）传感器数据的采集。在 myApp_StartReporting()函数中定时触发了两个事件：MY_REPORT_TEMP_EVT、MY_REPORT_BATT_EVT，分别将传感器节点的温度信息和电压信息发送到采集节点。通过 zb_HandleOsalEvent()函数完成对事件的处理，将采集到的数据发送给采集节点，并再次定时触发了两个事件：MY_REPORT_TEMP_EVT、MY_REPORT_BATT_EVT。具体代码如下。

```
void zb_HandleOsalEvent(uint16 event)
{
  ...
  if(event & MY_REPORT_TEMP_EVT)
  {
  pData[0] = TEMP_REPORT;
  pData[1] = myApp_ReadTemperature();    //读取片内温度
  zb_SendDataRequest(0xFFFE,SENSOR_REPORT_CMD_ID,2,pData,0,AF_ACK_REQUEST,0);
  osal_start_timerEx(sapi_TaskID,MY_REPORT_TEMP_EVT,myTempReportPeriod);
  }
  if (event & MY_REPORT_BATT_EVT)
  {
  pData[0] = BATTERY_REPORT;
  pData[1] = myApp_ReadBattery();            //读取电压值
  zb_SendDataRequest(0xFFFE,SENSOR_REPORT_CMD_ID,2,pData,0,AF_ACK_REQUEST,0);
  osal_start_timerEx(sapi_TaskID,MY_REPORT_BATT_EVT,myBatteryCheckPeriod);
  }
  ...
}
```

作业
（1）在学习板上实现传感器采集实验，观察实验现象。
（2）在作业板上实现传感器采集实验。

8.13 GenericApp 工程

8.13.1 GenericApp 工程概述

GenericApp 工程这个实验实现两个模块相互绑定后可以对传数据。模块绑定之后，两个模块之间相互传输字符串"Hello World"。首先，启动一个协调器，如果协调器建立网络成功，会在 LCD 上显示该节点为协调器同时显示网络 ID。然后，打开一个终端节点或路由器的电源，此时节点会自动加入网络。加入网络成功后，节点会显示自己的节点类型、网络地址和父节点的网络地址。

节点成功加入网络后，首先把主机模块的摇杆向右拨一下，然后按要绑定模块的RIGHT 键，如果两边的 LED4 都熄灭或是点亮后马上熄灭，表示绑定成功。绑定成功后，两个节点就开始相互定时发送数据,并在对方的 LCD 上显示出来,发送的数据为 "Hello World"。上述过程需要有 TI 公司的评估板支持。这个工程的结构比较清楚,可以在这个工程的应用层文件的几个函数中添加相应的代码在学习板上完成具体任务。

8.13.2 关键函数分析

void GenericApp_Init(uint8 task_id)为应用层初始化函数,在系统启动到应用层时会被调用。

uint16 GenericApp_ProcessEvent(uint8 task_id, uint16 events)为应用层事件处理函数,这个函数主要包含对以下几个事件的处理。

```
case KEY_CHANGE:
        GenericApp_HandleKeys(((keyChange_t *)MSGpkt)->state,
                              ((keyChange_t *)MSGpkt)->keys);
        break;
//调用 GenericApp_HandleKeys()函数处理按键事件

  case AF_INCOMING_MSG_CMD:
        GenericApp_MessageMSGCB(MSGpkt);
        break;
//调用 GenericApp_MessageMSGCB()函数处理接收无线数据事件

case ZDO_STATE_CHANGE:
        GenericApp_NwkState = (devStates_t)(MSGpkt->hdr.status);
        if ((GenericApp_NwkState == DEV_ZB_COORD)
           || (GenericApp_NwkState == DEV_ROUTER)
           || (GenericApp_NwkState == DEV_END_DEVICE))
        {
          // 定期发送信息
          osal_start_timerEx(GenericApp_TaskID,
                             GENERICAPP_SEND_MSG_EVT,
                             GENERICAPP_SEND_MSG_TIMEOUT);
        }
        break;

/*当 ZDO 状态为协调器、路由器和终端时（也就是网络组建成功时),调用定时器函数每隔
GENERICAPP_SEND_MSG_TIMEOUT 时间间隔产生 GENERICAPP_SEND_MSG_EVT 事件,该事件
交给应用层处理*/
if (events & GENERICAPP_SEND_MSG_EVT)
  {
    //发送信息
    GenericApp_SendTheMessage();

    //准备再次发送信息
    osal_start_timerEx(GenericApp_TaskID,
                       GENERICAPP_SEND_MSG_EVT,
                       GENERICAPP_SEND_MSG_TIMEOUT);

    //返回未处理事件
    return (events ^ GENERICAPP_SEND_MSG_EVT);
  }
```

处理 ENERICAPP_SEND_MSG_EVT 事件，调用 GenericApp_SendTheMessage()函数发送消息，发送成功后调用定时器函数每隔 GENERICAPP_SEND_MSG_TIMEOUT 时间间隔产生 GENERICAPP_SEND_MSG_EVT 事件，实现周期性发送信息。

8.13.3　GenericApp 工程实现数据的收发

1. GenericApp 工程的准备

（1）打开 GenericApp 工程。

假设 Z-Stack 安装在 C 盘 Z-Stack 文件夹下，在 IAR 主界面执行 File→Open→Workspace 菜单命令打开 C:\ZStack\Projects\Z-Stack\Samples\GenericApp\CC2530DB GenericApp.eww 文件。

（2）在 GenericApp 工程中，由于程序的功能可以主要在应用层完成，通常开发协调器节点程序和终端节点程序，只需要为协调器节点和终端节点单独准备一份应用层程序文件并使它们分别在 CoordinatorEB 和 EnddeviceEB 预编译选项下有效就可以。在 C:\ZStack\Projects\Z-Stack\Samples\GenericApp\Source 文件夹下复制 GenericApp.c 文件，将这两个复制的 GenericApp.c 文件分别命名为 Coordinator.c 和 Enddevice.c。

（3）将 Coordinator.c 和 Enddevice.c 文件加入 GenericApp 工程。

在如图 8-8 所示的 IAR 的 Workspace 窗口中右击 GenericApp.c 文件，在弹出的快捷菜单中选择 Remove，将 GenericApp.c 文件从工程中移除。

在 Workspace 窗口中右击 App 文件夹，在弹出的快捷菜单中选择 Add→Add Files，选择 C:\ZStack\Projects\Z-Stack\Samples\GenericApp\Source 文件夹，将 Coordinator.c 和 Enddevice.c 文件加入 GenericApp 工程。

（4）Enddevice.c 文件排除 CoordinatorEB 预编译选项。

选择预编译选项 CoordinatorEB，右击 Enddevice.c 文件，在弹出的快捷菜单中选择 Options，弹出如图 8-9 所示对话框，勾选左上角 Exclude from build 复选框，这时 Enddevice.c 文件变灰，在 CoordinatorEB 预编译选项中此文件将失效。

（5）Coordinator.c 文件排除 EnddeviceEB 预编译选项。

步骤和 Enddevice.c 文件排除 CoordinatorEB 预编译选项类似。这些准备工作做完以后，就可以在 CoordinatorEB 预编译选项下编写 Coordinator.c 文件为协调器节点编写程序；也可以在 EnddeviceEB 预编译选项下编写 Enddevice.c 文件，为终端节点编写程序；在两个预编译选项下编译后，可分别下载到协调器模块和终端节点模块。

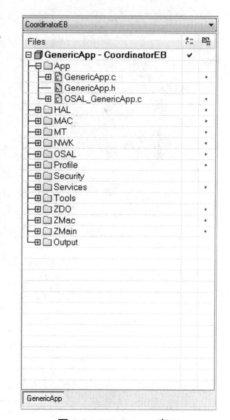

图 8-8　Workspace 窗口

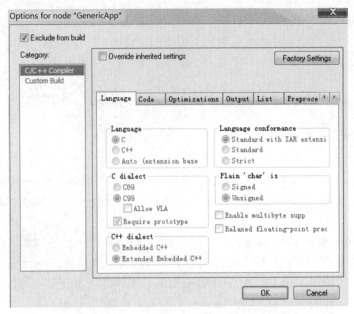

图 8-9   Options for node "GenericApp" 对话框

2. Enddevice.c 文件

在文件的头部加入地址变量的定义:

```
afAddrType_t GenericApp_DstAddr;
```

(1)终端节点向协调器定期发送消息,在 Enddevice.c 文件应用层初始化函数 GenericApp_Init()中加入如下代码初始化地址。

```
GenericApp_DstAddr.addrMode = (afAddrMode_t)Addr16Bit;    //地址为16位短地址
GenericApp_DstAddr.endPoint = GENERICAPP_ENDPOINT;        //地址的端口号
GenericApp_DstAddr.addr.shortAddr = 0;                     //目标地址为协调器

//GenericApp_Init()函数的最后加入定时触发定时器事件的定时器函数调用
osal_start_timerEx(GenericApp_TaskID,
                   GENERICAPP_SEND_MSG_EVT,
                   GENERICAPP_SEND_MSG_TIMEOUT);
```

(2)在 Enddevice.c 文件应用层事件处理 GenericApp_ProcessEvent()函数中有如下代码。

```
if (events & GENERICAPP_SEND_MSG_EVT)
{
  GenericApp_SendTheMessage();

  osal_start_timerEx(GenericApp_TaskID,
                     GENERICAPP_SEND_MSG_EVT,
                     GENERICAPP_SEND_MSG_TIMEOUT);

  return (events ^ GENERICAPP_SEND_MSG_EVT);
}
```

如果检测到了 GENERICAPP_SEND_MSG_EVT 事件,首先调用 GenericApp_SendThe-Message()函数发送消息,然后调用定时器函数 osal_start_timerEx()隔一段时间再一次产生 GENERICAPP_SEND_MSG_EVT 事件发送消息。

（3）在 GenericApp_SendTheMessage(void)函数中加入如下代码，发送"Hello Corordinator"消息给协调器。

```
static void GenericApp_SendTheMessage(void)
{
  char theMessageData[] = "Hello Corordinator";

  if (AF_DataRequest(&GenericApp_DstAddr, &GenericApp_epDesc,
                     GENERICAPP_CLUSTERID,
                     (byte)osal_strlen(theMessageData) + 1,
                     (byte *)&theMessageData,
                     &GenericApp_TransID,
                     AF_DISCV_ROUTE, AF_DEFAULT_RADIUS) == afStatus_SUCCESS)
  {
    //成功
  }
  else
  {
    //出错
  }

}
```

3. Coordinator.c 文件

（1）协调器收到消息后要发送消息给串口，在 Coordinator.c 文件应用层初始化函数 GenericApp_ Init(uint8 task_id)中加入如下代码进行串口初始化。

```
uartConfig.configured=TRUE;
uartConfig.baudRate=HAL_UART_BR_115200;    //串口波特率 115200
uartConfig.flowControl=FALSE;              //串口流量控制为否
HalUARTOpen(0,&uartConfig);                //打开串口 0
```

（2）在 Coordinator.c 文件应用层事件处理函数 GenericApp_ProcessEvent(uint8 task_id, uint16 events)中有如下代码。

```
case AF_INCOMING_MSG_CMD:
      GenericApp_MessageMSGCB(MSGpkt);
      break;
```

收到消息后，调用 GenericApp_MessageMSGCB(MSGpkt)函数进行处理。

（3）在 GenericApp_MessageMSGCB()函数加入如下代码，收到消息后，输出到串口。

```
static void GenericApp_MessageMSGCB(afIncomingMSGPacket_t *pkt)
{
  switch (pkt->clusterId)
  {
    case GENERICAPP_CLUSTERID:
      byte buffer[18];
      osal_memcpy(buffer, pkt->cmd.Data, 18);//将收到的数据复制到 buffer 数组
      HalUARTWrite(0,(uint8 *)buffer,osal_strlen(buffer)); //将 buffer 中的
                                                 //内容输到串口 0

      break;
  }
}
```

第 9 章

智能家居系统

9.1 智能家居系统设计

随着网络技术的飞速发展以及人们生活水平的提高，人们对于家庭居住环境提出了更高的要求，智能家居应运而生。智能家居是以住宅环境为平台，利用综合布线技术、网络通信技术、安全防范技术、自动控制技术、音视频技术将家居生活有关的设施集成，构建高效的住宅设施与家庭日程事务的管理系统，提升家居安全性、便利性、舒适性、艺术性，并实现环保节能的居住环境。智能家居的关键技术主要有智能控制和内部网络两部分。智能控制可以是本地控制或远程控制。本地控制是指可直接通过网络开关实现对灯或其他电器的智能控制；远程控制是指通过遥控器、电话、手机、计算机等实现各种远距离控制。

9.1.1 智能家居系统的需求分析

目前，智能家居系统主要面向高端用户，投资大，对现有的家庭装修需要进行一定程度的改变。本系统将各种设备联入无线传感器网络，在基本不改动家庭装修的前提下，以较低的成本实现智能家居系统中实用性最强的功能——远程控制和安防，将智能家居面向的客户群体扩展到普通家庭。

1. 安防系统

（1）红外人体传感：能够检测到进入检测范围的人体，并发送信息给用户。
（2）煤气浓度传感：能够检测煤气浓度，超过一定限值发送信息给用户。
（3）烟雾传感：能够检测烟雾浓度，超过一定限值发送信息给用户。
（4）水浸传感：当水浸过传感器时，发送信息给用户。
（5）家居监控：用户可以通过计算机和手机远程监控家居中重点区域。

2. 远程控制

（1）热水器远程控制：用户可以通过计算机和手机远程控制热水器进行预先加热。
（2）空调远程控制：用户可以通过计算机和手机远程控制空调进行预先操作。

9.1.2 智能家居系统分析

根据上述需求，设计如图 9-1 所示的智能家居系统。

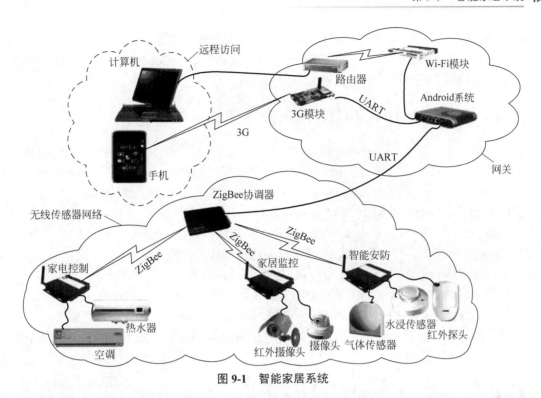

图 9-1 智能家居系统

智能家居系统分为无线传感网和智能网关两部分，无线传感网负责信息的采集和设备的控制，网关负责数据的处理及与电信网络和互联网相连。无线传感网使用 ZigBee 协议，而智能网关采用 Android 技术。

9.1.3 智能家居系统软件设计

智能家居系统结构如图 9-2 所示。

图 9-2 智能家居系统结构

（1）家电控制子系统：利用 ZigBee 技术实现空调、热水器等家电的集中控制和远程控制。

（2）智能安防子系统：感知环境中的危险因素，并及时报警。

（3）家居监控子系统：对家居中特殊位置进行集中监控和远程监控。

（4）远程控制子系统：通过手机或计算机对智能家居系统进行远程访问。

9.2 智能家居系统开发环境的搭建

智能家居系统分为无线传感网和智能网关两部分，无线传感网在前面章节已经详细论述，而智能网关负责数据的处理及与电信网络和互联网相连，智能网关采用 Android 技术。

Android 是一种以 Linux 为基础的开放源代码操作系统，主要适用于便携设备。Android 操作系统最初由 Andy Rubin 开发，主要支持手机，2005 年由 Google 收购，并组建开放手机联盟开发改良，逐渐扩展到其他领域中。

9.2.1　Mini6410 ARM11 开发板

Mini6410 是一款十分精致的低价高品质一体化 ARM11 开发板，采用三星 S3C6410 作为主处理器，在设计上承袭了 Mini2440 "精于心，简于形"的风格，而且布局更加合理，接口更加丰富，十分适用于开发 MID、汽车电子、工业控制、导航系统、媒体播放等终端设备。

具体而言，Mini6410 具有双 LCD 接口、4 线电阻触摸屏接口、100M 标准网络接口、标准 DB9 五线串口、Mini USB 2.0-OTG 接口、USB Host 1.1、3.5mm 音频输出口、在板麦克风、标准 TV-OUT 接口、弹出式 SD 卡座、红外接收等常用接口；另外，还引出 4 路 TTL 串口、CMOS Camera 接口、40pin 总线接口、30pin GPIO 接口（可复用为 SPI、I2C、中断等，另含 3 路 ADC 和一路 DAC）、SDIO2 接口（可接 SD Wi-Fi）、10pin JTAG 接口等；在板的还有蜂鸣器、I2C-EEPROM、备份电池、AD 可调电阻、8 个按键（可引出）、4 个 LED 等。所有这些都极大地方便了开发者的评估和使用，再加上按照 Mini6410 尺寸专门定制了 4.3 英寸 LCD 模块。

9.2.2　建立 Android 应用开发环境

本节将介绍如何在 Windows 系统中搭建 Android 开发环境，本书假设读者对 Android 开发有初步了解，所以不再介绍 Android 应用开发环境，只是强调开发板用的是 Android 2.3 的 ADB 功能，请确认 Android 版本不低于 Android 2.3。

由于项目中大量用到了串口功能，而串口功能在模拟器中是不支持的，所以大部分的程序需要在 Mini6410 上调试和运行。

1. 安装 USB ADB 驱动程序

以管理员身份启动 SDK Manager，在 Android SDK and AVD Manager 主界面上选择 Available Packages，单击 Third party Add-ons 前面的>图标展开选项，在如图 9-3 所示界面中勾选 Google USB Driver 选项，单击 Install 按钮。

在弹出的 Choose Packages to Install 对话框中选择 Accept All，单击 Install 按钮，将进入下载过程。

下载完成后，将 Mini6410 开机，在 Android 启动完毕后，插入 MiniUSB 线与计算机相连，这时 Windows 会提示正在安装驱动程序，并且稍后会提示"驱动程序安装失败"。右击"计算机"图标，在弹出的快捷菜单中选择"属性"→"设备管理器"，会看到一个 Mini6410 的设备，如图 9-4 所示。

右击该设备，在弹出的快捷菜单中选择"更新驱动程序软件"，在弹出的对话框中选择"浏览计算机上的驱动程序文件"，再单击"浏览"按钮，在 Android SDK 安装路径中选择 USB 驱动程序的路径，默认情况下是 C：\Program Files\Android\Android-sdk\extras\google\usb_driver，单击"下一步"按钮进行安装，将弹出一个对话框，单击"安装"按钮，稍等片刻，得到提示后表示已安装完成。

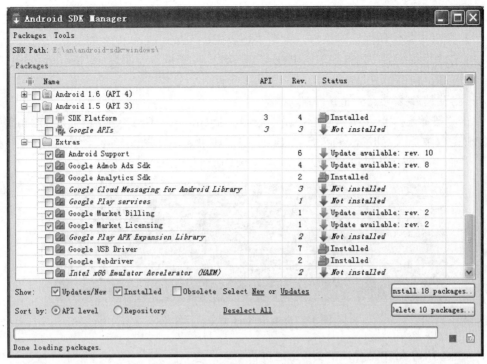

图 9-3　Android SDK Manager

图 9-4　设备管理器

2. 在 Mini6410 上测试 ADB 功能

1）将 adb 命令添加到 Path 环境变量中

通过以下方法将 adb 命令所在的路径添加到 Path 环境变量中。

（1）右击"计算机"图标，在弹出的快捷菜单中选择"属性"→"高级系统设置"。

（2）弹出"系统属性"对话框，单击"环境变量"按钮。

（3）在"系统变量"列表中双击 Path 环境变量，在变量值前面追加"C：\Program Files\Android\Android-sdk\platform-tools；"，注意后面有一个分号。

2）测试是否找到 adb 命令

单击"开始"菜单，在搜索框中输入 cmd，在 cmd.exe 中按 Enter 键启动 DOS 窗口。在 DOS 窗口中输入 adb devices 后按 Enter 键，如果显示如图 9-5 所示的信息，表示安装成功。从命令的执行结果可以看到计算机已经成功地与 Mini6410 相连。

图 9-5　adb devices 命令执行结果

3. 通过 USB ADB 在 Mini6410 上运行程序

在 Eclipse 主界面左侧的 Package Explorer 中右击要运行的 Android 项目，在弹出的快捷菜单中选择 Properties，弹出 Properties 对话框。单击 Run/Debug Settings，选择中间列表中要运行的 Android 项目，然后单击 Edit 按钮，弹出 Edit Configuration 对话框。切换至 Target 选项卡，单击 Always prompt to pick device 单选按钮，如图 9-6 所示。

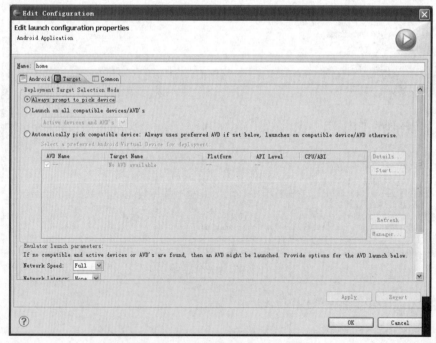

图 9-6　Edit Configuration 对话框

选择要运行的 Android 项目工程，然后单击工具栏中的"运行"按钮，或执行 Run→
Run As→Android Application 菜单命令，弹出 Android Device Chooser 对话框，如图 9-7 所示。

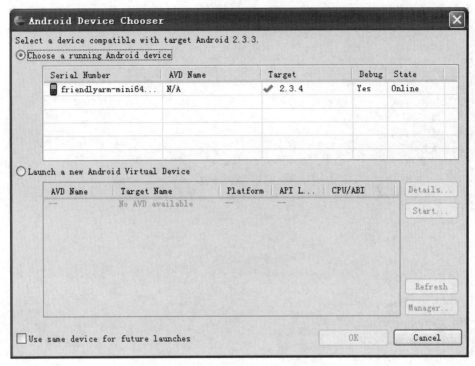

图 9-7　**Android Device Chooser 对话框**

单击 Choose a running Android device 单选按钮，然后在列表中选择 Target 为 2.3.4 的设
备（也就是 Mini6410），完成后单击 OK 按钮。

9.2.3　在 Android 程序中访问串口

为方便用户开发，需要访问开发板硬件资源的 Android 应用程序，厂家为用户开发了
一个函数库（命名为 libfriendlyarm-hardware.so），用于访问 Mini6410 或 Tiny6410 上的硬件
资源，目前支持的硬件设备包括串口设备、蜂鸣器设备、EEPROM、ADC 设备等，该库文
件位于 Android 源代码目录的以下路径：vendor\friendly-arm\mini6410\prebuilt\libfriendlyrm-
hardware.s。

（1）定位到 Android 应用程序目录，在应用程序目录下创建 libs 目录，再进入 libs 目
录创建 armeabi 目录，然后将 libfriendlyrm-hardware.so 库文件复制到 armeabi 目录下。

（2）再回到应用程序目录，进入 src 目录分别创建 com\friendlyarm\AndroidSDK 三层目录，
然后在 AndroidSDK 目录下用文件编辑器新增一个源代码文件并命名为 HardwareController.java，
在该文件中输入以下代码。

```
package com.friendlyarm.AndroidSDK;
import Android.util.Log;
public class HardwareController
{
  /* 串口 */
```

```
static public native int openSerialPort( String devName, long baud, int
dataBits, int stopBits );
/* LED */
static public native int setLedState( int ledID, int ledState );
/* PWM */
static public native int PWMPlay(int frequency);
static public native int PWMStop();
/* ADC */
static public native int readADC();
/* I2C */
static public native int openI2CDevice();
static public native int writeByteDataToI2C(int fd,  int pos, byte
byteData);
static public native int readByteDataFromI2C(int fd, int pos);
/* 通用接口*/
static public native int write(int fd, byte[] data);
static public native int read(int fd, byte[] buf, int len);
static public native int select(int fd, int sec, int usec);
static public native void close(int fd);
static {
  try {
  System.loadLibrary("friendlyarm-hardware");
  } catch (UnsatisfiedLinkError e) {
  Log.d("HardwareControler", "libfriendlyarm-hardware library not
        found!");
  }
 }
}
```

部署完毕后，启动 Eclipse，右击项目列表，在弹出的快捷菜单中选择 Refresh 命令刷新一下项目。

要使用 HardwareControler 的接口，首先需要在代码中加入以下代码导入 Hardware-Controller 类。

```
import com.friendlyarm.AndroidSDK.HardwareController;
```

9.2.4 Android 上的 Servlet 服务器 i-jetty

下面介绍如何把 Android 设备作为一个 Web 服务器使用。

i-jetty 是在 Google Android 手机平台上的 jetty（开源的 Servlet 容器）。

1. 下载与安装

从 http://code.google.com/p/i-jetty/downloads/list 下载 i-jetty-console-installer-3.0.apk，在 Mini6410 上安装就可以了。

i-jetty-console-installer-3.0-signed-aligned.apk 是 i-jetty 的控制台安装程序，安装成功后可以以 Web 方式对 i-jetty 进行管理。

2. Web 项目发布

将 Web 项目发布到设备上去。

因为 Android 上的 Java 虚拟机不能直接解释执行.class 文件，所以首先需要把 Web 项目中的.class 文件和.jar 文件转换为虚拟机能识别的.dex 文件。在转换之前，一定要确认安装的是 JavaSE，很多情况下用户计算机中的 JDK 版本是 JavaEE，所以需要重新到 Java 网站下载，并将路径配置好。

然后，运行 Android SDK 中 platform-tools 目录下的 dx.bat。

这里假设 Web 项目的目录在 E:\web，假设项目名为 web。

（1）需要将 Web 项目中 WEB-INF\classes 目录和 lib 目录下的文件用 dx 命令处理成 classes.dex 并放到 lib 目录下。在命令提示符下输入以下命令。

```
dx.bat --dex --output=E:\web\WEB-INF\lib\classes.zip E:\web\WEB-INF\
classes E:\ web\WEB-INF\lib
```

注意：如果在 Web 项目中加入了 Android 的包，则需要在这个命令前加入 core-library 参数。

（2）打成 war 包。

```
cd E:\web
jar -cvf web.war *.*
```

（3）生成 classes.zip 后，可以将原先的.class 和.jar 删除。

（4）通过 i-jetty 的下载功能，把 war 下载到设备，也可以直接把 web.war 放到\sdcard\jetty\webapps/目录下。

（5）启动 i-jetty 服务器后，就可以在浏览器中访问 Web 项目了，项目名为 Web。

9.3　智能家居系统下位机程序设计

9.3.1　下位机程序设计思路

根据需求，SimpleApp 工程基本能满足下位机的功能要求，但在 SimpleApp 工程中 SimpleControllerEB 和 SimpleSwitchEB 配合实现了灯开关实验，而 SimpleCollectorEB 和 SimpleSensorEB 配合实现了温度传感实验。智能家居系统下位机需要一个协调器节点、一个传感器节点和一个控制器节点，所以需要将 SimpleCollectorEB 节点的功能转移到 SimpleControllerEB 节点上。如果需要增加协调器节点和传感器节点，可以依照 SimpleSensorEB 和 SimpleSwitchEB 工程添加程序文件。

9.3.2　一键报警功能下位机实现

（1）SimpleCollectorEB 工程和 SimpleControllerEB 工程的主要区别在于对串口的支持，在 SimpleControllerEB 的预编译选项中加入以下内容。

```
ZTOOL_P1
MT_TASK
MT_SYS_FUNC
```

（2）将原来 SimpleController.c 文件接收数据处理函数 zb_ReceiveDataIndication()处理代码由闪烁 LED1 修改为向串口发送数据 'a'，代码如下。

```
void zb_ReceiveDataIndication(uint16 source, uint16 command, uint16 len,
uint8 *pData)
{
```

```
uint8 strAlert[] = {'a'};
if (command == TOGGLE_LIGHT_CMD_ID)
{
  //HalLedSet(HAL_LED_1, HAL_LED_MODE_TOGGLE);
  HalUARTWrite(0,(uint8 *)strAlert,1);
}
...
}
```

9.3.3　水浸报警功能下位机实现

水浸传感器每隔 1s 采集水浸传感器电压值,如果超出正常范围,则向协调器发送消息。

1. SimpleController.c 文件的修改

(1) 修改 SimpleController.c 文件,在其中加入处理水浸传感器的簇。

```
const cId_t zb_InCmdList[NUM_IN_CMD_CONTROLLER] =
{
  TOGGLE_LIGHT_CMD_ID,
  SENSOR_REPORT_CMD_ID
};
```

(2) 在 SimpleController.c 文件中加入宏。

```
#define WATER_REPORT 0x03
```

(3) 修改 SimpleController.c 文件的 zb_ReceiveDataIndication()函数,加入处理 SENSOR_ REPORT_ CMD_ID 簇的代码。

```
if (pData[0] == WATER_REPORT)
{
    HalUARTWrite(0,(uint8 *)"w",1);
}
```

2. SimpleSensor.c 文件的修改

(1) 在 SimpleSensor.c 文件中加入宏。

```
#define WATER_REPORT 0x03
```

(2) 在 SimpleSensor.c 文件中加入事件定义。

```
#define MY_REPORT_WATER_EVT0x0010
```

(3) 在 void myApp_StartReporting (void) 函数中加入定时触发事件的语句。

```
osal_start_timerEx(sapi_TaskID,MY_REPORT_WATER_EVT,myWaterReportPeriod
);
```

其中,变量myWaterReportPeriod 当前值为 1000,也就是每隔 1s 触发 MY_ REPORT_WATER_ EVT 事件,对水浸传感器进行检测。

(4) 在 void zb_HandleOsalEvent (uint16 event) 函数中加入处理 MY_REPORT_ WATER_ EVT 事件的代码。

```
if (event & MY_REPORT_WATER_EVT)
{
  pData[0] = WATER_REPORT;
  water=myApp_ReadWater();
```

```
    if(water>3000)
    {
      zb_SendDataRequest(0xFFFE,SENSOR_REPORT_CMD_ID,2,pData,0,AF_ACK_
                         REQUEST,0);
    }
  }
```

9.3.4 中断方式报警的红外入侵传感器的实现

当有人体进入探测范围时，红外入侵传感器输出一个高电平，利用从低电平到高电平的跳变触发中断，向协调器即时发送消息。

1. SimpleController.c 文件的修改

（1）在 SimpleController.c 文件中加入宏。

```
#define HONG_WAI_REPORT 0x04
```

（2）修改 SimpleController.c 文件 zb_ReceiveDataIndication()函数，加入处理 HONG_WAI_REPORT 事件的代码。

```
if ( pData[0] == HONG_WAI_REPORT )
{
    HalUARTWrite(0,(uint8 *)"h",1);
}
```

2. hal_key.c 文件的修改

hal_key.c 文件中有端口 P0 和 P2 的中断的宏定义，由于传感器板上红外入侵传感器的引脚是 P1_2，所以需要在这个文件中加入端口 P1 的中断的宏定义。

```
HAL_ISR_FUNCTION(hongWaiPort1Isr, P1INT_VECTOR)
{
  HAL_ENTER_ISR();

  if(P1IFG&(0x04))
    osal_set_event(tempTaskID,HONG_WAI_EVT);
  P1IFG&=~0x04;
  HAL_EXIT_ISR();
}
```

代码分析

（1）宏定义 HAL_ISR_FUNCTION（hongWaiPort1Isr，P1INT_VECTOR）中，第 1 个参数是中断处理函数名称，第 2 个参数是 P1 端口的中断向量，由于 Z-Stack 中已经定义好了，所以不需要重新定义。

（2）语句 if（P1IFG&（0x04））osal_set_event（tempTaskID，HONG_WAI_EVT）判断中断是否发生在 P1_2。如果是，则设置事件，事件交给 tempTaskID 规定的层进行处理，事件名为 HONG_WAI_EVT，这个事件在 hal_key.c 文件中定义：

```
#define HONG_WAI_EVT 0x0020
```

在这里是交给应用层进行事件处理，这是由于在进行中断初始化时，将应用层的 ID 通过中断初始化赋给了 tempTaskID。

（3）语句 P1IFG&=~0x04 清除中断标志。

3. initHongWai(uint8 hongWaiTaskID)函数

中断相关的寄存器需要初始化，这些任务在 hal_key.c 文件中编写 initHongWai(uint8 hongWaiTaskID)函数完成，initHongWai()函数在 SimpleSensor.c 文件中的 void myApp_StartReporting(void)函数中调用，在开始处理各种传感器事件时开中断，允许红外入侵传感器产生中断。

```
void initHongWai(uint8 hongWaiTaskID)
{
  tempTaskID=hongWaiTaskID;        //保存应用层 TaskID
  P1SEL  &= ~0x0C;                 //P1 端口为通用端口
  P1INP  &= ~0x0C;
  P2INP|=0x40;                     //P1_2 为下拉
  P1IEN |= 0x0C;                   //P1_2 设置为中断使能
  PICTL &= ~0x02;                  //上升沿触发
  IEN2  |= 0x10;                   //P1 端口设置为中断使能
  P1IFG &= 0x0C;                   //清除中断标志位
}
```

4. SimpleSensor.c 文件的修改

在 void zb_HandleOsalEvent(uint16 event)函数中加入处理 HONG_WAI_EVT 事件的代码。

```
if(event & (HONG_WAI_EVT))
  {
    uint8 pData[2];
    pData[0] = HONG_WAI_REPORT;
    zb_SendDataRequest(0xFFFE, SENSOR_REPORT_CMD_ID, 1, pData, 0, AF_ACK_
                       REQUEST, 0);
  }
```

9.4 智能家居系统设置模块

9.4.1 SQLite 简介

SQLite 是一个非常流行的嵌入式数据库，它支持结构化查询语言（Structured Query Language, SQL），并且只利用很少的内存就能获得很好的性能，作为一款轻型数据库，SQLite 的设计目标就是嵌入式的，目前已经应用在很多嵌入式产品中。SQLite 占用资源非常少，在嵌入式设备中，可能只需要几百 KB 的内存。由于 JDBC 不适合嵌入式设备这种内存受限设备，所以 Android 系统中广泛使用 SQLite。SQLite 是开源的，任何人都可以使用。许多开源项目（Mozilla、PHP、Python）都支持 SQLite。

SQLite 基本上符合 SQL-92 标准，与其他的主要 SQL 数据库没什么区别。它的优点就是高效，Android 运行时环境中包含完整的 SQLite。SQLite 和其他数据库最大的不同就是对数据类型的支持，创建一个表时，可以在 CREATE TABLE 语句中指定某列的数据类型，但是可以把任何数据类型放入任何列中。当某个值插入数据库时，SQLite 将检查它的类型，如果该类型与关联的列不匹配，SQLite 会尝试将该值转换成该列的类型。如果不能转换，则该值将作为其本身具有的类型存储。例如，可以把一个字符串（String）放入 INTEGER 列。

SQLite 称其为"弱类型"（Manifest Typing）。此外，SQLite 不支持一些标准的 SQL 功能，特别是外键约束（Foreign Key Constrains）、嵌套 Transaction 和 RIGHT OUTER JOIN 和 FULL OUTER JOIN，还有一些 ALTER TABLE 功能。除了上述功能外，SQLite 是一个完整的 SQL 数据库系统，拥有完整的触发器、交易等。

Android 在运行时集成了 SQLite，所以每个 Android 应用程序都可以使用 SQLite 数据库。但是，由于 JDBC 会消耗太多的系统资源，所以 JDBC 对于嵌入式设备这种内存受限设备来说并不合适。因此，Android 提供了一套新的 API 使用 SQLite 数据库。数据库文件存储在\data\data\<项目文件夹>\databases/下。

需要注意的是，每个 Android 应用程序拥有自己独有的 SQLite 数据库，其他应用程序通常情况下是无法访问应用程序独有的 SQLite 数据库的。

Activites 可以通过 ContentProvider 或 Service 访问一个数据库。以下是在 Android 平台中的 SQLite 的特性。

（1）SQLite 通过文件保存数据库，一个文件就是一个数据库。

（2）数据库中包含数个表格。

（3）每个表格中包含多个记录。

（4）每个记录由多个字段组成。

（5）每个字段都有其对应的值。

（6）每个值都可以指定类型。

9.4.2　Android 系统中 SQLite 数据库的操作

Android 平台数据库相关类如下。

（1）SQLiteOpenHelper 抽象类：通过从此类继承实现用户类，提供数据库打开、关闭等操作。

（2）SQLiteDatabase 数据库访问类：执行对数据库的插入记录、查询记录等操作。

1. 查询操作

通过 SQLiteDatabase 类的 query()方法从表格中查询记录。query()方法用 SELECT 语句段构建查询。SELECT 语句内容作为 query()方法的参数，如要查询的表名、要获取的字段名、WHERE 条件、包含可选的位置参数、替代 WHERE 条件中位置参数的值、GROUP BY 条件、HAVING 条件。除了表名，其他参数可以是 null。

例如，在智能家居项目中，将一键报警、入侵检测、烟雾报警和水浸报警的开关量保存在 switch 表中，在调用 query()方法时，只需要将表名 switch 作为参数，返回一个 Cursor 类的对象，调用这个对象的 moveToFirst()方法，指向结果集的第 1 条记录，然后使用 Cursor 类的对象的 getInt()和 getColumnIndex()方法，得到具体的开关量的值。代码如下。

```
Cursor cursor=db.query("switch", null, null, null, null, null, null);
boolean b=cursor.moveToFirst();

alert=cursor.getInt(cursor.getColumnIndex("alert"));
invasion=cursor.getInt(cursor.getColumnIndex("invasion"));
smoke=cursor.getInt(cursor.getColumnIndex("smoke"));
water=cursor.getInt(cursor.getColumnIndex("water"));
```

2. 修改操作

修改数据需要使用 ContentValues 对象，首先构造 ContentValues 对象，然后调用 put() 方法将属性值写入 ContentValues 对象，最后使用 SQLiteDatabase 对象的 update()方法将 ContentValues 对象中的数据更新到数据库中。

执行更新操作时，如果只给部分字段赋值，那么更新后，没有赋值的字段仍然保持原来的值不变。

将新的开关量的值保存到 SQLite 数据库中，首先将每个字段的值存入一个 ContentValues 类的对象，然后将这个对象作为参数，调用 SQLiteDatabase 类的 update()方法，实现这个功能具体的代码如下。

```
ContentValues c=new ContentValues();
  c.put("alert", alert),
  c.put("invasion", invasion);
  c.put("smoke", smoke);
  c.put("water", water);

  db.update("switch", c, null, null);
```

9.4.3　智能家居系统设置模块的实现

系统设置模块的功能是设置水浸传感器、一键报警器、烟雾报警器和入侵报警器开关操作，是由 Activity 类实现的。首先读取 switch 表中的记录，决定报警器的初始状态是开还是关，单击"保存"按钮后，将修改的内容存入 switch 表中，代码如下。

```
package ZigBee.smarthome;
import ZigBee.smarthome.HomeActivity.MyButtonListener;
import ZigBee.smarthome.R;
import Android.app.Activity;
import Android.content.ContentValues;
import Android.content.Context;
import Android.content.Intent;
import Android.database.Cursor;
import Android.database.sqlite.SQLiteDatabase;
import Android.database.sqlite.SQLiteOpenHelper;
import Android.database.sqlite.SQLiteDatabase.CursorFactory;
import Android.os.Bundle;
import Android.view.View;
import Android.view.View.OnClickListener;
import Android.widget.Button;
import Android.widget.EditText;
import Android.widget.RadioButton;
import Android.widget.TextView;
import com.friendlyarm.AndroidSDK.*;
public class SetActivity extends Activity{

    private Context c;
    private Button saveButton = null;
    public static RadioButton invasionButtonOpen,invasionButtonClose,
    waterButtonOpen,waterButtonClose;
    public static RadioButton smokeButtonOpen,smokeButtonClose,
    alertButtonOpen,alertButtonClose;
    int alert,water,smoke,invasion;
    private SQLiteDatabase db;
```

```java
    @Override
    protected void onCreate(Bundle savedInstanceState) {
        super.onCreate(savedInstanceState);
        try{
            db=this.openOrCreateDatabase("home.db", MODE_PRIVATE,null);

        }
        catch(Exception e)
        {
            e.printStackTrace();
        }
        Cursor cursor=db.query("switch", null, null, null, null, null, null);
        boolean b=cursor.moveToFirst();

        setContentView(R.layout.set);

        alert=cursor.getInt(cursor.getColumnIndex("alert"));
        invasion=cursor.getInt(cursor.getColumnIndex("invasion"));
        smoke=cursor.getInt(cursor.getColumnIndex("smoke"));
        water=cursor.getInt(cursor.getColumnIndex("water"));

        invasionButtonOpen=(RadioButton)findViewById (R.id.invasionButtonOpen);
        invasionButtonClose=(RadioButton)findViewById (R.id.invasionButtonClose);

        alertButtonOpen=(RadioButton)findViewById(R.id.alertButtonOpen);
        alertButtonClose=(RadioButton)findViewById (R.id.alertButtonClose);

        smokeButtonOpen=(RadioButton)findViewById(R.id.smokeButtonOpen);
        smokeButtonClose=(RadioButton)findViewById (R.id.smokeButtonClose);

        waterButtonOpen=(RadioButton)findViewById(R.id.waterButtonOpen);
        waterButtonClose=(RadioButton)findViewById (R.id.waterButtonClose);

        saveButton=(Button)findViewById(R.id.saveButton);
        saveButton.setOnClickListener(new SaveButtonListener());

        if(alert!=0)alertButtonOpen.setChecked(true);
        else alertButtonClose.setChecked(true);

        if(invasion!=0)invasionButtonOpen.setChecked(true);
        else invasionButtonClose.setChecked(true);

        if(smoke!=0)smokeButtonOpen.setChecked(true);
        else smokeButtonClose.setChecked(true);

        if(water!=0)waterButtonOpen.setChecked(true);
        else waterButtonClose.setChecked(true);

    }

class SaveButtonListener implements OnClickListener{

    public void onClick(View v) {
        //生成一个 Intent 对象

    if(alertButtonOpen.isChecked())alert=1;else alert=0;
    if(invasionButtonOpen.isChecked())invasion=1;else invasion=0;
    if(smokeButtonOpen.isChecked())smoke=1;else smoke=0;
```

```
        if( waterButtonOpen.isChecked())water=1;else water=0;


        ContentValues c=new ContentValues();
        c.put("alert", alert);
        c.put("invasion", invasion);
        c.put("smoke", smoke);
        c.put("water", water);

        db.update("switch", c, null, null);
        db.close();

        }
    }
};
```

9.5　智能家居系统监听服务

智能家居系统中，Mini6410使用串口2与下位机相连，使用串口3与短信模块相连。智能家居系统监听服务监听串口2，如果收到t命令，则更新主界面的温湿度；如果收到水浸报警，则通过串口3向短信模块发送命令发送短信报警。智能家居系统监听服务监听串口3，如果收到短信模块收到的用户命令，则向串口2转发。

9.5.1　Android Service

1. Service 概述

服务(Service)是在一段不定的时间运行在后台，不与用户交互的应用组件。每个Service必须在manifest中通过<service>来声明，可以通过contect.startservice和contect.bindserverice来启动。

Service 和其他的应用组件一样，运行在进程的主线程中。也就是说，如果 Service 需要很多耗时或阻塞的操作，需要在其子线程中实现。它可以运行在它自己的进程中，也可以运行在其他应用程序进程的上下文（Context）中，这取决于自身的需要。Service 非常适用于无须用户干预，且需要长期运行的后台功能。Service 没有用户界面，有利于降低系统资源的消耗，而且 Service 比 Activity 具有更高的优先级，因此在系统资源紧张时，Service 不会轻易地被终止。

其他的组件可以绑定到一个服务（Service）上面，通过远程过程调用（Remote Procedure Call, RPC）调用这个方法。例如，媒体播放器的服务，当用户退出媒体选择用户界面，希望音乐可以继续播放时，就是由服务（Service）保证当用户界面关闭时音乐继续播放的。

2. Service 生命周期

Service 的生命周期比较简单，它只继承了 onCreate()、onStart()、onDestroy()这 3 个方法，当第 1 次启动 Service 时，先调用了 onCreate()方法，完成了初始化工作，然后调用 onStart()方法；当停止 Service 时，则调用 onDestroy()方法，释放所占用的资源。这里需要注意的是，如果 Service 已经启动了，当再次启动 Service 时，不会再调用 onCreate()方法，而是直接调用 onStart()方法。

3. 如何使用 Service

Service 有两种模式：startService()和 bindService()。

服务不能自己运行，需要通过调用 Context.startService()或 Context.bindService()方法启动服务。这两个方法都可以启动 Service，但是它们的使用场合有所不同。

（1）调用 startService()方法启用服务，调用者与服务之间没有关联，即使调用者退出了，服务仍然运行。

如果打算采用 Context.startService()方法启动服务，在服务未被创建时，系统会先调用服务的 onCreate()方法，接着调用 onStart()方法。

如果调用 startService()方法前服务已经被创建，多次调用 startService()方法并不会导致多次创建服务，但会导致多次调用 onStart()方法。

采用 startService()方法启动的服务，只能调用 Context.stopService()方法结束服务，服务结束时会调用 onDestroy()方法。

（2）调用 bindService()方法启用服务，调用者与服务绑定在一起，调用者一旦退出，服务也就终止。

只有采用 Context.bindService()方法启动服务时才会回调 onBind()方法。该方法在调用者与服务绑定时被调用，当调用者与服务已经绑定时，多次调用 Context.bindService()方法并不会导致该方法被多次调用。

采用 Context.bindService()方法启动服务时只能调用 onUnbind()方法解除调用者与服务的关联，服务结束时会调用 onDestroy()方法。

（3）完成 Service 类后，需要在 AndroidManifest.xml 文件中注册这个 Service。

9.5.2　Android 多线程

创建的 Service、Activity 以及 Broadcast 均是一个主线程处理，这里可以理解为 UI 线程。但是，在操作一些耗时操作（如 I/O 读写的大文件读写、数据库操作以及网络下载）时需要很长时间，会降低用户界面的响应速度，甚至导致用户界面失去响应。当用户界面失去响应超过 5s 时，Android 系统会允许用户强行关闭程序。为了不阻塞用户界面，可以将耗时的处理过程转移到子线程上。

在 Android 系统中，当一个程序第 1 次启动时，Android 会启动一个 Linux 进程和一个主线程。在默认的情况下，所有该程序的组件都将在该进程和线程中运行。同时，Android 会为每个应用程序分配一个单独的 Linux 用户。Android 会尽量保留一个正在运行的进程，只在内存资源出现不足时，Android 会尝试停止一些进程从而释放足够的资源给其他新的进程使用，也能保证用户正在访问的当前进程有足够的资源去及时地响应用户的事件。Android 会根据进程中运行的组件类别以及组件的状态判断该进程的重要性，Android 会首先停止那些不重要的进程。前台进程是用户当前正在使用的进程。只有一些前台进程可以在任何时候都存在。它们是最后一个被结束的，当内存低到根本连它们都不能运行时，在这种情况下，设备会进行内存调度，中止一些前台进程保持对用户交互的响应。当一个程序第 1 次启动时，Android 会同时启动一个对应的主线程（Main Thread），主线程主要负责处理与 UI 相关的事件，如用户的按键事件、用户接触屏幕的事件以及屏幕绘图事件，并把相关的事件分发到对应的组件进行处理。所以，主线程通常又叫作 UI 线程。在开发

Android 应用时必须遵守单线程模型的原则——Android UI 操作并不是线程安全的并且这些操作必须在 UI 线程中执行。

线程是独立运行的程序单元,多个线程可以并行执行。线程是进程的一个实体,是 CPU 调度和分派的基本单位,它是比进程更小的能独立运行的基本单位。线程自己基本上不拥有系统资源,只拥有一点在运行中必不可少的资源(如程序计数器、一组寄存器和栈),但是它可与同属一个进程的其他线程共享进程所拥有的全部资源。线程也称为轻型进程。

在 Java 语言中,建立和使用线程比较简单,首先需要实现 Java 的 Runnable 接口,并重载 run()方法,在 run()方法中放置代码的主体部分;然后创建 Thread 对象,并将上面实现的 Runnable 对象作为参数传递给 Thread 对象。Thread 的构造函数中,第 1 个参数用来表示线程组,第 2 个参数是需要执行的 Runnable 对象,第 3 个参数是线程的名称。

Android 系统的 UI 控件都没有设计成为线程安全类型,所以需要引入一些同步的机制使其刷新。在 Android 中,只要是关于 UI 相关的东西,就不能放在子线程中,因为子线程是不能操作 UI 的,只能进行数据、系统等其他非 UI 的操作。在单线程模型下,为了解决类似的问题,Android 系统提供了多种方法,比较常见的是使用 Handler 对象更新用户界面。

Handler 可以分发 Message 对象和 Runnable 对象到主线程的消息队列中,每个 Handler 都会绑定到创建它的线程中(一般是位于主线程)。它具有以下两个作用。

(1)安排消息或 Runnable 在某个主线程中某个地方执行。

(2)安排一个动作在不同的线程中执行子类需要继承 Handler 类,并重写 handler-Message(Message msg)方法,用于接收线程数据。

当用户建立一个新的 Handler 对象后,通过 post()方法将 Runnable 对象从后台线程发送到 GUI 的消息队列中,当 Runnable 对象通过消息队列后,这个 Runnable 对象将被运行。

9.5.3　短信的发送与接收

西门子公司的 TC35 是一款双频(900/1800MHz)高度集成的 GSM 模块,具有短信功能与电话接听功能。可以使用 AT 指令控制 TC35 模块。AT 指令在当代手机通信中起着重要的作用,能够通过 AT 指令控制手机的许多行为,包括拨叫号码、按键控制、传真、GPRS 等。

1. 发送短信

发送有 PDU 模式和 TEXT 模式,TEXT 模式比较简单,但 PDU 模式可以发送中文,下面介绍 TEXT 模式。

(1)开始 AT 命令。

　　发送:AT<回车>

　　返回:AT<回车>

　　OK

(2)设置 TEXT 模式。

　　发送:AT+CMGF=1<回车>

　　返回:AT+CMGF=1<回车>

　　OK

（3）设置短信中心，具体的号码取决于本地网络运营商。

发送：AT+CSCA=+8613010130500<回车>

返回：AT+CSCA=+8613010130500<回车>

OK

（4）设置目的手机号码。

发送：AT+CSCA=+8613010130500<回车>

返回：AT+CSCA

发送：AT+CMGS=13132061066<回车>

返回：AT+CMGS=13132061066<回车>

>

（5）发送信息。

发送：XXXXXX[X 是指阿拉伯数字 0～9，英文 26 个字母 A～Z]

返回：XXXXXX[X 是指阿拉伯数字 0～9，英文 26 个字母 A～Z]

发送：1A（十六进制发送）<回车>

（6）如果不能正常发送，返回 ERROR，则说明需要格式化。可以发送 AT&F 命令格式化。

发送：AT&F<回车>

返回：AT&F<回车>

OK

2. 接收短信

（1）开始接收 AT 命令，选择如何从网络上接收短信息。

AT+CNMI=1，1，2

有短信时会有如下提示，后面的 N 表示第多少条短信。

+CMTI：“SM”，N

（2）读短信命令。

AT+CMGR=N

9.5.4　智能家居系统监听服务的实现

```
package ZigBee.smarthome;

import com.friendlyarm.AndroidSDK.HardwareControler;

import Android.app.Service;
import Android.content.Intent;
import Android.database.Cursor;
import Android.database.sqlite.SQLiteDatabase;
import Android.os.Bundle;
import Android.os.IBinder;
import Android.widget.Toast;

public class RandomService extends Service{
    private int fd2,fd3;
    private Thread comListener2;
    private Thread comListener3;
    private SQLiteDatabase db;
```

```java
int flag=0;

@Override
public void onCreate() {
    super.onCreate();
    int state=0;
    byte[] buf=new byte[20];
    boolean b;
    String com1;

    fd2=HardwareControler.openSerialPort(/dev/s3c2410_serial2", 38400, 8,1);

    fd3=HardwareControler.openSerialPort("/dev/s3c2410_serial3", 9600, 8,1);

    try{
        db=this.openOrCreateDatabase("home.db", MODE_PRIVATE,null);
    }
    catch(Exception e){
        e.printStackTrace();
    }

    comListener2 = new Thread(null,comRead2,"comListener2");
    comListener3 = new Thread(null,comRead3,"comListener3");

    Cursor cursor=db.query("telephone", null, null, null, null, null, null);
    b=cursor.moveToFirst();
    String center=cursor.getString(cursor.getColumnIndex("center"));
    byte[] commandAT={'A','T','\r'};

    byte[] commandCMGF={'A','T','+','C','M','G','F','=','1','\r'};
    HardwareControler.write(fd3,commandAT);
    while((state=HardwareControler.select(fd3, 1, 100))==0);
    HardwareControler.read(fd3, buf, 20);
    com1=new String(buf);
    HardwareControler.write(fd3,commandCMGF);
    while((state=HardwareControler.select(fd3, 1, 100))==0);
    HardwareControler.read(fd3, buf, 20);
    com1=new String(buf);
    String CSCAStr="AT+CSCA="+center+"\r";
    byte[] csca=CSCAStr.getBytes();
    HardwareControler.write(fd3,csca);
    while((state=HardwareControler.select(fd3, 1, 100))==0);
    HardwareControler.read(fd3, buf, 20);
    com1=new String(buf);

    String CNMIStr="AT+CNMI=1,1,2;\r";
    byte[] cnmi=CNMIStr.getBytes();
    HardwareControler.write(fd3,cnmi);
    while((state=HardwareControler.select(fd3,1,100))==0);

    HardwareControler.read(fd3,buf,20);
    com1=new String(buf);
    flag=1;

}

@Override
public void onStart(Intent intent, int startId) {
    super.onStart(intent, startId);
```

```java
        if (!comListener2.isAlive()){
        comListener2.start();
        }
        if (!comListener3.isAlive()){
         comListener3.start();
        }

}

@Override
public void onDestroy() {
    super.onDestroy();

    HardwareControler.close(fd2);
    HardwareControler.close(fd3);

    db.close();

    comListener2.interrupt();
}


@Override
public IBinder onBind(Intent intent) {
    return null;
}
private Runnable comRead2 = new Runnable(){
    @Override
    public void run() {
        int state=0;
        byte[] buf=new byte[80];
        for(int i=0;i<20;i++)buf[i]=0;

        try {

            while(!Thread.interrupted()){

                while((state=HardwareControler.select(fd3,2,100))==0);
                if(flag==1)
                {
                    flag=0;
                    Thread.sleep(2000);
                    HardwareControler.read(fd3,buf,20);
                    String com=new String(buf);

                if(com.indexOf("+CMTI")>=0)
                {
                    int l1=com.indexOf(',')+1;
                    int l2=com.indexOf('\r', 2);
                    String msgno=com.substring(l1, l2);

                    String CMGRStr="AT+CMGR="+msgno+"\r";
                    byte[] cmgr=CMGRStr.getBytes();
                    HardwareControler.write(fd3,cmgr);
                    while((state=HardwareControler.select(fd3, 1, 100))==0);
                    Thread.sleep(2000);
                    HardwareControler.read(fd3,buf,80);
                    com=new String(buf);

                    l1=com.indexOf('\n', 2)+1;
```

```
                           l2=com.indexOf('\n', l1)+1;
                           l1=com.indexOf('\n', l2);
                           String msg=com.substring(l2,l1-1);
                           byte[] s=msg.getBytes();
                           HardwareControler.write(fd2,s);
                       }
                       flag=1;
                   }
               }
           }
       catch (Exception e) {
         e.printStackTrace();
       }
     }
};

private Runnable comRead3 = new Runnable(){
    @Override
    public void run() {

        try {
            while(!Thread.interrupted()){

                int state=0;
                byte[] buf=new byte[20];
                byte[] send={0x1A,'\r'};
                String com1;

                while((state=HardwareControler.select(fd2,1,100))==0);
                HardwareControler.read(fd2,buf,5);
                if(buf[0]=='t')
                {
                    String com=new String(buf);
                    HomeActivity.UpdateGUI(com);
                }
                if(buf[0]=='w')
                {

                Cursor cursor=db.query("switch",null,null,null,null,
                null,null);
                boolean b=cursor.moveToFirst();
                int water=cursor.getInt(cursor.getColumnIndex ("water"));
                if(water==1)
                {
                    if(flag==1)
                    {
                        flag=0;
                        cursor=db.query("telephone", null, null, null,
                        null, null, null);
                        b=cursor.moveToFirst();
                        String host=cursor.getString(cursor. getColumnIndex
                        ("host"));

                        String CMGFStr="AT+CMGS="+host+"\r";
                        byte[] cmgf=CMGFStr.getBytes();
                        HardwareControler.write(fd3,cmgf);
                        while((state=HardwareControler.select(fd3, 1,
                        100))==0);
                        HardwareControler.read(fd3, buf, 20);
```

```
                        Thread.sleep(2000);

                        String contentStr="water! ";
                        byte[] content=contentStr.getBytes();
                        HardwareControler.write(fd3,content);
                        while((state=HardwareControler.select(fd3, 1,
                        100))==0);
                        HardwareControler.read(fd3, buf, 20);
                        com1=new String(buf);
                        Thread.sleep(2000);

                        HardwareControler.write(fd3,send);
                        while((state=HardwareControler.select(fd3, 1,
                        100))==0);
                        HardwareControler.read(fd3, buf, 20);
                        com1=new String(buf);
                        Thread.sleep(20000);

                        String CNMIStr="AT+CNMI=1,1,2;\r";
                        byte[] cnmi=CNMIStr.getBytes();
                        HardwareControler.write(fd3,cnmi);
                        while((state=HardwareControler.select(fd3, 1,
                        100))==0);

                        HardwareControler.read(fd3, buf, 20);
                        com1=new String(buf);

                    }
                    flag=1;
                }
            }
        }


    }
    catch (Exception e) {
      e.printStackTrace();
    }
  }
};

}
```

9.6　Web 方式访问智能家居系统

在智能家居系统中，需要以 Web 方式访问系统，i-jetty 可以提供 Servlet 容器，但如何在 i-jetty 的 Web 项目和智能家居系统间共享数据就成为一个重要的问题。SharedPreferences 是一种选择，但 SharedPreferences 的一个局限就是应用程序对其他应用程序的数据只能读不能写。Android 的 ContentProvider 可以解决这个问题。

9.6.1　ContentProvider 简介

数据库在 Android 中是私有的，当然这些数据包括文件数据、数据库数据以及一些其他类型的数据。每个数据库都只能由创建它的包访问,这意味着只能由创建数据库的进程访问它。一个 ContentProvider 类实现了一组标准的方法接口,从而能够让其他的应用保存或读取此 ContentProvider 的各种数据类型。也就是说,一个程序可以通过实现一个 ContentProvider 的抽象接口将自己的数据暴露出去。外界根本看不到,也不用看到这个应用暴露的数据在应用当中是如何存储的,或者是用数据库存储还是用文件存储,还是通过网上获得,这一切都不重要,重要的是外界可以通过这一套标准及统一的接口和程序中的数据打交道,可以读取程序的数据,也可以删除程序的数据。

外界的程序可以通过 ContentResolver 接口访问 ContentProvider 提供的数据,在 Activity 中通过 getContentResolver()方法可以得到当前应用的 ContentResolver 实例。ContentResolver 提供的接口和 ContentProvider 中需要实现的接口对应,主要有以下几个。

(1) query(Uri uri,String[] projection,String selection,String[] selectionArgs,String sortOrder):通过 URI 进行查询,返回一个 Cursor。

(2) insert(Uri url,ContentValues values):将一组数据插入 URI 指定的地方。

(3) update(Uri uri,ContentValues values,String where,String[] selectionArgs):更新 URI 指定位置的数据。

(4) delete(Uri url,String where,String[] selectionArgs):删除指定 URI 并且符合一定条件的数据。

Android 中的 ContentProvider 机制可支持在多个应用中存储和读取数据,这也是跨应用共享数据的唯一方式。在 Android 系统中,没有一个公共的内存区域供多个应用共享存储数据。

Android 系统提供了一些主要数据类型的 ContentProvider,如音频、视频、图片和私人通讯录等。可在 Android.provider 包下面找到一些 Android 系统提供的 ContentProvider;可以获得这些 ContentProvider,查询它们包含的数据。

9.6.2　ContentProvider 操作

所有 ContentProvider 都需要实现相同的接口用于查询 ContentProvider 并返回数据,包括增加、修改和删除数据。

首先需要获得一个 ContentResolver 的实例,可通过 Activity 的成员方法 getContent-Resolver() 获得。

```
ContentResolver cr = getContentResolver();
```

ContentResolver 实例的方法可实现找到指定的 ContentProvider 并获取 ContentProvider 的数据。

ContentResolver 的查询过程开始,Android 系统将确定查询所需的具体 ContentProvider,确认它是否启动并运行它。Android 系统负责初始化所有 ContentProvider,不需要用户自己创建。ContentResolver 的用户都不可能直接访问到 ContentProvider 实例,只能通过 ContentResolver 在中间代理。

每个 ContentProvider 定义一个唯一的公开的 URI,用于指定它的数据集。一个 ContentProvider 可以包含多个数据集(可以看作多张表),这样就需要有多个 URI 与每个数据集对应。URI 要以这样的格式开头:

```
content:/
```

1. 查询 ContentProvider

要想使用一个 ContentProvider，需要以下信息。

（1）定义这个 ContentProvider 的 URI 返回结果的字段名称以及数据类型。

（2）如果需要查询 ContentProvider 数据集的特定记录（行），还需要知道该记录的 ID 值。

（3）查询就是输入 URI 等参数，其中 URI 是必需的，其他是可选的，如果系统能找到 URI 对应的 ContentProvider，将返回一个 Cursor 对象。

可以通过 ContentResolver.query()或 Activity.managedQuery()方法进行查询，两者的参数完全一样，查询过程和返回值也是相同的。区别是通过 Activity.managedQuery()方法，不但获取到 Cursor 对象，而且能够管理 Cursor 对象的生命周期，如当 Activity 暂停（pause）时，卸载该 Cursor 对象，当 Activity 重启（restart）时重新查询。另外，也可以将一个没有处于 Activity 管理的 Cursor 对象做成被 Activity 管理的，可通过调用 Activity.startManagingCursor()方法实现。

从 Android 通信录中得到姓名字段，方法如下。

```
Cursor cursor = getContentResolver().query(ContactsContract. CommonDataKinds.
Phone.CONTENT_URI,null,null,null,null);
```

不同的 ContentProvider 会返回不同的列和名称，但是会有两个相同的列，一个是_ID，用于唯一标识记录；另一个是_COUNT，用于记录整个结果集的大小。

如果在查询时使用到 ID，那么返回的数据只有一条记录。在其他情况下，一般会有多条记录。与 JDBC 的 ResultSet 类似，需要操作游标遍历结果集，在每行，再通过列名获取到列的值，可以通过 getString()、getInt()、getFloat() 等方法获取值。与 JDBC 不同，ContentProvider 没有直接通过列名获取列值的方法，只能先通过列名获取到列的整型索引值，然后再通过该索引值定位获取列的值。例如：

```
Uri uri = Uri.parse("content: //ZigBee.smarthome。homeprovider" );
Cursor cursor=resolver.query(uri, null, null, null, null);
boolean b=cursor.moveToFirst();
int alert=cursor.getInt(cursor.getColumnIndex("alert"));
int invasion=cursor.getInt(cursor.getColumnIndex("invasion"));
int smoke=cursor.getInt(cursor.getColumnIndex("smoke"));
int water=cursor.getInt(cursor.getColumnIndex("water"));
```

2. 编辑 ContentProvider

首先，要在 ContentValues 对象中设置类似 Map 的键值对，键对应 ContentProvider 中列的名称，值对应列的类型。然后，调用 ContentResolver.update()方法，传入这个 ContentValues 对象以及对应 ContentProvider 的 URI 即可。例如：

```
Uri uri = Uri.parse("content://ZigBee.smarthome.homeprovider" );
ContentValues values = new ContentValues();
values.put("alert", Integer.parseInt(alert));
values.put("invasion", Integer.parseInt(invasion));
values.put("smoke", Integer.parseInt(smoke));
values.put("water", Integer.parseInt(alert));
int result = resolver.update(uri, values, null, null);
```

3. 增加记录

同样，要想增加记录到 ContentProvider，首先要在 ContentValues 对象中设置类似

Map 的键值对，键对应 ContentProvider 中列的名称，值对应列的类型。然后，调用 ContentResolver.insert()方法，传入这个 ContentValues 对象和对应 ContentProvider 的 URI 即可。返回值是这个新记录的 URI 对象。可以通过这个 URI 获得包含这条记录的 Cursor 对象。

4. 删除记录

如果是删除单个记录，调用 ContentResolver.delete()方法，URI 参数指定到具体行即可。如果是删除多个记录，调用 ContentResolver.delete()方法，URI 参数指定 ContentProvider 即可，并带一个类似 SQL 的 WHERE 子句条件。

9.6.3 创建 ContentProvider

大多数 ContentProvider 使用文件或 SQLite 数据库，可以用任何方式存储数据。Android 提供 SQLiteOpenHelper 帮助开发者创建和管理 SQLiteDatabase.ContentProvider。创建 ContentProvider 需要定义 ContentProvider 类的子类，需要实现以下方法。

```
query()
insert()
update()
delete()
getType()
onCreate()
```

创建 ContentProvider 后，需要在 manifest.xml 文件中声明，Android 系统才能知道它，当其他应用需要调用该 ContentProvider 时才能创建或调用它。

9.6.4 Web 方式访问智能家居系统的实现

（1）在智能家居系统的包中创建 ContentProvider 的子类，重载了方法，在这个类中有一个内部类，这个内部类继承自 SQLiteOpenHelper 类，用于打开数据库。子类代码如下。

```
package ZigBee.smarthome;

import Android.content.ContentProvider;
import Android.content.ContentValues;
import Android.content.Context;
import Android.database.Cursor;
import Android.database.sqlite.SQLiteDatabase;
import Android.database.sqlite.SQLiteDatabase.CursorFactory;
import Android.database.sqlite.SQLiteOpenHelper;
import Android.net.Uri;

public class HomeProvider extends ContentProvider {
    private SQLiteDatabase db;
    private DBOpenHelper dbOpenHelper;
    @Override
    public int delete(Uri uri, String selection, String[] selectionArgs) {
        //TODO Auto-generated method stub
        return 0;
    }

    @Override
```

```java
public String getType(Uri uri) {
    //TODO Auto-generated method stub
    return null;
}

@Override
public Uri insert(Uri uri, ContentValues values) {
    //TODO Auto-generated method stub
    return null;
}

@Override
public boolean onCreate() {
    //TODO Auto-generated method stub
    try{
        //db=SQLiteDatabase.openDatabase("home.db", null, 0);
        Context context = getContext();
        dbOpenHelper = new DBOpenHelper(context,"home.db", null, 1);

        db = dbOpenHelper.getWritableDatabase();

        //db=dbAdapter.open();
    }
    catch(Exception e)
    {
        e.printStackTrace();
    }
    if(db==null)
        return false;
    else
        return true;
}

@Override
public Cursor query(Uri uri, String[] projection, String selection,
        String[] selectionArgs, String sortOrder) {
    //TODO Auto-generated method stub
    return db.query("switch", null, null, null, null, null, null);
}

@Override
public int update(Uri uri, ContentValues values, String selection,
        String[] selectionArgs) {
    //TODO Auto-generated method stub
    int count;
    count=db.update("switch", values, null, null);
    return 0;
}
 private static class DBOpenHelper extends SQLiteOpenHelper {

    public DBOpenHelper(Context context, String name, CursorFactory
                    factory, int version) {
      super(context, name, factory, version);
    }

    @Override
    public void onCreate(SQLiteDatabase _db) {

    }
```

```
        @Override
        public void onUpgrade(SQLiteDatabase _db, int _oldVersion, int
                              _newVersion) {

        }
    }
}
```

（2）在智能家居系统配置文件 AndroidManifest.xml 中加入以下内容。

```
<provider Android: name = ".HomeProvider"
        Android: authorities = "ZigBee.smarthome.homeprovider"/>
```

（3）SetServlet.java 文件查询智能家居系统数据库表（switch）决定报警器的初始状态
是开还是关，单击"保存"按钮后，将修改的内容重新存入智能家居系统表（switch）中，
代码如下。

```
import java.io.IOException;
import java.io.PrintWriter;

import javax.servlet.ServletException;
import javax.servlet.http.HttpServlet;
import javax.servlet.http.HttpServletRequest;
import javax.servlet.http.HttpServletResponse;

import Android.content.ContentResolver;
import Android.content.ContentValues;
import Android.database.Cursor;
import Android.net.Uri;

public class SetServlet extends HttpServlet {

    //Constructor of the object
    private ContentResolver resolver;
    public SetServlet() {
        super();
    }

    //Destruction of the servlet
    public void destroy() {
        super.destroy(); //Just puts "destroy" string in log
        //...
    }

    //The doGet method of the servlet
    //This method is called when a form has its tag value method equals to get

    //@param request the request send by the client to the server
    //@param response the response send by the server to the client
    //@throws ServletException if an error occurred
    //@throws IOException if an error occurred
    public void doGet(HttpServletRequest request, HttpServletResponse response)
            throws ServletException, IOException {

        response.setContentType("text/html;charset=utf-8");
        PrintWriter out = response.getWriter();

        resolver = (ContentResolver)getServletContext().getAttribute("org.
                    mortbay.ijetty.contentResolver");
```

```
Uri uri = Uri.parse("content: //ZigBee.smarthome.homeprovider" );
String save=request.getParameter("save");
if(save!=null)
{
    String alert=request.getParameter("alert");
    String invasion=request.getParameter("invasion");
    String smoke=request.getParameter("smoke");
    String water=request.getParameter("water");

    ContentValues values = new ContentValues();

    values.put("alert", Integer.parseInt(alert));
    values.put("invasion", Integer.parseInt(invasion));
    values.put("smoke", Integer.parseInt(smoke));
    values.put("water", Integer.parseInt(alert));


    int result = resolver.update(uri, values, null, null);

}

Cursor cursor=resolver.query(uri, null, null, null, null);
boolean b=cursor.moveToFirst();

int alert=cursor.getInt(cursor.getColumnIndex("alert"));
int invasion=cursor.getInt(cursor.getColumnIndex("invasion"));
int smoke=cursor.getInt(cursor.getColumnIndex("smoke"));
int water=cursor.getInt(cursor.getColumnIndex("water"));

out.println("<!DOCTYPE HTML PUBLIC \"-//W3C//DTD HTML 4.01 Transitional//
        EN\">");
out.println("<HTML>");
out.println("<HEAD><TITLE>设置</TITLE></HEAD>");
out.println("<BODY>");
out.println("<form action=\"SetServlet\" method=\"post\">");
out.println("<table width=\"80%\" align=\"center\">");
out.println("<tr><td> </td><td>设  置</td></tr>");
out.println("<tr><td> </td><td> </td></tr>");

if(invasion==0)
{
    out.println("<tr><td align=\"right\">入侵报警: </td>");
    out.println("<td><input type=\"radio\" name=\"invasion\" value=
            \"0\" checked>关");
    out.println("<input type=\"radio\" name=\"invasion\" value=\"1\">
            开</td> </tr>");
}
else
{
    out.println("<tr><td align=\"right\">入侵报警: </td>");
    out.println("<td><input type=\"radio\" name=\"invasion\" value=
            \"0\">关");
    out.println("<input type=\"radio\" name=\"invasion\" value=\"1\"
            checked>开</td> </tr>");
}
if(smoke==0)
{
    out.println("<tr><td align=\"right\">烟雾报警: </td>");
```

```
            out.println("<td><input type=\"radio\"name=\"smoke\" value=\"0\"
                    checked>关");
            out.println("<input type=\"radio\" name=\"smoke\" value=\"1\">
                    开</td> </tr>");
        }
        else
        {
            out.println("<tr><td align=\"right\">烟雾报警：</td>");
            out.println("<td><input  type=\"radio\"  name=\"smoke\"  value=
                    \"0\" >关");
            out.println("<input type=\"radio\" name=\"smoke\" value=\"1\"
                    checked>开</td></tr>");
        }
        if(water==0)
        {
            out.println("<tr><td align=\"right\">水浸报警：</td>");
            out.println("<td><input type=\"radio\" name=\"water\" value=\"0\"
                    checked>关");
            out.println("<input type=\"radio\ " name=\"water\" value=\"1\">
                    开</td> </tr>");
        }
        else
        {
            out.println("<tr><td align=\"right\">水浸报警：</td>");
            out.println("<td><input type=\"radio\"name=\"water\" value=\"0\"
                    checked>关");
            out.println("<input type=\"radio\" name=\"water\" value=\"1\">
                    开</td> </tr>");
        }
        if(alert==0)
        {
        out.println("<tr><td align=\"right\">一键报警：</td>");
        out.println("<td><input type=\"radio\"name=\"alert\" value=\"0\"
                checked>关");
            out.println("<input type=\"radio\" name=\"alert\" value=\"1\">
                    开</td></tr>");
        }
        else
        {
            out.println("<tr><td align=\"right\">一键报警：</td>");
            out.println("<td><input type=\"radio\" name=\"alert\" value=
                    \"0\" checked>关");
            out.println("<input type=\"radio\" name=\"alert\"value=\"1\"
                    checked>开</td> </tr>");

        }

        out.println("<tr><td> </td><td><input type=\"submit\"value= \"
                保存\" name=\"save\"><input type=\"reset\" value=\"
                重置\"></td></tr></table> </form>");

        out.println(" </BODY>");
        out.println("</HTML>");
        out.flush();
        out.close();
    }
```

```
//The doPost method of the servlet
//This method is called when a form has its tag value method equals to post
//@param request the request send by the client to the server
//@param response the response send by the server to the client
//@throws ServletException if an error occurred
//@throws IOException if an error occurred
public void doPost(HttpServletRequest request, HttpServletResponse response)
        throws ServletException, IOException {

    doGet(request,response);
}

//Initialization of the servlet
//@throws ServletException if an error occurs
public void init() throws ServletException {
    ...
}

}
```

第 10 章

智能温室系统

10.1 智能温室系统设计

10.1.1 智能温室定义

智能温室也称为自动化温室，是指配备了由计算机控制的可移动天窗、遮阳系统、保温、湿窗帘/风扇降温系统、移动苗床等自动化设施，基于农业温室环境的高科技"智能"温室。智能温室的控制一般由信号采集系统、智能网关、控制系统三大部分组成。

温室大棚内温度、湿度、光照强弱以及土壤的温度和含水量等因素，对温室的作物生长起着关键性作用。温室自动化控制系统采用计算机网络控制温室内的空气温度、土壤温度、相对湿度等参数，实时自动调节、检测，创造植物生长的最佳环境，使温室内的环境接近人工设想的理想值，以满足温室作物生长发育的需求；适用于种苗繁育、高产种植、名贵珍稀花卉培养等场合，以提高温室产品产量和劳动生产率，是高科技成果为规模化生产的现代农业服务的成功范例。

计算机操作人员将种植作物所需求的数据及控制参数输入计算机，系统即可实现无人自动操作，准确地显示、统计计算机采集的各项数据，为专家决策提供可靠依据。控制柜设有手动/自动切换开关，必要时可进行手动控制操作。

10.1.2 智能温室系统的需求分析

能够通过计算机、浏览器、手机实时访问智能温室内传感器数据，能够对农业大棚温度、喷淋进行实时控制。

在每个智能温室内部署空气温湿度传感器，用来监测大棚内空气温度和湿度参数；部署土壤温度传感器、土壤湿度传感器、光照度传感器，用来监测大棚内土壤温度、土壤水分、光照等参数。

在每个需要智能控制功能的大棚内安装智能控制设备，用来传递控制指令、响应控制执行设备，实现大棚内的智能高温、智能喷水、智能通风等行为。

10.1.3 智能温室系统分析

根据上述需求，设计如图 10-1 所示的智能温室系统。

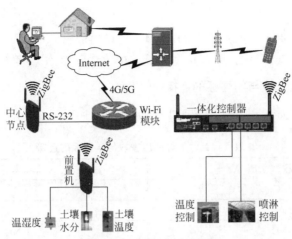

图 10-1 智能温室系统结构

10.2 入侵检测、水浸检测和烟雾报警的实现

10.2.1 学习板的改进

由于在项目中经常用到 5V 的传感器，所以将学习板稍作改变：取消了 LCD，增加了 5V 电源的输入与输出接口，增加了 TTL 串口。改进后的学习板如图 10-2 所示。

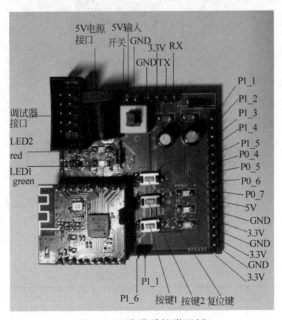

图 10-2 改进后的学习板

10.2.2 入侵检测的实现

1. 红外人体感应模块功能特点

（1）全自动感应，人进入感应范围则输出高电平，人离开感应范围则自动延时关闭高

电平，输出低电平。

（2）工作电压范围宽，默认工作电压为 4.5～20V DC。

（3）感应距离在 7m 以内，感应角度小于 100° 锥角，工作温度为–15～+70℃。

2. 红外人体感应模块与学习板的连接

红外人体感应模块与学习板的连接如表 10-1 所示。

表 10-1 红外人体感应模块与学习板的连接

红外模块引脚	学习板引脚
VCC	5V
Out	P0_7
GND	GND

红外人体感应模块与学习板的连接如图 10-3 所示。

图 10-3 红外人体感应模块与学习板的连接

3. 数据格式

节点之间传输数据格式如表 10-2 所示。

表 10-2 数据格式

位置（字节）	数据
0	DD
1	AA
2	0
3	0
4	传感器类型
5	0

续表

位置（字节）	数据
6	
7	
8	
9	传感器数据
10	
11	
12	
13	
14	0
15	0
16	FF
17	FF

传感器类型如表 10-3 所示。

表 10-3 传感器类型

传感器	传感器类型
温湿度	1
按键	2
入侵	3
烟雾	4
光照	5
水浸	6
地址	61

本实验使用 GenericApp 例程，将 GenericApp 复制成 Enddevice.c 和 Coordinator.c 两个文件，分别对应 enddevice 和 coordinator 两个预编译选项。

4. Enddevice.c 文件

（1）在文件头部加入宏定义。

```
#define INVADE_PIN      P0_7
```

（2）在应用层初始化函数 void GenericApp_Init()中加入如下代码。

```
//给地址赋初值，协调器地址为 0
GenericApp_DstAddr.addrMode = (afAddrMode_t)Addr16Bit;
GenericApp_DstAddr.endPoint = GENERICAPP_ENDPOINT;
GenericApp_DstAddr.addr.shortAddr = 0;
//注册终端描述符
GenericApp_epDesc.endPoint = GENERICAPP_ENDPOINT;
GenericApp_epDesc.task_id = &GenericApp_TaskID;
GenericApp_epDesc.simpleDesc
```

```
          = (SimpleDescriptionFormat_t *)&GenericApp_SimpleDesc;
GenericApp_epDesc.latencyReq = noLatencyReqs;

afRegister(&GenericApp_epDesc);
//触发发送消息事件 GENERICAPP_SEND_MSG_EVT
osal_start_timerEx(GenericApp_TaskID,
                   GENERICAPP_SEND_MSG_EVT,
                   GENERICAPP_SEND_MSG_TIMEOUT);
```

（3）在事件处理函数 GenericApp_ProcessEvent()中加入如下代码，处理 GENERICAPP_SEND_MSG_EVT 事件。

```
if (events & GENERICAPP_SEND_MSG_EVT)
{
  GenericApp_SendTheMessage();

  osal_start_timerEx(GenericApp_TaskID,
                     GENERICAPP_SEND_MSG_EVT,
                     GENERICAPP_SEND_MSG_TIMEOUT);
  return (events ^ GENERICAPP_SEND_MSG_EVT);
}
```

（4）GenericApp_SendTheMessage(void) 函数周期性地被调用。在 GenericApp_SendTheMessage(void)函数中加入如下代码，定期检查 INVADE_PIN 状态，如果状态为高电平，则发送消息给协调器。

```
static void GenericApp_SendTheMessage(void)
{
  if(INVADE_PIN==1)
  {

   byte data[18];

   osal_memset(data,0,18);

   data[0]=0xDD;
   data[1]=0xAA;
   data[4]=0x03;
   data[6]=0x01;

   data[16]=0xFF;
   data[17]=0xFF;

   if (AF_DataRequest(&GenericApp_DstAddr, &GenericApp_epDesc,
                  GENERICAPP_CLUSTERID,
                  18,
                  (byte *)&data,
                  &GenericApp_TransID,
                  AF_DISCV_ROUTE, AF_DEFAULT_RADIUS) == afStatus_SUCCESS)
   {
     //成功
   }
```

```
        //出错

    }

}
```

5. Coordinator.c 文件

（1）在文件头部定义一个变量存入 Web 服务器的地址。

```
char *ip="192.168.1.102:80\r\n";
```

（2）在应用层初始化函数 GenericApp_Init(uint8 task_id)中加入如下代码，进行串口初始化。

```
uartConfig.configured          =TRUE;
uartConfig.baudRate            =HAL_UART_BR_115200;       //串口波特率为 115200
uartConfig.flowControl         =FALSE;                     //串口流量控制为否
HalUARTOpen(0,&uartConfig);                                //打开串口 0
```

（3）协调器收到消息后要发送消息给串口，调用 GenericApp_MessageMSGCB (MSGpkt) 函数。在 GenericApp_MessageMSGCB(MSGpkt) 函数中加入如下代码，判断收到的消息是否为入侵报警。如果是入侵报警，则向串口输出一个字符串，这个字符串是向串口连接的 Wi-Fi 模块输出，作用是访问 Web 服务器的 invade.php 文件，这个 PHP 文件会将入侵报警的状态写入 Web 服务器的数据库，记录入侵报警的状态。

```
static void GenericApp_MessageMSGCB(afIncomingMSGPacket_t *pkt)
{

  switch (pkt->clusterId)
  {
    case GENERICAPP_CLUSTERID:
      byte buffer[18];
      osal_memcpy(buffer, pkt->cmd.Data, 18);
      if(buffer[4]==3)
        {
            char * wifi31="GET /invade.php\r\n HTTP 1.1 \r\nHOST:";
            char wifi3[256];

            strcpy(wifi3, wifi31);
            strcat(wifi3,ip);

            HalUARTWrite(0,(uint8 *)wifi3,strlen(wifi3));

        }
    break;
  }
}
```

10.2.3　水浸检测的实现

水浸检测和烟雾检测的实现与入侵检测基本相同，只是高低电平稍有区别，所以在程序中把 Enddevice.c 文件的 GenericApp_SendTheMessage ()函数中 if(INVADE_PIN==1)这条
语句稍作修改就可以了。

1. 水浸检测模块工作过程

接上 5V 电源，电源灯亮，感应板上没有水滴时，TTL 数字输出 DO 引脚输出高电平，
开关指示灯灭；滴上一滴水，DO 输出低电平，开关指示灯亮，刷掉上面的水滴，又恢复到输
出高电平状态。模拟输出 AO 引脚可以连接单片机的 A/D 口检测滴在上面的水量大小。

2. 水浸检测模块的连接

水浸检测模块的连接如表 10-4 所示。

表 10-4　水浸检测模块的连接

水浸检测模块引脚	学习板引脚
VCC	5V
DO	P0_7
GND	GND

水浸检测模块的连接如图 10-4 所示。

图 10-4　水浸检测模块的连接

10.2.4　烟雾检测的实现

1. 烟雾检测模块特点

（1）具有信号输出指示。

（2）双路信号输出（模拟量输出及 TTL 电平输出）。

（3）有烟雾时 TTL 输出有效信号为低电平（当输出低电平时信号灯亮，可直接接单片机）。

（4）模拟量输出 0～5V 电压，浓度越高，电压越高。

（5）对液化气、天然气、城市煤气有较好的灵敏度。

（6）具有较长的使用寿命和可靠的稳定性。

（7）快速的响应恢复特性。

2. 烟雾检测模块的连接

烟雾检测模块的连接如表 10-5 所示。

表 10-5　烟雾检测模块的连接

烟雾检测模块引脚	学习板引脚
5V	5V
DOut	P0_7
GND	GND

烟雾检测模块的连接如图 10-5 所示。

图 10-5　烟雾检测模块的连接

10.3　Wi-Fi 模块的使用

1. Wi-Fi 模块简介

HC-22 模块是基于串口的符合 Wi-Fi 无线网络标准的嵌入式模块，内置无线网络 IEEE 802.11 协议栈以及 TCP/IP 协议栈，能够实现将用户串口数据传输到无线局域网络。通过 Wi-Fi 模块，传统的串口设备也能接入无线局域网络。可以将学习板通过串口连到 Wi-Fi 模块，将传感器数据通过串口发送到 Wi-Fi 模块，Wi-Fi 模块再将传感器数据通过 Wi-Fi 无线网络传输到 Web 服务器上。

2. Wi-Fi 模块连接

Wi-Fi 模块连接如表 10-6 所示。

表 10-6　Wi-Fi 模块连接

Wi-Fi 模块引脚	学习板引脚
3.3V	3.3V
GND	GND
RX	TX
TX	RX

Wi-Fi 模块连接如图 10-6 所示。

3. 网页配置 Wi-Fi 模块

用智能手机、笔记本电脑等一类有 Wi-Fi 或者是有无线网卡的智能设备连接 Wi-Fi 模块,以网页的形式访问 Wi-Fi 模块内置的 Web 服务器,对 Wi-Fi 模块进行配置。

(1)将 Wi-Fi 模块上电后,打开计算机的无线网络列表,如图 10-7 所示,连接这个HC-22-***********无线网络。

图 10-6 Wi-Fi 模块连接

图 10-7 无线网络列表

(2)打开浏览器,在地址栏中输入 192.168.4.1,进入网页设置界面,如图 10-8 所示。

按图 10-8 配置 Wi-Fi 模块,其中 Station 参数设置中的“网络名称”是 Wi-Fi 模块将要连接的无线路由器的名称,而 Socket 参数设置中的“远程 IP”是要访问的 Web 服务器的 IP地址。

(3)协调器通过串口向 Wi-Fi 模块发送数据,Wi-Fi 模块就会打包数据发送到服务器。下面的例子是协调器使用 GET 方式,请求地址为 192.168.1.102 的 Web 服务器上 s8657.php文件。运行结果通过串口返回协调器。

```
GET /s8657.php?sun=37
 HTTP 1.1
HOST:192.168.1.102:80
```

协调器模块通过串口向 Wi-Fi 模块发送上面这个字符串,就能访问服务器上的s8657.php 文件,就像平时使用浏览器通过网址 http://192.168.1.102:80/s8657.php 访问 Web服务器 192.168.1.102 上的 s8657.php 文件一样。

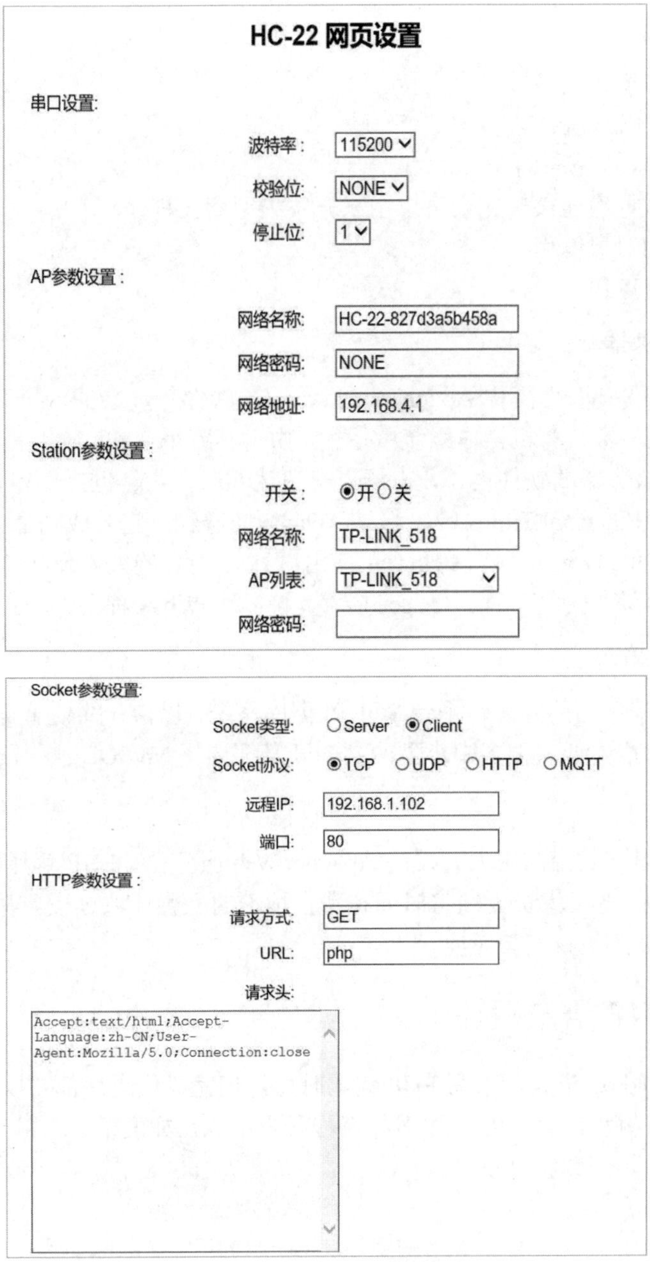

图 10-8 网页设置界面

10.4 PHP

10.4.1 PHP 简介

1. PHP 是什么

PHP 是一种简单的、面向对象的、解释型的、健壮的、安全的、高性能的、动态的脚本语言,适合编写中小规模的动态网站程序。其语法与 C 语言十分接近。

2. PHP 的特点

（1）部署成本低，大多数平台支持。
（2）免费且开源代码。
（3）语法简单，容易上手。
（4）广泛的数据库连接，完全可以用来开发大型商业程序。
（5）支持面向对象编程。
（6）简单，速度快。

3. Apache 服务器

Apache HTTP Server（简称 Apache）是 Apache 软件基金会的一个开放源代码的 Web 服务器，可以在大多数计算机操作系统中运行，由于其跨平台和安全性等特点被广泛使用，是最流行的 Web 服务器端软件之一，市场占有率达 60%左右。世界上很多著名的网站，如 Amazon、Yahoo、Financial Times 等，都是 Apache 的产物。它的成功之处主要在于源代码开放、有一支开放的开发队伍、支持跨平台的应用（可以运行在绝大多数 UNIX、Windows、Linux 系统平台上）以及可移植性等方面。Apache 能够支持多种 Web 编程语言，如 ASP、JSP 和 PHP。

4. MySQL 数据库

MySQL 是一款精巧的开源跨平台 SQL 数据库系统，以操作简便著称。由于其体积小、速度快、总体拥有成本低，很多中小型网站的开发都选择 MySQL 作为网站数据库。

5. WampServer

WampServer 是一款由法国人开发的 Apache Web 服务器、PHP 解释器以及 MySQL 数据库的整合软件包。开发人员无须将时间花费在烦琐的配置环境过程。WampServer 是一个可以快速支持 PHP 的集成安装环境。

10.4.2　PHP 语法概述

PHP 语法类似于 C 语言，书写 PHP 代码时，每句完成代码后都要以分号（;）结束。
作为一门高级编程语言，PHP 由多种编程元素组成，如变量、常量、运算符、控制语句、数组、字符串、函数和对象等。

1. 嵌入方法

通常情况下，嵌入 PHP 语句有以下几种方式。

```
<?php…?>          //推荐使用
<?...?>
<script language="php">…</script>
```

2. PHP 的变量

1）PHP 变量名的约定
（1）PHP 的变量名区分大小写。
（2）变量名必须以美元符号$开始。
（3）变量名可以以下画线开头。

（4）变量名不能以数字字符开头。

2）PHP 变量的类型

PHP 变量数据类型的定义是通过变量的初始化，系统设定。

```
$mystring = "我是字符串" ;
$int1 = 38 ; //定义了一个整型变量
```

3）字符串

字符串可以用单引号或双引号引起来，单引号字符串中出现的变量和转义序列不会被变量的值替代。

例如：

```
<?php
$name = "Jane";
print("your name is $name");
?>
```

输出的内容为

```
your name is Jane
```

在 PHP 中，字符串内可以任意插入变量。

10.4.3　PHP 例程

以下 PHP 例程是将数据库服务器上的 field_invade1_value 字段设置为"有入侵"。

```
<meta http-equiv="Content-Type" content="text/html; charset=utf-8" />
<?php
header("content-Type: text/html;charset=Utf-8");//设置页面头
define('DRUPAL_ROOT', getcwd());//定义 Drupal 的根目录
$conn=mysqli_connect ("localhost:3306", "root", "","fa133") or die("无法
连接到数据库服务器");                                //连接 MySQL 数据库服务器

if ($conn);                                 //打开数据库

else
{
    die("Invalid query: " . mysql_error());
    echo "数据库连接错误!";
    exit;
}

mysqli_set_charset($conn,"utf8");              //设置编码方式

$sqlsel2="update field_data_field_invade1 set field_invade1_value='有入侵'";

if ($rsdel = mysqli_query($conn,$sqlsel2))       //执行 SQL 语句
{
    $arr = array ('r'=>'success');
    echo json_encode($arr);//以 JSON 格式返回执行结果
}
else
{
    $arr = array ('r'=>'fail');
    echo json_encode($arr);
}

?>
```

10.5　Drupal

10.5.1　Drupal 简介

Drupal 是一个基于 PHP 语言编写的开发型内容管理框架（Content Management Framework, CMF），即内容管理+开发框架。内容管理是用来发布网络内容的一体化 Web 管理系统，主要有两类功能，一类是搭建网站，另一类是管理和发布内容。开发框架是指 Drupal 内核中包括的功能强大的 PHP 类库和 PHP 函数库，以及在此基础上抽象的 Drupal API。Drupal 是一套开源系统，全球数以万计的 Web 开发专家都在为 Drupal 技术社区贡献代码，编写功能强大的模块。因此，Drupal 代码在安全性、健壮性上具有很高水平。

1. Drupal 的优点

（1）Drupal 提供了强大的个性化环境，每个用户可以对网站内容和表现形式进行个性化设置。

（2）Drupal 提供的站内搜索系统能对站内的所有内容进行索引和搜索。

（3）Drupal 提供完善的站点管理和分析工具。

（4）Drupal 的缓存机制能有效减少数据库查询次数，从而提高站点性能，降低服务器负荷。

（5）强大的多语言支持体系，能够支持很多国家的语言。

（6）扩展能力强大，有丰富的第三方扩展支持。

2. 安装 Drupal

1）建立数据库

启动 WampServer，运行 phpMyAdmin，如图 10-9 所示。单击左侧窗口最上面的 New，在"新建数据库"文本框中输入数据库名，如 Greenhouse，单击"创建"按钮。

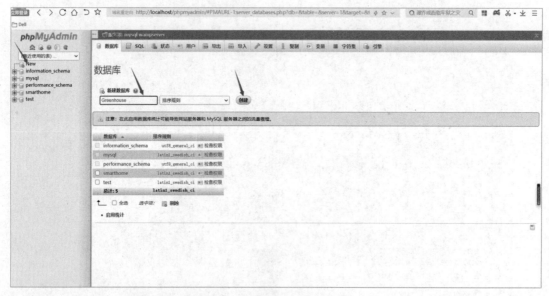

图 10-9　phpMyAdmin 主界面

2）下载

本书使用 Drupal 7 版本，因为这个版本比较稳定，而且可以使用的模块也是最多的。从 Drupal.org 网站下载 drupal-7.56.rar 并将其解压，将解压的文件复制到 WampServer 安装文件夹下的 WWW 文件夹。

3）安装

在浏览器的地址栏中输入 localhost，如图 10-10 所示。

图 10-10　Select an installation profile 页面

单击 Save and continue 按钮，进入数据库配置页面，如图 10-11 所示。

图 10-11　数据库配置页面

如图 10-12 所示，在站点配置页面输入站点的基本信息，尤其要注意记住输入的管理员用户名和密码。单击 Save and continue 按钮。

安装完毕后，在浏览器的地址栏中输入 localhost，如图 10-13 所示。

至此，成功地建立了一个基本的站点。

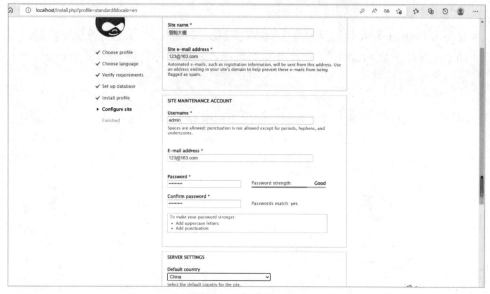

图 10-12　站点配置页面

图 10-13　智能大棚首页

4）让 Drupal 支持中文

（1）启用 Locale 模块。

输入管理员的密码和用户名，登录系统，如图 10-14 所示。该页面菜单栏的菜单就多了很多，管理员可以用这些菜单对站点进行管理。

图 10-14　管理员页面

单击 Modules 菜单，如图 10-15 所示。勾选 Locale 模块前的复选框，单击此页面最下面的 Save configuration 按钮保存设置。

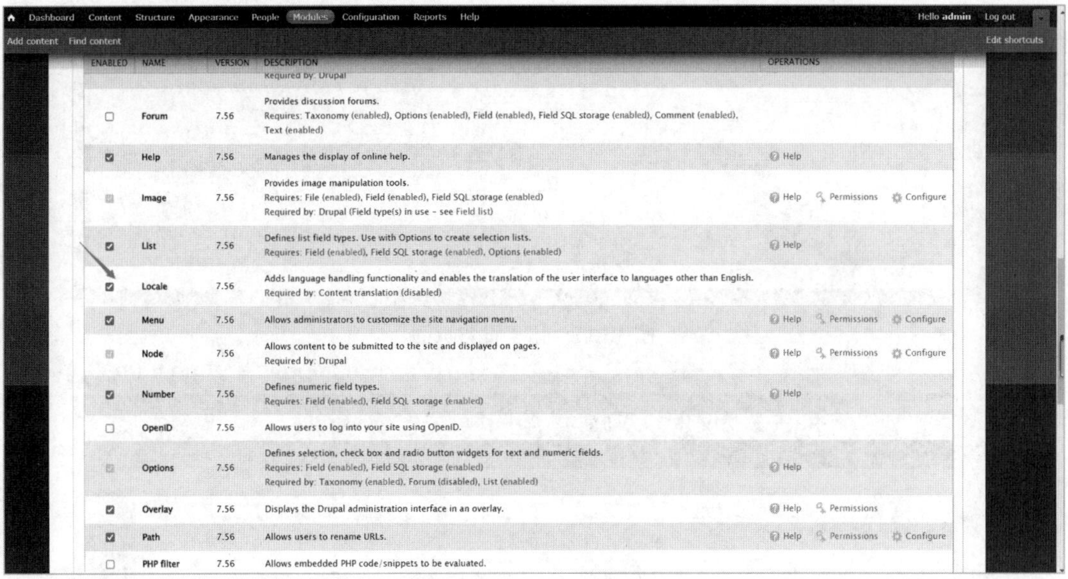

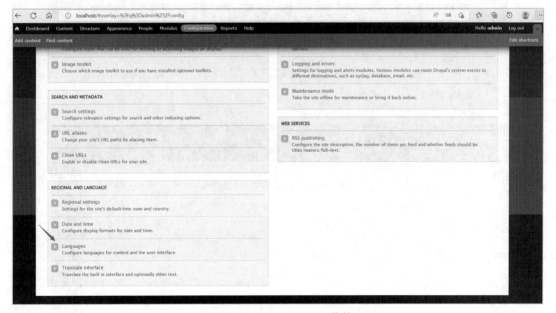

图 10-15　Modules 菜单

（2）添加"简体中文"并设为默认语言。

单击 Configuration 菜单，如图 10-16 所示。

图 10-16　Configuration 菜单

单击 Languages 链接，进入语言设置页面，如图 10-17 所示。

单击 Add languages 链接，进入添加语言页面，如图 10-18 所示。

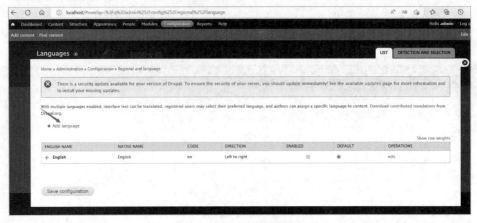

图 10-17　语言设置页面

图 10-18　添加语言页面

在 Languages name 下拉列表框中选择简体中文，单击 Add languages 按钮，进入语言列表页面，如图 10-19 所示。

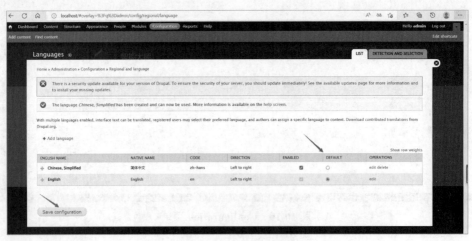

图 10-19　语言列表页面

将简体中文设置为默认语言，单击 Save configuration 按钮保存配置。

（3）从 drupal.org 下载对应的简体中文语言包 drupal-7.65.zh-hans.po。

（4）安装中文语言包。

单击 Configuration 菜单，进入如图 10-20 所示页面。

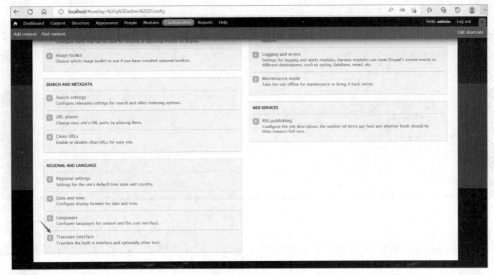

图 10-20　设置页面

单击 Translate interface 链接，进入翻译界面页面，如图 10-21 所示。

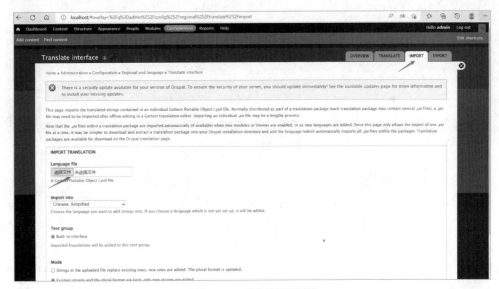

图 10-21　翻译界面页面

单击 IMPORT 标签页，单击"选择文件"按钮，选择 drupal-7.65.zh-hans.po。单击此页面最下面的 Import 按钮导入中文包。

5）安装 Drupal 模块

（1）从 drupal.org 下载 panels、ctools、views、views_autorefresh 模块。

（2）单击"模块"菜单，进入如图 10-22 所示页面。

图 10-22　"模块"菜单

Update manager 模块一定要有效,单击"安装新的模块"链接,进入如图 10-23 所示页面。

图 10-23　添加模块

(3)启用 Drupal 模块。

单击 Enable newly added modules 链接,启用新安装的 Drupal 模块。

单击"选择文件"按钮,选择下载的模块文件,单击"安装"按钮,进入如图 10-24 所示页面。

图 10-24　启用模块页面

10.5.2　环境功能的实现

"环境"功能页面如图 10-25 所示,其中包括温度、湿度、光照、报警、入侵检测、水浸检测和烟雾检测。

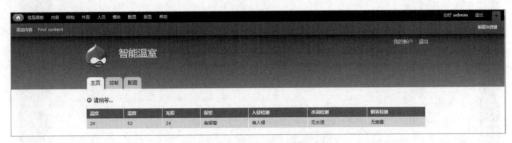

图 10-25　"环境"功能页面

1. 创建内容类型

单击"结构"菜单,进入如图 10-26 所示页面。

图 10-26　"结构"页面

单击"内容类型"链接,进入如图 10-27 所示页面。

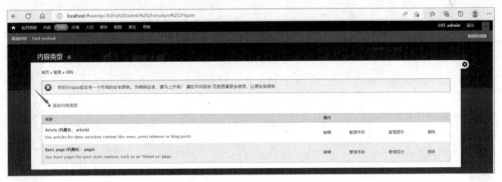

图 10-27　"内容类型"页面

单击"添加内容类型"链接,进入如图 10-28 所示页面。

在"名称"文本框中输入内容类型的名称"环境";单击名称文本框旁的"编辑"链接,输入内容类型的系统内引用名称;单击"发布选项"链接,取消勾选右侧的"推荐到首页"复选框。单击"显示设置"链接,进入如图 10-29 所示页面。

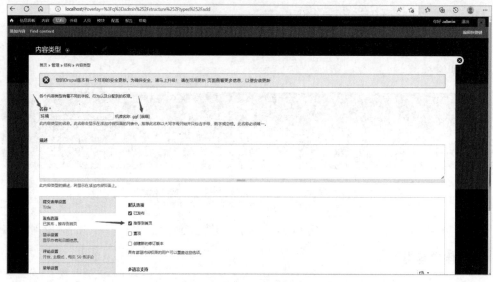

图 10-28   添加内容类型

图 10-29   显示设置

取消勾选右侧的"显示作者和日期信息"复选框。

单击左侧"提交表单设置"链接,进入如图 10-30 所示页面。在"标题字段标签"文本框中输入"环境"。

图 10-30   提交表单设置

单击"评论设置"链接,进入如图 10-31 所示页面。

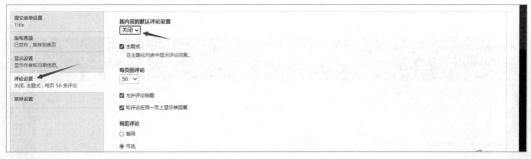

图 10-31　评论设置

在"新内容的默认评论设置"下拉列表框中选择"关闭"。单击页面下方的"保存内容类型"按钮,返回"内容类型"页面,如图 10-32 所示。

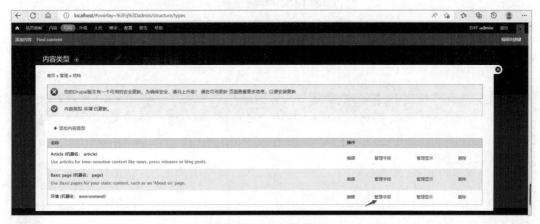

图 10-32　内容类型页面

列表中多了一个"环境"内容类型,单击"管理字段"链接,进入如图 10-33 所示页面。

图 10-33　管理字段

　　输入标签、机读名称，为了方便，字段类型都选择文本，单击"保存"按钮，进入如图 10-34 所示页面。

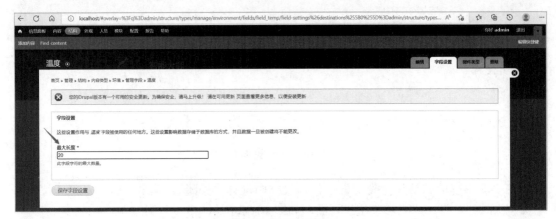

图 10-34　字段设置

　　输入"最大长度"文本框内容，单击"保存字段设置"按钮，进入如图 10-35 所示页面。

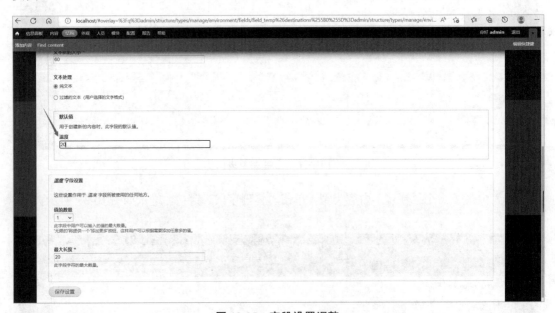

图 10-35　字段设置调整

　　输入默认值，单击"添加新字段"按钮返回字段列表，添加其他字段，最后把 Body 字段删除。

2. 创建内容

　　单击"添加内容"链接，进入如图 10-36 所示页面。

　　单击"环境"链接，进入如图 10-37 所示页面。

　　在"环境"文本框中输入名称，单击"保存"按钮返回如图 10-38 所示主页。

图 10-36　"添加内容"页面

图 10-37　"创建环境"页面

图 10-38　智能大棚主页

下面要创建视图（View）规范内容的表现形式。

3. 创建视图

单击"结构"菜单，进入如图10-39所示页面。

图 10-39 "结构"页面

单击 Views 链接，进入如图 10-40 所示页面。

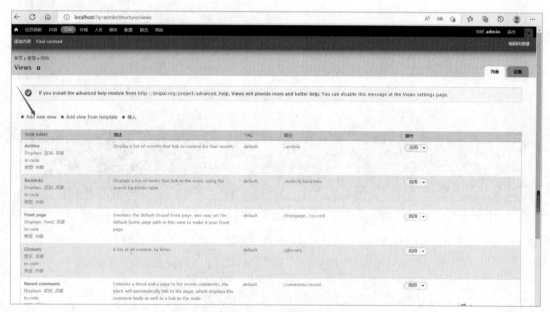

图 10-40 视图列表

单击 Add new view 链接，进入如图 10-41 所示页面。

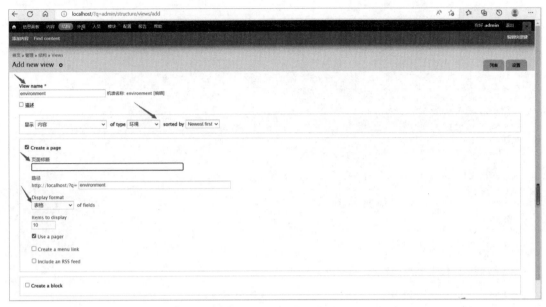

图 10-41　添加新视图

在 View name 文本框中输入视图的名称，在 of type 下拉列表框中选择"环境"作为视图的内容。清除"页面标题"文本框的内容。在 Display format 下拉列表框中选择"表格"作为视图的显示方式。单击 Save&edit 按钮，进入如图 10-42 所示页面。

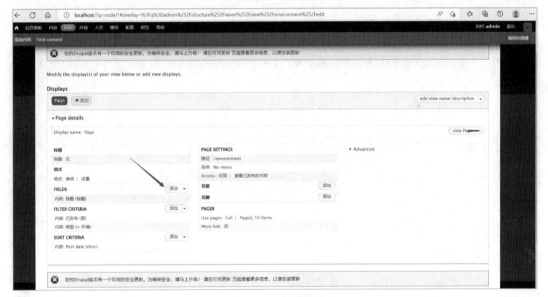

图 10-42　编辑视图

单击 FIELDS 的"添加"按钮，进入如图 10-43 所示页面，勾选"内容：报警"等 7 个复选框。

单击 Apply 按钮（每个 FIELD 都要单击 Apply 按钮），最后返回如图 10-44 所示页面。再次单击 FIELDS 的"添加"按钮，选择 Rearrange，可以调整字段的顺序。

图 10-43　视图内容

图 10-44　添加 FIELD

单击"内容：标题"，进入如图 10-45 所示页面。

单击"移除"按钮，将"标题"字段移除。

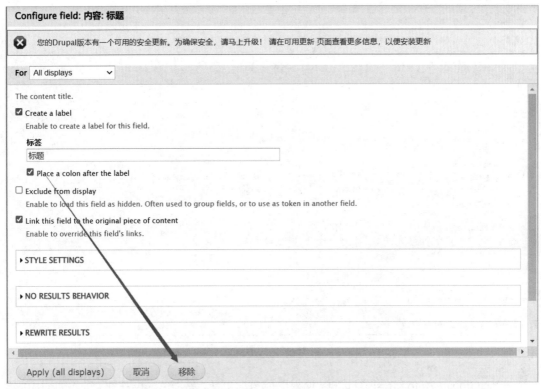

图 10-45　移除"标题"字段

页面下方有视图的预览，如图 10-46 所示。

图 10-46　视图预览

单击"页眉"按钮，进入如图 10-47 所示页面。

Add header

❌ 您的Drupal版本有一个可用的安全更新。为确保安全，请马上升级！ 请在可用更新 页面查看更多信息，以便安装更新

For [All displays ▾]

搜索 [　　　　　　] 过滤 [- All - ▾]

☑ Global: Autorefresh
Enable autorefresh for this view. NOTE: This will automatically turn AJAX support ON.

☐ Global: Messages
Displays messages in the area.

☐ Global: Result summary
Shows result summary, for example the items per page.

☐ Global: Text area
Provide markup text for the area.

☐ Global: Unfiltered text
Add unrestricted, custom text or markup. This is similar to the custom text field.

☐ Global: View area
Insert a view inside an area.

已选择: Global: Autorefresh

[Apply (all displays)]　[取消]

图 10-47　页眉设置

勾选 Global: Autorefresh 复选框，使视图能自动更新，单击 Apply 按钮，进入如图 10-48 所示页面。

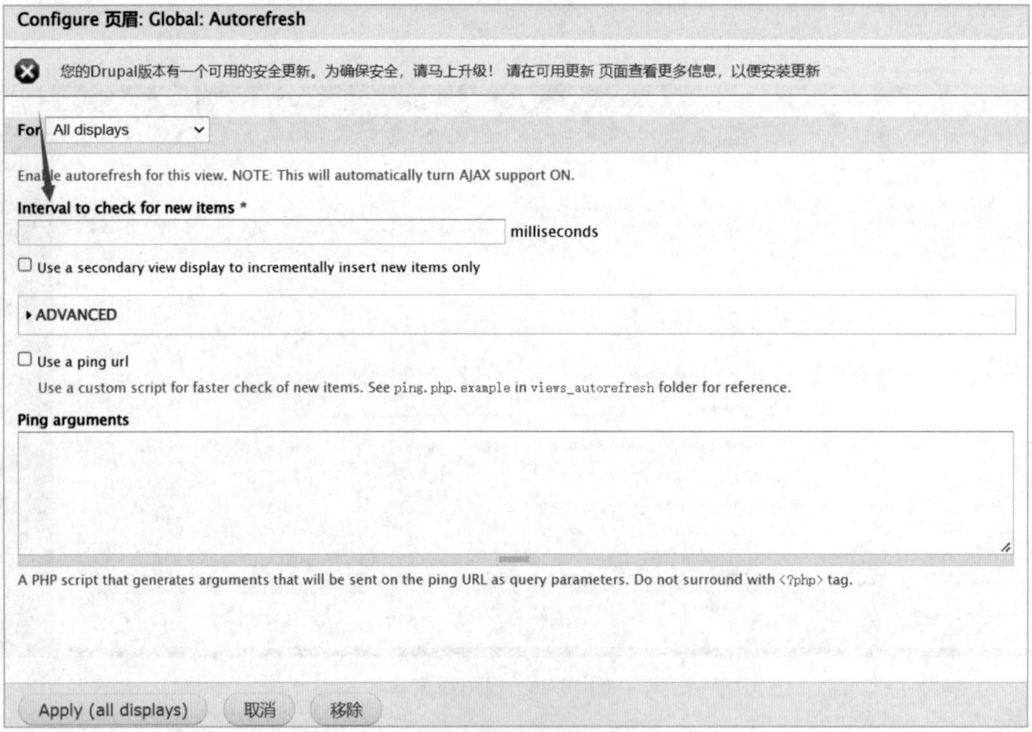

Configure 页眉: Global: Autorefresh

❌ 您的Drupal版本有一个可用的安全更新。为确保安全，请马上升级！ 请在可用更新 页面查看更多信息，以便安装更新

For [All displays ▾]

Enable autorefresh for this view. NOTE: This will automatically turn AJAX support ON.

Interval to check for new items *
[　　　　　　　　　　　　] milliseconds

☐ Use a secondary view display to incrementally insert new items only

▸ ADVANCED

☐ Use a ping url
Use a custom script for faster check of new items. See ping.php.example in views_autorefresh folder for reference.

Ping arguments
[　　　　　　　　　　　　　　　　　　　　　　]

A PHP script that generates arguments that will be sent on the ping URL as query parameters. Do not surround with <?php> tag.

[Apply (all displays)]　[取消]　[移除]

图 10-48　编辑页眉

在 Interval to check for new items 文本框中输入刷新的间隔，以毫秒为单位。

单击页面右上方"保存"按钮。

4. 创建面板

单击"结构"菜单，进入如图 10-49 所示页面。

图 10-49　"结构"页面

单击 Panels 链接，进入如图 10-50 所示页面。

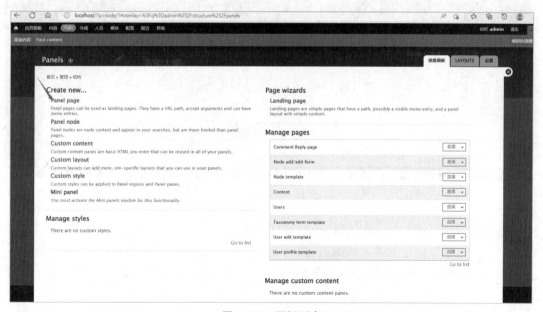

图 10-50　面板列表

单击 Panel page 链接，进入如图 10-51 所示页面。

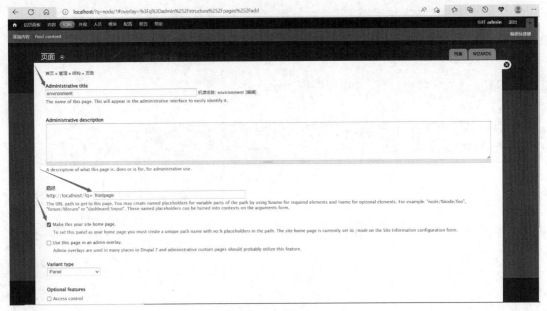

图 10-51　面板编辑

在 Administrative title 文本框中输入面板名称。在"路径"文本框中输入访问这个面板的路径，因为要作为主页，所以这个路径是唯一的。勾选 Make this your site home page 复选框。单击"继续"按钮，进入如图 10-52 所示页面。

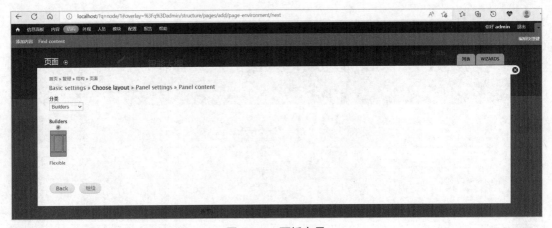

图 10-52　面板布局

单击"继续"按钮，进入如图 10-53 所示页面。

单击"继续"按钮，进入如图 10-54 所示页面。

在 Title type 下拉列表框中选择 No title，单击 Finish 按钮，进入如图 10-55 所示页面。

单击左侧"内容"链接，再单击"内容"链接斜上方的菜单，选择"添加内容"菜单项，进入如图 10-56 所示页面。

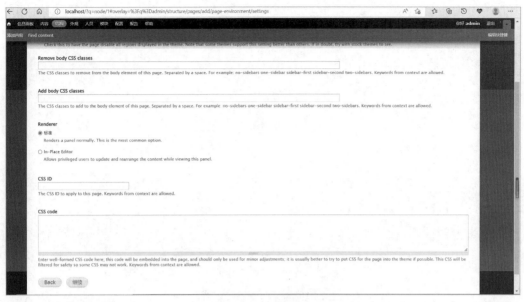

图 10-53　面板外观

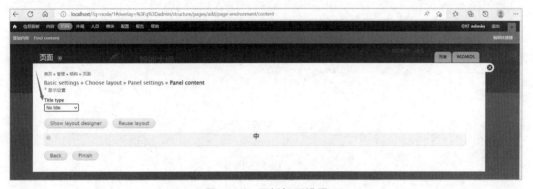

图 10-54　面板标题设置

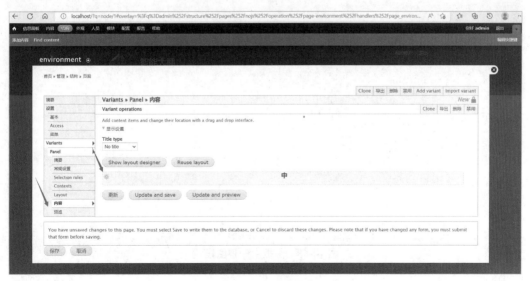

图 10-55　面板设置

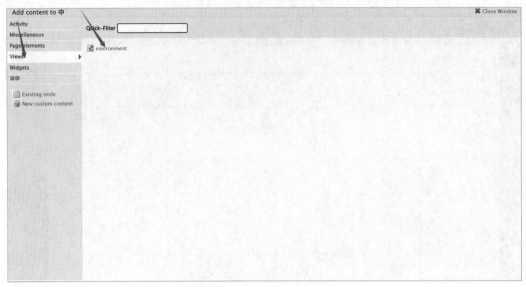

图 10-56　面板内容设置

单击 Views 链接，再单击 environment 链接，进入如图 10-57 所示页面。

图 10-57　面板显示设置

单击"继续"按钮，进入如图 10-58 所示页面。

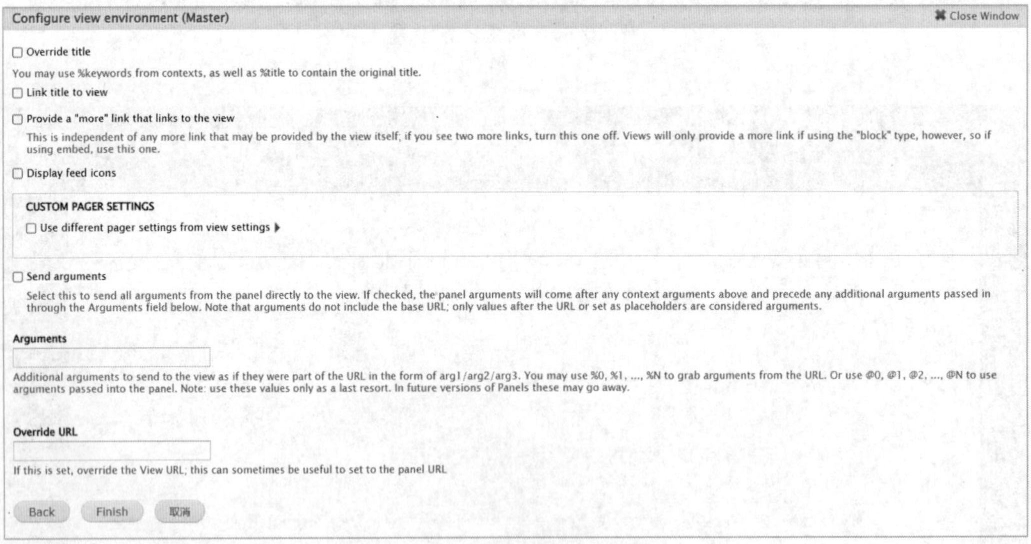

图 10-58　面板中的视图设置

单击 Finish 按钮，进入如图 10-59 所示页面。

图 10-59 面板内容

单击 Update and save 按钮，返回主页，如图 10-60 所示。

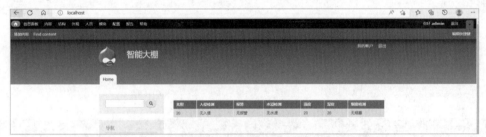

图 10-60 智能大棚主页

5. 删除主页中的"搜索"文本框和"导航"模块

单击"结构"菜单，进入如图 10-61 所示页面。

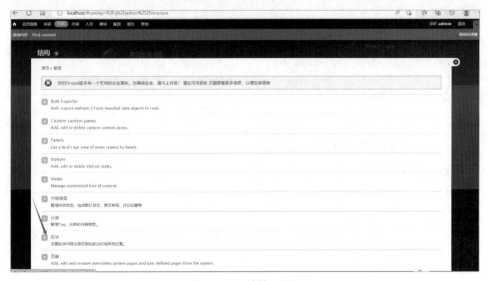

图 10-61 "结构"页面

单击"区块"链接，进入如图 10-62 所示页面。

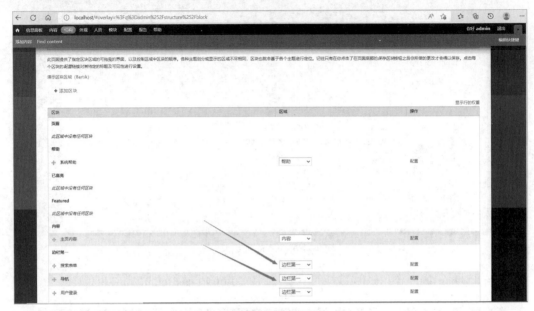

图 10-62　编辑区块

在"搜索表单"和"导航"下拉列表框中选择"无"，单击"保存区块"按钮。
返回主页，如图 10-63 所示。

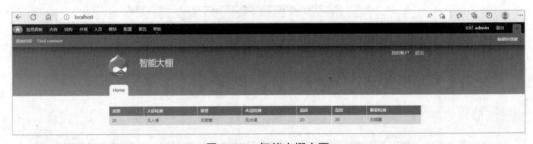

图 10-63　智能大棚主页

10.5.3　控制功能的实现

控制功能的页面如图 10-64 所示。

1. 创建术语表

单击"结构"菜单→"分类"链接，进入如图 10-65 所示页面。
单击"添加词汇表"链接，进入如图 10-66 所示页面。
输入分类的名称和机读名称，单击"保存"按钮，进入如图 10-67 所示页面。
单击"添加术语"链接，进入如图 10-68 所示页面。
在"名称"文本框中输入"开"，单击"保存"按钮，再添加一个"关"的术语。

2. 创建内容类型

创建一个名为"控制"的内容类型，进入如图 10-69 所示页面。

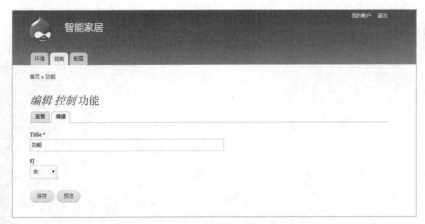

图 10-64　控制功能页面

图 10-65　"分类"页面

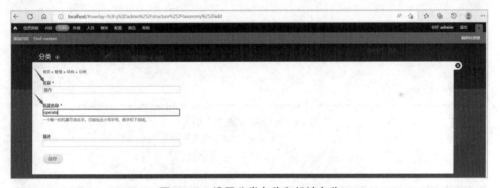

图 10-66　设置分类名称和机读名称

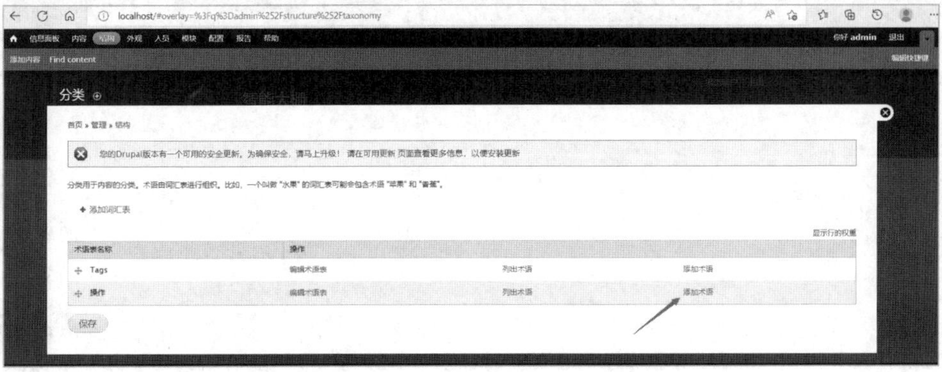

图 10-67　返回"分类"页面

图 10-68　添加术语

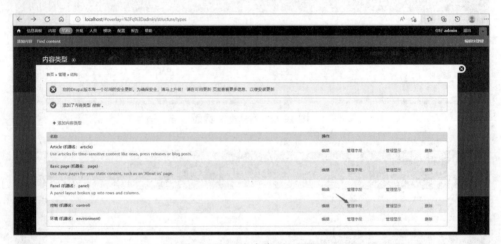

图 10-69　"内容类型"页面

单击"管理字段"链接，进入如图 10-70 所示页面。

图 10-70　管理字段

删除 Body 字段。在"标签"文本框中输入"灯";在机读名称中输入 lamp;在"字段类型"下拉列表框中选择"术语来源";在"控件"下拉列表框中选择"选择列表"。单击"保存"按钮,进入如图 10-71 所示页面。

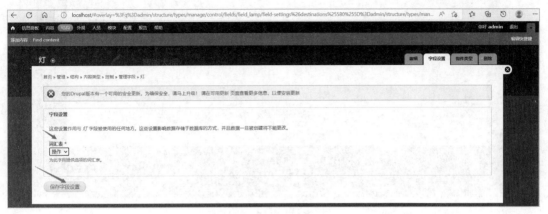

图 10-71　字段设置

在"词汇表"下拉列表框中选择"操作",单击"保存字段设置"按钮。

3. 创建内容

创建一个类型为"控制",Title 为"功能"的内容,如图 10-72 所示。

图 10-72　创建"功能"内容

4. 创建菜单

单击"内容"菜单,进入如图 10-73 所示页面,将鼠标悬停在"功能"上,页面左下角显示了这个内容的访问地址 localhost/?q=node/2,下面用这个地址为"功能"内容建立一个菜单。

单击"结构"菜单→"菜单"链接,进入如图 10-74 所示页面。

单击 Main menu 中的"添加链接"链接,进入如图 10-75 所示页面。

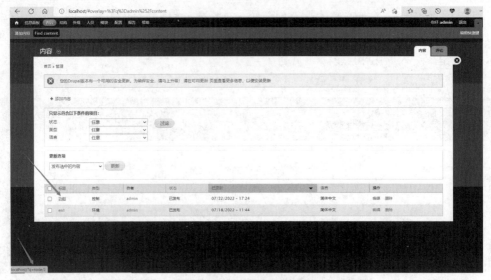

图 10-73 "内容"页面

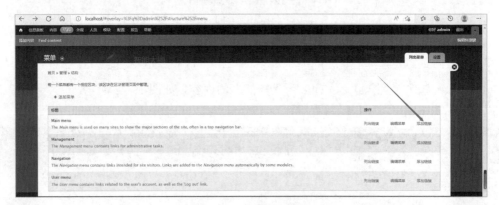

图 10-74 "菜单"页面

图 10-75 "编辑菜单链接"页面

在"菜单链接标题"文本框中输入"控制",在"路径"文本框中输入 node/2,单击"保存"按钮,进入如图 10-76 所示页面。

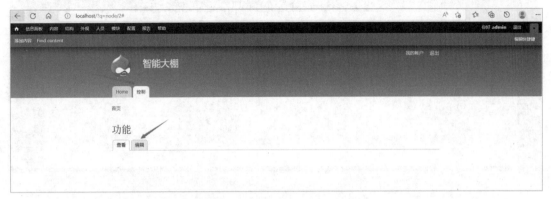

图 10-76 添加了"控制"菜单

返回主页后,单击"控制"标签页,然后单击"编辑"标签页,进入如图 10-77 所示页面。

图 10-77 "控制"功能页面

图中框起来这一部分不需要,由于这一部分是管理员的功能,可以建立一个普通用户把这些功能屏蔽起来。

5. 添加用户

单击"人员"菜单,进入如图 10-78 所示页面。

单击"添加用户"链接,进入如图 10-79 所示页面。

输入用户名、电子邮件地址和密码,单击"创建新账号"按钮。

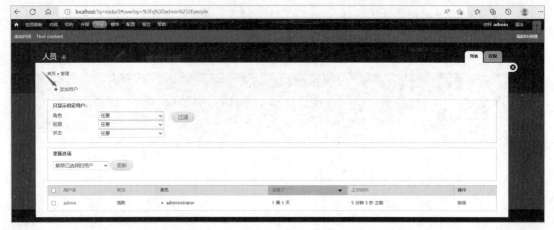

图 10-78 "人员"页面

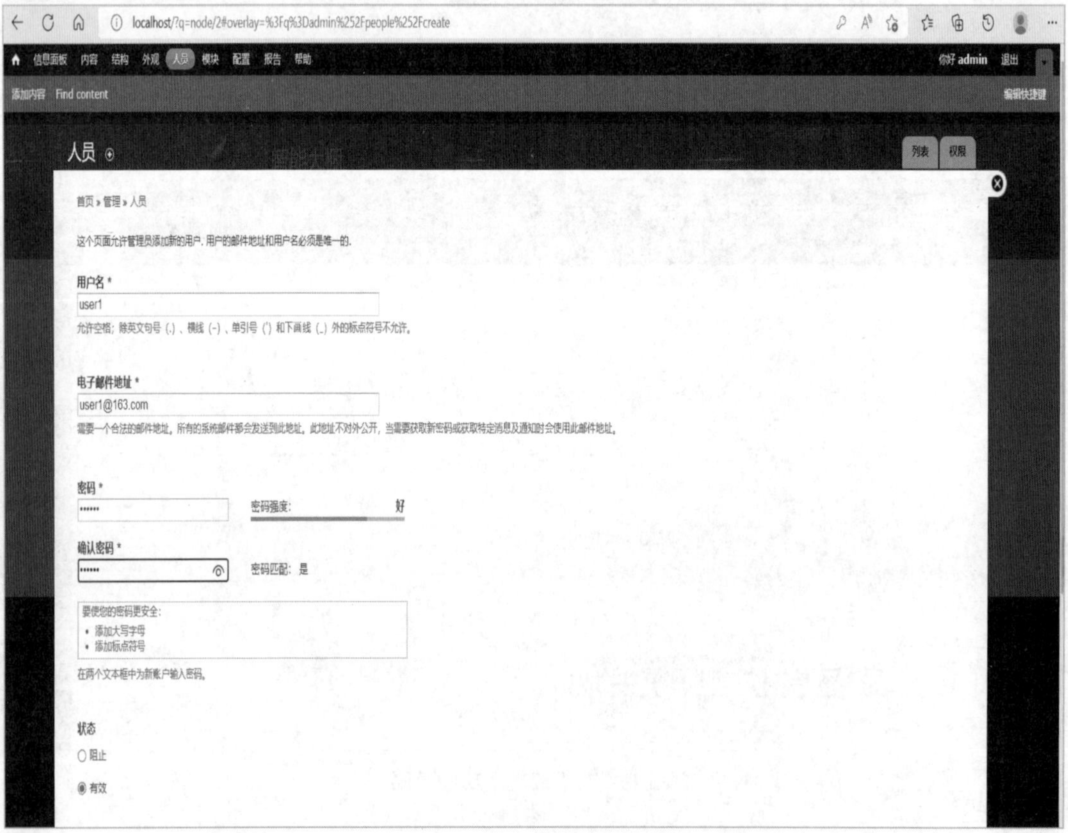

图 10-79 添加用户

6. 设置权限

单击"人员"菜单→"权限"标签页,进入如图 10-80 所示页面。

在"控制:编辑任何内容"项目中勾选"注册用户"复选框,单击"保存权限"按钮。返回主页,退出当前用户,以用户 user1 登录,单击"控制"菜单→"编辑"菜单,进入如图 10-81 所示页面。

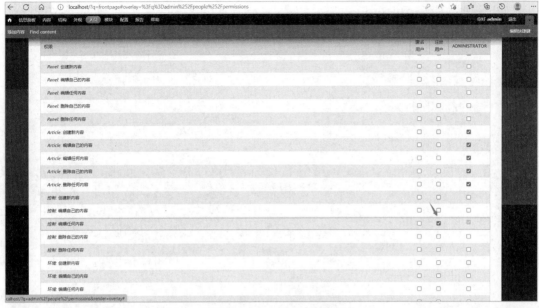

图 10-80 "权限"页面

图 10-81 控制功能实现

10.6 温湿度检测的实现

10.6.1 温湿度传感器 DHT11 模块的连接

DHT11 模块的引脚连接如表 10-7 所示。

表 10-7 DHT11 模块的引脚连接

DHT11 引脚	学习板引脚
VCC	3.3V
SDA	P0_7
GND	GND

10.6.2 Enddevice.c

在文件头部加入如下代码。

```c
char l_buf[5];
uint8 flag=0;

uint8 data[18];

/******************************************************************
 * LOCAL FUNCTIONS
 *****************************************************************/
static void GenericApp_MessageMSGCB( afIncomingMSGPacket_t *pckt );
static void GenericApp_SendTheMessage( void );

char  charFLAG;
char  charcount,chartemp;
char  charT_data_H,charT_data_L,charRH_data_H,charRH_data_L,
      charcheckdata;
char  charT_data_H_temp,charT_data_L_temp,charRH_data_H_temp,charRH_
      data_L_temp,
char  checkdata_temp;
char  charcomdata;
char  str[5];
void  Delay_10us(void)
{
  char i;
  for(i=0;i<16;i++);
}

void Delay(int ms)
{                               // 延时子程序
  char i,j;
  while(ms)
  {
     for(i = 0;  i<=167;  i++)
     {
        for(j=0;j<=48;j++);
     }
     ms--;
  }
}

void  COM(void)
{
    char i;
    for(i=0;i<8;i++)
    {

      charFLAG=2;
      while((!P0_7)&&charFLAG++);
      Delay_10us();
      Delay_10us();
      Delay_10us();
      chartemp=0;
      if(P0_7)chartemp=1;
      charFLAG=2;
      while((P0_7)&&charFLAG++);
      //超时则跳出 for 循环
      if(charFLAG==1)break;
```

```
    //判断数据位是 0 还是 1
    //如果高电平高过预定 0 高电平值则数据位为 1

    charcomdata<<=1;
    charcomdata|=chartemp;

}


//-----------------------------------
//------湿度读取函数 ------------------
//-----------------------------------
//-----以下变量均为全局变量-------------
//----温度高 8 位== charT_data_H------
//----温度低 8 位== charT_data_L------
//----湿度高 8 位== charRH_data_H-----
//----湿度低 8 位== charRH_data_L-----
//----校验 8 位 == charcheckdata-----


void RH(void)
{
    //主机拉低 18ms
    P0DIR |= 0x80;
    P0_7=0;
    Delay(18);
    P0_7=1;
    //总线由上拉电阻拉高 主机延时 20us
    Delay_10us();
    Delay_10us();
    Delay_10us();
    Delay_10us();
    //主机设为输入 判断从机响应信号
    P0_7=1;
    P0DIR &= ~0X80;
    //判断从机是否有低电平响应信号，若不响应则跳出，响应则向下运行
    if(!P0_7)        //T !
    {
        charFLAG=2;
        //判断从机是否发出 80μs 的低电平,响应信号是否结束
        while((!P0_7)&&charFLAG++);
        charFLAG=2;
        //判断从机是否发出 80μs 的高电平,若发出则进入数据接收状态
        while((P0_7)&&charFLAG++);
        //数据接收状态
        COM();
        charRH_data_H_temp=charcomdata;
        COM();
        charRH_data_L_temp=charcomdata;
        COM();
        charT_data_H_temp=charcomdata;
        COM();
        charT_data_L_temp=charcomdata;
        COM();
        charcheckdata_temp=charcomdata;
        P0DIR |= 0x80;
        P0_7=1;
        //数据校验
```

```
            chartemp=(charT_data_H_temp+charT_data_L_temp+charRH_data_H_temp+
            charRH_data_L_temp);
            if(chartemp==charcheckdata_temp)
            {
                charRH_data_H=charRH_data_H_temp;
                charRH_data_L=charRH_data_L_temp;
                charT_data_H=charT_data_H_temp;
                charT_data_L=charT_data_L_temp;
                charcheckdata=charcheckdata_temp;
            }
        }

    }
```

上述代码中，void RH(void)函数可以读取温湿度值。

在应用层初始化函数 void GenericApp_Init()加入如下代码。

给地址赋初值，协调器地址为 0。

```
GenericApp_DstAddr.addrMode = (afAddrMode_t)Addr16Bit;
GenericApp_DstAddr.endPoint = GENERICAPP_ENDPOINT;
GenericApp_DstAddr.addr.shortAddr = 0;
```

注册终端描述符。

```
GenericApp_epDesc.endPoint = GENERICAPP_ENDPOINT;
GenericApp_epDesc.task_id = &GenericApp_TaskID;
GenericApp_epDesc.simpleDesc
        = (SimpleDescriptionFormat_t *)&GenericApp_SimpleDesc;
GenericApp_epDesc.latencyReq = noLatencyReqs;

afRegister( &GenericApp_epDesc );
```

触发事件发送消息事件 GENERICAPP_SEND_MSG_EVT。

```
osal_start_timerEx( GenericApp_TaskID,
                    GENERICAPP_SEND_MSG_EVT,
                    GENERICAPP_SEND_MSG_TIMEOUT );
```

在事件处理函数 GenericApp_ProcessEvent()中加入如下代码，处理 GENERICAPP_SEND_MSG_EVT 事件。

```
if ( events & GENERICAPP_SEND_MSG_EVT )
{
    GenericApp_SendTheMessage();

    osal_start_timerEx( GenericApp_TaskID,
                        GENERICAPP_SEND_MSG_EVT,
                        GENERICAPP_SEND_MSG_TIMEOUT );

    return (events ^ GENERICAPP_SEND_MSG_EVT);
}
```

GenericApp_SendTheMessage()函数周期性地被调用。在GenericApp_SendTheMessage(void)函数中加入如下代码，定期读取温湿度值发送给协调器。

```
static void GenericApp_SendTheMessage(void)
{
    RH();
    data[0]=0xDD;
```

```
    data[1]=0xAA;
    data[4]=0x01;
    data[6]=charT_data_H;
    data[7]=charRH_data_H;
    data[17]=0xFF;
    data[16]=0xFF;
    if ( AF_DataRequest( &GenericApp_DstAddr, &GenericApp_epDesc,
                GENERICAPP_CLUSTERID,
                18,
                (byte *)&data,
                &GenericApp_TransID,
                AF_DISCV_ROUTE, AF_DEFAULT_RADIUS ) == afStatus_SUCCESS )
    {
    //成功

    }

    osal_start_timerEx(GenericApp_TaskID,GENERICAPP_SEND_MSG_EVT,10000);

}
```

10.6.3　Coordinator.c

协调器收到终端节点发送的温湿度消息后，调用 GenericApp_MessageMSGCB (MSGpkt)函数。在 GenericApp_MessageMSGCB(MSGpkt)函数中加入如下代码，判断收到的消息是否为温湿度值，要发送字符串给串口，通过 Wi-Fi 模块访问将温湿度值发送给 Web 服务器。

```
if(buffer[4]==1)
{
    char * wifi71="GET /s7396.php?temp=",* wifi72="&humi=",*wifi73=
    "\r\n HTTP 1.1 \r\nHOST:";

    char wifi7[256];
    unsigned char t,h;
    char temp[3],humi[3];

    t=buffer[6];
    h=buffer[7];
    temp[0]=t/10+0x30;temp[1]=t%10+0x30;temp[2]='\0';
    humi[0]=h/10+0x30;humi[1]=h%10+0x30;humi[2]='\0';
    wifi7[0]='\0';
    strcpy(wifi7, wifi71);
    strcat(wifi7, temp);
    strcat(wifi7,wifi72);
    strcat(wifi7, humi);
    strcat(wifi7, wifi73);
    strcat(wifi7, ip);

    HalUARTWrite(0,(uint8 *)wifi7,strlen(wifi7));

}
```

10.6.4　s7396.php

s7396.php 文件将温湿度值存入服务器的数据库。

```
<?php
```

```php
define('DRUPAL_ROOT', getcwd());
$conn=mysqli_connect ("localhost:3306", "root", "","smarthome") or
die("无法连接到数据库服务器");//连接 MySQL 数据库服务器

if ($conn);//打开数据库

else
{
    die("Invalid query: " . mysql_error());
    echo "数据库连接错误!";

    exit;
}


mysqli_set_charset($conn,"utf8");


$temp=$_GET['temp'];//将参数 temp 的值存入变量 temp 中
$humi=$_GET['humi'];//将参数 humi 的值存入变量 humi 中
$sqlsel1="update field_data_field_temp set field_temp_value=".$temp;
$sqlsel2="update field_data_field_humi set field_humi_value=".$humi;
if ($rsdel = mysqli_query($conn,$sqlsel1))
{
    $arr = array ('r'=>'success');
    echo json_encode($arr);
}
else
{
    $arr = array ('r'=>'fail');
    echo json_encode($arr);
}
if ($rsdel = mysqli_query($conn,$sqlsel2))
{
    $arr = array ('r'=>'success');
    echo json_encode($arr);
}
else
{
    $arr = array ('r'=>'fail');
    echo json_encode($arr);
}

?>
```

10.7 光照度检测的实现

10.7.1 GY-30 数字光模块简介

1. GY-30 数字光模块特点

(1) I2C 总线接口。

(2) 光谱的范围是人眼相近。

(3) 照度数字转换器。

（4）无需任何外部零件。

（5）光源的依赖性不大。

GY-30 数字光模块引脚的连接如表 10-8 所示。

表 10-8　GY-30 数字光模块引脚的连接

GY-30 模块引脚	学习板引脚
VCC	3.3V
SDA	P1_3
GND	GND
SCL	P1_4
ADD	GND

2. I2C 总线

I2C 总线是一种由 PHILIPS 公司开发的两线式串行总线，用于连接微控制器及其外围设备。I2C 总线是由数据线 SDA 和时钟线 SCL 构成的串行总线，可发送和接收数据。I2C 总线在传输数据过程中共有 3 种特殊类型信号，分别是开始信号、结束信号和应答信号。各种 I2C 设备均并联在这条总线上，但就像电话机一样只有拨通各自的号码才能工作，所以每个电路和模块都有唯一的地址。

1）I2C 总线的起始和停止

如图 10-82 所示，SCL 线为高电平期间，SDA 线由高电平向低电平的变化表示起始信号；SCL 线为高电平期间，SDA 线由低电平向高电平的变化表示终止信号。

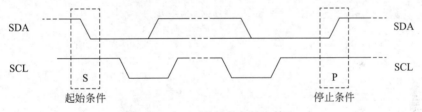

图 10-82　I2C 总线的起始和停止

2）I2C 的数据读写和应答

SCL 线为高电平期间，SDA 数据线上的数据必须保持稳定；只有 SCL 信号为低电平期间，SDA 状态才允许变化。I2C 与 UART 不同的地方首先在于先传高位，后传低位。主机写数据时，每发送 1 字节，接收机需要回复一个应答位 0，通过应答位判断从机是否接收成功。主机读数据时，接收 1 字节结束后，主机也需要发送一个应答位 0，但是当接收最后一个字节结束后，则需发送一个非应答位 1，发完了 1 后，再发一个停止信号，最终结束通信。

10.7.2　Enddevice.c

在文件头部加入如下代码。

```
#define BV(n)        (1 << (n))
```

```
#define st(x)        do { x } while ( __LINE__ == -1)   //保证宏可以在任何时候使用
#define HAL_IO_SET(port, pin, val)  HAL_IO_SET_PREP(port, pin, val)
//设置引脚值的宏
#define HAL_IO_SET_PREP(port, pin, val)   st( P##port##_##pin## = val; )
#define HAL_IO_GET(port, pin)  HAL_IO_GET_PREP( port,pin)
#define HAL_IO_GET_PREP(port, pin)   ( P##port##_##pin)   //读取引脚值的宏

#define LIGHT_SCL_0() HAL_IO_SET(1,4,0)
#define LIGHT_SCL_1() HAL_IO_SET(1,4,1)
#define LIGHT_SDA_0() HAL_IO_SET(1,3,0)
#define LIGHT_SDA_1() HAL_IO_SET(1,3,1)

#define LIGHT_SDA()        HAL_IO_GET(1,3)

#define SDA_W() (P1DIR |=BV(3) )
#define SCL_W() (P1DIR |=BV(4) )
#define SDA_R() (P1DIR &=~BV(3) )
#define delay() {asm("nop");asm("nop");asm("nop");asm("nop");}



/******** BH1750 命令********/
#define DPOWR  0X00          //断电
#define POWER  0X01          //上电
#define RESET     0X07       //重置
#define CHMODE  0X10         //连续高分辨率
#define CHMODE2 0X11         //连续高分辨率 2
#define CLMODE    0X13       //连续低分辨率
#define HMODE    0X20        //一次高分辨率
#define HMODE2 0X21          //一次高分辨率 2
#define LMODE     0X23       //一次低分辨率模式

#define  SlaveAddress   0x46    //定义器件在 I2C 总线中的从地址
                                //根据 ALT   ADDRESS 地址引脚不同修改
                                //ALT ADDRESS 引脚接地时地址为 0x46,
                                //接电源时地址为 0x3A

char    BUF[8];                 //光照数据缓冲区
char ack;


void delay_us(int n);
void delay_ms(int n);

void start_i2c(void);
void stop_i2c(void);
void sendACK(char ack);

void Single_Write_BH1750(char REG_Address);
char Single_Read_BH1750(char REG_Address);
int  send_byte(unsigned char c);
void Multiple_read_BH1750(void);
char read_byte();
float  get_light(void);

//延时 1μs
```

```
void delay_us(int n)
{
    while(n--)
    {
        asm("nop");asm("nop");asm("nop");
    }
}

//延时 1ms
void delay_ms(int n)
{
    while(n--)
    {
        delay_us(1000);
    }
}
//光照数据转换函数

/***************************
启动 I2C
***************************/

void start_i2c(void)
{
    SDA_W() ;
    SCL_W();
    LIGHT_SDA_1();
    delay_us(5) ;
    LIGHT_SCL_1() ;
    delay_us(5) ;
    LIGHT_SDA_0() ;
    delay_us(5) ;
    LIGHT_SCL_0() ;
    delay_us(5) ;

}


/*****************************
结束 I2C
*****************************/

void stop_i2c(void)
{
    SDA_W() ;
    LIGHT_SDA_0() ;
    //delay_us(5) ;
    LIGHT_SCL_1() ;
    delay_us(5) ;
    LIGHT_SDA_1();
    delay_us(5) ;
    LIGHT_SCL_0() ;
    delay_us(5) ;

}


/*****************************
字节发送,成功收到 0,ACK=1
*****************************/
```

```
static int  send_byte(unsigned char c)
{
   char i,error=0;
   SDA_W() ;
   for(i=0x80;i>0;i/=2)
   {
      LIGHT_SCL_0() ;
      delay_us(5) ;
      if(i&c)
         LIGHT_SDA_1();
      else
         LIGHT_SDA_0();

      LIGHT_SCL_1() ;            //设置时钟线为高，通知设备开始收据数据
      delay_us(6);

   }
   delay_us(1);
   LIGHT_SCL_0() ;
   LIGHT_SDA_1();
   SDA_R();
   P1INP=0;
   P2INP=0;
   //delay_us();
   LIGHT_SCL_1();
   delay_ms(6);
   if(LIGHT_SDA())
      ack=0 ;
   else ack=1;

   LIGHT_SCL_0();
   delay_us(6);
   return error;


}
/********************************
发送 ACK=1 或 0
********************************/
void sendACK(char ack)
{
   SDA_W() ;
   if(ack)LIGHT_SDA_1();
   else LIGHT_SDA_0();;               //写应答信号
   LIGHT_SCL_1() ;                    //拉高时钟线
   delay_us(6);                       //延时
   LIGHT_SCL_0() ;                    //拉低时钟线
   delay_us(6);                       //延时
}
/********************************
字节接收
********************************/

char  read_byte()
{
   char  i;
   char val=0;
```

```
    LIGHT_SDA_1();
    SDA_R();
    for(i=0x80;i>0;i/=2)
    {
        LIGHT_SCL_1();
        delay_us(5);
        if(LIGHT_SDA())
            val=(val | i);

        LIGHT_SCL_0();
        delay_us(5);
    }

    return val;



}
//单字节读取

char Single_Read_BH1750(char REG_Address)
{
    char REG_data;
    start_i2c();                        //起始信号
    send_byte(SlaveAddress);            //发送设备地址+写信号
    send_byte(REG_Address);             //发送存储单元地址，从0开始
    start_i2c();                        //起始信号
    send_byte(SlaveAddress+1);          //发送设备地址+读信号
    REG_data= read_byte();              //读出寄存器数据

    stop_i2c();                         //停止信号
    return REG_data;
}
//单字节写入
void Single_Write_BH1750(char REG_Address)
{
    start_i2c();                        //起始信号
    send_byte(SlaveAddress);            //发送设备地址+写信号
    send_byte(REG_Address);             //内部寄存器地址
    //send_byte(REG_data);              //内部寄存器数据
    stop_i2c();                         //发送停止信号
}
//**********************************************************
//连续读出BH1750内部数据
//**********************************************************
 void Multiple_read_BH1750(void)
{
    char i;
    start_i2c();                        //起始信号
    send_byte(SlaveAddress+1);          //发送设备地址+读信号

    for (i=0; i<3; i++)                 //连续读取6个地址数据，存入BUF
    {
        BUF[i] = read_byte();           //BUF[0]存储0x32地址中的数据
        if (i == 3)
        {
```

```
                sendACK(1);                          //最后一个数据需要回 NOACK
        }
        else
        {
            sendACK(0);                              //回应 ACK
        }
    }

    stop_i2c();                                      //停止信号
    delay_ms(5);
}

/***************************
测量光强度
***************************/

float  get_light(void)
{
    char t0;

    float t;
    Single_Write_BH1750(0x01);                       //上电
    Single_Write_BH1750(0x10);                       //高分辨率模式

    delay_ms(180);

    Multiple_read_BH1750();

    t0=BUF[0];
    t0=(t0<<8)+BUF[1];                               //合成数据，即光照数据

    t=(float)t0/1.2;

    return t;

}
```

上述代码中，get_light(void)函数可以读取光照值，GenericApp_SendTheMessage (void)函数周期性地被调用。在 GenericApp_SendTheMessage(void)函数加入如下代码，定期读取光照值发送给协调器。

```
static void GenericApp_SendTheMessage( void )
{
    byte data[18];
    unsigned char l=get_light();
    osal_memset(data,0,18);
    data[0]=0xDD;
    data[1]=0xAA;
    data[4]=0x05;
    data[6]=l;
    data[17]=0xFF;
    data[16]=0xFF;
```

```
if ( AF_DataRequest( &GenericApp_DstAddr, &GenericApp_epDesc,
            GENERICAPP_CLUSTERID,
            18,
            (byte *)&data,
            &GenericApp_TransID,
            AF_DISCV_ROUTE, AF_DEFAULT_RADIUS ) == afStatus_SUCCESS )
{


}

}
```

10.7.3　Coordinator.c

协调器收到消息后，调用 GenericApp_MessageMSGCB(MSGpkt)函数。在 GenericApp_MessageMSGCB(MSGpkt) 函数中加入如下代码，判断收到的消息是否为光照值，要发送字符串给串口，通过 Wi-Fi 模块访问 Web 服务器。调用 Web 服务器上的 s8657.php 文件，将光照值存入 Web 服务器。

```
if(buffer[4]==5)
{
    char * wifi101="GET /s8657.php?sun=",*wifi103="\r\n HTTP 1.1 \r\nHOST:";


    char wifi10[128];
    unsigned char s;
    char   lux[4];

    s=buffer[6];

    int t,flag=0,i=0;
    int  k=100;
    while(k>0)
    {
        t=s/k;
        s-=t*k;
        if(flag==0)//flag 是为了标识前面是否一直为 0
        {
            if(t!=0)
            {
                lux[i++]=t+0x30;
                flag=1;
            }
        }
        else
        {
            lux[i++]=t+0x30;
        }
        k=k/10;
    }
    lux[i++]='\0';

    wifi10[0]='\0';
    strcpy(wifi10, wifi101);
```

```
    strcat(wifi10, lux);

    strcat(wifi10, wifi103);
    strcat(wifi10, ip);

    HalUARTWrite(0,(uint8 *)wifi10,strlen(wifi10));
}
```

10.7.4   S8657.php

S8657.php 文件将光照值存入 Web 服务器的数据库。

```php
<?php

define('DRUPAL_ROOT', getcwd());
$conn=mysql_connect ("localhost:3306", "root", "") or die("无法连接到数据库
服务器");                                          //连接 MySQL 数据库服务器
mysql_query("SET NAMES 'gb2312'");
if (mysql_select_db("fa133"));          //打开数据库

else
{
    die("Invalid query: " . mysql_error());
    echo "数据库连接错误!";

    exit;
}

$sun=$_GET['sun'];

$sqlsel2="update field_data_field_sun1 set field_sun1_value=".$sun;

if ($rsdel = mysql_query($sqlsel2))
{
    $arr = array ('r'=>'success');
    echo json_encode($arr);
}
else
{
    $arr = array ('r'=>'fail');
    echo json_encode($arr);
}
?>
```

10.8   一键报警的实现

在 IAR 中，zmain 文件夹下 OnBoard.c 文件的板载初始化函数 InitBoard()在主函数中被调用，InitBoard()函数负责板载设备的初始化与配置。InitBoard()函数调用按键配置函数 HalKeyConfig()根据参数值对按键进行配置，决定了将按键的处理方式为轮询方式还是中断方式，在默认情况下第 1 个参数的值为 HAL_KEY_INTERRUPT_DISABLE，即按键的处理方式为轮询方式，而轮询方式相对反应较慢，可以将第 1 个参数改为 HAL_KEY_INTERRUPT_ENABLE，即将按键的处理方式改为中断方式。学习板上的按键 2 与 TI 评估板的按键都连接在引脚 P0_1 上，所以可以直接使用按键 2 实现报警功能。

10.8.1 Enddevice.c

在应用层初始化函数 void GenericApp_Init(uint8 task_id)中加入如下代码。

```
RegisterForKeys( GenericApp_TaskID );
```

上述代码的作用是注册按键的处理由应用层完成，也就是一旦发生按键中断会交给应用层事件处理函数来处理。

在应用层事件处理函数 uint16 GenericApp_ProcessEvent(uint8 task_id, uint16 events)中加入如下代码。

```
case KEY_CHANGE:
    GenericApp_SendTheMessage();
    break;
```

static void GenericApp_SendTheMessage(void)函数发送消息给协调器。

```
static void GenericApp_SendTheMessage( void )
{
   byte data[18];

   osal_memset(data,0,18);
   data[0]=0xDD;
   data[1]=0xAA;
   data[4]=0x02;

   data[17]=0xFF;
   data[16]=0xFF;

   if ( AF_DataRequest( &GenericApp_DstAddr, &GenericApp_epDesc,
                    GENERICAPP_CLUSTERID,
                    18,
                    (byte *)&data,
                    &GenericApp_TransID,
                    AF_DISCV_ROUTE, AF_DEFAULT_RADIUS ) == afStatus_SUCCESS )
   {

   }
   else
   {
   }
}
```

10.8.2 Coordinator.c

协调器收到消息后要调用 GenericApp_MessageMSGCB(MSGpkt)函数。GenericApp_MessageMSGCB(MSGpkt)函数判断收到的消息是否为按键，如果是则调用 Web 服务器上的 alert.php 文件。在 GenericApp_MessageMSGCB(MSGpkt)函数中加入如下代码。

```
if(buffer[4]==2)
{
   char * wifi111="GET /alert.php\r\n HTTP 1.1 \r\nHOST:";
   char wifi11[128];

   strcpy(wifi11, wifi111);
   strcat(wifi11,ip);
```

```
HalUARTWrite(0,(uint8 *)wifi11,strlen(wifi11));

}
```

10.8.3 alert.php

```php
<meta http-equiv="Content-Type" content="text/html; charset=utf-8" />
<?php
header("content-Type: text/html;charset=Utf-8");
define('DRUPAL_ROOT', getcwd());
$conn=mysqli_connect ("localhost:3306", "root", "","smarthome") or
die("无法连接到数据库服务器");//连接 MySQL 数据库服务器

if ($conn);//打开数据库

else
{
   die("Invalid query: " . mysql_error());
   echo "数据库连接错误!";

   exit;
}
mysqli_set_charset($conn,"utf8");
$sqlsel1="update field_data_field_alert set field_alert_value='有报警'";

if ($rsdel = mysqli_query($conn,$sqlsel1))
{
   $arr = array ('r'=>'success');
   echo json_encode($arr);
}
else
{
   $arr = array ('r'=>'fail');
   echo json_encode($arr);
}

?>
```

10.9 远程控制设备的实现

10.9.1 继电器简介

1. 继电器工作原理

在各种自动控制设备中，都存在一个低压自动控制电路与高压电气电路的互相连接问题。一方面，要使低压电子电路的控制信号能够控制高压电气电路的执行元件，如电动机、电磁铁、电灯等；另一方面，又要为电子线路的电气电路提供良好的电隔离，以保护电子电路和人身的安全，电磁式继电器便能完成这一桥梁作用。电磁式继电器工作原理如图 10-83 所示。

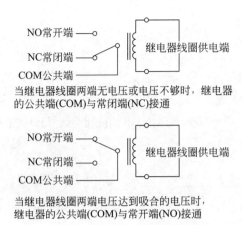

图 10-83　电磁式继电器工作原理

当信号触发端有低电平触发时，公共端与常闭端会断开。

2. 继电器与设备的连接

继电器与设备的连接如图 10-84 所示。

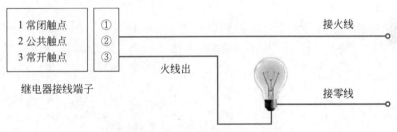

图 10-84　继电器与设备的连接

3. 继电器模块与学习板的连接

继电器模块与学习板的引脚连接如表 10-9 所示。

表 10-9　继电器模块与学习板的引脚连接

继电器模块引脚	学习板引脚
VCC	3.3V
in	P0_6
GND	GND

10.9.2　远程控制设备处理流程

（1）终端设备启动时将自己的地址发送给协调器。

（2）协调器定时检测 Web 服务器上设备的状态。

（3）协调器将设备的状态发送给终端。

（4）终端改变 P0_6 引脚状态通过继电器控制设备的开关。

10.9.3 Enddevice.c

在文件头部加入如下代码。

```
#define RELAY_PIN        P0_6
byte flag=0;    //全局变量 flag 用于标识协调器是否收到地址
```

在应用层初始化函数 void GenericApp_Init(uint8 task_id) 中加入如下代码。

```
P0DIR=0x40;      //设置 P0_6 引脚为输出
RELAY_PIN=1;     //初始状态为"关"
osal_start_timerEx( GenericApp_TaskID,
                    GENERICAPP_SEND_MSG_EVT,
                    1000 );
```

在事件处理函数 uint16 GenericApp_ProcessEvent(uint8 task_id, uint16 events) 中加入如下代码。

```
if ( events & GENERICAPP_SEND_MSG_EVT )
{
  if(!flag)GenericApp_SendTheMessage();//如果协调器没收到地址，则发送地址

  return (events ^ GENERICAPP_SEND_MSG_EVT);
}
```

向协调器发送消息，协调器可以得到继电器节点的地址。

```
static void GenericApp_SendTheMessage( void )
{
    byte data[18];

    osal_memset(data,0,18);

    data[0]=0xDD;
    data[1]=0xAA;
    data[4]=0x41;

    data[17]=0xFF;
    data[16]=0xFF;

    if (! AF_DataRequest( &GenericApp_DstAddr, &GenericApp_epDesc,
                GENERICAPP_CLUSTERID,
                18,
                (byte *)&data,
                &GenericApp_TransID,
                AF_DISCV_ROUTE, AF_DEFAULT_RADIUS ) == afStatus_SUCCESS )
    {
        osal_start_timerEx( GenericApp_TaskID,
                    GENERICAPP_SEND_MSG_EVT,
                    100 );

    }
}
```

收到协调器消息，根据协调器消息执行继电器的开或关，并将 flag 置 1，不再向协调器发送地址。

```
void GenericApp_MessageMSGCB(afIncomingMSGPacket_t * pkt)
{
```

```
    unsigned char buffer[18];

    switch(pkt->clusterId)
    {
        case GENERICAPP_CLUSTERID:
            osal_memcpy(buffer, pkt->cmd.Data, 18);

            if(buffer[4]==0x41)
            {
                if(buffer[5]==1)
                {
                    RELAY_PIN=0;
                }
                if(buffer[5]==2)
                {
                    RELAY_PIN=1;
                }
                flag=1;
            }
        break;
    }
}
```

10.9.4　Coordinator.c

记录灯节点地址，在文件的头部加入一个存放灯节点地址的全局变量 lamp_address。

```
uint16 lamp_address=0;
```

在 GenericApp_MessageMSGCB(MSGpkt)函数中加入如下代码，记录继电器节点地址。

```
if(buffer[4]==0x41)
{
    //取出继电器节点地址存放到变量 lamp_address 中
    lamp_address=pkt->srcAddr.addr.shortAddr;

    lamp_address_flag=1;//标记得到继电器节点地址
}
```

查询 Web 服务器记录灯节点状态，在文件头部加入一个事件的定义。

```
#define GET_LAMP_EVENT 0x01
```

在初始化函数 void GenericApp_Init(uint8 task_id)中加入如下代码。

```
uartConfig.configured     =TRUE;
uartConfig.baudRate       =HAL_UART_BR_115200;
uartConfig.flowControl    =FALSE;
uartConfig.callBackFunc   =rxCB;
HalUARTOpen(0,&uartConfig);
osal_start_timerEx(GenericApp_TaskID,GET_LAMP_EVENT,1000);
```

uartConfig.callBackFunc = rxCB 的作用是设置串口的回调函数为 rxCB，也就是当 Wi-Fi 模块收到 Web 服务器返回的数据时会调用 rxCB()函数进行处理。

osal_start_timerEx(GenericApp_TaskID,GET_LAMP_EVENT,1000)的作用是每隔 1000ms 产生一个 GET_LAMP_EVENT 事件，这个事件是用来得到 Web 服务器上灯的状态。

在事件处理函数 uint16 GenericApp_ProcessEvent(uint8 task_id, uint16 events)中加入如下代码。

```
if(events&GET_LAMP_EVENT)
{
    //从Web服务器得到继电器状态
    getLamp();
    osal_start_timerEx(GenericApp_TaskID,GET_LAMP_EVENT,10000);

    return (events^GET_LAMP_EVENT);
}
```

getLamp()函数从Web服务器取得继电器状态。

```
void getLamp(void)
{
    char * wifi411="GET /lamp.php\r\n HTTP 1.1 \r\nHOST:";
    char wifi41[128];
    strcpy(wifi41, wifi411);
    strcat(wifi41, ip);
    HalUARTWrite(0,(uint8 *)wifi41,strlen(wifi41));
    flag=41;

}
```

当Web服务器返回数据通过串口发送给协调器时,服务函数void rxCB(uint8 port, uint8 event)会被调用。其中,变量f2记录当前继电器节点状态,变量f1记录前一次继电器节点状态,如果不同,则调用sendLamp(f2)函数发送继电器节点状态。

```
void rxCB(uint8 port, uint8 event)
{
    if(flag==41)
    {
        Delay_ms(1000);
        HalUARTRead(0, uartbuf, 128);
        if(strstr((char *)uartbuf,"lamp1")!=NULL)  f2=1;
        if(strstr((char *)uartbuf,"lamp2")!=NULL)  f2=2;
        if((f2!=f1)&&(lamp_address_flag)) sendLamp(f2);
        f1=f2;
    }

}
```

void sendLamp(byte lampState)函数发送给终端设备的状态。

```
void sendLamp(byte  lampState)
{
    osal_memset(data,0,18);
    data[0]=0xDD;
    data[1]=0xAA;
    data[4]=0x41;
    data[5]=lampState;
    data[17]=0xFF;
    data[16]=0xFF;

    afAddrType_t my_DstAddr;
    my_DstAddr.addrMode=(afAddrMode_t)Addr16Bit;
    my_DstAddr.endPoint=GENERICAPP_ENDPOINT;
    my_DstAddr.addr.shortAddr=lamp_address;
```

```
if(afStatus_SUCCESS!=AF_DataRequest(&my_DstAddr, &GenericApp_epDesc,
                                    GENERICAPP_CLUSTERID,
                                    18,
                                    data,
                                    &GenericApp_TransID,
                                    AF_DISCV_ROUTE,
                                    AF_DEFAULT_RADIUS))
  {
    osal_start_timerEx(GenericApp_TaskID,GET_LAMP_EVENT,1000);
  }

}
```

10.9.5　lamp.php

从 Web 服务器上取得设备的状态。

```php
<meta http-equiv="Content-Type" content="text/html; charset=utf-8" />
<?php
header("content-Type: text/html;charset=Utf-8");
define('DRUPAL_ROOT', getcwd());
$conn=mysqli_connect ("localhost:3306", "root", "","smarthome") or
die("无法连接到数据库服务器");//连接 MySQL 数据库服务器

if ($conn);//打开数据库

else
{
   die("Invalid query: " . mysql_error());
   echo "数据库连接错误!";

   exit;
}


mysqli_set_charset($conn,"utf8");
$sqlsel="select field_lamp_tid from field_data_field_lamp where entity_id=2";

if ($rsdel = mysqli_query($conn,$sqlsel))
{
   $row = mysqli_fetch_assoc($rsdel);

   $lamp = $row["field_lamp_tid"];
   if($lamp==1) $l="lamp1";else  $l="lamp2";

   $arr = array ('r'=>$l);
   echo json_encode($arr);
}

else
{
   $arr = array ('r'=>'fail');
   echo json_encode($arr);
}

?>
```

10.10 微信小程序访问智能温室系统

10.10.1 微信小程序简介

1. 什么是微信小程序

"微信小程序"这个词可以分解为"微信"和"小程序"两部分。其中,"微信"可以理解为"微信中的",指的是小程序的执行环境是微信;"小程序"是说它首先是程序,其次具备轻便的特征。小程序并不像其他应用那样,它不需要安装,而是通过扫描二维码等打开后直接执行,用完以后也不需要卸载。这就是所谓"用完即走"的原则。

2. 微信小程序的结构

(1)使用 JSON 技术表现应用的配置信息,包括应用的基本信息、页面配置和路由、应用的信息等。

(2)使用经过定制的 CSS+XML 技术实现视图层的描述。画面元素,如列表、按钮、文本框、选择框等都通过 XML 描述,遵从 XML 语法;对于页面的共同风格,使用 CSS 进行定义。

(3)使用 JavaScript 语言实现逻辑层结构,包括用户操作的处理、系统 API 的调用等。

(4)架构在视图层和逻辑层之间提供数据和事件传输功能,从而尽量减少难度。由于类似应用都属于轻应用,所以提供的功能都比较单一。

3. 微信小程序文件类型

微信小程序文件类型如表 10-10 所示。

表 10-10 微信小程序文件类型

文件类型	作用
JS	页面逻辑
WXML	页面结构
WXSS	页面样式
JSON	页面配置

10.10.2 微信小程序访问智能温室系统的实现

1. 智能温室系统小程序界面

智能温室系统小程序界面如图 10-85 所示。

这个小程序有 3 个功能:登录、监控和控制。

2. app.json 文件

小程序根目录下的 app.json 文件用来对微信小程序进行全局配置。文件内容为一个 JSON 对象,由多个属性组成。

pages 属性的主要内容是页面路径列表。这个小程序由 4 个页面组成,文件结构如图 10-86 所示。

图 10-85　智能温室系统小程序界面

图 10-86　小程序文件结构

对应的 pages 属性如下。

```
"pages": [
    "pages/login/login",
    "pages/index/index",
```

```
    "pages/control/control",
    "pages/logs/logs"
],
```

属性之间用逗号分隔。

window 属性规定了小程序的全局的默认窗口表现。

```
"window": {
    "backgroundTextStyle": "light",
    "navigationBarBackgroundColor": "#fff",
    "navigationBarTitleText": "WeChat",
    "navigationBarTextStyle": "black"
},
```

tabBar 属性定义了小程序的标签页。

```
"tabBar": {
    "position": "top",
    "list": [
        {
            "pagePath": "pages/index/index",
            "text": "监控"
        },
        {
            "pagePath": "pages/control/control",
            "text": "控制 "
        },
        {
            "pagePath": "pages/login/login",
            "text": "登录"
        }
    ]
},
```

3. login.wxml 文件

login.wxml 文件定义了 login 页面的结构，其语法类似于 XML 文件。

以下代码定义了"用户名"文本框。

```
<view class="login-item">
        <view class="login-item-info">用户名</view>
        <view><input bindinput="usernameInput" /></view>
</view>

<view class="login-item-info">用户名</view>
```

view 是视图的意思，其中 class 属性规定了视图的样式，样式的定义在 login.wxss 文件中。

```
.login-item-info{
    font-size: 16px;
    color: #888;
     padding-bottom: 20rpx;
}
<input bindinput="usernameInput"/>
```

定义一个文本框，bindinput 属性定义了文本框有文本输入时由 login.js 中 usernameInput 函数处理。

```
usernameInput: function (event) {
    this.setData({ username: event.detail.value })
  }
```

这个函数的作用是将 event 传过来的文本框的值存入页面的 username 数据中。

4. login.js 文件

1）全局对象

```
var app = getApp();              //得到一个全局的对象，访问某些全局变量时有用
```

2）Page 对象

Page 对象是 login.js 的主体，用于注册小程序中的一个页面，指定页面的初始数据、生命周期回调函数、事件处理函数等。

```
//定义页面的数据
data: {
    username: null,
    password: null,
}

//生命周期回调函数
onLoad: function (options) {
//页面加载时调用
},
onReady: function () {
//页面初次渲染完成时调用
},
onShow: function () {
//页面显示时调用
},
onHide: function () {
//页面隐藏时调用
},
onUnload: function () {
//页面关闭时调用
},
```

3）登录按钮的事件处理函数

```
  loginBtnClick: function () {
    var result = "";
    var u1 = this.data.username;
    var p1 = this.data.password;
    if(u1&&p1)
    {
      //用户名和密码验证的 URL
      var urlString = 'http://192.168.0.106/lol6216.php?name=' +
                      this.data.username +'&pass ='+this.data.password;
      //上面的代码是调用 Web 服务器上的 PHP 页面验证登录信息
      var that=this;
      //发起 HTTPS 网络请求
       wx.request({
         url: urlString,
         data: {
```

```
      },
      header: {
        'content-type': 'application/json' //默认值
      },
      //调用成功的回调函数
      success: function (res) {
       var result = res.data;

        if (result.indexOf("success") > 0)
        {

          var u1 = that.data.username;

          app.globalData.isLogin=true;
          try {
            wx.setStorageSync('username', u1)
          } catch (e) {
          }
         //转换页标签到监控
          wx.switchTab({
            url: '../index/index'
          })
          //切换到 index 页面
         wx.navigateTo({
           url: '../index/index',
          })

        }
        if (result.indexOf("nouser") > 0) {
          wx.showToast({
            title: '无此用户',
          });

        }
        if (result.indexOf("fail") > 0) {
          wx.showToast({
            title: '密码错',
          });

        }
      },
      //调用失败的回调函数
      fail: function (res) {

      }

    })
    }



  if (!u1) {
    wx.showToast({
      title: '用户名为空',
    });

  }

  if (!p1) {
```

```
    wx.showToast({
      title: '密码为空',
    });

  }
},
```

10.10.3　lol6216.php

lol6216.php 文件用于验证用户名和密码是否正确。

```php
<html>
<head>
  <meta http-equiv="Content-Type" content="text/html; charset=utf-8" />
  <title>haha</title>
</head>
<?php
define('DRUPAL_ROOT', getcwd());
class User
{
public $pass='';
}
$account=new User();
require_once DRUPAL_ROOT . '/includes/bootstrap.inc';
drupal_bootstrap(DRUPAL_BOOTSTRAP_FULL);

$conn=@mysql_connect ("localhost:3306", "root", "") or die("无法连接到数据
库服务器");                          //连接 MySQL 数据库服务器
mysql_query("SET NAMES 'gb2312'");
if (mysql_select_db("fa133"));          //打开数据库

else
{
  die("Invalid query: " . mysql_error());
  echo "数据库连接错误!";

  exit;
}

require_once 'includes/password.inc';


$name=$_GET['name'];
$password=$_GET['pass'];
$sqlsel="select pass from users where name='".$name."'";

if ($rsdel = mysql_query($sqlsel))
{
  $row = mysql_fetch_assoc($rsdel);

  if (!empty($row))
  {
    $account->pass = $row["pass"];
    //echo $account->pass;
    if (user_check_password($password, $account))
    {
```

```
            echo success;
        }
        else
        {
            echo fail;
        }
    }
    else
    {
        echo nouser;
    }

}
else
{
    //die("Invalid query: " . mysql_error());
    echo "wrong! ";
    //exit;

}

?>
```

10.11　智能温室系统休眠功能的实现

　　智能温室系统的各种传感器件工作在没有电源的场所，所以电源管理成为智能温室系统的重要功能。

　　电池供电的终端设备采用电源管理最小化两个短暂无线通信周期之间的功耗。通常，在空闲时，一个终端设备会关闭大功耗的功能外设和进入休眠模式。Z-Stack 提供两种休眠模式，分别为 TIMER sleep 和 DEEP sleep。当系统需要在一个预定的延时后被唤醒执行任务时，采用 TIMER sleep 模式；当系统未来没有预定的任务需要执行时，采用 DEEP sleep 模式，系统进入 DEEP sleep 模式后，需要一个外部触发（如按下按键）唤醒设备。TIMER sleep 模式下工作电流通常降为几毫安，而 DEEP sleep 模式通常降为几微安。

　　Z-Stack 电池供电的终端设备采用电源管理最小化两个短暂预定活动的周期之间或长时间的非活动期（DEEP sleep）内的功耗。在 OSAL 主控制循环中，每个任务完成它预定的处理后对系统活动进行监控。如果没有任务有预定的事件发生，那么电源管理功能被使能，系统决定是否休眠。设备必须满足以下所有条件才能进入休眠模式。

　　（1）休眠功能被 POWER_SAVING 预编译选项使能。

　　（2）ZDO 节点描述符指定 RX is off when idle，这需要在 f8wConfig.cfg 文件中将 RFD_RCVC_ALWAYS_ON 设为 FALSE 来实现。

　　（3）所有的 Z-Stack 任务"赞同"允许节省能源。

　　（4）Z-Stack 各个任务都没有预定的活动。

　　（5）MAC 层没有预定的活动。

　　Z-Stack 中的终端设备工程默认配置为不具有电源管理的功能。为了使能该功能，在工程建立时必须指定 POWER_SAVING 预编译选项。

　　是否启用节能模式是在 OSAL 主循环的末尾决定的。如果所有 Z-Stack 任务都没有任

何处理要执行，activity 变量的值变为 false。POWER_SAVING 预编译选项决定是否调用
osal_pwrmgr_powerconserve()函数启动休眠，代码如下。

```
#if defined( POWER_SAVING )
  else
  {
    osal_pwrmgr_powerconserve();
  }
#endif
```

思考题

智能温室系统配置功能界面如图 10-87 所示。在 Web 端实现这个功能，并在无线传感
器网络端和手机端实现根据配置信息采集或放弃采集传感器数据。

图 10-87　智能温室系统配置功能界面

第 11 章

学生考勤管理系统

11.1 学生考勤管理系统设计

随着高校管理信息化的不断深入，校园一卡通得到广泛的应用。校园一卡通使用 RFID 技术，利用射频信号通过空间耦合自动识别目标对象并获取数据。校园一卡通被广泛应用于图书馆、校内消费等各种校园服务，为学校的信息化管理以及学生的日常生活提供便利并提高了管理效率。然而，在学生日常上课考勤的管理方面，目前大多数高校依然采用传统的老师点名或学生签到的方式进行人工考勤。这种考勤方式既浪费老师和学生宝贵的课堂时间，也使考勤数据的处理效率低下。目前已经出现了一些校园一卡通学生考勤管理系统，实现了学生上课的自动考勤和对考勤数据的智能化处理。但现有的校园一卡通学生考勤管理系统大多需要在教室安装计算机并具备网络环境，高校很多教室不具备这种条件，所以影响了学生考勤管理系统在高校的推广。基于 ZigBee 技术的校园一卡通学生考勤管理系统克服了这种局限性，利用 ZigBee 技术实现了考勤信息的网络传输，在没有安装计算机和没有网络环境甚至没有电源的教室也可以很好地工作。

11.1.1 校园一卡通学生考勤管理系统的组成

校园一卡通学生考勤管理系统由读卡器节点、校园一卡通卡和服务器组成。

（1）读卡器节点是考勤系统的主要设备，由 RFID 读卡电路和 ZigBee 无线传输电路组成，每间教室一个，一栋教学楼内的所有读卡器节点组成一个无线传感网络。只要有一卡通卡进入读卡器无线射频能量范围，读卡器便通过射频信号与一卡通卡通信，读取一卡通卡中的学生数据，并将其传给服务器。

（2）校园一卡通卡：读卡器通过校园一卡通卡内磁力线圈产生感应电流读取卡内信息，完成读卡操作。

（3）服务器通过串口与一个 ZigBee 节点相连，读卡器节点读取的考勤信息传输到服务器，服务器将考勤信息存入数据库。在服务器上搭建一个支持 Servlet 的 Web 服务器，使用 Java 语言对考勤信息进行管理，可以使用 Android 平板电脑作为服务器。

11.1.2 校园一卡通学生考勤管理系统的可行性分析

ZigBee 节点经实测在室内有阻挡情况下传输距离为 50m，而 ZigBee 网络可以为星状网络结构、树状网络结构和网状网络结构，最大节点数为 65000 个，能够充分满足在一栋教学楼内组建一个无线传感网的要求。而在室外没有阻挡的情况下 ZigBee 节点传输最大距离为 2000m，在需要的情况下，可以组建一个校园范围内的一卡通学生考勤管理系统。

另外，考勤系统传输的数据很少，ZigBee 网络 256kb/s 的传输速率足够满足数据速率的要求。

11.1.3 校园一卡通学生考勤管理系统的需求分析

（1）学生进入教室后，刷卡考勤，读卡器节点读取学生考勤信息，并将数据传输到服务器，服务器将考勤信息存入数据库。

（2）服务器上运行着一个基于 Web 的应用程序，对考勤信息进行管理，主要包括学生管理、教师管理、课程管理、考勤信息管理、考勤信息统计、考勤信息通知等功能。

11.2 学生考勤管理系统的时钟功能的实现

11.2.1 DS1302 实时时钟电路

DS1302 是美国 DALLAS 公司推出的一种高性能、低功耗、带 RAM 的实时时钟电路，它可以对年、月、周、日、时、分、秒进行计时，具有闰年补偿功能，工作电压为 2.5～5.5V。DS1302 采用三线接口与 CPU 进行同步通信，并可采用突发方式一次传输多字节的时钟信号或 RAM 数据。DS1302 内部有一个 31×8 的用于临时性存放数据的 RAM 寄存器。DS1302 是 DS1202 的升级产品，与 DS1202 兼容，但增加了主电源/后备电源双电源引脚，同时提供了对后备电源进行涓细电流充电的能力。

11.2.2 DS1302 实时时钟模块

DS1302 实时时钟模块参数如下。

（1）PCB 为标准双面板，全贴片设计，尺寸为 4.7cm×1.8cm。

（2）带定位孔，直径为 3mm，方便固定。

（3）备用电池为正品 CR1220 电池，电压为 3V，非可充电电池。

（4）32.768kHz 晶振。

（5）模块工作电压兼容 3.3V/5V，可与 5V 及 3.3V 单片机连接。

（6）工作温度为 0～70℃。

DS1302 实时时钟模块接口说明如下。

（1）V_{CC} 外接 3.3～5V 电压（可以直接与 5V 和 3.3V 单片机相连）。

（2）GND 外接 GND。

（3）SCLK 时钟接口可以接单片机任意 I/O 端口。

（4）I/O 数据接口可以接单片机任意 I/O 端口。

（5）RST 复位接口可以接单片机任意 I/O 端口。

11.2.3 DS1302 实时时钟模块的操作说明

1. 单字节写

单字节写时序如图 11-1 所示。

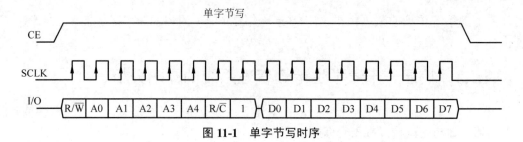

图 11-1　单字节写时序

```
void write_ds1302_byte(char dat)
{
    char i;

    for (i=0;i<8;i++)
    {
        SDA = dat & 0x01;
        SCLK = 1;
        dat >>= 1;
        SCLK = 0;
    }
}
```

（1）DS1302 执行写操作时，需要 SCLK 从低电平到高电平的跳变。

（2）DS1302 执行写操作时，首先要写入数据的地址。

2. 单字节读

单字节读时序如图 11-2 所示。

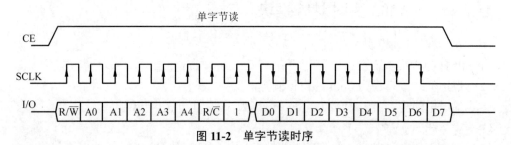

图 11-2　单字节读时序

```
uint8 read_ds1302_byte(void)
{
    uint8 i, dat=0;

    for (i=0;i<8;i++)
    {
        dat >>= 1;
        if(SDA)
            dat |= 0x80;
        SCLK = 1;
        SCLK = 0;
    }
    return dat;
}
```

（1）DS1302 执行读操作时，需要 SCLK 从高电平到低电平的跳变。

（2）DS1302 执行读操作时，仍然首先要写入数据的地址。

3. 复位 DS1302

在每次发起数据传输之前,要先复位 DS1302。下面是复位 DS1302 的函数。

```
void reset_ds1302(void)
{
    RST = 0;
    SCK = 0;
    RST = 1;
}
```

4. DS1302 中时钟信息的地址

每次的读写操作是对 DS1302 的相应地址进行操作,各个时钟信息的读写地址如图 11-3 所示。

READ	WRITE	BIT 7	BIT 6	BIT 5	BIT 4	BIT 3	BIT 2	BIT 1	BIT 0	RANGE
81h	80h	CH		10Seconds			Seconds			00~59
83h	82h			10Minutes			Minutes			00~59
85h	84h	12/$\overline{24}$	0	$\dfrac{10}{\overline{AM}/PM}$	Hour		Hour			1~12 0~23
87h	86h	0		10Date			Date			1~31
89h	88h	0	0	0	10 Month		Month			1~12
8Bh	8Ah	0	0	0	0	0		Day		1~7
8Dh	8Ch			10Year			Year			00~99
8Fh	8Eh	WP	0	0	0	0	0	0	0	—
91h	90h	TCS	TCS	TCS	TCS	DS	DS	RS	RS	—

图 11-3 时钟信息的读写地址

(1)每个存储单元的读地址和写地址是不同的。

(2)下一个时钟单位的存储单元的地址=上一个时钟单位的存储单元的地址+2。

(3)DS1302 时钟信息在存储单元中以 BCD 码形式存储。

11.2.4 DS1302 时钟模块例程

1. 例程功能

设置 DS1302 时钟模块时间,并读出显示在液晶屏上。

2. 代码

```
#include<ioCC2530.h>
#include "exboard.h"
#include "lcd.h"

#define SCK P1_1                          //时钟
#define SDA P1_0                          //数据
#define RST P1_7                          //DS1302复位(片选)

#define DS1302_W_ADDR 0x80
#define DS1302_R_ADDR 0x81

char time[7]={10,10,23,12,7,7,11}; //秒/分/时/日/月/周/年:11-07-12 23:10:10
```

```c
char timestr[]={'0','0',': ','0','0',': ','0','0','\0'};

void delayn(uint n)
{
    while (n--);
}

//写1字节
void write_ds1302_byte(char dat)
{
    char i;

    for (i=0;i<8;i++)
    {
        SDA = dat & 0x01;
        SCK = 1;
        dat >>= 1;
        SCK = 0;
    }
}

//读1字节
char read_ds1302_byte(void)
{
    char i, dat=0;
    P1DIR &= ~0x01;
    for (i=0;i<8;i++)
    {
        dat >>= 1;
        if(SDA)
            dat |= 0x80;
        SCK = 1;
        SCK = 0;
    }
        P1DIR |= 0x01;
    return dat;
}

void reset_ds1302(void)
{
    RST = 0;
    SCK = 0;
    RST = 1;
}

//清除写保护
void clear_ds1302_WP(void)
{
    reset_ds1302();
    RST = 1;
    write_ds1302_byte(0x8E);
    write_ds1302_byte(0);
    SDA = 0;
    RST = 0;
}

//设置写保护
```

```c
void set_ds1302_WP(void)
{
   reset_ds1302();
   RST = 1;
   write_ds1302_byte(0x8E);
   write_ds1302_byte(0x80);
   SDA = 0;
   RST = 0;
}

//写入 DS1302
void write_ds1302(char addr, char dat)
{
   reset_ds1302();
   RST = 1;
   write_ds1302_byte(addr);
   write_ds1302_byte(dat);
   SDA = 0;
   RST = 0;
}

//读出 DS1302 数据
char read_ds1302(char addr)
{
   char temp=0;

   reset_ds1302();
   RST = 1;
   write_ds1302_byte(addr);
   temp = read_ds1302_byte();
   SDA = 0;
   RST = 0;

   return (temp);
}

//设定时钟数据
void set_time(char *timedata)
{
   char i, tmp;

   for (i=0; i<7; i++)            //转换为 BCD 格式
   {
       tmp = timedata[i] / 10;
       timedata[i] = timedata[i] % 10;
       timedata[i] = timedata[i] + tmp*16;
   }

   clear_ds1302_WP();
   tmp = DS1302_W_ADDR;          //写地址
   for (i=0; i<7; i++)            //7 次写入秒/分/时/日/月/周/年
   {
       write_ds1302(tmp, timedata[i]);
       tmp += 2;
   }
   set_ds1302_WP();
}

//读时钟数据(BCD 格式)
```

```
void read_time()
{
    char i, tmp,t;

    tmp = DS1302_R_ADDR;
    for (i=0; i<3; i++)         //分3次读取秒/分/时并将其转换格式存入timestr数组中
    {
        t = read_ds1302(tmp);
                timestr[6-3*i]=t/16+0x30;
                timestr[7-3*i]=t%16+0x30;
        tmp += 2;
    }
}

main()
{

        P1SEL &= ~0x83;
        P1DIR |= 0x83;
        lcd_init();

        set_time(time);         //设定时间值

        read_time();            //秒/分/时
        lcd_WriteString((char*)"Current time",timestr);


}
```

11.2.5 Z-Stack 中使用 DS1302 时钟模块实现显示时间的功能

Z-Stack 中使用 DS1302 时钟模块实现显示时间的功能的步骤如下。

（1）将 lcd.h、lcd.c、exboard.h 文件复制到 SimpleApp 工程的 Source 目录下。

（2）在 IAR 集成环境中，将上面的文件加入 SimpleApp 工程。

（3）将 11.2.4 节例程中的函数复制到 SimpleApp 工程 sapi.c 文件中。

（4）在 sapi.c 文件的初始化函数 void SAPI_Init()中加入如下引脚初始化、LCD 初始化代码。

```
P1SEL &= ~0x83;
P1DIR |= 0x83;
lcd_init();
//定期触发 SHOW_TIME_EVENT 事件
osal_start_timerEx(sapi_TaskID, SHOW_TIME_EVENT, 1000);
```

SHOW_TIME_EVENT 事件在 sapi.h 文件中定义。

```
#define SHOW_TIME_EVENT                    0x0100
```

（5）在 sapi.c 文件的应用层初始化函数 UINT16 SAPI_ProcessEvent()中加入 SHOW_TIME_EVENT 事件的处理代码。

```
if ( events & SHOW_TIME_EVENT )
{
    read_time(time);     //秒/分/时/日/月/周/年
    lcd_WriteString((char*)"Current time",timestr);
    osal_start_timerEx(sapi_TaskID, SHOW_TIME_EVENT, 500);
    return (events ^ SHOW_TIME_EVENT);
}
```

11.3　学生考勤管理系统读卡功能的实现

11.3.1　RFID 介绍

1. RFID 的概念

射频识别（RFID）技术是一种非接触的自动识别技术，其基本原理是利用射频信号和空间耦合（电感或电磁耦合）或雷达反射的传输特性，实现对物体的自动识别。

2. RFID 系统组成

（1）阅读器（Reader）：读取（或写入）标签信息的设备，可设计为手持式或固定式。

（2）标签（Tag）：由耦合元件及芯片组成，每个标签具有唯一的电子编码，附着在物体上标识目标对象；UID 是在制作芯片时放在 ROM 中的，无法修改。用户数据区（DATA）是供用户存放数据的，可以进行读写、覆盖、增加的操作。

（3）阅读器对标签的操作主要有以下 3 类。

① 识别（Identify）：读取 UID。

② 读取（Read）：读取用户数据。

③ 写入（Write）：写入用户数据。

3. Mifare One S50 标签

Mifare One S50 标签是目前较为常见的一种 RFID 标签。Mifare One S50 标签采用飞利浦原装的 Mifare IC S50 芯片，符合 IEC/ISO 14443A 空气接口协议，其具有先进的数据加密及双向密码验证系统，以及 16 个完全独立的扇区，有着极高的稳定性和广泛的应用范围。

1）主要指标

（1）容量为 8KB 的 EEPROM。

（2）分为 16 个扇区，每个扇区为 4 块，每块 16B，以块为存取单位。

（3）每个扇区有独立的一组密码及访问控制。

（4）每张卡有唯一序列号，为 32b。

（5）具有防冲突机制，支持多卡操作。

（6）无电源，自带天线，内含加密控制逻辑和通信逻辑电路。

（7）数据保存期为 10 年，可改写 10 万次，读无限次。

（8）工作温度：–20～50℃（湿度为 90%）。

（9）工作频率：13.56MHz。

（10）通信速率：106kb/s。

（11）读写距离：10cm 以内（与读写器有关）。

2）Mifare One S50 特点

（1）支持多卡同时操作。

（2）卡芯片与读写芯片中都内嵌防冲突模块，可实现真正的（硬件）防冲突，可高速识别天线范围内的多张卡，支持多人同时刷卡。

（3）密码认证：所有扇区需通过密码认证才能进行读/修改操作。

（4）存取控制：所有块可通过设置存取控制条件限制存取。

3）工作原理

卡片的电气部分只由一个天线和专用集成电路（Application Specific Integrated Circuit, ASIC）组成。

天线：卡片的天线是只有几组绕线的线圈，很适合封装到 ISO 卡片中。

ASIC：卡片的 ASIC 由一个高速（106KB/s）的 RF 接口、一个控制单元和一个 8KB EEPROM 组成。

读写器向 Mifare One S50 发出一组固定频率的电磁波，卡片内有一个 LC 串联谐振电路，其频率与读写器发射的频率相同，在电磁波的激励下，LC 谐振电路产生共振，从而使电容内有了电荷。在这个电容的另一端，接有一个单向导通的电子泵，将电容内的电荷送到另一个电容内存储，当所积累的电荷达到 2V 时，此电容可作为电源为其他电路提供工作电压，将卡内数据发射出去或接取读写器的数据。

4. 读写器

RFID 阅读器（读写器）通过天线与 RFID 电子标签进行无线通信，可以实现对标签识别码和内存数据的读出或写入操作。典型的阅读器包括高频模块（发送器和接收器）、控制单元以及阅读器天线。

读写器的作用如下。

（1）读写器与电子标签之间通信。

（2）读写器与计算机之间通信。

（3）对读写器与电子标签之间要传输的数据进行编码、解码。

（4）对读写器与电子标签之间要传输的数据进行加密、解密。

（5）能够在读写作用范围内实现多标签同时识读功能，具备防碰撞功能。

11.3.2　M104BPC 读写模块

M104BPC 系列读写模块采用 13.56MHz 非接触射频技术，内嵌低功耗射频芯片 MFRC522。用户不必关心射频基站的复杂控制方法，只需通过简单地选定 UART 接口发送命令就可以实现对卡片完全的操作。该系列读写模块支持 Mifare One S50/S70、FM11RF08 及其兼容卡片。

1. M104BPC 功能特点

（1）支持 Mifare One S50/S70、FM11RF08 及其兼容卡片。

（2）天线一体，也可天线分体。

（3）超小体积，不含天线尺寸为 25mm×15.6mm，含天线尺寸为 43.5mm×35.5mm。

（4）读卡平均电流为 35mA 左右，该型号模块不能进入低功耗状态。

（5）简单的命令集可完成对卡片的全部操作。

（6）可提供 C51 函数库（例程）供二次开发。

（7）基于模块的扩展功能很强，可根据用户要求修改软件定制个性化模块，不用改变线路板。

（8）自带看门狗。

2. 通过 M104BPC 模块操作 Mifare One S50

通过 M104BPC 模块操作 Mifare One S50 步骤如图 11-4 所示。

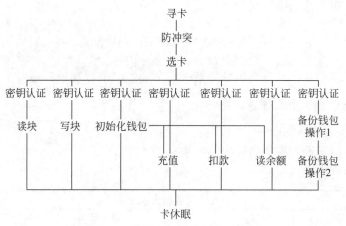

图 11-4　操作 Mifare One S50 步骤

（1）寻卡、防冲突、选卡成功之后才可以进行块的读写以及钱包功能等操作。

（2）在进行块的读写、钱包等相关操作之前还需要进行密钥认证，只有通过才可以进行相应操作。

（3）若想将某块作为钱包功能，第 1 次必须用初始化钱包指令将该块进行初始化。

（4）在做钱包备份时，必须在同一扇区内进行操作。

3. 异步半双工 UART 协议

UART 接口一帧的数据格式为 1 个起始位，8 个数据位，无奇偶校验位，1 个停止位。波特率：19200。

（1）发送数据封包格式：

数据包帧头02	数据包内容	数据包帧尾03

注：0x02、0x03 被使用为起始字符、结束字符，0x10 被使用为 0x02、0x03 的辨识字符。因此在通信的传输数据中（起始字符 0x02 至结束字符 0x03 之间）的 0x02、0x03、0x10 字符之前，都必须补插入 0x10 作为数据辨识之用。例如，起始字符 0x02 至结束字符 0x03 之间有一原始数据为 0x020310，补插入辨识字符之后，将变更为 0x100210031010。

数据包内容：

模块地址	长度字	命令字	数据域	校验字

- 模块地址：对于单独使用的模块，固定为0x0000；对于网络版模块，为0x0001～0xFFFE；0xFFFF为广播。
- 长度字：指明从长度字到校验字的字节数。
- 命令字：命令的含义。
- 数据域：命令的内容，此项可以为空。
- 校验字：从模块地址到数据域最后一字节的逐字节累加值（最后一字节）。

（2）返回数据封包格式：与发送数据封包格式相同。

数据包内容：

模块地址	长度字	接收到的命令字	执行结果	数据域	校验字

- 模块地址：对于单独使用的模块，固定为0x0000；对于网络版模块，为本身的地址。
- 长度字：指明从长度字到数据域最后一字节的字节数。
- 接收到的命令字：命令的含义。
- 执行结果：0x00为执行正确；0x01～0xFF为执行错误。
- 数据域：命令的内容，返回执行状态和命令内容。
- 校验字：从模块地址到数据域最后一字节的逐字节累加值（最后一字节）。

4. M104BPC 系列读写模块常用命令

1）设置模块天线状态

功能描述：用于设置模块的天线工作状态。

发送数据序列格式：

帧头	发送数据包内容					帧尾
	模块地址	长度	命令	发送数据	校验	
0x02	0x00，0x00	0x04	0x05	0x00或 0x01	0x09或 0x0A	0x03

注：发送数据=0x00，关闭天线；发送数据=0x01，开启天线。

正确返回数据序列格式：

帧头	正确返回数据包内容						帧尾
	模块地址	长度	命令	执行结果	返回数据	校验	
0x02	0x00，0x00	0x10	0x03	0x05	0x00	空	0x08	0x03

注：阴影部分为模块在返回数据时，在帧头 0x02 和帧尾 0x03 之间出现了 0x02、0x10 或 0x03 后自动增加的，故在操作接收数据时需过滤掉（下文相同情况含义相同）。

错误返回数据序列格式：

帧头	错误返回数据包内容						帧尾
	模块地址	长度	命令	执行结果	返回数据	校验	
0x02	0x00，0x00	0x10	0x03	0x05	非零	空	xxxx	0x03

2）设置模块工作在 ISO 14443 TYPE A 模式

功能描述：用于设置模块工作于 ISO 14443 TYPE A 工作模式。

发送数据序列格式：

帧头	发送数据包内容					帧尾
	模块地址	长度	命令	发送数据	校验	
0x02	0x00，0x00	0x04	0x3A	0x41	0x7F	0x03

注：数据部分为 1 字节模式控制字；发送数据=A，表示使模块工作于 ISO 14443 TYPE A 模式，对应 ASCII 码为 0x41。

正确返回数据序列格式：

帧头	正确返回数据包内容						帧尾
	模块地址	长度	命令	执行结果	返回数据	校验	
0x02	0x00，0x00	0x10	0x03	0x3A	0x00	空	0x3D	0x03

错误返回数据序列格式：

帧头	正确返回数据包内容							帧尾
	模块地址	长度		命令	执行结果	返回数据	校验	
0x02	0x00，0x00	0x10	0x03	0x3A	非零	空	xxxx	0x03

3）Mifare One 寻卡

功能描述：用于 Mifare One 寻卡，返回卡片类型。

发送数据序列格式：

帧头	发送数据包内容					帧尾
	模块地址	长度	命令	发送数据	校验	
0x02	0x00，0x00	0x04	0x46	0x26或	0x70或	0x03
				0x52	0x9C	

注：数据部分为 1 字节寻卡模式；发送数据=0x26，寻未进入睡眠状态的卡；发送数据=0x52，寻天线范围内的所有状态的卡。

正确返回数据序列格式：

帧头	正确返回数据包内容						帧尾
	模块地址	长度	命令	执行结果	返回数据	校验	
0x02	0x00，0x00	0x04	0x46	0x00	0x04 0x00	0x4F	0x03
					0x10 0x02 0x00	0x4D	

返回 2 字节卡类型：返回数据=0x04 0x00，表示 Mifare One S50；返回数据=0x02 0x00，表示 Mifare One S70。

4）Mifare One 防冲突

功能描述：用于 Mifare One 防冲突指令，返回卡片唯一序列号。注意，该指令发送之前必须先发送寻卡指令，并且如果需要对卡进行读写等操作，在该指令之后还要发送选卡指令。

发送数据序列格式：

帧头	发送数据包内容					帧尾
	模块地址	长度	命令	发送数据	校验	
0x02	0x00，0x00	0x04	0x47	0x04	0x4F	0x03

注：数据部分为 1 字节卡序列号字节数；发送数据=0x04，表示 Mifare One S50/S70 卡序列号为 4 字节，故数据为 0x04。

正确返回数据序列格式：

帧头	正确返回数据包内容						帧尾
	模块地址	长度	命令	执行结果	返回数据	校验	
0x02	0x00，0x00	0x07	0x47	0x00	4字节卡号	xxxx	0x03

返回 4 字节卡序列号。

错误返回数据序列格式：

帧头	正确返回数据包内容							帧尾
	模块地址	长度		命令	执行结果	返回数据	校验	
0x02	0x00，0x00	0x10	0x03	0x47	非零	空	xxxx	0x03

11.3.3 例程

1. 程序功能

读出 Mifare One S50 卡号，并在 LCD 上显示。

2. 程序

```c
#include "ioCC2530.h"
#include "exboard.h"
#include "lcd.h"
//RFID模块串口命令集
#define COMM_MIFARE1_PCD_REQUEST 0x46      //寻卡命令
#define COMM_MIFARE1_PCD_ANTICOLL 0x47     //认证命令
#define COMM_MIFARE1_PCD_SELECT 0x48       //选卡命令
#define COMM_MIFARE1_ANTENNA_SET 0x05      //天线状态设置命令
#define COMM_MIFARE1_TYPEA 0x3A            //防冲突命令

char g_bReceiveOK;
char g_cCheckSum;
char g_cReceiveCounter;
char g_cPackageStarted;
char g_cBuzzerDelay;
char g_b0x10Received;
char g_cComReceiveBuffer[50];
//串口初始化函数
void initUART0(void)
{
    CLKCONCMD &= ~0x40;                     //设置系统时钟源为32MHz晶振
    while(CLKCONSTA & 0x40);                //等待晶振稳定
    CLKCONCMD &= ~0x47;                     //设置系统主时钟频率为32MHz

    PERCFG = 0x00;                          //位置1 P0口
    P0SEL |= 0x0C;                          //P0用作串口
    P2DIR &= ~0xC0;                         //P0优先作为UART0
    U0CSR |= 0x80;                          //串口设置为UART方式
    U0GCR |= 9;
    U0BAUD |= 59;                           //波特率设为19200
    UTX0IF = 1;                             //UART0 TX中断标志位初始置为1
    U0CSR |= 0x40;                          //允许接收
    IEN0 |= 0x84;                           //开总中断,接收中断
}
void Uart0_T_Byte(unsigned char i)
{
    U0DBUF = i;
    while(UTX0IF == 0);
    UTX0IF = 0;

}

//延时100μs
void Delay100μs(int n)
{
    while(n--)
        {
```

```
        delay_us(100);
    }
}
//发送命令函数
void UartSend(unsigned char * cpBUFFER)
{
    unsigned char i;
    g_bReceiveOK = 0;

    g_cCheckSum = 0;

    Uart0_T_Byte(0x02);                          //发送帧头

    for (i = 0; i < (cpBUFFER[2] + 1); i++)
    {
        if(( cpBUFFER[i] == 0x02 ) || ( cpBUFFER[i] == 0x03 ) || ( cpBUFFER[i] == 0x10))
                                                 //判断是否需要加入辨别字符 0x10
        {
            Uart0_T_Byte(0x10);
        }
        Uart0_T_Byte(cpBUFFER[i]);

        g_cCheckSum += cpBUFFER[i];
    }
    if (( g_cCheckSum == 0x02 ) || ( g_cCheckSum == 0x03 ) || ( g_cCheckSum == 0x10))
    {
        Uart0_T_Byte(0x10);
    }
    Uart0_T_Byte(g_cCheckSum);                    //发送校验和

    Uart0_T_Byte(0x03);
    g_cReceiveCounter = 0;

}


//串口中断处理函数
#pragma vector = URX0_VECTOR
__interrupt void UART0_ISR(void)
{
    char  i;

    if(1)
    {
        i  = U0DBUF;
        URX0IF = 0;
        if (!g_bReceiveOK)                    //接收该包数据
        {

            if ((0x02 == i) && (0 == g_b0x10Received)) //接收到帧头
            {
                g_cPackageStarted = 1;
                g_cReceiveCounter = 0;
                g_cCheckSum = 0;
            }
            else if (( 0x03 == i) && (0 == g_b0x10Received) && (g_cPackageStarted))
                                                 //接收到帧尾
            {
                g_cPackageStarted = 0;
                if(g_cReceiveCounter < sizeof(g_cComReceiveBuffer) - 2)
```

```
                    {
                        g_bReceiveOK = 1;
                        g_cPackageStarted = 0;
                        g_cReceiveCounter = 0;
                    }
                }
                else if (( 0x10 == i ) && (0 == g_b0x10Received))
                {
                    g_b0x10Received = 1;
                }
                else if (g_cPackageStarted)
                {
                    g_b0x10Received = 0;

                    if (g_cReceiveCounter < sizeof(g_cComReceiveBuffer) - 2)
                    {
                        if (g_cReceiveCounter != 0)
                        {
                            g_cCheckSum += g_cComReceiveBuffer[g_cReceiveCounter-1];
                                                //计算校验和
                        }
                        g_cComReceiveBuffer[g_cReceiveCounter++] = i;
                                                //将收到数据存入缓冲区
                    }
                    else
                    {
                        g_cPackageStarted        = 0;    //标准串口接收包起始标志
                        g_cReceiveCounter        = 0;
                    }
                }
                else
                {
                    g_b0x10Received = 0; //没收到02头时,若收到10就永远不再接收
                }
            }
        }
    UTX0IF = 0;
}

unsigned char  COMM_MIFARE1_ANTENNA_CLOSE_[]
= {0x00,0x00,
   0x04,
   COMM_MIFARE1_ANTENNA_SET,
   0x00};
unsigned char  COMM_MIFARE1_ANTENNA_OPEN_[]
= {0x00,0x00,
   0x04,
   COMM_MIFARE1_ANTENNA_SET,
   0x01};
unsigned char  COMM_MIFARE1_TYPEA_[]
= {0x00,0x00,
   0x04,
   COMM_MIFARE1_TYPEA,
   0x41};
unsigned char  COMM_MIFARE1_PCD_REQUEST_[]
= {0x00,0x00,
   0x04,
   COMM_MIFARE1_PCD_REQUEST,
   0x52};
```

```
unsigned char   COMM_MIFARE1_PCD_ANTICOLL_[]
= {0x00,0x00,
   0x06,
   COMM_MIFARE1_PCD_ANTICOLL,
   0x04};
//RFID模块初始化函数
unsigned char Init_Device(void)
{
   unsigned char cCnt;
   //关闭天线
   UartSend(COMM_MIFARE1_ANTENNA_CLOSE_);
   for(cCnt=200;(cCnt > 0) && !g_bReceiveOK;cCnt--)
   {
       Delay100uS(2);
   }
    //判断命令是否正确执行
   if ((0 == cCnt))
   {
       return 0;
   }
   if((g_cComReceiveBuffer[4]))
   {
     return 1;
   }
   //设置RFID模块工作在ISO 14443 TYPE A 模式
   UartSend(COMM_MIFARE1_TYPEA_);
   for(cCnt=200;(cCnt > 0)&&!g_bReceiveOK;cCnt--)
   {
       Delay100uS(2);
   }
   if((0 == cCnt))
   {
       return 0;
   }
   if((g_cComReceiveBuffer[4]))
   {
     return 1;
   }
   //打开天线
   UartSend(COMM_MIFARE1_ANTENNA_OPEN_);
   for(cCnt=200;(cCnt > 0)&&!g_bReceiveOK; cCnt--)
   {
       Delay100uS(2);
   }
   if ((0 == cCnt))
   {
       return 0;
   }
   if((g_cComReceiveBuffer[4]))
   {
     return 1;
   }
}
//RFID模块读卡函数
unsigned char UartTesting__1()
{
   unsigned char cCnt;

   //寻卡
```

```
        UartSend(COMM_MIFARE1_PCD_REQUEST_);
        for (cCnt=200; (cCnt > 0) && !g_bReceiveOK; cCnt--)
        {
            Delay100uS(2);
        }
        if ((0 == cCnt))
        {
            return 0;
        }
        if((g_cComReceiveBuffer[4]))
        {
            return 1;
        }
        //防冲突
        UartSend(COMM_MIFARE1_PCD_ANTICOLL_);
        for (cCnt=200; (cCnt > 0) && !g_bReceiveOK; cCnt--)
        {
            Delay100uS(2);
        }
        if (0 == cCnt)
        {
            return 0;
        }
        if((g_cComReceiveBuffer[4]))
        {
            return 3;
        }

        return 2;

}
void main()
{
    unsigned char i;
    initUART0();
    lcd_init();
    i=Init_Device();

    while(1)
    {

        i = UartTesting__1();
        if(0 == i)
        {
            lcd_WriteString((char*)"card ",(char*)"scan error");
        }
        else if(2 != i)
        {

            lcd_WriteString((char*)"card ",(char*)"error");
        }
        else
        {
            g_cComReceiveBuffer[9]='\0';
            lcd_WriteString((char*)"card number",&g_cComReceiveBuffer[5]);
        }
        Delay100uS(811);

    }
}
```

11.3.4 Z-Stack 实现读卡功能

（1）将 HAL 层_hal_uart_isr.c 文件中串口的中断处理函数替换为例程中的串口 0 的中断处理函数，代码如下。

```c
#if defined HAL_SB_BOOT_CODE
static void halUartRxIsr(void);
static void halUartRxIsr(void)
#else
#if(HAL_UART_ISR == 1)
HAL_ISR_FUNCTION(halUart0RxIsr,URX0_VECTOR)
#else
HAL_ISR_FUNCTION(halUart1RxIsr,URX1_VECTOR)
#endif
#endif
{
    char  i;

    if(1)
    {
        i = U0DBUF;
        URX0IF = 0;
        if(!g_bReceiveOK)                            //接收该包数据
        {

            if((0x02 == i)&&(0 == g_b0x10Received)) //接收到帧头
            {
                g_cPackageStarted = 1;
                g_cReceiveCounter = 0;
                g_cCheckSum = 0;
            }
            else if(( 0x03 == i)&&(0 == g_b0x10Received)&&(g_cPackageStarted))
                                             //接收到帧尾
            {
                g_cPackageStarted = 0;
                if(g_cReceiveCounter < sizeof(g_cComReceiveBuffer) - 2)
                {
                    g_bReceiveOK = 1;
                    g_cPackageStarted = 0;
                    g_cReceiveCounter = 0;
                }
            }
            else if(( 0x10 == i )&&(0 == g_b0x10Received))
            {
                g_b0x10Received = 1;
            }
            else if(g_cPackageStarted)
            {
                g_b0x10Received = 0;

                if(g_cReceiveCounter < sizeof(g_cComReceiveBuffer) - 2)
                {
                    if(g_cReceiveCounter != 0)
                    {
                        g_cCheckSum += g_cComReceiveBuffer [g_cReceiveCounter-1];
                                             //计算校验和
                    }
                    g_cComReceiveBuffer[g_cReceiveCounter++] = i;
```

```
                                                    //将收到的数据存入缓冲区
                    }
                    else
                    {
                        g_cPackageStarted       = 0;      //标准串口接收包起始标志
                        g_cReceiveCounter       = 0;
                    }
                }
                else
                {
                    g_b0x10Received = 0;    //没收到02头时,若收到10就永远不再接收
                }
            }
        }
    }
    UTX0IF = 0;
}
```

（2）将例程中 void UartSend(unsigned char * cpBUFFER 和 void Uart0_T_Byte(unsigned char i)函数复制到_hal_uart_isr.c 文件中。

（3）将例程中 unsigned char Init_Device(void)、void Delay100uS(int n)、void delay_us(int n)、unsigned char UartTesting__1(void)函数复制到 hal_uart.c 文件中，并将 unsigned char UartTesting__1(void)函数声明成全局函数。

（4）在 sapi.c 文件的初始化函数 void SAPI_Init()中加入如下代码。

```
osal_start_timerEx(sapi_TaskID, RFID_EVENT, 80);
```

定期触发 RFID_EVENT 事件。RFID_EVENT 事件在 sapi.h 文件中定义。

```
#define RFID_EVENT                    0x0200
```

（5）在 sapi.c 文件的应用层事件处理函数 UINT16 SAPI_ProcessEvent()中加入 RFID_EVENT 事件的处理代码，调用 UartTesting__1()函数读卡，最后再次定期触发 RFID_EVENT 事件，代码如下。

```
if ( events & RFID_EVENT )
{
    if(UartTesting__1()==2)
        lcd_WriteString((char*)"CARD",(char*)"OK");

    osal_start_timerEx( sapi_TaskID, RFID_EVENT, 80 );
    return (events ^ RFID_EVENT);
}
```

（6）将串口速率改为 19200，将 MT_UART.H 文件中的宏定义

```
#define MT_UART_DEFAULT_BAUDRATE          HAL_UART_BR_38400
```

修改为

```
#define MT_UART_DEFAULT_BAUDRATE          HAL_UART_BR_19200
```

第 12 章
CHAPTER 12

ZigBee 3.0

12.1 ZigBee 3.0 简介

ZigBee 联盟在 2016 年 5 月发布了 ZigBee 3.0 协议。ZigBee 3.0 协议整合了各个领域的应用协议，解决了不同领域的 ZigBee 设备之间的兼容性问题，使其能够真正地互联互通。ZigBee 3.0 简化了开发人员创建物联网产品和服务的选择过程。它具备了市场上应用 ZigBee 标准的数千万台设备的所有特征，支持智能家居、联网照明和其他领域的设备之间的通信和互操作，因此产品开发人员和服务提供商能够提供更为多样化和能够完全互操作的解决方案。ZigBee 3.0 基于 IEEE 802.15.4 标准，工作在 2.4GHz 频段。ZigBee 联盟一直认为真正的互操作性必须立足于网络各个层面的标准化，特别是最接近用户的应用层。从加入网络到设备操作（如打开和关闭）的一切都被明确定义，以此保证不同厂商的设备可以无缝协作。ZigBee 3.0 协议也增加了更多的产品类型和属性定义，并且提升了通信安全性和稳定性。ZigBee 3.0 定义了超过 130 个设备，涵盖广泛的设备类型，包括家居自动化、照明、能源管理、智能家电、安全装置、传感器和医疗保健监控产品等。

12.1.1 Z-Stack 3.0.2

目前 TI 公司支持 CC2530 的 ZigBee 3.0 协议栈是 Z-Stack 3.0.2 版本，对应的 IAR 建议版本是 10.20.1 版本，其他版本不保证兼容性。安装后，在 C:\ZStack302\Projects\zstack\HomeAutomation 目录下存放着有关智能家居的多个 ZigBee 3.0 例程，具体文件夹内容如下。

（1）GenericApp：通用例程。

（2）SampleDoorLock：门锁例程。

（3）SampleDoorLockController：门锁控制器例程。

（4）SampleLight：ZigBee 3.0 灯例程。

（5）SampleSwitch：插座例程。

（6）SampleTemperatureSensor：温度传感器例程。

（7）SampleThermostat：恒温器例程。

（8）Source：存放公共代码的文件夹。

图 12-1 所示为 Z-Stack 3.0.2 的 GenericApp 例程的文件结构，图 12-2 所示为被广泛使用的 Z-Stack 2.5.1 的 GenericApp 例程的文件结构。Z-Stack 3.0.2 的 GenericApp 例程的文件结构比 Z-Stack 2.5.1 的 GenericApp 例程的文件结构多了一个 BDB 文件夹、一个 GP 文件夹，

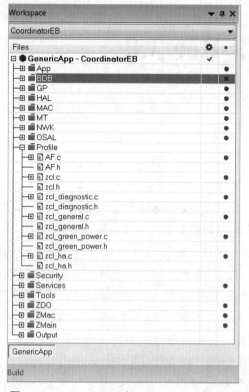

图 12-1 Z-Stack 3.0.2 的 GenericApp 例程的
文件结构

图 12-2 Z-Stack 2.5.1 的 GenericApp 例程的
文件结构

在 Profile 文件夹中多出了一些和 ZCL 有关的文件。设备基本行为（Base Device Behavior,
BDB）为各个 ZigBee 设备提供了一套统一的组网机制。GP（Green Power）作为 ZigBee 3.0
认证的要求，所有 ZigBee 路由设备(协调器、路由器)必须支持 Green Power Basic 代理。
ZigBee 3.0 所有簇集和属性都在 ZCL（ZigBee Cluster Library）规范中定义，ZCL 是 ZigBee
3.0 实现互联互通的关键。

12.1.2 BDB

1. BDB 模式

ZigBee 3.0 设备在相互发送数据之前,需要先组建网络。BDB 是 ZigBee 的一个新特性,
为各个 ZigBee 设备提供了一套统一的组网机制。

BDB 提供了 7 种组网模式供开发者使用。

```
#define BDB_COMMISSIONING_MODE_IDDLE                  0
#define BDB_COMMISSIONING_MODE_INITIATOR_TL          (1<<0)
#define BDB_COMMISSIONING_MODE_NWK_STEERING          (1<<1)
#define BDB_COMMISSIONING_MODE_NWK_FORMATION         (1<<2)
#define BDB_COMMISSIONING_MODE_FINDING_BINDING       (1<<3)
#define BDB_COMMISSIONING_MODE_INITIALIZATION        (1<<4)
#define BDB_COMMISSIONING_MODE_PARENT_LOST           (1<<5)
```

以下 3 种模式是比较常用的, 分别是 BDB_COMMISSIONING_MODE_NWK_FORMATION、

BDB_COMMISSIONING_MODE_NWK_STEERING 和 BDB_COMMISSIONING_MODE_
FINDING_BINDING。

1）Network Formation 模式

Network Formation 模式规定设备需要建立一个中心信任的安全网络。这种网络的特点
是所有设备都需要经过信任中心的同意才能加入，而协调器本身就是这个信任中心。所有
协调器都必须要支持 Network Formation 模式，而对于路由器来说，这是可选的模式。

2）Network Steering 模式

Network Steering 模式定义了设备如何加入 ZigBee 网络中，所有需要加入 ZigBee 网络
中的设备都必须支持 Network Steering 模式，包括终端和路由器。

3）Finding and Binding 模式

ZigBee 3.0 是使用簇（Cluster）描述设备功能的。每种设备都有各自的功能，都有各自
的一系列 Clusters。发现与绑定是指 ZigBee 设备的簇之间的相互发现、相互绑定。所有
ZigBee 设备都必须要支持 Finding and Binding 模式。

2. BDB 组建网络

BDB 组建网络的一个重要函数是 bdb_StartCommissioning()，通常情况下使用以下代码
就能完成 BDB 组建网络。

（1）让协调器创建网络，代码如下。

```
bdb_StartCommissioning(
BDB_COMMISSIONING_MODE_NWK_FORMATION |    BDB_COMMISSIONING_MODE_FINDING_BINDING )
```

（2）路由器或终端设备加入网络中，代码如下。

```
bdb_StartCommissioning(
BDB_COMMISSIONING_MODE_NWK_STEERING |    BDB_COMMISSIONING_MODE_FINDING_BINDING)
```

3. BDB 回调函数

应用程序使用 bdb_RegisterCommissioningStatusCB()函数注册 BDB 回调函数，回调函
数将接收有关 BDB 执行结果的通知。应用程序可以在收到某个通知后进行处理。例如，
终端设备可以在加入网络失败后试着重新加入网络。

下面是一段 BDB 回调函数 zclGenericApp_ProcessCommissioningStatus()中的代码，作
用是如果终端节点执行 BDB_COMMISSIONING_MODE_NWK_STEERING 模式成功，则
触发 GENERICAPP_SEND_MSG_EVT 事件发送数据，如果失败则触发 SAMPLEAPP_
REJOIN_EVT 事件重新加入网络。

```
static void zclGenericApp_ProcessCommissioningStatus
  (bdbCommissioningModeMsg_t
*bdbCommissioningModeMsg)
{
  switch(bdbCommissioningModeMsg->bdbCommissioningMode)
  {

    case BDB_COMMISSIONING_NWK_STEERING:
      if(bdbCommissioningModeMsg->bdbCommissioningStatus == BDB_COMMISSIONING_
        SUCCESS)
      {
```

```
        osal_start_timerEx( zclGenericApp_TaskID,
                            GENERICAPP_SEND_MSG_EVT,
                            1000 );
    }
    else
    {
      osal_start_timerEx(zclGenericApp_TaskID,
                         SAMPLEAPP_REJOIN_EVT,
                         2000);
    }
  }
}
```

12.1.3 Z-Stack 3.0.2 数据发送实验

本实验与以往 GenericApp 数据发送实验的主要区别是 BDB 的使用，其他方面基本相同。在 IAR 主界面 Workspace 窗口 App 文件夹下，有一个 zcl_genericapp.c 文件，比之前的文件多了 zcl_前缀，将其复制成 enddevice.c 和 coordinator.c 两个文件，分别对应 enddevice 和 coordinator 两个预编译选项。

本次实验的任务是终端节点向协调器节点定时发送字符串。

在 zcl_genericapp_data.c 文件中将 GENERICAPP_CLUSTERID 簇加入输入簇和输出簇。

```
const cId_t zclGenericApp_InClusterList[] =
{
  GENERICAPP_CLUSTERID,
  ZCL_CLUSTER_ID_GEN_BASIC,
  ZCL_CLUSTER_ID_GEN_IDENTIFY,

};

const cId_t zclGenericApp_OutClusterList[] =
{
  GENERICAPP_CLUSTERID,
  ZCL_CLUSTER_ID_GEN_BASIC,

};
```

在 zcl_genericapp.h 文件中加入宏定义。

```
#define GENERICAPP_SEND_MSG_EVT    0x0010
#define SAMPLEAPP_REJOIN_EVT       0x0020
#define GENERICAPP_CLUSTERID       0x0080
```

1. enddevice.c

在文件头部加入以下变量和函数声明。

```
static void GenericApp_SendTheMessage( void );
byte GenericApp_TransID;
afAddrType_t GenericApp_DstAddr;
endPointDesc_t GenericApp_epDesc;
```

在函数应用层初始函数 void zclGenericApp_Init( )中需要进行以下修改。

（1）注释 bdb_RegisterSimpleDescriptor(&zclGenericApp_SimpleDesc)语句。

（2）初始化地址，目标地址为协调器地址 0。

```
GenericApp_DstAddr.addrMode = (afAddrMode_t)Addr16Bit;
GenericApp_DstAddr.endPoint = GENERICAPP_ENDPOINT;
GenericApp_DstAddr.addr.shortAddr = 0;
```

（3）注册终端描述符。

```
GenericApp_epDesc.endPoint = GENERICAPP_ENDPOINT;
GenericApp_epDesc.task_id = &zclGenericApp_TaskID;
GenericApp_epDesc.simpleDesc
        = (SimpleDescriptionFormat_t *)&zclGenericApp_SimpleDesc;
GenericApp_epDesc.latencyReq = noLatencyReqs;
afRegister( &GenericApp_epDesc );
```

（4）加入网络。

```
bdb_StartCommissioning(//设备入网
BDB_COMMISSIONING_MODE_NWK_STEERING | //支持Network Steering
BDB_COMMISSIONING_MODE_FINDING_BINDING  //支持Finding and Binding（F & B）)
);
```

在应用层事件处理函数 uint16 zclGenericApp_event_loop()中加入以下代码，处理前面 zclGenericApp_ProcessCommissioningStatus() 函数产生的 GENERICAPP_SEND_MSG_EVT 和 SAMPLEAPP_REJOIN_EVT 事件。

```
if ( events & GENERICAPP_SEND_MSG_EVT )
{
   GenericApp_SendTheMessage();

   osal_start_timerEx( zclGenericApp_TaskID,
                       GENERICAPP_SEND_MSG_EVT,
                       1000);
   //返回未处理事件
   return (events ^ GENERICAPP_SEND_MSG_EVT);
 }
 if ( events & SAMPLEAPP_REJOIN_EVT )//如果事件类型为重新加入网络事件
 {
     /* 重新加入网络 */
     bdb_StartCommissioning(BDB_COMMISSIONING_MODE_NWK_STEERING |
                            BDB_COMMISSIONING_MODE_FINDING_BINDING );

     return ( events ^ SAMPLEAPP_REJOIN_EVT );
 }
```

GenericApp_SendTheMessage()函数负责发送消息。

```
static void GenericApp_SendTheMessage( void )
{
  char theMessageData[] = "Hello Corordinator";

  if ( AF_DataRequest( &GenericApp_DstAddr, &GenericApp_epDesc,
                       GENERICAPP_CLUSTERID,
                       (byte)osal_strlen( theMessageData ) + 1,
                       (byte *)&theMessageData,
                       &GenericApp_TransID,
```

```
                               AF_DISCV_ROUTE, AF_DEFAULT_RADIUS ) == afStatus_SUCCESS )
    {
    }
    else
    {
    }

}
```

2. coordinator.c

在文件头部加入以下变量和函数声明。

```
endPointDesc_t GenericApp_epDesc;
halUARTCfg_t uartConfig;
static void GenericApp_MessageMSGCB( afIncomingMSGPacket_t *pkt );
#define GENERICAPP_CLUSTERID    0x0080
```

在函数应用层初始函数 void zclGenericApp_Init(byte task_id)中需要进行以下修改。

（1）注释 bdb_RegisterSimpleDescriptor(&zclGenericApp_SimpleDesc)语句。

（2）打开串口。

```
uartConfig.configured       =TRUE;
uartConfig.baudRate         =HAL_UART_BR_115200;
uartConfig.flowControl      =FALSE;
HalUARTOpen(0,&uartConfig);
```

（3）启用 HAL_UART 宏定义。

在如图 12-3 所示的 IAR 主界面上右击 Workspace 窗口中的 GenericApp。

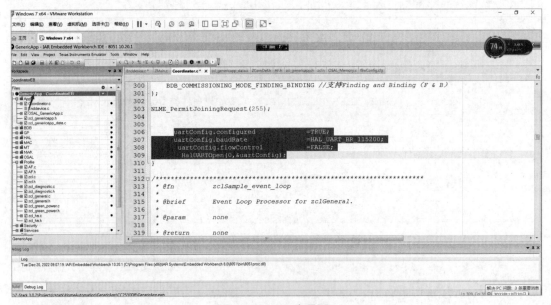

图 12-3　IAR 主界面

在弹出的快捷菜单中选择 Options，弹出如图 12-4 所示的 Options for node "GenericApp" 对话框。

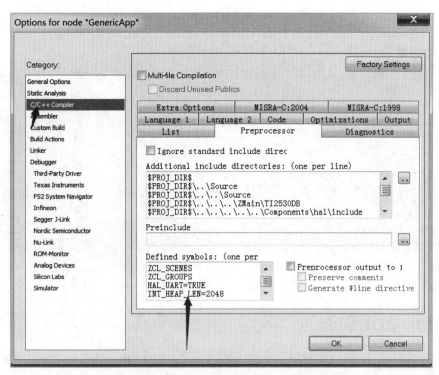

图 12-4　Options for node "GenericApp"对话框

在左侧 Category 窗口中选择 C/C++ Compiler，在右侧窗口选择 Preprocessor 标签页，在 Defined symbols 列表框中输入以下代码。

```
HAL_UART=TRUE
INT_HEAP_LEN=2048
```

（4）注册终端描述符。

```
GenericApp_epDesc.endPoint = GENERICAPP_ENDPOINT;
GenericApp_epDesc.task_id = &zclGenericApp_TaskID;
GenericApp_epDesc.simpleDesc
        = (SimpleDescriptionFormat_t *)&zclGenericApp_SimpleDesc;
GenericApp_epDesc.latencyReq = noLatencyReqs;
afRegister(&GenericApp_epDesc);
```

（5）组建网络。

```
bdb_StartCommissioning(//组建网络
BDB_COMMISSIONING_MODE_NWK_FORMATION | BDB_COMMISSIONING_MODE_FINDING_
BINDING);
NLME_PermitJoiningRequest(255);
```

其中，NLME_PermitJoiningRequest(255)允许其他设备加入由协调器创建的网络中，参数 255 表示一直允许，参数 0 则表示一直不允许；参数为 1~254 表示在 1~254s 内允许其他设备加入由协调器创建的网络中。

在应用层事件处理函数 uint16 zclGenericApp_event_loop() 中加入以下代码，处理 AF_INCOMING_MSG_CMD 事件。

```
case AF_INCOMING_MSG_CMD:
```

```
        GenericApp_MessageMSGCB(MSGpkt);
        break;
```

GenericApp_SendTheMessage()函数发送消息给串口。

```
static void GenericApp_MessageMSGCB(afIncomingMSGPacket_t *pkt)
{
  switch (pkt->clusterId)
  {
   case GENERICAPP_CLUSTERID:

     byte buffer[20];
     osal_memcpy(buffer, pkt->cmd.Data, 20);
     HalUARTWrite(0,(uint8 *)buffer,osal_strlen(buffer));

     break;
  }
}
```

12.2 ZCL

12.2.1 ZCL 简介

ZigBee 联盟在 AF 层与应用层之间添加了 ZCL 层,其最大的作用就是实现了各种 ZigBee 设备的互联互通。ZCL(ZigBee Cluster Library)定义了 ZigBee 设备的各种应用(Profile)、设备(Device)、簇群(Cluster)、属性和命令,这些定义均由 ZigBee 联盟统一制定,完整的 ZCL 规范文档可以到 ZigBee 联盟官网下载。ZigBee 联盟各个厂商在开发 ZigBee 设备时遵循这些定义,便实现互联互通,ZCL 是 ZigBee 3.0 的核心内容之一。ZigBee 联盟定义了许多标准的 Cluster,可供所有开发者使用,每个应用程序都支持一定数量的簇集(Clusters)。可以将簇集视为包含命令和属性的对象,这与面向对象的方法和属性类似,命令可以操作属性。例如,本节实验使用 SampleLight 例程实现灯的开关,在 zcl_samplelight_data.c 文件中有此工程的所有属性的数组,找到 ATTRID_ON_OFF 属性。

```
CONST zclAttrRec_t zclSampleLight_Attrs[] =
{
  ZCL_CLUSTER_ID_GEN_ON_OFF,
  { //属性记录
   ATTRID_ON_OFF,
   ZCL_DATATYPE_BOOLEAN,
   ACCESS_CONTROL_READ | ACCESS_REPORTABLE,
   (void *)&zclSampleLight_OnOff
  }
},
```

在例程的 Profile 文件夹下的 zcl_general.h 文件中找到了 zclGeneral_SendOnOff_CmdOn() 函数,用这个函数发送 ATTRID_ON_OFF 属性的开关状态。应用(Profile)、设备(Device)、簇群(Cluster)、属性和命令都规范了,不同厂商的 ZigBee 设备互联和互操作成为可能。

12.2.2 ZCL 开关命令实验

本实验使用 SampleLight 例程。在 IAR 中打开 C:\Z-Stack 3.0.2\Projects\zstack\HomeAutomation\SampleLight\CC2530DB\SampleLight.eww 文件。在 IAR 主界面 Workspace

窗口 App 文件夹下有 zcl_samplelight.c 文件,将其复制成 enddevice.c 和 coordinator.c 两个文件,分别对应 enddevice 和 coordinator 两个预编译选项。

本实验的任务是终端设备将 ZCL 开关命令发送至协调器,协调器收到命令后,通过串口输出结果。

zcl_samplelight_data.c 文件中有此工程的所有属性的数组,这里只列出了一个,本次实验用到的 ATTRID_ON_OFF 属性也在这个数组中。

```
CONST zclAttrRec_t zclSampleLight_Attrs[] =
{
  //通用基础簇属性
  {
    ZCL_CLUSTER_ID_GEN_BASIC,                  //簇名
    {
    ATTRID_BASIC_ZCL_VERSION,                  //属性名
    ZCL_DATATYPE_UINT8,                        //属性类型
    ACCESS_CONTROL_READ,                       //属性存取控制
    (void *)&zclSampleLight_ZCLVersion         //属性数据指针,可以使用这个变量访
                                               //问属性

    }
  },
```

在 zcl_SampleLight_data.c 文件中将 zclSampleLight_InClusterList[] 复制一份成为 zclSampleLight_OutClusterList[],并修改 zclSampleLight_SimpleDesc 的声明。

```
const cId_t zclSampleLight_InClusterList[] =
{
  ZCL_CLUSTER_ID_GEN_BASIC,
  ZCL_CLUSTER_ID_GEN_IDENTIFY,
  ZCL_CLUSTER_ID_GEN_GROUPS,
  ZCL_CLUSTER_ID_GEN_SCENES,
  ZCL_CLUSTER_ID_GEN_ON_OFF
  #ifdef ZCL_LEVEL_CTRL
    , ZCL_CLUSTER_ID_GEN_LEVEL_CONTROL
  #endif
};
const cId_t zclSampleLight_OutClusterList[] =
{
  ZCL_CLUSTER_ID_GEN_BASIC,
  ZCL_CLUSTER_ID_GEN_IDENTIFY,
  ZCL_CLUSTER_ID_GEN_GROUPS,
  ZCL_CLUSTER_ID_GEN_SCENES,
  ZCL_CLUSTER_ID_GEN_ON_OFF
  #ifdef ZCL_LEVEL_CTRL
    , ZCL_CLUSTER_ID_GEN_LEVEL_CONTROL
  #endif
};
SimpleDescriptionFormat_t zclSampleLight_SimpleDesc =
{
  SAMPLELIGHT_ENDPOINT,                        //int Endpoint;
  ZCL_HA_PROFILE_ID,                           //uint16 AppProfId;
  #ifdef ZCL_LEVEL_CTRL
    ZCL_HA_DEVICEID_DIMMABLE_LIGHT,            //uint16 AppDeviceId;
  #else
    ZCL_HA_DEVICEID_ON_OFF_LIGHT,              //uint16 AppDeviceId;
  #endif
```

```
    SAMPLELIGHT_DEVICE_VERSION,              //int    AppDevVer:4;
    SAMPLELIGHT_FLAGS,                       //int    AppFlags:4;
    ZCLSAMPLELIGHT_MAX_INCLUSTERS,          //byte   AppNumInClusters;
    (cId_t *)zclSampleLight_InClusterList,   //byte   *pAppInClusterList;
    6,                                       //byte   AppNumInClusters;
    (cId_t *)zclSampleLight_OutClusterList   //byte   *pAppInClusterList;
};
```

在 zcl_samplelight.h 文件中加入 SAMPLEAPP_SEND_MSG_EVT 事件的宏定义。

```
#define SAMPLELIGHT_POLL_CONTROL_TIMEOUT_EVT   0x0001
#define SAMPLELIGHT_LEVEL_CTRL_EVT             0x0002
#define SAMPLEAPP_END_DEVICE_REJOIN_EVT        0x0004
#define  SAMPLEAPP_SEND_MSG_EVT                0x0008
```

1. enddevice.c

在文件头部加入以下变量和函数声明。

```
afAddrType_t zclSampleLight_DstAddr;
static void SampleApp_SendTheMessage(void);
```

在应用层初始函数 zclSampleLight_Init(byte task_id)中需要进行以下修改。

（1）本实验使用 ZCL 发送函数发送数据，保留 bdb_RegisterSimpleDescriptor (&zclGenericApp_SimpleDesc)语句。

（2）初始化地址，目标地址为协调器地址 0。

```
zclSampleLight_DstAddr.addrMode = (afAddrMode_t)Addr16Bit;;
zclSampleLight_DstAddr.endPoint = SAMPLELIGHT_ENDPOINT;
zclSampleLight_DstAddr.addr.shortAddr = 0;
```

（3）加入网络。

```
bdb_StartCommissioning(//设备入网
BDB_COMMISSIONING_MODE_NWK_STEERING |
BDB_COMMISSIONING_MODE_FINDING_BINDING);
```

在 BDB 回调函数 zclSampleLight_ProcessCommissioningStatus() 中加入如下代码，入网成功则触发 SAMPLEAPP_SEND_MSG_EVT 事件发送数据；入网失败则触发 SAMPLEAPP_END_DEVICE_REJOIN_EVT 事件重新加入网络。

```
case BDB_COMMISSIONING_NWK_STEERING:
    if(bdbCommissioningModeMsg->bdbCommissioningStatus ==
       BDB_COMMISSIONING_SUCCESS)
    {
        osal_start_timerEx(zclSampleLight_TaskID,
                           SAMPLEAPP_SEND_MSG_EVT,
                           1000);
    }
    else
    {
        osal_start_timerEx(zclSampleLight_TaskID,
                   SAMPLEAPP_END_DEVICE_REJOIN_EVT,
                   2000);
    }
    break;
```

在应用层事件处理函数 zclSampleLight_event_loop()中加入如下代码，处理前面 zclSampleLight_ProcessCommissioningStatus()函数产生的 SAMPLEAPP_SEND_MSG_EVT

和 SAMPLEAPP_REJOIN_EVT 事件。

```
if (events & SAMPLEAPP_SEND_MSG_EVT)
{
    SampleApp_SendTheMessage();

    osal_start_timerEx(zclSampleLight_TaskID,
                       SAMPLEAPP_SEND_MSG_EVT,
                       1000);
    return (events ^ SAMPLEAPP_SEND_MSG_EVT);
}
if (events & SAMPLEAPP_END_DEVICE_REJOIN_EVT) //如果事件类型为重新加入网络事件
{
    /* 重新加入网络 */
    bdb_StartCommissioning(BDB_COMMISSIONING_MODE_NWK_STEERING |
                           BDB_COMMISSIONING_MODE_FINDING_BINDING);

    return (events ^ SAMPLEAPP_END_DEVICE_REJOIN_EVT);
}
```

GenericApp_SendTheMessage()函数负责发送开关命令。

```
static void SampleApp_SendTheMessage(void)
{
    static uint8 num = 0;
    static bool  on  = true;//静态变量，指示智能插座的开关状态
    if(on)
    {

        zclGeneral_SendOnOff_CmdOn(     //发送开命令
            SAMPLELIGHT_ENDPOINT,        //端点号
            &zclSampleLight_DstAddr,     //地址
            TRUE,                        //表示属性关联命令
            num++);
    }
    else
    {

        zclGeneral_SendOnOff_CmdOff(    //发送关命令
            SAMPLELIGHT_ENDPOINT,        //端点号
            &zclSampleLight_DstAddr,     //地址
            TRUE,//表示属性关联命令
            num++);
    }

    on = !on;

}
```

2. coordinator.c

在文件头部有所有命令的回调函数，其中 zclSampleLight_OnOffCB 是 On/Off 命令的回
调函数，当协调器接收到 On/Off 命令时会被调用。

```
static zclGeneral_AppCallbacks_t zclSampleLight_CmdCallbacks =
{
  zclSampleLight_BasicResetCB,          //Basic Cluster Reset command
  NULL,                                 //Identify Trigger Effect command
```

```
    zclSampleLight_OnOffCB,                  //On/Off cluster commands
    NULL,    //On/Off cluster enhanced command Off with Effect
    NULL,    //On/Off cluster enhanced command On with Recall Global Scene
    NULL,    //On/Off cluster enhanced command On with Timed Off
#ifdef ZCL_LEVEL_CTRL
    zclSampleLight_LevelControlMoveToLevelCB,
             //Level Control Move to Level command
    zclSampleLight_LevelControlMoveCB,     //Level Control Move command
    zclSampleLight_LevelControlStepCB,     //Level Control Step command
    zclSampleLight_LevelControlStopCB,     //Level Control Stop command
#endif
#ifdef ZCL_GROUPS
    NULL,                                  //Group Response commands
#endif
#ifdef ZCL_SCENES
    NULL,                                  //Scene Store Request command
    NULL,                                  //Scene Recall Request command
    NULL,                                  //Scene Response command
#endif
#ifdef ZCL_ALARMS
    NULL,                                  //Alarm (Response) commands
#endif
#ifdef SE_UK_EXT
    NULL,                                  //Get Event Log command
    NULL,                                  //Publish Event Log command
#endif
    NULL,                                  //RSSI Location command
    NULL                                   //RSSI Location Response command
};
```

在函数应用层初始函数 zclSampleLight_Init()中需要进行以下修改。

（1）打开串口。

```
uartConfig.configured       =TRUE;
uartConfig.baudRate         =HAL_UART_BR_115200;
uartConfig.flowControl      =FALSE;
HalUARTOpen(0,&uartConfig);
```

（2）组建网络。

```
bdb_StartCommissioning(//组建网络
BDB_COMMISSIONING_MODE_NWK_FORMATION |  BDB_COMMISSIONING_MODE_FINDING_BINDING);
NLME_PermitJoiningRequest(255);
```

其中，NLME_PermitJoiningRequest(255)允许其他设备加入由协调器创建的网络中，参数 255 表示一直允许，参数 0 则表示一直不允许；参数为 1~254 表示在 1~254s 内允许。

回调函数 zclSampleLight_OnOffCB()发送消息给串口。

```
static void zclSampleLight_OnOffCB( uint8 cmd )
{
    afIncomingMSGPacket_t *pPtr = zcl_getRawAFMsg();

    uint8 OnOff;

    zclSampleLight_DstAddr.addr.shortAddr = pPtr->srcAddr.addr.shortAddr;

    //开灯
    if (cmd == COMMAND_ON)
    {
        char buffer[18]="LIGHT_ON";
```

```
    HalUARTWrite(0,(uint8 *)buffer,osal_strlen(buffer));

}
//关灯
else if (cmd == COMMAND_OFF)
{
  char buffer[18]="LIGHT_OFF";
  HalUARTWrite(0,(uint8 *)buffer,osal_strlen(buffer));
}
//闪烁
else if (cmd == COMMAND_TOGGLE)
{
  #ifdef ZCL_LEVEL_CTRL
  if (zclSampleLight_LevelRemainingTime > 0)
  {
    if (zclSampleLight_NewLevelUp)
    {
      OnOff = LIGHT_OFF;
    }
    else
    {
      OnOff = LIGHT_ON;
    }
  }
  else
  {
    if (zclSampleLight_OnOff == LIGHT_ON)
    {
      OnOff = LIGHT_OFF;
    }
    else
    {
      OnOff = LIGHT_ON;
    }
  }
  #else
  if (zclSampleLight_OnOff == LIGHT_ON)
  {
    OnOff = LIGHT_OFF;
  }
  else
  {
    OnOff = LIGHT_ON;
  }
  #endif
}
```

12.3 ZCL 属性的读写实验

12.3.1 ZCL 属性读命令实验

本实验使用 SampleLight 例程，在 IAR 中打开 C:\Z-Stack 3.0.2\Projects\zstack\ HomeAutomation\SampleLight\CC2530DB\SampleLight.eww 文件。在 IAR 主界面 Workspace 窗口 App 文件夹下有 zcl_samplelight.c 文件，将其复制成 enddevice.c 和 coordinator.c 两个 文件，分别对应 enddevice 和 coordinator 两个预编译选项。

本实验的任务是终端设备读取协调器中属性并通过串口输出结果。

zcl_samplelight_data.c 文件中有此工程的所有属性的数组,下面列出的 ATTRID_LEVEL_ON_LEVEL 是本次实验用到的属性。可以看到这个属性是属于 ZCL_CLUSTER_ID_GEN_LEVEL_CONTROL 簇,类型是无符号 8 位整型,可读可写。

```
CONST zclAttrRec_t zclSampleLight_Attrs[] =
{
  {
    ZCL_CLUSTER_ID_GEN_LEVEL_CONTROL,
    {
      ATTRID_LEVEL_ON_LEVEL,
      ZCL_DATATYPE_UINT8,
      ACCESS_CONTROL_READ | ACCESS_CONTROL_WRITE,
      (void *)&zclSampleLight_LevelOnLevel
    }
  },
```

在 zcl_SampleLight_data.c 文件中将 zclSampleLight_InClusterList[]复制一份成为 zclSample-Light_OutClusterList[] 并修改 zclSampleLight_SimpleDesc 的声明。

```
const cId_t zclSampleLight_InClusterList[] =
{
  ZCL_CLUSTER_ID_GEN_BASIC,
  ZCL_CLUSTER_ID_GEN_IDENTIFY,
  ZCL_CLUSTER_ID_GEN_GROUPS,
  ZCL_CLUSTER_ID_GEN_SCENES,
  ZCL_CLUSTER_ID_GEN_ON_OFF
  #ifdef ZCL_LEVEL_CTRL
    , ZCL_CLUSTER_ID_GEN_LEVEL_CONTROL
  #endif
};
const cId_t zclSampleLight_OutClusterList[] =
{
  ZCL_CLUSTER_ID_GEN_BASIC,
  ZCL_CLUSTER_ID_GEN_IDENTIFY,
  ZCL_CLUSTER_ID_GEN_GROUPS,
  ZCL_CLUSTER_ID_GEN_SCENES,
  ZCL_CLUSTER_ID_GEN_ON_OFF
  #ifdef ZCL_LEVEL_CTRL
    , ZCL_CLUSTER_ID_GEN_LEVEL_CONTROL
  #endif
};
SimpleDescriptionFormat_t zclSampleLight_SimpleDesc =
{
  SAMPLELIGHT_ENDPOINT,                     //int Endpoint;
  ZCL_HA_PROFILE_ID,                        //uint16 AppProfId;
  #ifdef ZCL_LEVEL_CTRL
    ZCL_HA_DEVICEID_DIMMABLE_LIGHT,         //uint16 AppDeviceId;
  #else
    ZCL_HA_DEVICEID_ON_OFF_LIGHT,           //uint16 AppDeviceId;
  #endif
  SAMPLELIGHT_DEVICE_VERSION,               //int   AppDevVer:4;
  SAMPLELIGHT_FLAGS,                        //int   AppFlags:4;
  ZCLSAMPLELIGHT_MAX_INCLUSTERS,            //byte  AppNumInClusters;
  (cId_t *)zclSampleLight_InClusterList,    //byte *pAppInClusterList;
  6,                                        //byte  AppNumInClusters;
  (cId_t *)zclSampleLight_OutClusterList    //byte *pAppInClusterList;
};
```

在 zcl_samplelight.h 文件中加入 SAMPLEAPP_SEND_MSG_EVT 宏定义。

```
#define SAMPLELIGHT_POLL_CONTROL_TIMEOUT_EVT  0x0001
#define SAMPLELIGHT_LEVEL_CTRL_EVT            0x0002
#define SAMPLEAPP_END_DEVICE_REJOIN_EVT       0x0004
#define SAMPLEAPP_SEND_MSG_EVT                0x0008
```

1. enddevice.c

在文件头部加入以下变量和函数声明。

```
afAddrType_t zclSampleLight_DstAddr;
static void SampleApp_SendTheMessage( void );
```

在应用层初始函数 zclSampleLight_Init(byte task_id)中需要进行以下修改。

（1）打开串口。

```
uartConfig.configured    =TRUE;
uartConfig.baudRate      =HAL_UART_BR_115200;
uartConfig.flowControl   =FALSE;
HalUARTOpen(0,&uartConfig);
```

（2）初始化地址，目标地址为协调器地址 0。

```
zclSampleLight_DstAddr.addrMode = (afAddrMode_t)Addr16Bit;;
zclSampleLight_DstAddr.endPoint = SAMPLELIGHT_ENDPOINT;
zclSampleLight_DstAddr.addr.shortAddr = 0;
```

（3）加入网络。

```
bdb_StartCommissioning(//设备入网
BDB_COMMISSIONING_MODE_NWK_STEERING |      //支持 Network Steering
BDB_COMMISSIONING_MODE_FINDING_BINDING     //支持 Finding and Binding（F & B）

);
```

在 BDB 回调函数 zclSampleLight_ProcessCommissioningStatus()中加入如下代码，入网成功则触发 SAMPLEAPP_SEND_MSG_EVT 事件发送数据；入网失败则触发 SAMPLEAPP_END_DEVICE_REJOIN_EVT 事件重新加入网络。

```
case BDB_COMMISSIONING_NWK_STEERING:
   if(bdbCommissioningModeMsg->bdbCommissioningStatus ==
     BDB_COMMISSIONING_SUCCESS)
   {
      osal_start_timerEx(zclSampleLight_TaskID,
                       SAMPLEAPP_SEND_MSG_EVT,
                       1000);
   }
   else
   {
      osal_start_timerEx(zclSampleLight_TaskID,
                       SAMPLEAPP_END_DEVICE_REJOIN_EVT,
                       2000);
   }
   break;
```

在应用层事件处理函数 zclSampleLight_event_loop() 中加入以下代码，处理前面 zclSampleLight_ProcessCommissioningStatus() 函数产生的 SAMPLEAPP_SEND_MSG_EVT 和 SAMPLEAPP_REJOIN_EVT 事件。

```
if (events & SAMPLEAPP_SEND_MSG_EVT)
 {
   SampleApp_SendTheMessage();

   osal_start_timerEx(zclSampleLight_TaskID,
                      SAMPLEAPP_SEND_MSG_EVT,
                      1000);
   return (events ^ SAMPLEAPP_SEND_MSG_EVT);
 }
 if (events & SAMPLEAPP_END_DEVICE_REJOIN_EVT) //如果事件类型为重新加入网络事件
 {
     /* 重新加入网络 */
     bdb_StartCommissioning(BDB_COMMISSIONING_MODE_NWK_STEERING |
                            BDB_COMMISSIONING_MODE_FINDING_BINDING);

     return (events ^ SAMPLEAPP_END_DEVICE_REJOIN_EVT);
 }
```

GenericApp_SendTheMessage()函数负责发送消息。

```
static void SampleApp_SendTheMessage(void)
{

  zclReadCmd_t *readCommand;
  static uint8 num = 0;

  //申请一个动态内存
  readCommand = (zclReadCmd_t *)osal_mem_alloc(sizeof(zclReadCmd_t) +
  sizeof(uint16));
  if(readCommand == NULL)                       //判断是否成功申请到动态内存
       return;
  readCommand->numAttr = 1;                     //待读取的属性数量为1
  readCommand->attrID[0] = ATTRID_LEVEL_ON_LEVEL; //待读取的属性ID
  zcl_SendRead(SAMPLELIGHT_ENDPOINT,
       &zclSampleLight_DstAddr,
       ZCL_CLUSTER_ID_GEN_LEVEL_CONTROL,   //簇ID
       readCommand,
       ZCL_FRAME_CLIENT_SERVER_DIR,        //通信方向是由客户端到服务器端
       TRUE,
       num++);
  osal_mem_free(readCommand);                    //释放内存
}
```

终端给协调器发送读取属性命令后，协调器会返回一个读响应给终端。这个读响应中包含了属性是否读取成功和属性值等内容，终端会调用 zclSampleLight_ProcessInReadRspCmd()函数处理这个响应，可以在这个函数中读取属性的值并输出到串口。

```
static uint8 zclSampleLight_ProcessInReadRspCmd(zclIncomingMsg_t *pInMsg)
{
  zclReadRspCmd_t *readRspCmd;
  uint8 i;

  readRspCmd = (zclReadRspCmd_t *)pInMsg->attrCmd;

  for (i = 0; i < readRspCmd->numAttr; i++)
  {
      if(pInMsg->clusterId == ZCL_CLUSTER_ID_GEN_LEVEL_CONTROL &&
                                        //如果是关于指定的簇
```

```
            readRspCmd->attrList[i].attrID == ATTRID_LEVEL_ON_LEVEL)
                                        //如果是指定的属性 ID
    {
        uint8 val;
        val = *(readRspCmd->attrList[i].data);    //读取属性值

        char tstr[10]="level=";

        char level[3];

        level[0]=val/10+0x30;level[1]=val%10+0x30;level[2]='\0';
        strcat(tstr, level);
        HalUARTWrite(0,(uint8 *)tstr,strlen(tstr));
    }
  }

  return TRUE;
}
```

2. coordinator.c

在函数应用层初始函数 zclSampleLight_Init( )中需要进行以下修改。

（1）给属性赋值。

```
zclSampleLight_LevelOnLevel=16;
```

（2）组建网络。

```
bdb_StartCommissioning(//组建网络
BDB_COMMISSIONING_MODE_NWK_FORMATION |    BDB_COMMISSIONING_MODE_FINDING_BINDING);
NLME_PermitJoiningRequest(255);
```

12.3.2　ZCL 属性写命令实验

本实验使用 SampleLight 例程，在 IAR 中打开 C:\Z-Stack 3.0.2\Projects\zstack\ HomeAutomation\SampleLight\CC2530DB\SampleLight.eww 文件。在 IAR 主界面 Workspace 窗口 App 文件夹下有 zcl_samplelight.c 文件，将其复制成 enddevice.c 和 coordinator.c 两个 文件，分别对应 enddevice 和 coordinator 两个预编译选项。

本实验的任务是终端设备使用 ZCL 属性写命令发送属性值给协调器，协调器每隔一段 时间通过串口输出属性值。

zcl_samplelight_data.c 文件中有此工程的所有属性的数组，下面列出的 ATTRID_ LEVEL_ON_LEVEL 是本次实验用到的属性。可以看到这个属性是属于 ZCL_CLUSTER_ ID_GEN_LEVEL_CONTROL 簇，类型是无符号 8 位整型，可读可写。

```
CONST zclAttrRec_t zclSampleLight_Attrs[] =
{
  {
    ZCL_CLUSTER_ID_GEN_LEVEL_CONTROL,
    {
      ATTRID_LEVEL_ON_LEVEL,
      ZCL_DATATYPE_UINT8,
      ACCESS_CONTROL_READ | ACCESS_CONTROL_WRITE,
      (void *)&zclSampleLight_LevelOnLevel
```

```
        }
    },
```

在 zcl_samplelight.h 文件中加入 SAMPLEAPP_SEND_MSG_EVT 宏定义。

```
#define SAMPLELIGHT_POLL_CONTROL_TIMEOUT_EVT    0x0001
#define SAMPLELIGHT_LEVEL_CTRL_EVT              0x0002
#define SAMPLEAPP_END_DEVICE_REJOIN_EVT         0x0004
#define  SAMPLEAPP_SEND_MSG_EVT                 0x0008
```

1. enddevice.c

在文件头部加入以下变量和函数声明。

```
afAddrType_t zclSampleLight_DstAddr;
static void SampleApp_SendTheMessage(void);
```

在应用层初始函数 zclSampleLight_Init(byte task_id)中需要进行以下修改。

（1）初始化地址，目标地址为协调器地址 0。

```
zclSampleLight_DstAddr.addrMode = (afAddrMode_t)Addr16Bit;;
zclSampleLight_DstAddr.endPoint = SAMPLELIGHT_ENDPOINT;
zclSampleLight_DstAddr.addr.shortAddr = 0;
```

（2）加入网络。

```
bdb_StartCommissioning(//设备入网
BDB_COMMISSIONING_MODE_NWK_STEERING |    //支持Network Steering
BDB_COMMISSIONING_MODE_FINDING_BINDING  //支持Finding and Binding（F & B）

);
```

在 BDB 回调函数 zclSampleLight_ProcessCommissioningStatus()中加入如下代码，入网成功则触发 SAMPLEAPP_SEND_MSG_EVT 事件发送数据；入网失败则触发 SAMPLEAPP_END_DEVICE_REJOIN_EVT 事件重新加入网络。

```
case BDB_COMMISSIONING_NWK_STEERING:
    if(bdbCommissioningModeMsg->bdbCommissioningStatus ==
      BDB_COMMISSIONING_SUCCESS)
    {
        osal_start_timerEx(zclSampleLight_TaskID,
                        SAMPLEAPP_SEND_MSG_EVT,
                        1000);
    }
    else
    {
        osal_start_timerEx(zclSampleLight_TaskID,
                        SAMPLEAPP_END_DEVICE_REJOIN_EVT,
                        2000);
    }
    break;
```

在应用层事件处理函数 zclSampleLight_event_loop() 中加入以下代码，处理前面 zclSampleLight_ProcessCommissioningStatus() 函数产生的 SAMPLEAPP_SEND_MSG_EVT 和 SAMPLEAPP_REJOIN_EVT 事件。

```
if (events & SAMPLEAPP_SEND_MSG_EVT)
{
    SampleApp_SendTheMessage();
```

```
    osal_start_timerEx(zclSampleLight_TaskID,
                        SAMPLEAPP_SEND_MSG_EVT,
                        1000);
    return (events ^ SAMPLEAPP_SEND_MSG_EVT);
}
if (events & SAMPLEAPP_END_DEVICE_REJOIN_EVT)//如果事件类型为重新加入网络事件
{
    /* 重新加入网络 */
    bdb_StartCommissioning(BDB_COMMISSIONING_MODE_NWK_STEERING |
                           BDB_COMMISSIONING_MODE_FINDING_BINDING);

    return (events ^ SAMPLEAPP_END_DEVICE_REJOIN_EVT);
}
```

GenericApp_SendTheMessage()函数负责发送数据。

```
static void SampleApp_SendTheMessage(void)
{


    zclWriteCmd_t *writeCommand;
    static uint8 num = 0,temp=16;


    writeCommand=(zclWriteCmd_t *)osal_mem_alloc(sizeof(zclWriteCmd_t) +
                sizeof(zclWriteRec_t));         //申请一个动态内存

    if(writeCommand == NULL)     //判断动态内存是否申请成功
        return;

    writeCommand->attrList[0].attrData=(uint8*)osal_mem_
        alloc(sizeof(uint8));                          //申请一个动态内存
    if(writeCommand->attrList[0].attrData == NULL)   //判断动态内存是否申请成功
        return;

    writeCommand->numAttr = 1;                       //待写入的属性数量
    writeCommand->attrList[0].attrID =ATTRID_LEVEL_ON_LEVEL;
    writeCommand->attrList[0].dataType = ZCL_DATATYPE_UINT8;
                                                     //属性值的类型
    *(writeCommand->attrList[0].attrData) = temp; //属性值

    if (zcl_SendWrite(SAMPLELIGHT_ENDPOINT,
        &zclSampleLight_DstAddr,
        ZCL_CLUSTER_ID_GEN_LEVEL_CONTROL,            //簇 ID
        writeCommand,
        ZCL_FRAME_CLIENT_SERVER_DIR,                 //通信方向是由客户端到服务器端
        TRUE,
        num++) == afStatus_SUCCESS)
    {

    }
    else
    {

    }
    osal_mem_free(writeCommand->attrList[0].attrData);
    osal_mem_free(writeCommand);                     // 释放内存
}
```

2. coordinator.c

在文件头部加入变量的声明。

```
halUARTCfg_t uartConfig;
```

在函数应用层初始函数 zclSampleLight_Init()中需要进行以下修改。

（1）打开串口。

```
uartConfig.configured      =TRUE;
uartConfig.baudRate        =HAL_UART_BR_115200;
uartConfig.flowControl     =FALSE;
HalUARTOpen(0,&uartConfig);
```

（2）组建网络。

```
bdb_StartCommissioning(//组建网络
BDB_COMMISSIONING_MODE_NWK_FORMATION | BDB_COMMISSIONING_MODE_FINDING_
    BINDING);
NLME_PermitJoiningRequest(255);
```

在 BDB 回调函数 zclSampleLight_ProcessCommissioningStatus()加入如下代码，入网成功则触发 SAMPLEAPP_SEND_MSG_EVT 事件发送数据；入网失败则触发 SAMPLEAPP_END_DEVICE_REJOIN_EVT 事件重新组建网络。

```
case BDB_COMMISSIONING_FORMATION:
    if(bdbCommissioningModeMsg->bdbCommissioningStatus ==
     BDB_COMMISSIONING_SUCCESS)
    {

    bdb_StartCommissioning(BDB_COMMISSIONING_MODE_NWK_STEERING |
    bdbCommissioningModeMsg->bdbRemainingCommissioningModes);
    osal_start_timerEx(zclSampleLight_TaskID,
                        SAMPLEAPP_SEND_MSG_EVT,
                        1000);
    }
    else
    {

    osal_start_timerEx(zclSampleLight_TaskID,
                        SAMPLEAPP_END_DEVICE_REJOIN_EVT,
                        2000);
    }
```

在应用层事件处理函数 zclSampleLight_event_loop() 中加入以下代码，处理前面 zclSampleLight_ProcessCommissioningStatus() 函数产生的 SAMPLEAPP_SEND_MSG_EVT 和 SAMPLEAPP_REJOIN_EVT 事件。

```
if (events & SAMPLEAPP_END_DEVICE_REJOIN_EVT)    //如果事件类型为重新加入网络事件
    {
    /* 重新加入网络 */
    bdb_StartCommissioning(BDB_COMMISSIONING_MODE_NWK_FORMATION |
                        BDB_COMMISSIONING_MODE_FINDING_BINDING);
    NLME_PermitJoiningRequest(255);

    return (events ^ SAMPLEAPP_END_DEVICE_REJOIN_EVT);
    }
    if (events & SAMPLEAPP_SEND_MSG_EVT)
    {
```

```
    SampleApp_SendTheMessage();

    osal_start_timerEx(zclSampleLight_TaskID,
                       SAMPLEAPP_SEND_MSG_EVT,
                       10000);
    return (events ^ SAMPLEAPP_SEND_MSG_EVT);
  }
```

GenericApp_SendTheMessage()函数发送属性的值给串口。

```
static void SampleApp_SendTheMessage(void)
{
    uint8 val;
    val = zclSampleLight_LevelOnLevel;//读取属性值
    char tstr[10]="level=";
    char level[3];
    level[0]=val/10+0x30;level[1]=val%10+0x30;level[2]='\0';
    strcat(tstr, level);
    HalUARTWrite(0,(uint8 *)tstr,strlen(tstr));
}
```

12.4　CC2530 节点与 CC2652R 双协议节点的通信实验

CC2652R 是若干 ARM 的 32 位 MCU，与 CC2530 相比具有更大的内存和更快的运行速度。CC2652R 支持 ZigBee 协议与低功耗蓝牙协议在同一个节点上同时运行，本实验用 ZigBee 3.0 将 CC2530 与 CC2652R 相连并使用低功耗蓝牙协议与手机通信。

12.4.1　SimpleLink MCU 平台

TI 公司的 SimpleLink MCU 平台是一个资源丰富、使用广泛的平台，通过将一套稳健耐用的硬件、软件和工具在单一开发环境中集成，该平台可加快产品开发的进程。基于驱动、框架和数据库等共享基础，SimpleLink MCU 平台全新的软件开发套件（SDK）以 100% 的代码重用率实现了可扩展性，从而缩短了设计开发时间，并允许开发人员在不同的产品中重复利用此前的投入。

由于能够从业内最广泛的、基于 ARM 的 32 位有线和无线 MCU 中任意选择，SimpleLink MCU 平台相对于 8051 的 MCU 拥有更强的功能和更高的性能。整个 SimpleLink MCU 平台不仅是行业中最广泛的 MCU 有线、无线平台，而且这个平台完全兼容。无论是用有线的 MCU，还是无线的 MCU，在软件部分都是完全 API 兼容的。SimpleLink MCU 平台包含了低功耗蓝牙产品 CC2640、Sub-1GHz 产品 CC1310、支持 ZigBee 和低功耗蓝牙的 CC2652、无线 Wi-Fi 产品 CC3220 和 CC3120 无线 Wi-Fi 网络处理器。一般来说，现在很多开发产品的工程师都是花很多的时间在软件部分，完成了一个应用软件开发以后，如果单单是为了某一个平台或某一个产品去重新开发一个新的软件，对于工程师来说工作量相当大。因此，TI 公司的全新 SimpleLink MCU 平台实现了完全软件兼容，无论是在有线还是无线的单片机上，都可以把这个软件很容易地放在另外一个平台上使用。这完全要归功于统一的 SDK。在这个环境中，用户只要学习一个工具就可以很方便地在众多产品里做开发。开发完成后，所有软件只要通过 TI SDK 上的 API 就很容易从一个产品移植到另外一个产品。TI Drivers 可提供大量易于使用和可移植的功能性 API，能够实现对于 SPI、

UART、ADC 等通用外设的标准化访问,而这一切都构建在一致的硬件抽象层上。而且,由于全特性的 TI RTOS 和无线堆栈都集成在 SDK 中,业界标准的 POSIX API 能够在不同的内核间实现应用代码兼容。全新 SimpleLink MCU 平台不仅仅包括软件和硬件的部分,还具备其他辅助资源,从而形成了完整的生态圈。其中既包括数百款 LaunchPad 开发板,又包含很多免费源代码的 Resource Explore,而 SimpleLink 必要的知识都放在了 SimpleLink Academy 里面。TI 公司的 SimpleLink 平台能提供简单而强大的硬件和软件工具,帮助用户根据客户需求快速起步。由于采用单一的开发环境,无论用户使用何种 SimpleLink 微控制器(MCU),都只需了解一个统一、一致的开发平台。用户可以根据客户的使用情况,快速开发采用 Wi-Fi、低功耗蓝牙、低于 1GHz、ZigBee、Thread 和多标准/双频带连接技术的联网产品,快速将产品推向市场。

12.4.2 多协议无线 MCU

多协议无线 MCU 允许用户在远距离 Sub-1GHz 网络中使用低功耗蓝牙,或在低功耗蓝牙中使用 ZigBee,或使用其他无线协议组合。从 SimpleLink 无线 MCU 平台的产品系列中进行选择,提供并发多协议运行、共存和配置选项,支持使用一个或多个芯片创建复杂的物联网系统。按内存和协议分类的多协议 MCU 如图 12-5 所示。

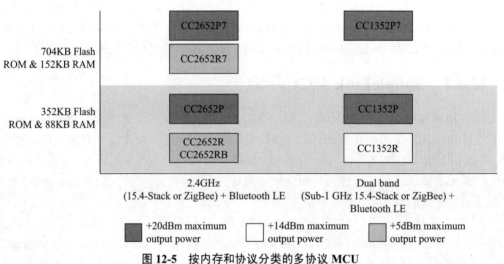

图 12-5 按内存和协议分类的多协议 MCU

12.4.3 CC2652R

CC2652R 是一款多协议无线 2.4GHz MCU,面向 Thread、ZigBee、低功耗蓝牙、IEEE 802.15.4g 和 TI 15.4-Stack 等多种网络协议。CC2652R 是具有成本效益、超低功耗、2.4GHz 和低于 1GHz 射频 SimpleLink MCU 平台中的一员,具有非常低的有源射频和微控制器电流、低于 1μA 的睡眠电流和高达 80KB 并受奇偶校验保护的 RAM,可提供卓越的电池寿命,并支持依靠小型纽扣电池在能量采集应用中长时间运行。CC2652R 在一个支持多个物理层和射频标准的平台上将灵活的超低功耗射频收发器与强大的 48MHz ARM CPU 结合在一起。专用无线电控制器可处理存储在 ROM 或 RAM 中的低级射频协议命令,因而可确保超低功耗和极佳的灵活性。CC2652R 的低功耗不会影响射频性能,CC2652R 具有优异的灵敏度和耐用性能。CC2652R 中的灵活无线电可通过动态多协议管理器（DMM）驱动程序支持时分多路复用的多协议运行。CC2652R 是高度集成的真正单芯片解决方案，整合了完整的射频系统和片上直流/直流转换器；通过具有 4KB 程序和数据 SRAM 的可编程、自主式超低功耗传感器控制器 CPU，可在极低的功耗下处理传感器；具有快速唤醒和超低功耗 2MHz 模式的传感器控制器，专为对模拟和数字传感器数据进行采样和处理而设计，因此 MCU 系统可以最大限度地延长睡眠时间和降低工作功耗。CC2652R 是 SimpleLink MCU 平台的一部分，一次性集成 SimpleLink 平台后，用户可以将产品组合中的任何组合添加至用户的设计中，从而在设计要求变更时实现代码的完全重复使用。LAUNCHXL-CC26X2R1 是 TI 公司提供的 CC2652R 的开发板，如图 12-6 所示。

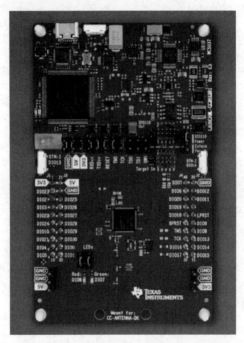

图 12-6　LAUNCHXL-CC26X2R1 开发板

12.4.4　SIMPLELINK-CC13XX-CC26XX-SDK

SIMPLELINK CC13XX 和 CC26XX 软件开发工具包（SDK）为 Sub-1GHz 和 2.4GHz 应用程序的开发提供了一个全面的软件包，包括对 SIMPLELINK CC13XX 与 CC26XX 无线 MCU 上的低能耗蓝牙、ZigBee、Matter、Thread、基于 IEEE 802.15.4 的专有和多协议解决方案的支持。

1. SIMPLELINK-CC13XX-CC26XX-SDK 特征

（1）支持专有 Sub-1GHz 和 2.4GHz 无线网络应用。

（2）支持 TI 15.4-Stack，基于 IEEE 802.15.4 的星状拓扑网络解决方案，适用于 Sub-1GHz 和 2.4GHz 频段。

（3）支持低能耗蓝牙（BLE）软件协议栈，支持蓝牙 5.2。

（4）支持基于开源 Matter 项目和 Openthread 的 Matter 1.0 和 Thread 1.3 网络协议。

（5）支持 ZigBee 软件协议栈。

（6）使用动态多协议支持 BLE+Sub-1GHz（TI 15.4-Stack 或专有 Sub-1GHz）和 BLE+ZigBee 的并行执行。

2. SIMPLELINK-CC13XX-CC26XX-SDK 的文件结构

SIMPLELINK-CC13XX-CC26XX-SDK 可以从 TI 网站下载，注意一定要安装在 C 盘 TI 文件夹下。图 12-7 所示为 simplelink_cc13xx_cc26xx_sdk_6_20_00_29 支持的硬件，本实验使用的 simplelink_cc13x2_26x2_sdk_3_40_00_02 要比这个版本支持的 MCU 少一些。

CC26X2R1_LAUNCHXL	2022/12/4 21:42	文件夹
CC1312R1_LAUNCHXL	2022/12/4 21:56	文件夹
CC1352P_2_LAUNCHXL	2022/12/4 21:48	文件夹
CC1352P_4_LAUNCHXL	2022/12/4 21:58	文件夹
CC1352P1_LAUNCHXL	2022/12/4 21:43	文件夹
CC1352R1_LAUNCHXL	2022/12/4 21:53	文件夹
LP_CC1311P3	2022/12/4 21:56	文件夹
LP_CC1312R7	2022/12/4 21:48	文件夹
LP_CC1352P7_1	2022/12/4 21:55	文件夹
LP_CC1352P7_4	2022/12/4 21:51	文件夹
LP_CC2651P3	2022/12/4 21:45	文件夹
LP_CC2651R3SIPA	2022/12/4 21:57	文件夹
LP_CC2652PSIP	2022/12/4 21:46	文件夹
LP_CC2652R7	2022/12/4 21:44	文件夹
LP_CC2652RB	2022/12/4 21:52	文件夹
LP_CC2652RSIP	2022/12/4 21:50	文件夹
LP_EM_CC1312PSIP	2022/12/4 21:58	文件夹

图 12-7 simplelink_cc13xx_cc26xx_sdk_6_20_00_29 支持的硬件

打开使用的开发板对应的 CC26X2R1_LAUNCHXL 文件夹，如图 12-8 所示。

ble5stack	2022/11/23 14:13	文件夹
demos	2022/11/23 14:14	文件夹
dmm	2022/11/23 14:14	文件夹
drivers	2022/11/23 14:14	文件夹
easylink	2022/11/23 14:13	文件夹
sysbios	2022/11/23 14:14	文件夹
thread	2022/11/23 14:13	文件夹
ti154stack	2022/11/23 14:13	文件夹
zstack	2022/11/23 14:14	文件夹
makefile	2019/12/19 5:57	文件

图 12-8 CC26X2R1_LAUNCHXL 文件夹文件结构

图 12-8 中有低功耗蓝牙、Thread、Z-Stack 对应的文件夹，其中 dmm 是 Dynamic Multi-protocol Manager（动态多协议管理器）。TI 动态多协议解决方案允许多个无线协议使用单个无线电设备并行运行，同时处理当多个协议在同一时间段内申请访问无线电时发生的任何时序冲突，可以在开发板上实现低功耗蓝牙和 ZigBee 两种协议。首先打开 zstack 文件夹，如图 12-9 所示。提供的例程与 Z-Stack 3.0.2 相似，但将协调器例程、路由器例程和终端例

程分别放在前缀为_zc、_zr、_zed 的文件夹中，如果需要编写协调器的程序，可以使用前
缀为_zc 的文件夹中的例子。

zc_ota_server	2022/11/23 14:28	文件夹
zc_sw	2022/11/23 14:28	文件夹
zc_sw_ota_client	2022/11/23 14:28	文件夹
zc_temperaturesensor	2022/11/23 14:28	文件夹
zc_thermostat	2022/11/23 14:28	文件夹
zc_thermostat_sink	2022/11/23 14:28	文件夹
zc_warningdevice	2022/11/23 14:28	文件夹
zc_zone	2022/11/23 14:28	文件夹
zed_cie	2022/11/23 14:28	文件夹
zed_doorlock	2022/11/23 14:28	文件夹
zed_doorlockcontroller	2022/11/23 14:28	文件夹
zed_genericapp	2022/11/23 14:28	文件夹
zed_light	2022/11/23 14:28	文件夹
zed_sw	2022/11/23 14:28	文件夹
zed_sw_ota_client	2022/11/23 14:28	文件夹
zed_temperaturesensor	2022/11/23 14:28	文件夹
zed_thermostat	2022/11/23 14:28	文件夹
zed_warningdevice	2022/11/23 14:28	文件夹
zed_zone	2022/11/23 14:28	文件夹
znp	2022/11/23 14:28	文件夹
zr_cie	2022/11/23 14:28	文件夹
zr_doorlock	2022/11/23 14:28	文件夹
zr_doorlockcontroller	2022/11/23 14:28	文件夹
zr_genericapp	2022/11/23 14:28	文件夹
zr_light	2022/11/23 14:28	文件夹
zr_light_sink	2022/11/23 14:28	文件夹
zr_ota_server	2022/11/23 14:28	文件夹
zr_sw	2022/11/23 14:28	文件夹
zr_sw_ota_client	2022/11/23 14:28	文件夹
zr_temperaturesensor	2022/11/23 14:28	文件夹
zr_thermostat	2022/11/23 14:28	文件夹
zr_thermostat_sink	2022/11/23 14:28	文件夹
zr_warningdevice	2022/11/23 14:28	文件夹

图 12-9　zstack 文件夹文件结构

打开 dmm 文件夹，如图 12-10 所示。

dmm_154collector_remote_display_app_2_4g	2022/11/23 14:29	文件夹
dmm_154collector_remote_display_oad_app_2_4g	2022/11/23 14:29	文件夹
dmm_154sensor_remote_display_app_2_4g	2022/11/23 14:29	文件夹
dmm_154sensor_remote_display_oad_app_2_4g	2022/11/23 14:29	文件夹
dmm_zc_switch_remote_display_app	2022/11/23 14:29	文件夹
dmm_zc_switch_remote_display_oad_app	2022/11/23 14:29	文件夹
dmm_zed_switch_remote_display_app	2022/11/23 14:29	文件夹
dmm_zed_switch_remote_display_oad_app	2022/11/23 14:29	文件夹
dmm_zr_light_remote_display_app	2022/11/23 14:29	文件夹
dmm_zr_light_remote_display_oad_app	2022/11/23 14:29	文件夹

图 12-10　dmm 文件夹文件结构

dmm_zc_switch_remote_display_app 文件夹中的例程是本次实验要用到的支持 BLE 和 ZigBee 双协议的作为协调器的"插座"(SW)例程。

12.4.5 实验步骤

1. Code Composer Studio

Code Composer Studio(CCS)是 TI 公司基于 Eclipse 的强大 IDE,支持 TI 整个嵌入式处理器产品系列,包括 SimpleLink MCU 平台。它包括优化 C/C++编译器、源代码编辑器、项目构建环境、调试器和分析器。直观的 IDE 提供了单个用户界面,可帮助用户完成应用开发流程的每个步骤。从 TI 官网上下载 CCS 后,需要注意必须安装 C 盘 TI 文件夹下。启动 CCS,执行 Project→Import CSS Projects 菜单命令,导入 dmm_zc_switch_remote_display_app 例程,如图 12-11 所示。

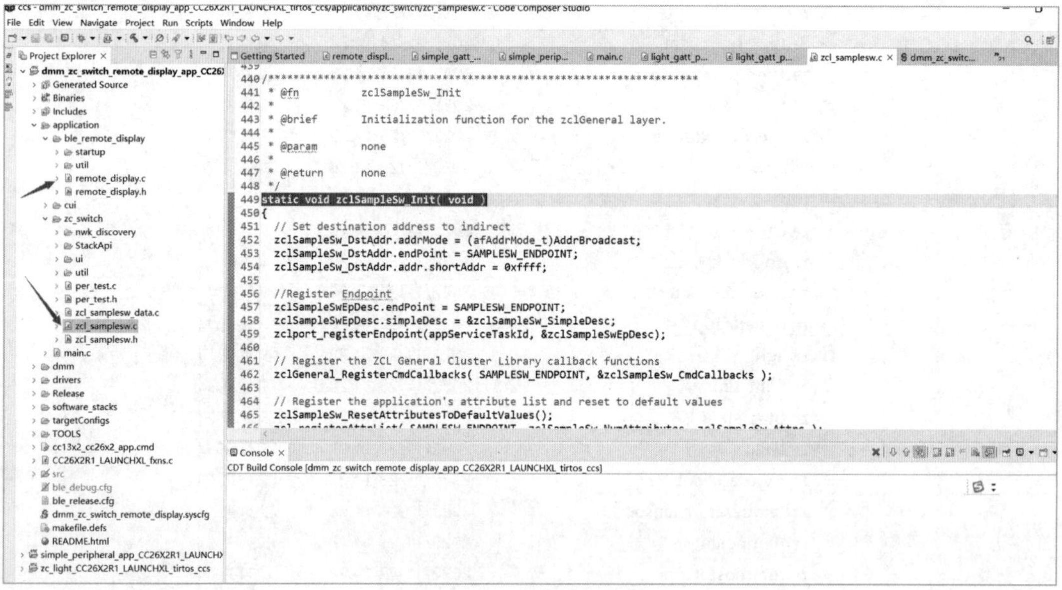

图 12-11 CCS 主界面

zcl_samplesw.c 文件是 Z-Stack 部分的应用层主要文件,emote_display.c 文件是 ble5stack 部分的应用层主要文件。

(1)对工程进行设置,如图 12-12 所示。

双击 Project Explorer 窗口中的 dmm_zc_switch_remote_display.syscfg 文件,单击中间窗口中的 Z-Stack,在右侧窗口中设置信道和 PAN ID,注意要和终端节点的信道和 PAN ID 一致。

(2)右击工程,在弹出的快捷菜单中选择 Properties,弹出如图 12-13 所示对话框,在左侧窗口中选择 Predefined Symbols,在右侧窗口中加入 ZCL_ON_OFF 宏定义和 TC_LINKKEY_JOIN 宏定义。

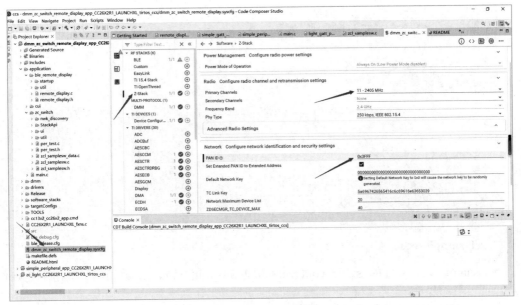

图 12-12 工程设置

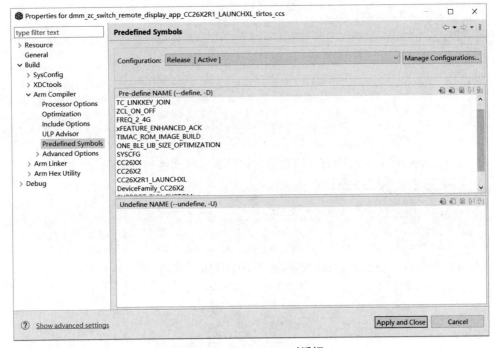

图 12-13 Properties 对话框

2. zcl_samplesw_data.c

在 zcl_samplesw_data.c 文件的输入簇列表和输出簇列表中加入 ZCL_CLUSTER_ID_
GEN_ON_OFF 簇。

```
const cId_t zclSampleSw_InClusterList[] =
{
  ZCL_CLUSTER_ID_GEN_ON_OFF,
```

```
  ZCL_CLUSTER_ID_GEN_BASIC,
  ZCL_CLUSTER_ID_GEN_IDENTIFY,
};

#define ZCLSAMPLESW_MAX_INCLUSTERS  ( sizeof( zclSampleSw_InClusterList ) /
sizeof( zclSampleSw_InClusterList[0] ))

const cId_t zclSampleSw_OutClusterList[] =
{
  ZCL_CLUSTER_ID_GEN_IDENTIFY,
  ZCL_CLUSTER_ID_GEN_ON_OFF,
  ZCL_CLUSTER_ID_GEN_GROUPS,
  #if defined (OTA_CLIENT_CC26XX)
    ZCL_CLUSTER_ID_OTA
  #endif
};
```

3. zcl_samplesw.c

zcl_samplesw.c 文件的 static void zclSampleSw_Init(void)函数仍然是应用层初始化函数。

（1）加入以下代码，初始化地址。

```
zclSampleSw_DstAddr.addrMode = (afAddrMode_t)AddrBroadcast;
zclSampleSw_DstAddr.endPoint = SAMPLESW_ENDPOINT;
zclSampleSw_DstAddr.addr.shortAddr = 0xffff;
```

（2）加入以下代码，协调器建立网络。

```
zstack_bdbStartCommissioningReq_t zstack_bdbStartCommissioningReq;
zstack_bdbStartCommissioningReq.commissioning_mode |= BDB_COMMISSIONING_
MODE_NWK_FORMATION;
Zstackapi_bdbStartCommissioningReq(appServiceTaskId,&zstack_
bdbStartCommissioningReq);
```

（3）zcl_samplesw.c 文件中有代码设置灯属性和读灯属性的回调函数。

```
RemoteDisplay_LightCbs_t zclSwitch_LightCbs =
{
    setLightAttrCb,
    getLightAttrCb
};
```

（4）在 static void setLightAttrCb()回调函数中有如下代码。

```
switch(lightAttr)
{
    case LightAttr_Light_OnOff:
    {
        zstack_getZCLFrameCounterRsp_t Rsp;
        Zstackapi_getZCLFrameCounterReq(appServiceTaskId, &Rsp);

        if(*((uint8_t*)value) == 0)
        {
            zclGeneral_SendOnOff_CmdOff(SAMPLESW_ENDPOINT, &zclSampleSw_
                                DstAddr, TRUE, Rsp.zclFrameCounter);
        }
        else
```

```
        {
            zclGeneral_SendOnOff_CmdOn(SAMPLESW_ENDPOINT, &zclSampleSw_
                             DstAddr, TRUE, Rsp.zclFrameCounter);
        }

    break;
    }
}
```

将 zclGeneral_SendOnOff_CmdOff() 和 zclGeneral_SendOnOff_CmdOn() 函数中的参数 FALSE 改成 TRUE。

当外面的设备（如手机）通过蓝牙对开发板上的 Light 属性写操作时，这个函数会根据写的是 1 还是 0 发送灯开关命令。

4. remote_display.c

remote_display.c 文件的 static void RemoteDisplay_init(void)函数是 ble5stack 的初始化函数，其中 LightProfile_AddService(GATT_ALL_SERVICES)语句添加了 Light 服务。对 Light 服务属性的读写可以引发对相应回调函数的调用。

5. 终端节点程序设计

终端节点使用 Z-Stack 3.0.2 中的 SampleLight 例程，与 12.2 节的程序类似。

（1）在 enddevice.c 文件中的初始化函数 void zclSampleLight_Init(byte task_id)中加入串口初始化代码。

```
uartConfig.configured       =TRUE;
uartConfig.baudRate         =HAL_UART_BR_115200;
uartConfig.flowControl      =FALSE;
HalUARTOpen(0,&uartConfig);

bdb_StartCommissioning(//设备入网
   BDB_COMMISSIONING_MODE_NWK_STEERING| BDB_COMMISSIONING_MODE_FINDING_
   BINDING);
```

（2）在回调函数 zclSampleLight_OnOffCB(uint8 cmd)中加入如下代码。

```
if ( cmd == COMMAND_ON )
{
  char buffer[18]="LIGHT_ON";
  HalUARTWrite(0,(uint8 *)buffer,osal_strlen(buffer));

}
else if ( cmd == COMMAND_OFF )
{
  char buffer[18]="LIGHT_OFF";
  HalUARTWrite(0,(uint8 *)buffer,osal_strlen(buffer));
}
```

6. 程序的测试

（1）在手机上安装 LightBlue 手机应用，如图 12-14 所示。

（2）启动 LightBlue，连接 DMM ZC SWITCH RD 开发板，如图 12-15 所示。

（3）找到 Light On/Off 属性，单击显示如图 12-16 所示界面。

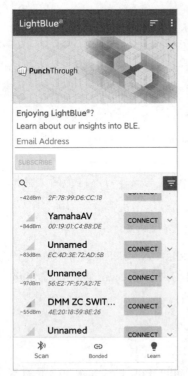

图 12-14 LightBlue 主界面

图 12-15 DMM ZC SWITCH RD 开发板服务界面

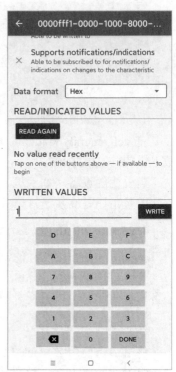

图 12-16 Light On/Off 属性读写界面

用手机向开发板写入 1 或 0，则终端节点向串口输出 LIGHT_ON 或 LIGHT_OFF。

12.5 使用 Wireshark 对 ZigBee 网络进行抓包分析

对于开发无线标准协议相关产品，在实际开发过程中常常需要通过分析空中交互的数据包来分析问题、调试程序。在使用 Z-Stack 进行 ZigBee 相关产品的开发中，由于程序的复杂性，使用抓包工具对无线数据进行分析就显得尤为重要。Wireshark 是一款免费的工具，能够完成 ZigBee 协议数据解析，包括 MAC、NWK、APS、ZCL 等不同层次，又可以对加密数据包进行解密。

1. 需要的硬件

CC2531 USB Dongle 用于捕获符合 IEEE 802.15.4 标准的 2.4GHz 无线信号。CC2531 处理器与 CC2530 的主要区别就在于对 USB 的支持。CC2531 作为 ZigBee 网络中的一个节点与 CC2530 同样运行 ZigBee 协议，收到的数据通过 USB 端口传输到计算机，配合上位机软件可实时查看数据。CC2531 USB Dongle 如图 12-17 所示。

图 12-17 CC2531 USB Dongle

2. 需要的软件

1）Wireshark

Wireshark 是非常流行的网络数据包分析软件，功能十分强大，可以截取各种网络数据包，显示网络封包详细信息。Wireshark 是开源软件，可以放心使用，注意要使用 2.4 版本。

2）TiWsPc

TiWsPc 是一款 ZigBee 抓包工具，与 Wireshark 配合使用。Wireshark 和 TiWsPc 必须安装在默认路径下，而且必须先安装 Wireshark 后安装 TiWsPc。

3）Packet Sniffer

Packet Sniffer 是 TI 公司开发的免费抓包工具，缺点是对 ZigBee 协议的解析比较简单，没办法具体解析到数据包中每个字节；另外，也没有对加密的数据包进行解密分析，用户开发产品中如果加密，使用起来非常不方便。对于 ZigBee 3.0 这种默认使用了加密的协议，就很不方便。但安装 Packet Sniffer 后，文件夹中包含了 CC2531 USB Dongle 用于抓包的程序，可以使用 SmartRF Flash Programmer 将程序下载到 CC2531 USB Dongle 中。Flash Programmer 用于下载 CC2531 程序。

这几个软件都需要安装在默认文件夹下。

3. 下载 CC2531 程序

连接 CC Debugger（JTAG）到 CC2531 USB Dongle。打开 Flash Programmer 并选择 the sniffer_fw_cc2531.hex 然后下载到 CC2531 USB Dongle。the sniffer_fw_cc2531.hex 文件位置在 C:\Program Files (x86)\Texas Instruments\SmartRF Tools\Packet Sniffer\bin\general\firmware。

4. 运行 TiWsPc

（1）连接 CC2531 USB Dongle 到计算机 USB 口。

（2）运行 TiWsPc，显示如图 12-18 所示界面。

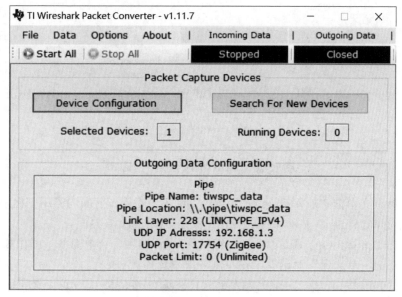

图 12-18　TiWsPc 界面

（3）单击 Device Configuration 按钮，显示 Device Configuration 界面，如图 12-19 所示。

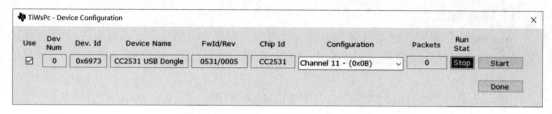

图 12-19　Device Configuration 界面

选择信道，单击 Start 按钮，开始抓包。单击 Done 按钮回到主界面。

5. 运行 Wireshark

（1）安装完成之后，右击 Wireshark 图标，在弹出的快捷菜单中选择"属性"，弹出如图 12-20 所示的"Wireshark 属性"对话框。

图 12-20　"Wireshark 属性"对话框

在"目标"文本框中加入-i\\.\pipe\tiwspc_data -k，注意与前面内容用空格隔开。

（2）运行 Wireshark，显示如图 12-21 所示的 Wireshark 主界面。

（3）双击\\.\pipe\tiwspc_data，执行"编辑"→"首选项"菜单命令，弹出如图 12-22 所示的"Wireshark·首选项"对话框，在左侧窗口中选择 ZigBee。

（4）单击 Edit 按钮，输入 5a6967426565416c6c69616e63653039 这个 ZigBee 3.0 默认的密码。

图 12-21　Wireshark 主界面

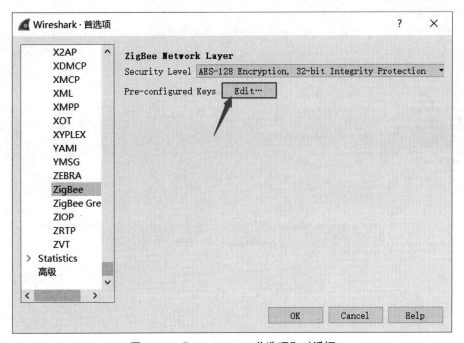

图 12-22　"Wireshark·首选项"对话框

（5）运行一个 ZigBee 协调器节点，稍等片刻，主界面显示出抓到的数据包信息，如图 12-23 所示。

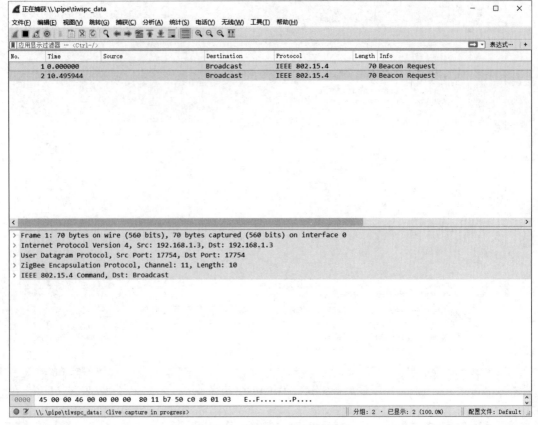

图 12-23　Wireshark 抓包界面

（6）双击抓到的数据包，显示如图 12-24 所示内容。

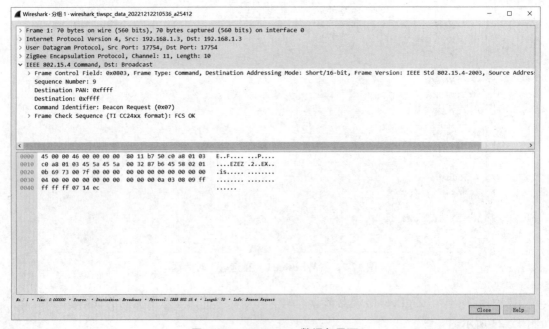

图 12-24　Wireshark 数据包界面

上半部分是数据包的解析，下半部分是数据包的十六进制内容。

思考题

ZCL 属性具有上报功能，可以将属性数据上报到协调器中。查阅 ZStack 3.0.2 相关资料，使用 SampleTemperatureSensor 例程定期将数据上报，实现的功能如下。

（1）终端设备定期上报温度数据给协调器。

（2）协调器接收到数据并输出到串口。

参 考 文 献

[1] 王殊，阎毓杰，胡富平，等. 无线传感器网络的理论及其应用[M]. 北京：北京航空航天大学出版社，2007.

[2] 郑霖，曾志民，万济萍，等. 基于 IEEE 802.15.4 标准的无线传感器网络[J]. 传感器技术，2005，24(7)：86-88.

[3] 王东，张金荣，魏延，等. 利用 ZigBee 技术构建无线传感器网络[J]. 重庆大学学报，2006，29(8)：95-110.

[4] 孙静，陈佰红. ZigBee 协议栈及应用实现[J]. 通化师范学院学报，2007，28(4)：35-37.

[5] 高守纬，吴灿阳，等. ZigBee 技术实践教程：基于 CC2430/31 的无线传感器网络解决方案[M]. 北京：北京航空航天大学出版社，2011.

[6] 李晓维. 无线传感器网络技术[M]. 北京：北京理工大学出版社，2007.

[7] 王小强，欧阳骏，黄宁淋. ZigBee 无线传感器网络设计与实现[M]. 北京：化学工业出版社，2012.

[8] 杨博雄. 无线传感网络[M]. 北京：人民邮电出版社，2015.

[9] 王平，王恒. 无线传感器网络技术及应用[M]. 北京：人民邮电出版社，2016.

[10] 张蕾. 无线传感器网络技术与应用[M]. 北京：机械工业出版社，2020.

[11] 朱明. 无线传感器网络技术与应用[M]. 北京：电子工业出版社，2020.